LB-I-94

KLIMAGEOGRAPHIE

WEGE DER FORSCHUNG

BAND 615

1985

WISSENSCHAFTLICHE BUCHGESELLSCHAFT

DARMSTADT

KLIMAGEOGRAPHIE

Herausgegeben von

WOLFGANG ERIKSEN

1985

WISSENSCHAFTLICHE BUCHGESELLSCHAFT

DARMSTADT

CIP-Kurztitelaufnahme der Deutschen Bibliothek

Klimageographie / hrsg. von Wolfgang Eriksen.
– Darmstadt: Wissenschaftliche Buchgesellschaft,
1985.
(Wege der Forschung; Bd. 615)
ISBN 3-534-08673-2
NE: Eriksen, Wolfgang [Hrsg.]; GT

12345

 Bestellnummer 8673-2

© 1985 by Wissenschaftliche Buchgesellschaft, Darmstadt
Satz: Maschinensetzerei Janß, Pfungstadt
Druck und Einband: Wissenschaftliche Buchgesellschaft, Darmstadt
Printed in Germany
Schrift: Linotype Garamond, 9/11

ISSN 0509-9609
ISBN 3-534-08673-2

INHALT

II. Beiträge zur allgemeinen Klimageographie

III. Beiträge zur regionalen Klimageographie

VON DER KLIMATOLOGIE ZUR KLIMAGEOGRAPHIE – DER WEG DER GEOGRAPHISCHEN KLIMAFORSCHUNG

Von Wolfgang Eriksen

Die geographische Klimaforschung befindet sich in einer Krise! Dieser Eindruck drängt sich dem Laien und dem fachkundigen Leser auf, der die jüngeren Publikationen zur Entwicklung und zur Aufgabenstellung des Forschungsgebietes aufmerksam verfolgt. In einem überaus kritischen, zugleich aber auch äußerst anregenden Artikel sieht Terjung (1976) die geographische Klimatologie in einem "abysmal status", und noch immer steht die Frage von Weischet (1969) im Raum: „Kann und soll noch klimatologische Forschung im Rahmen der Geographie betrieben werden?"

Diese Formulierungen, die sich mühelos durch vergleichbare kritische, pessimistische oder zumindest skeptische Äußerungen anderer Autoren ergänzen ließen und die im übrigen mit abgewandelten Argumenten der gesamten Geographie und ihren Teildisziplinen im Rahmen der Theoriediskussion jüngster Vergangenheit nicht unvertraut sind, verdeutlichen ein Unbehagen am Zustand dieses Forschungsgebietes, das kritische, fachinterne und fachübergreifende Auseinandersetzungen früherer Jahrzehnte (vgl. z. B. Lautensach 1940, Linke 1942) bei weitem übertrifft.

Die Frage drängt sich auf, worauf diese verbreitete Skepsis und disziplinkritische Einstellung beruht, der nur scheinbar die These von einer „Renaissance der Klimatologie" (vgl. Thornthwaite 1961, Weischet 1969, Flohn 1971) gegenübersteht.

Die Suche nach einer Antwort auf diese Frage führt mitten hinein ins Spannungsfeld „Geographie – Meteorologie" oder – mit Terjung (1976) präziser formuliert – in den Kontrast "geographical climatology versus meteorological climatology". Für Blüthgen (1964) hat sich dieses Spannungsverhältnis bereits ausgeweitet zu einer „Kluft zwischen Meteorologie und Geographie", die immer weiter klafft (vgl. auch Weischet 1969).

Diese Kluft wurde nach Auffassung der Autoren nicht etwa allein durch ein inhaltliches Auseinanderrücken der beiden Disziplinen hervorgerufen, sondern insbesondere durch ein weithin von den Kritikern verspürtes und attackiertes theoretisches und methodisches Nachhinken oder Zurückbleiben der geographischen Klimatologie hinter der meteorologischen Schwesterdisziplin, der allein eine erfolgreiche Renaissance zugeschrieben wird. Einhellig wird – übrigens auch von Meteorologen – das verbreitete Verharren in traditionellen Fragestellungen und Arbeitsweisen auf seiten der geographischen Klimatologen beklagt, das sich den modernen, physikalisch-exakten Arbeitsweisen und numerisch-analytischen, modellorientierten Ansätzen der meteorologischen Klimatologie nicht angeschlossen habe und damit geradezu Gefahr laufe, die Wissenschaftlichkeit zu verlieren oder zumindest in eine zweitklassige Wissenschaft abzugleiten.

Diese umfassende Kritik wird gestützt durch den Hinweis auf die anhaltend große und statistisch belegbare Dominanz von klimatologischen Publikationen mit überwiegend datensammelndem und beschreibendem Charakter, die noch weitgehend in der Tradition der „klassischen Klimatologie" verhaftet sind. Vermißt wird in ihnen ein höherer Grad der Abstraktion, eine klarere konzeptionelle Einordnung und eine exakte physikalisch-numerische Fundierung.

Wohl die höchsten Ansprüche und Anforderungen in diesem Sinne werden von Terjung (1976) formuliert, wobei seine weitgehend auf der englischsprachigen Literatur basierende Analyse auch auf den deutschsprachigen Bereich zu übertragen wäre (vgl. Weischet 1969). Ein Indiz dafür könnte – ohne daß man den bisher umrissenen kritischen Stellungnahmen in jedem Falle vollinhaltlich zustimmen müßte – immerhin die Tatsache sein, daß die geographische Klimatologie oder die Klimageographie immer noch an Gewicht und Publikationszahl hinter der traditionsreichen Geomorphologie deutlich zurücksteht und daß sie auf nationalen Geographenkongressen – an der Zahl, nicht am Inhalt der Beiträge gemessen – bedauerlicherweise weitgehend ein Schattendasein führt.

Zwanglos fügt sich in die hier beschriebene Lage der Disput um die Verwendung der Bezeichnung „Klimageographie" (anstelle von „Klimatologie") ein, der bemerkenswerterweise überwiegend von geographisch orientierten Klimatologen geführt wird.

Klimatologie oder Klimageographie?

Der Begriff „Klimageographie" ist relativ neu. Bezugnehmend auf Lautensach, der bereits 1940 das Adjektiv „klimageographisch" verwendete, benutzte Blüthgen den Begriff zwar bereits 1942 in Analogie zur „Wirtschaftsgeographie", doch verankerte er ihn im Gliederungsschema und Begriffsgebäude der Geographie erst endgültig im Jahre 1964 mit dem Erscheinen der ersten Auflage seines bekannten Lehrbuchs „Allgemeine Klimageographie". In einer programmatischen Studie zur „Synoptischen Klimageographie" erläutert Blüthgen (1965) ausführlich und nachdrücklich die sachliche Notwendigkeit der neuen Begriffsprägung, die er durch eine neugefaßte geographische Klimadefinition abstützt: „Das geographische Klima ist die für einen Ort, eine Landschaft oder einen größeren Raum typische Zusammenfassung der erdnahen und die Erdoberfläche beeinflussenden atmosphärischen Zustände und Witterungsvorgänge während eines längeren Zeitraumes in charakteristischer Verteilung der häufigsten, mittleren und extremen Werte" (Blüthgen 1964, 4 und 1965, 15).

In Analogie zu längst geläufigen und nicht umstrittenen Benennungen von Teildisziplinen wie „Vegetationsgeographie", „Siedlungsgeographie" oder „Wirtschaftsgeographie" soll die Klimageographie den „Anteil des Geographen an der Klimaforschung" kennzeichnen. Der meteorologischen Klimatologie wird demgegenüber eine abweichende Zielsetzung und ein anderer, nicht primär regionaler, erdoberflächenbezogener Standpunkt zugeschrieben. Bemerkenswert ist, daß unabhängig von Blüthgen auch Paffen bereits 1964 mit ähnlichen Argumenten für die Einführung der Bezeichnung „Klimageographie" plädierte.

Obwohl seit dem Erscheinen des genannten Lehrbuchs der Begriff „Klimageographie" im deutschsprachigen Raum offenbar überwiegend zustimmend aufgenommen worden ist und und seither in zahllosen (geographischen) Klimastudien – u. a. auch in Titeln von Lehr- und Studienbüchern – Verwendung fand, fehlt es nicht an Kritikern und Mahnern. Schon 1957 warnte Flohn und 1962 erneut Thornthwaite vor der bewußten Unterscheidung von „meteorologischen" und „geographischen" Klimatologien, und Weischet forderte 1967 in seinem vielbeachteten Referat auf dem Geographentag in Bad Godesberg dazu auf, nichts zu tun, „was zu einer auch nur nomenklatorischen Unterscheidung in ‚Klimatologie' hier und ‚Klimageographie' dort führen könnte". Sein Appell, der von seiten der Meteorologie durch Flohn (1971) nachdrücklich unterstützt wurde, verweist insbesondere auf die Gefahr einer methodischen Zweigleisigkeit aufgrund der genannten Unterscheidung und damit letztlich auf die Möglichkeit eines Kontaktverlustes mit der Nachbarwissenschaft Meteorologie.

In der Einleitung zur 3. Auflage des Lehrbuchs von Blüthgen, die von Weischet neu bearbeitet und mitherausgegeben wurde (1980), unterstreicht letzterer nochmals seine Auffassung,

daß die Lücke, die sich zwischen der geophysikalisch-idealisierenden Betrachtungsweise der Meteorologen und der chorologisch-vergleichenden der Geographen in der Klimatologie aufgetan hat, im wesentlichen von der Seite der Geographen her geschlossen werden muß, indem sich letztere mehr in Methoden einarbeiten, die bisher als geophysikalisch erachtet wurden, um einerseits die von Meteorologen aufgezeigten Zusammenhänge auszuwerten und für die Geographie nutzbar zu machen und um andererseits die Ursachen der in ökologischen oder landeskundlichen Zusammenhängen ausschlaggebenden Klimaeffekte in den physikalischen Prozessen nahe der Erdoberfläche bzw. den dynamischen Vorgängen in der Atmosphäre selbst aufdecken zu können (3/4).

Obwohl in diesem Zusammenhang erneut vom Autor gegen die nomenklatorische Unterscheidung in „Klimatologie" und „Klimageographie" plädiert wird, bleibt es doch bemerkenswert, daß der ursprüngliche Titel des Lehrbuchs beibehalten wird und daß sich wie ein roter Faden durch die Einleitung der Neuauflage Hinweise auf die Besonderheiten einer „geographischen Klimatologie" finden.

Folgt man den kritischen Ausführungen von Weischet sorgfältig, so wird rasch deutlich, daß es ihm vorwiegend und letztlich um methodologische Kriterien und Bedenken geht. Er fordert eine tiefere Verwurzelung der geographischen Klimatologie in der physikalischen und meteorologischen Basis. Daß jedoch die Geographie in klimatologischen Arbeiten eigene Zielsetzungen und Gesichtspunkte verfolgt und diesen Präferenz gibt, wird offensichtlich nicht bestritten, ja, es werden ihr sogar neue „brennende Untersuchungsschwerpunkte" (die synoptische und die Geländeklimatologie) zugeschrieben.

Nahezu nahtlos deckt sich diese Auffassung mit der kritischen Analyse von Terjung (1976), der ebenfalls von einer "geographical climatology" und von "geographer-climatologists" spricht und dem es bei der nach seiner Meinung dringend erforderlichen Erneuerung der geographischen Klimatologie insbesondere um umfassende methodische Verbesserungen durch stärkere physikalische und theoretische Fundierung und Verankerung der klimatologischen Forschung geht. Auch von Terjung wird nicht bestritten, daß die geographische Klimatologie ihren eigenen Forschungsauftrag und eine eigenständige Zielsetzung hat:

The essence of geographical climatology is the analysis and description of process-response systems of importance to mankind occurring within the planetary boundary layer, interface, and substrates. The future of a climatology useful to geographers appears to lie in the numerical modeling of such systems (199).

Wenn so – bei sorgfältiger Würdigung aller kritischen Stellungnahmen – das Fazit zu ziehen ist, daß der geographischen Klimaforschung durchaus eigenständige, fachspezifische und nicht ausschließlich physikalisch-kausal fundierte und genetisch orientierte inhaltliche Zielsetzungen und Fragestellungen verbleiben und zugeschrieben werden, so scheint dem Verfasser nichts dagegen zu sprechen, die Forschungsrichtung weiterhin als „Klimageographie" oder englischsprachig als "geography of climate" (nach Gentilli 1952) zu bezeichnen.

Es wird kein Argument gesehen, das die Klimageographie auch nur begrifflich einer anderen Kategorie von Teildisziplinen der Geographie zuweist als etwa die nomenklatorisch unumstrittenen Fachrichtungen der „Pflanzengeographie", der „Hydrogeographie" oder der „Bodengeographie", um nur einzelne Beispiele aus der physischen Geographie zu nennen.

Die methodischen Anmerkungen und Forderungen der kritischen Autoren – die im übrigen ihr Pendant in fast allen anderen Teildisziplinen der Geographie haben – bleiben von dieser nomenklatorischen Festlegung (auch im Titel dieses Sammelbandes!) unberührt. Sie sind berechtigt und ihnen wird offensichtlich nach Ausweis zahlreicher Veröffentlichungen aus jüngster Zeit auch bereits verstärkt Rechnung getragen.

Eine scharfe Grenze oder gar „Kluft" zwischen einer solchen Klimageographie, die nicht auf die Behandlung der physikalischen Ursachen völlig verzichten wird, und der modernen meteorologischen Klimatologie darf es und wird es nicht geben. Die vielfältig gegebenen persönlichen Begegnungen und wissenschaftlichen Kontakte zwischen Meteorologen und Geographen scheinen vielmehr ein erfreuliches Indiz dafür zu sein, daß die Brücke zwischen den Disziplinen nicht unterbrochen ist, sondern daß wichtige Anregungen und Erkenntnisse weiterhin wechselseitig vermittelt werden.

Der Weg der Forschung im Spiegel ausgewählter Publikationen

Schon in den einleitenden Ausführungen wurde kurz darauf hingewiesen, daß die kritische Diskussion in der geographischen Klimaforschung im Grunde nicht neu ist, sondern daß auf dem „Wege der Forschung" immer wieder theoretische und kritische Anmerkungen erfolgten, die rückblickend als durchaus modern erscheinen und die es verdienen, im Rahmen der vorliegenden Aufsatzsammlung in die Erinnerung zurückgerufen zu werden.

Die in chronologischer Abfolge nachgedruckten Aufsätze im ersten Teil des vorliegenden Bandes sollten es ermöglichen, die Entwicklung der theoretischen Grundlegung und Diskussion in der Klimatologie bis in die Gegenwart nachzuvollziehen. Die Auswahl der Beiträge, die sich – der Konzeption der Publikationsreihe entsprechend – auf Aufsätze beschränkt, muß dabei aus Raumgründen notwendigerweise auf ein Mindestmaß beschränkt bleiben und entbehrt sicherlich auch keineswegs subjektiver Auswahlkriterien. Bewußt wird den Ausführungen von Autoren aus der Geographie größerer Raum zuerkannt als vergleichbaren Abhandlungen aus der Feder von Meteorologen. Das dem Band angefügte Literaturverzeichnis kann dazu dienen, möglicherweise erkannte Lücken in der Argumentationskette beider Fachrichtungen, d. h. der Geographie und der Meteorologie, zu schließen.

Eine sorgfältige und kritische Würdigung der nachgedruckten Beiträge sollte erkennen lassen, daß bestimmte theoretische Gedankengänge über Jahrzehnte bis in die Gegenwart Gültigkeit behalten haben, so etwa die Abkehr von der als wenig ergiebig erachteten, rein beschreibenden Mittelwertsklimatologie, die Betonung der Wetterlagen und Witterungen als Bausteine des Klimas (Witterungsklimatologie und dynamische Klimatologie) oder die Hervorhebung der genetischen Aspekte in der Klimaforschung.

Zugleich wird deutlich, daß mit der Einführung des Begriffs „Klimageographie" – insbesondere durch die Arbeiten von Blüthgen – nicht etwa ein neuer Forschungszweig geschaffen wurde, der sich streng von einer meteorologischen Klimatologie oder etwa auch von der vorher betriebenen geographischen Klimatologie abgrenzt, sondern daß hier allein die nomenklatorische Konsequenz aus der sicherlich unbestreitbaren Tatsache gezogen wurde, daß die Geographie auch in der Klimatologie eine spezifische, ihr eigene chorologische Betrachtungsweise, Zielsetzung und Arbeitsmethodik entwickelt hat und daß sie keineswegs mehr den Anspruch erhebt, die Gesamtdisziplin Klimatologie zu vertreten und zu behandeln. Auch die jüngste der nachgedruckten Arbeiten im ersten Teil der Sammlung (Terjung 1976) unterstreicht bemerkenswerterweise trotz aller methodenkritischer Anmerkungen die spezifische Aufgabenstellung des "geographer-climatologist".

Wie gestaltet sich vor dem Hintergrund dieser theoretischen Diskussion die konkrete Klimaforschung in der Geographie, oder – anders ausgedrückt – auf welche Art klimatologischer Publikationen nehmen die theoretischen Studien Bezug?

Es ist einsichtig, daß die Anzahl dieser Publikationen um ein Vielfaches höher liegt als die der fachtheoretischen Abhandlungen, so daß sich bei ihnen die Auswahl repräsentativer Arbeiten für den vorliegenden Sammelband noch schwieriger gestaltet und daß vielfältige Lücken in Kauf genommen werden müssen. Verwiesen sei daher in diesem Zusammenhang auf das sehr umfangreiche, nach Sachgebieten gegliederte Literaturverzeichnis im neuen Lehrbuch zur Klimageographie von Blüthgen und Weischet (1980). Das Verzeichnis spiegelt – wie das gesamte Lehrbuch – die große Breite und Themenvielfalt der internationalen, von Meteorologen, Geographen, Physikern, Medizinern, Hydrologen, Geobotanikern u. a. getragenen Klimaforschung klar wider.

Der Zielsetzung der vorliegenden Publikation entsprechend, muß sich die Auswahl der nachgedruckten Beiträge auf den Anteil der Geographie an der Klimaforschung beschränken. Dies sollte ebenso nicht als Verengung des fachlichen Blickwinkels aufgefaßt werden wie die bewußte Beschränkung auf die Wiedergabe von Beiträgen deutscher Autoren.

Der historischen Entwicklung der Klimaforschungen folgend, die in Blüthgen/Weischet (1980, 8 ff.) ausführlich dargestellt wird und die hier nicht explizit wiederholt werden soll, werden die ausgewählten Aufsätze wiederum chronologisch gereiht, wobei in Anlehnung an Blüthgen (1965) eine Untergliederung in „allgemeine Klimageographie" und „regionale Klimageographie" vorgenommen wird.

Die historische Abfolge der Beiträge – beginnend mit den Anfängen der Forschung im 19. Jahrhundert – gestattet einen Einblick in die verschiedenen, sich wandelnden Zielsetzungen und Forschungsansätze der geographischen Klimaforschung, die traditionell in eine „klassische" ältere Phase der „Mittelwertsklimatologie" und in eine jüngere, aus der Synoptik erwachsene „dynamische Klimatologie" oder „synoptische Klimatologie" gegliedert wird, wobei die Zäsur etwa in die Zeit um 1930 zu legen ist, nachdem der Schwede Bergeron (1930) erstmals die Leitlinien einer dynamischen Klimatologie entwickelt hatte.

Insbesondere die jüngere Phase der klimageographischen Forschung erhielt wichtige Impulse von seiten der meteorologischen Klimatologie, wobei H. Flohn das große Verdienst zukommt, durch seine Studien zur „Witterungsklimatologie" und zur „Allgemeinen Zirkulation der Atmosphäre" entscheidende Anregungen zur Abkehr von der eher deskriptiven und mittelwertorientierten Klimadarstellung und zur Hinwendung zu stärker physikalisch fundierter, genetischer und modellorientierter Arbeitsweise in der geographischen Klimaforschung gegeben zu haben. Der Abdruck eines seiner zahlreichen Aufsätze zur atmosphärischen Zirkulation trägt dieser Tatsache in der vorliegenden Sammlung betont Rechnung und unterstreicht zugleich das Gebot eines engen nachbarwissenschaftlichen Zusammenwirkens mit der Meteorologie (vgl. Blüthgen 1965).

Ein Studium der jüngeren klimageographischen Arbeiten verdeutlicht in bemerkenswerter Weise das Faktum, daß der neuere, aus der dynamisch-synoptischen Arbeitsweise erwachsene Ansatz der Forschung sich nicht nur auf die traditionellen, jedoch weiterhin aktuellen geographischen Fragestellungen und Themenkreise beschränkt, wie etwa auf die Klassifikation und Systematik der Klimate, sondern daß er auch Eingang gefunden hat in zahlreiche, meist anwendungsorientierte Spezialrichtungen der Klimaforschung, an der Geographen beteiligt sind. Zu nennen sind hier etwa die Agrarklimatologie, die Geländeklimatologie, die Stadtklimatologie, die Ökoklimatologie oder die Bioklimatologie, um nur einige der Schwerpunkte gegenwärtiger klimageographischer Forschungsarbeit aufzuführen.

Bemerkenswert und richtig erscheint daher die abschließende Wertung der historischen Entwicklung der Klimaforschung in Blüthgen/Weischet (1980, 17):

Die Klimaforschung hat heutzutage ein Stadium bunt schillernder Breitenentwicklung erreicht, wo der Geograph auszuwählen gezwungen wird und eigene klimatologische Arbeit nur mehr in sehr viel bewußterer Besinnung auf die Aufgaben und Fragestellungen der Geographie treiben kann, als dies noch bis in die dreißiger Jahre, oftmals relativ ahnungslos und im Gefühl des Selbstverständnisses, im allgemeinen geschah. Insofern befinden wir uns gegenwärtig methodologisch abermals an einer Schwelle.

Ziel und Aufgabe der vorliegenden Aufsatzsammlung ist es, diese Situation an der Schwelle und den Weg, der zu ihr geführt hat, aufzuzeigen.

Literatur

Bergeron, T.: Richtlinien einer dynamischen Klimatologie. In: Met. Zschr. 47. 1930. S. 246–262.

Blüthgen, J.: Kaltlufteinbrüche im Winter des atlantischen Europa. In: Geogr. Zschr. 48. 1942. S. 21–46.

–: Allgemeine Klimageographie. Berlin 1964.

–: Synoptische Klimageographie. In: Geogr. Zschr. 53. 1965. S. 10–51.

– /W. Weischet: Allgemeine Klimageographie. 3. Auflage. Berlin/New York 1980.

Flohn, H.: Grundzüge der atmosphärischen Zirkulation und Klimagürtel. In: Tag.-ber. u. wiss. Abh. Dt. Geographentag Frankfurt. 1952. S. 105–118.

–: Zur Frage der Einteilung der Klimazonen. In: Erdkunde. XI. 1957. S. 161–175.

–: Klimaschwankung oder Klima-Modifikation? In: Arb. zur allgem. Klimatologie. Darmstadt 1971, S. 291–309.

Gentilli, J.: A Geography of Climate. Perth 1952.

Lautensach, H.: Klimakunde als Zweig länderkundlicher Forschung. In: Geogr. Zschr. 46. 1940. S. 393–408.

Linke, F.: Die Luftkörperklimatologie, eine Streitfrage zwischen Geographen und Klimatologen. In: Bioklimat. Beibl. d. Met. Zschr. 9. 1942. S. 19–23.

Paffen, K. H.: Maritime Geographie. In: Erdkunde. XVIII. 1964. S. 39 bis 62.

Terjung, W. H.: Climatology for Geographers. In: Ann. of the Ass. of Amer. Geogr. 66. 1976, S. 199–222.

Thornthwaite, C. W.: The Task Ahead. In: Ann. of the Ass. of Amer. Geogr. 51. 1961. S. 345–356.

–: The Geographer's Role in Climatology. In: H. v. Wissmann-Festschrift. Tübingen 1962, S. 81–88.

Weischet, W.: Kann und soll noch klimatologische Forschung im Rahmen der Geographie betrieben werden? In: Tag.-ber. u. wiss. Abh. Dt. Geogr.-tag B. Godesberg (1967). Wiesbaden 1969. S. 428–440.

I

ENTWICKLUNG
DER KLIMATOLOGISCHEN/KLIMAGEOGRAPHISCHEN
FRAGESTELLUNGEN UND AUFGABEN

Geographische Zeitschrift 30 (1924), S. 117–120.

METHODISCHE ZEIT- UND STREITFRAGEN

Von Alfred Hettner

Die Wege der Klimaforschung

Über die große Bedeutung der Auffassung des Klimas in der Geographie besteht heute kein Zweifel mehr; ist sie am offenbarsten für die Gesundheit des Menschen und für die Pflanzenwelt, so erstreckt sich doch die Wirkung des Klimas einerseits auf den ganzen Wasserhaushalt der Natur, Bodengestaltung und Bodenbeschaffenheit und andererseits auch auf die Tierwelt und die ganze Gestaltung des menschlichen Lebens. Wohl aber besteht Unsicherheit über die Wege, die die Klimatologie zu gehen hat, um ihren verschiedenen Aufgaben gerecht zu werden, und nur langsam ringt sich die Einsicht durch, daß sie lange recht einseitig vorgegangen ist.

Man wird die heute überwiegende Methode der Klimatologie kaum falsch charakterisieren, wenn man sagt, daß sie in der Auswertung der quantitativen Angaben der meteorologischen Stationen bestehe. Diese Methode ist ja insofern berechtigt, als genaue Beobachtungen über das Klima instrumentell sein und durch lange Zeit regelmäßig, also auf Stationen, fortgeführt werden müssen. Trotzdem ist sie in dreierlei Beziehung einseitig und ungenügend.

Erstens ist das Stationennetz viel zu weitmaschig. In den Ländern geringerer Kultur gibt es auf viele Tausende von Quadratkilometern oft nur eine Station, die sich auch nicht etwa an einem Orte von besonders typischem Klima, sondern da befindet, wo sich gerade ein Beobachter darbietet. Wer sich mit dem Klima eines solchen Landes ernstlich beschäftigt hat, weiß, daß eine nur auf die Stationen begründete Kenntnis so gut wie nichts ist. Man muß die Stationsbeobachtungen durch Erkundigungen über den gewöhnlichen Verlauf des Wetters und durch Rückschlüsse aus der Wasserführung der Flüsse, dem jahreszeitlichen Verlaufe des Pflanzenlebens und der Art der Pflanzendecke, ob Wald

oder Savanne oder Steppe usw., ergänzen. In der Sammlung aller
solcher Notizen aus Reisebeschreibungen liegt eine dankbare wissenschaftliche Aufgabe.

Aber nicht nur in überseeischen Ländern, sondern auch in den europäischen Kulturländern, auch bei uns in Mitteleuropa, ist das Stationennetz nicht dicht genug, um das Klima so zu erfassen, wie es sowohl
für wissenschaftliche wie für praktische Zwecke nötig ist. Namentlich
gilt das für gebirgige Gegenden, in denen es fortwährend wechselt und
die Unterschiede nicht etwa nur in der Abnahme der Temperatur mit
der Höhe bestehen, sondern sich auch, und zwar in unberechenbarer
Weise, auf die Verteilung der Niederschläge usw. und den ganzen Gang
der Witterung beziehen. Ich brachte vor zwei Jahren eine Woche in
Sternenfels an der Westspitze des Stromberges zu, wo bis 400 m Höhe
hinauf Wein, und zwar ein ganz erträglicher Wein, gebaut wird. Es war
sehr heiß; wohl bildeten sich Gewitter, aber sie kamen nicht zu uns. Auf
unsere Erkundigung sagte man uns, daß die Gewitter meist nördlich
und südlich, sich an die offene Muschelkalkplatte haltend, an diesem
kleinen Waldgebirge vorbeizögen. Das Gebirge hat keine Station; nur
an den Rändern befinden sich solche. Die offizielle Klimatologie sagt
uns also nichts darüber aus, und doch kann das Wirtschaftsleben des
ganzen kleinen Gebirges ohne Kenntnis seines Klimas gar nicht richtig
aufgefaßt werden. Hier müssen ebenso wie in weniger kultivierten Ländern Erkundigungen bei Förstern und Landwirten und Rückschlüsse
aus dem Pflanzenwuchse helfend eintreten, und es liegt eine dankbare,
bisher zu sehr vernachlässigte Aufgabe wissenschaftlicher Bestätigung,
auch geographischer Doktorarbeiten, vor, die sich ja nicht auf das
Klima zu beschränken brauchen, sondern sich auch auf Gewässer,
Pflanzendecke, Besiedelung erstrecken können.

Daß sich der meteorologische Beobachter nicht mit dem Ablesen der
Instrumente begnügen dürfe, sondern auch die Wolken usw. beobachten und die ganze Art des Wetters beschreiben solle, ist von einem
Manne wie Hann oft gefordert worden; aber wie viele Beobachter
erfüllen wohl diese Forderung?

Ein dritter Mangel aber besteht in der Verwertung des Beobachtungsmaterials. Sie beschränkt sich im allgemeinen zu sehr auf die Berechnung von Mittel- und Extremwerten, ist also zu sehr statistisch im
engeren Sinne des Wortes, zu wenig, wie man es ausdrücken kann, phy-

siologisch. Bei gleichen Mittelwerten kann aber die Art des Wetters, der Verlauf der Witterung ganz verschieden sein. Schon die Dauer gewisser Zustände, z. B. die Dauer von Temperaturen, wird zu wenig berechnet, und doch scheint sie z. B. für die Verbreitung der Pflanzen die Hauptsache zu sein. Noch mehr tritt aber in den gewöhnlichen klimatologischen Darstellungen die Art der unperiodischen Wetteränderungen zurück. Es ist manchmal, als ob die ganze moderne Entwicklung der Meteorologie spurlos an ihnen vorübergegangen wäre, während doch die Auffassung der Witterungstypen, mag man sie nun im Sinne der bisherigen Theorie der Depressionen oder im Sinne der Polarfronttheorie auffassen, auch für die Auffassung der Klimate überaus lehrreich ist.

Ich habe diesen Gedanken, in mancher Beziehung auf Supans Statistik der unteren Luftströmungen fußend, bereits meiner Doktordissertation über das Klima von Chile (1882) zugrunde gelegt und später wiederholt durchgeführt, eine physiologische Klimatologie hat kürzlich Eckardt geschrieben; als eine gute Einzeluntersuchung hebe ich Waibels Studien über die Winterregen Südwestafrikas hervor. Gerade solche Untersuchungen tun uns in größerer Zahl not.

Die Klimatologie hat nicht nur die Aufgabe der Beschreibung, sondern auch der Erklärung. Darüber herrscht Übereinstimmung; aber man kann fragen, ob die gewöhnliche Art der Erklärung auf dem richtigen Wege sei. Ihre Grundlage bildet die Auffassung der mathematischen Klimazonen; die Erfahrung zeigte bald, daß die wirkliche Verteilung der Wärme dadurch noch nicht erklärt wird. Die Abweichungen der tatsächlichen von der normalen mathematischen Verteilung erklärte man nun aus der Beschaffenheit des Untergrundes, besonders ob Land oder Meer, aus der Richtung der Winde und Meeresströmungen, aus Bewölkung und Niederschlägen. Aber Winde und Meeresströmungen, Bewölkung und Niederschläge – sie werden wieder aus der Verteilung der Wärme abgeleitet. Man bewegte sich also im Zirkel. Und man erklärte auch immer nur die einzelne Erscheinung, nicht das Klima als Ganzes. Dafür muß die atmosphärische Zirkulation zugrunde gelegt werden; nicht nur die Verteilung der Bewölkung und Niederschläge, sondern auch des Lichtes und der Wärme im einzelnen läßt sich erst aus ihr erklären.

Damit hängt nun aber auch die Frage nach der Klassifikation der Klimate oder, anders ausgedrückt, der Aufstellung der Klimatypen zusammen. Sie hat den Zweck der leichteren Auffassung der Einzelheiten durch die Bildung von Gattungsbegriffen, die nach Möglichkeit in ein System geordnet werden, um die Gesamtheit der Erscheinungen zu umfassen. Diese Begriffsbildung kann aber verschieden geschehen; sie kann einseitig auf einzelne Erscheinungen beschränkt oder allseitig, sie kann rein beschreibend, auf die Wirkungen gerichtet oder auf die Ursachen begründet, genetisch, sein. In der Klimatologie hat sie, nachdem die Unzulänglichkeit der mathematischen Klimazonen erkannt war, mit der Bildung von Wärmezonen begonnen, die auf die Mitteltemperaturen des Jahres und der extremen Monate, in abgerundeten Dezimalwerten ausgedrückt, begründet waren. Es bedeutete schon einen großen Fortschritt, als man die Dauer der Wärmeperioden einführte und sich dabei nicht an die auf den Meeresspiegel reduzierten, sondern an die wirklichen Temperaturen hielt. Aber solche einseitig auf die Wärme begründete Klimaeinteilungen konnten nicht genügen, weil die gleiche Wärme ganz verschiedene Bedeutung hat, je nachdem Wind und Niederschläge sind. Eine Klassifikation der Regenklimate ging nebenher, und man stellte dabei mit Recht die Verteilung der Niederschläge über die Jahreszeiten in den Vordergrund. Eine natürliche Einteilung der Klimate im ganzen mußte diese einseitigen Einteilungen zu vereinigen suchen, eben weil kein klimatischer Faktor je isoliert, sondern immer nur in der Verbindung mit den anderen auftritt und wirkt. Wir haben jetzt eine Anzahl solcher Einteilungen bekommen, unter denen die mehrfach abgeänderten von Köppen (1900 in der G. Z., 1918 in Pet. Mitt. und 1923 in dem Buche: Die Klimate der Erde) weitaus die bedeutendsten sind; Passarge, Philippson, Obst haben sich ihr in der Hauptsache angeschlossen. Es ist nicht ganz leicht, das Prinzip dieser Einteilungen zu bezeichnen; sie haben die Wirkungen des Klimas, die erste nur die Wirkung auf die Pflanzenwelt, die letzte auch die auf Gewässer und Bodenbeschaffenheit im Auge, und suchen nun klimatische Zahlenwerte auf, die diese Wirkung ausdrücken. Vom rein klimatologischen Standpunkt aus sind sie also beschreibend; nur nachträglich werden die Klimate erklärt. Eine solche Klassifikation ist unter allen Umständen nützlich; aber sie kann nicht das letzte Wort der Wissenschaft sein, wofür man sie ausgegeben hat. Mit der Wirkung auf Boden, Gewässer, Pflanzen oder überhaupt andere Naturerscheinungen kommt ein fremdartiges Element hinein; diese Folgeerscheinungen lassen sich auch nie rein auf das Klima zurückführen, vielmehr spielen Beschaffenheit und Gestalt des Bodens und allerlei andere Einflüsse, auch die Spielweite der organischen Anpassung, eine Rolle dabei. Die Abhängigkeit des Bodens, der Gewässer, der Pflanzen und Tiere, des Menschen vom Klima gehört der Boden- und Gewässerkunde, der Pflanzen- und Tiergeographie und der Geographie des Menschen, nicht aber der Klimatologie an. Die Begründung auf bestimmte Zahlenwerte ist immer künstlich und wird verschieden ausfallen, je nachdem man die eine oder andere Thermometerskala wählt, die Niederschläge in Millimetern oder in englischen Zollen ausdrückt. Köppen hat sich die redlichste Mühe gegeben, geeignete Werte zu finden, und bringt dazu eine Kenntnis des Materials mit, wie sie kein anderer hat; trotzdem zerreißt seine Klassifikation, wie er selbst vielfach zugesteht, oft natürlich gleichartige Gebiete, um andererseits ganz verschiedenartige zusammenzuschweißen, und wo sie mit solchen zusammenfällt, ist sie in den Zahlenwerten unbestimmt, dabei auch im ganzen so unübersichtlich geworden, daß nur ein sehr eingehendes Studium sie handhaben lernt. Da die Typen und Provinzen beschreibend aufgestellt sind, ergibt sich ihre Verbreitung nicht von selbst, sondern muß erst festgestellt werden.

Ich habe, die vielen in der Länderkunde erwachsenen Klimatypen zusammenfassend und auch theoretische Arbeiten, namentlich von Wojeikof, fortbildend, einen anderen Weg eingeschlagen, um zu einer natürlichen Klassifikation zu gelangen (G. Z. 1911 S. 425 ff.). Köppen hat meinen Weg als deduktiv bezeichnet, und Obst hat ihm das nachgesprochen. Dies Urteil beruht auf einer Verwechselung logischer Begriffe. Meine Klimatypen sind durchaus aufgrund vergleichender Induktion gewonnen; aber meine Darstellung ist synthetisch, und zwar ursächlich-synthetisch oder genetisch, d. h. ich versuche, die Klimate aus ihren Ursachen aufzubauen und ihre Verteilung aus der Verteilung der letzten Ursachen, also hauptsächlich der Verschiedenheit der geographischen Breite, der Verteilung von Land und Meer und der großen Züge der Bodengestaltung abzuleiten. Es unterliegt keinem Zweifel, daß das das Ziel der Wissenschaft sein muß; eine Frage ist es höchstens, ob ein solcher Versuch nicht verfrüht sei. Ich glaube es nicht, wobei ich mir natürlich bewußt bin, daß im einzelnen noch vieles unsicher ist. Man wird auch versuchen müssen, die Klimawerte immer mehr zahlenmäßig auszudrücken, wobei man an den mühevollen Berechnungen

Köppens einen guten Anhalt hat. Aber man soll dieser zahlenmäßigen Bestimmung keine zu große Bedeutung beimessen; weder die Natur noch der Mensch im praktischen Leben richten sich nach bestimmten Dezimalzahlen, sondern nach dem Zusammenspiel und der Aufeinanderfolge der Witterungserscheinungen. Ich meine also, daß Ausbau und Verbesserung dieser genetischen Klimatypen eine der wichtigsten Aufgaben der Einzelforschung sein sollte.

Geographische Zeitschrift 46 (1940), S. 393–408.

KLIMAKUNDE
ALS ZWEIG LÄNDERKUNDLICHER FORSCHUNG

Von Hermann Lautensach

Die Überzeugung, daß die Länderkunde das Kerngebiet der geographischen Wissenschaft darstellt und daß diese damit ein Sachgebiet besitzt, das keine der zahlreichen Nachbar- und Hilfswissenschaften ihr rauben kann, ist heute fast überall durchgedrungen. Die Geographie ist damit die Wissenschaft vom individuellen Charakter der einzelnen Land- und Meeresräume, deren Gesamtheit die Erdhülle bildet (1). Die Geographie wird daher nur so lange als selbständige Wissenschaft anerkannt werden, wie innerhalb der länderkundlichen Sphäre Forschungsergebnisse erzielt werden. Länderkundliche Darstellungen dürfen also, wenn sie als forscherische Leistung gewürdigt werden wollen, ihre Aufgabe nicht darin erblicken, schon früher bekannte Tatsachen und bewiesene Zusammenhänge über ein Land zusammenzustellen und in eine darstellerisch neue Form zu gießen. Sie müssen vielmehr neue Tatsachen feststellen und genetisch deuten oder bekannten Tatsachen eine neue Deutung geben. Es ist dabei seit langem klar, daß nicht alles, was in einem Lande existiert, geographischer bzw. länderkundlicher Erfassung fähig ist. Geographisch ist nur alles, was zum Wesen des betreffenden Landes gehört. Und diese Wesenheit trägt den Charakter einer starken Einheit oder sogar einer Ganzheit im Sinne der Psychologie (2). Die Bedeutung jeder länderkundlichen Einzelerscheinung im Rahmen des Ganzen richtet sich dabei nach der physiognomischen Rolle, die sie im Bilde des Landes spielt, und nach der physiologischen Rolle, die ihr im genetischen Werdegang und im derzeitigen Zusammenwirken der landschaftsgestaltenden Kräfte zukommt.

Vom physiognomischen wie vom physiologischen Standpunkt aus betrachtet, nimmt das Klima im Wesen der Länder einen außerordentlich wichtigen Platz ein. Die Sonnenscheindauer, der Grad und die Form der Bewölkung, der Feuchtigkeitszustand und damit die Durchsichtigkeit der Luft, die Formen des Niederschlags im Fall und im ruhenden Zustand, das alles sind meteorologische bzw. klimatische Charaktereigenschaften eines Landes, die unbedingt zu dessen physiognomischer Wesenheit gehören. Sobald man die Wahrnehmungsinhalte anderer Sinne hinzunimmt, fallen auch Temperaturen, Luftbewegungen u. a. unmittelbar in diese Sphäre, nicht dagegen, wie ausdrücklich hervorgehoben sei, der Luftdruck. Besonders auffällig werden diese Erscheinungen als synthetische Gesamtheit des Lufthüllenzustandes eines Landes, wenn wir den Jahresablauf betrachten. Definiert man mit Hann das Klima als „die Gesamtheit der Witterungen eines längeren oder kürzeren Zeitraumes, wie sie durchschnittlich zu dieser Zeit des Jahres einzutreten pflegen" (3), dann ist das Klima eine eminent wichtige Erscheinung im Wesen der Länder. Ebenso groß ist seine physiologische Rolle in dem Kräftespiel, das den derzeitigen Aspekt der Länder beherrscht und umgestaltet. Eine ungeheure Fülle von grundlegend wichtigen geographischen Erscheinungen wurzelt zu nicht geringem Grad im Klima: die Bodentypen, die hydrographischen Erscheinungen, die Formen von Schnee und Eis, viele Züge des Reliefs, das natürliche Pflanzenkleid sowie außerordentlich zahlreiche Anpassungserscheinungen der Kulturlandschaft. Man kann geradezu von einer zentralen Stellung der klimatischen Kräfte im Kraftfeld der Land- und Meeresräume sprechen. Mit der Lufthülle sind sie auf der Erdoberfläche allgegenwärtig. Nicht wenige länderkundliche oder landschaftskundliche Gliederungen der gesamten Erdoberfläche oder zum wenigsten der festen Erdoberfläche, so die von Passarge (4), benutzen daher klimatische Grenzen als erstes Einteilungsprinzip. In älterer Zeit wurde die Klimatologie in ihrer Gesamtheit mit Recht als ein Teil der Geographie betrachtet. Hettner gibt 1927 dieser Auffassung Ausdruck, indem er die Klimatologie eine geographische Teilwissenschaft nennt (5). Noch 1938 legt G. Erhardt seiner Dissertation bei Auswahl, Anordnung und Auswertung des Stoffes den Satz zugrunde: „Klimatologie ist meteorologische Geographie" (6).

So einfach allerdings scheint mir die methodische Lage heute nicht mehr zu sein. Heute kann man kaum noch den entgegengesetzten Standpunkt von Bonacina anerkennen, Klimatologie sei geographische Meteorologie (7), oder sich der Definition von Köppen anschließen: „Die Klimakunde oder Klimatologie ist ein Zweig der Meteorologie in weiterem Sinne, der zwar ebenso, wie diese überhaupt, sich auf der Experimentalphysik und der Geographie aufbaut, in dem aber das geographische Moment das physikalische überwiegt" (8). Hanns „Handbuch der Klimatologie" erschien noch in drei Teilen in der Bibliothek geographischer Handbücher, die A. Penck herausgab. Das gleichnamige Handbuch von Köppen und Geiger (9) dagegen umfaßt 26 Teile, und unter den 34 Verfassern sind nur zwei Geographen. Es ist ein völlig selbständiges Riesenwerk. In ihm erscheint die Klimatologie als eine in vielen Grundzügen selbständige Wissenschaft, die weder der Geographie noch der Meteorologie zugehört, aber immerhin zu letzterer engere sachliche und methodische Beziehungen hat als zu ersterer. Völlig den gleichen Eindruck erwecken viele moderne klimatologische Einzelabhandlungen, besonders aus Mitteleuropa. Wer etwa die Untersuchung von G. Roediger (10) über den europäischen Monsun oder den Aufsatz von H. Flohn über den freien Föhn (11) liest – um nur zwei Beispiele aus vielen Dutzenden herauszugreifen –, der wird unter keinen Umständen den Eindruck erhalten, einen fertigen Beitrag zur Länderkunde von Europa vor sich zu haben, wenn ihr Inhalt auch durchaus nicht geographisch unwichtig ist. Die Klimatologie ist heute in weiten Bereichen, die jetzt betonte Beachtung finden, nicht mehr eine Teilwissenschaft, sondern eine Hilfswissenschaft der Geographie. Es hat hier die gleiche Erweiterung begonnen, wie wir sie überall im Bereich der bisherigen Teilwissenschaften der Allgemeinen Physischen Geographie feststellen. Wir Geographen können diese Entwicklung nur einfach konstatieren und ihre Zwangsläufigkeit begreifen. Aber es wäre unmöglich, sie leugnen zu wollen, und wie ich schon früher betont habe (1), wäre es falsch, zu glauben, daß mit ihr die Allgemeine Geographie überflüssig geworden sei. Aber der Geograph muß sich in dieser Situation die Frage vorlegen: Gibt es innerhalb der Geographie noch die Möglichkeit, ja etwa sogar die Notwendigkeit klimatologischer Forschung? Da mich die bisherigen Versuche zur Beantwortung dieser Frage (12, 13) wenig befriedigen, soll es die Aufgabe dieses Aufsatzes sein, sich mit ihr zu beschäftigen. Ich beschränke mich dabei auf die Länderkunde, da diese, wie eingangs betont, das Kerngebiet geographischer Forschung ist.

Die Klimatologie hat im Laufe der letzten zwanzig Jahre eine grundlegende Umstellung ihrer hauptsächlichen Methoden und Fragestellungen erfahren. Hann hat auf der ersten Seite seines berühmten Hand-

buches der Klimatologie für das Wort Klima eigentlich eine doppelte
Definition gegeben, eine synthetische und dynamische einerseits, eine
zum wenigsten in ihren Auswirkungen analytische und statische andererseits. Die erstere ist oben wiedergegeben. Die letztere lautet: „Unter
Klima verstehen wir die Gesamtheit der meteorologischen Erscheinungen, welche den mittleren Zustand der Atmosphäre an irgendeiner Stelle
der Erdoberfläche kennzeichnen." Ausdruck dieser letzteren Auffassung ist diejenige Forschungsrichtung, die man Mittelwertklimatologie
nennt. Sie hat sich in der zweiten Hälfte des vorigen Jahrhunderts in
dem Maße entwickelt, wie die Zahl der meteorologischen Stationen und
Beobachtungsjahre wuchs, und hat der Gesamtklimatologie bis zum
Weltkriege das Gepräge gegeben. Sie untersucht in klimatographischem
Sinne den durchschnittlichen bzw. mittleren Zustand der einzelnen meteorologischen Elemente bzw. die Häufigkeit der meteorologischen
Zustände. Sie mittelt die Monatswerte, die ihr die meteorologischen
Stationen durch Zusammenfassung ihrer Tagesbeobachtungen bieten, über möglichst lange Jahresreihen und reduziert ungleiche
Beobachtungsperioden auf die Normalperiode. So erhält sie möglichst
fehlerfreie, langperiodische, gut vergleichbare monatliche Durchschnittswerte sämtlicher Elemente bzw. Häufigkeitsbeobachtungen.
Eine vorzügliche Anleitung für diese klimatographischen Methoden hat
schon 1891 H. Meyer gegeben (14). Später hat die Mittelwertklimatologie die Frage der Andauer bestimmter Durchschnittszustände der Atmosphäre im Jahreslauf in ihr Untersuchungsbereich eingeschlossen.
Alle Zahlenergebnisse dieser Methode sind exakter kartographischer
Darstellung durch Isolinien fähig. Die Klimakarten haben mit Recht
von jeher als ein unentbehrliches Hilfsmittel des Geographen gegolten.
Als besonders hochstehende und sorgfältige Ergebnisse dieser klassischen Periode klimatologischer Forschung kann man beispielsweise die
Arbeiten von W. Semmelhack über die Iberische Halbinsel nennen (15).

Die neue Richtung klimatologischer Forschung hat die erste der beiden Hannschen Definitionen zur Grundlage. H. Flohn hat über sie eine
sehr klare Übersicht für Geographen gegeben (16). Innerhalb von ihr
gibt es noch verschiedene Einzelströmungen. Gemeinsam ist ihnen
allen, daß sie prinzipiell synthetisch denken. Den Versuch der Wetter-
formeln von E. E. Fedorow (17) können wir hier übergehen, denn seine
Anwendung auf das Klima Vorpommerns am Beispiel von Greifswald

durch H. Glawion (18) zeigt, daß dieses Verfahren für die Länderkunde ungeeignet ist. Im Anschluß an die Polarfronttheorie der Norwegischen und der Wiener Schule haben Meteorologen, insbesondere T. Bergeron (19) und G. Schinze (20), den Begriff des Luftkörpers entwickelt, d. h. einer strömenden Luftmasse, die aus ihrem Herkunftsgebiet gekoppelte Werte der meteorologischen Elemente in andere Gebiete überträgt. In der Föhnforschung, der Untersuchung von Wärme- und Kältewellen hat diese Auffassung schon Vorläufer gehabt. Verschiedene Luftkörper unterscheiden sich nach ihr in allen wesentlichen meteorologischen Grundeigenschaften (Temperatur, Feuchtigkeitsgrad, Wolken- und Niederschlagsformen). Verweilt ein solcher fremdbürtiger (allochthoner) Luftkörper längere Zeit in einem bestimmten Erdraum, so degeneriert er und nimmt allmählich die eigenbürtigen (autochthonen) Eigenschaften an, die dieser Erdraum ihm in der betreffenden Jahreszeit zu verleihen vermag, bis er durch einen neuen fremdbürtigen Luftkörper ersetzt wird. Das Wetter jedes Punktes der Erdoberfläche wird durch diesen Wechsel von fremdbürtigen Luftkörpern verschiedener Herkunft und verschiedener Eigenschaften und durch deren Autochthonisierung bestimmt. Diese dynamische Betrachtung ist, besonders unter dem Einfluß F. Linkes und seines Schülers E. Dinies (21), in die Klimatologie übergegangen. Man unterscheidet je nach Herkunft und Eigenschaften kontinentale und maritime, polare und tropische, tropisch-kontinentale und tropisch-maritime, polar-kontinentale und polar-maritime Luftkörper. Für die zu untersuchende meteorologische Station wird der herrschende Luftkörper eines jeden Tages festgestellt. Auf diese Weise entsteht ein Luftkörperkalender für ein oder mehrere Jahre. Die Mitteltemperaturen, mittleren Maximal- und Minimaltemperaturen, Dampfdrucke, Feuchtigkeitsgrade und Häufigkeiten eines jeden Luftkörpers werden für jeden Monat berechnet und mit den langjährigen Monatsmitteln der Mittelwertklimatologie, den „Kollektivmitteln", verglichen. Diese gleichzeitig dynamische und synthetische Methode betrachtet also das Klima eines Ortes als das Ergebnis des Kampfes der verschiedenen Luftkörper um die Herrschaft im Raum.

Angesichts dieser neuen, sehr einleuchtenden, der Wirklichkeit ohne Schematismus nachgehenden Methoden sind Stimmen laut geworden, die die Mittelwertklimatologie mehr oder weniger zum alten Eisen werfen. Ein Aufsatz von S. Passarge (23) enthält die Forderung: „Los vom Mittelwert!" H. Flohn nennt die Monatsmittel der klassischen Klimatologie „unnatürlich". Ein natürliches Klimasystem müsse das Köppensche – auf die Mittelwerte gegründete –, das mit dem Linnéschen Pflanzensystem verglichen wird, ablösen (16). Und R. Penndorf führt in einer Besprechung der Arbeit von R. Freymann über das Klima von Portugal (47) das folgende aus (24):

Der Verfasser versucht eine Klimatologie von Portugal zu schreiben, indem er die Beobachtungen von 17 Stationen des Zeitraumes 1903–1922 nach Wind, Temperatur, Niederschlag, Bewölkung und sonstigen meteorologischen Erscheinungen zusammenstellt und untersucht. Jegliche Druckuntersuchung fehlt. Auch geht der Verfasser über den üblichen Rahmen der Mittelwerte, die an sich nicht viel sagen, nicht hinaus. Die moderne Klimatologie, so wie sie etwa Bergeron auffaßt, ist ihm völlig unbekannt. Im zweiten Teil werden die Wetterlagen im Verlauf eines Jahres geschildert. Mit den heutigen Begriffen wie Front, Luftkörper hätte ein besserer Weg beschritten werden können. Das Isobarenbild allein ist für ihn maßgebend. Es ist aber nichtssagend, ob ein Gebiet unter dem Einfluß des Azorenhochs steht, wesentlich ist, ob Polar- oder Tropikluft herantransportiert wird; deren Eigenschaften bestimmen die beobachteten Werte.

Die Situation ist also die folgende. Die Länderkunde eines jeden Erd- und Meeresraumes ist ohne eine tiefgründige Berücksichtigung des Klimas ein unbrauchbarer Torso. Aber wichtige Kernbereiche der heutigen Klimatologie gehören nicht mehr zur Geographie. Sie haben sich selbständig gemacht und an die Stelle der Mittelwertsmethoden neue Forschungsrichtungen, insbesondere die der Luftkörperforschung gesetzt. Von diesem Standpunkt aus werden von Meteorologen wie R. Penndorf regionale Klimauntersuchungen abgelehnt, die von Geographen verfaßt sind, weil sie nicht vom mitteleuropäischen Standpunkt der Luftkörperklimatologie ausgehen. Angesichts dieser Lage scheint es mir nötig, die folgenden Gesichtspunkte zu betonen. Ich möchte jedoch ausdrücklich vorausschicken, daß diese Ausführungen ausschließlich vom geographischen Standpunkt geschrieben sind und nur die Frage dieses Aufsatzes zu lösen suchen, ob und in welcher Form klimatische Untersuchungen im Rahmen länderkundlicher Forschung Berechtigung haben, ja notwendig sind. Es kann dagegen nicht meine Aufgabe sein, den Klimatologen in die Methoden ihres eigenen Faches hineinzureden. Wenn dabei Dinge zur Sprache kommen sollten, denen auch die Klimatologen Beachtung schenken wollen, so liegt das ausschließlich an der engen Verwandtschaft, die Geographie und Klimatologie im Bereich der Atmosphärenkunde nach wie vor besitzen.

1. Sehr mit Recht hat K. Knoch den Mittelwert in der Klimatologie verteidigt (25). Er ist die exakteste Form der Zusammenfassung von Hunderten von Einzelbeobachtungen. Man muß sich nur bei seiner Verwendung über die Art seiner Bildung klar sein und darf von ihm nicht Aussagen verlangen, die er seiner Natur nach nicht zu machen in der Lage ist. Für den Geographen ist er nach wie vor das erste und wichtigste Fundament klimatologischer Feststellungen innerhalb der Länderkunde. Allein mit Hilfe der Mittelwerte der meteorologischen Elemente und von Grenz- und Schwellenwerten, die auf ihnen beruhen (Köppen), kann man das Klima der einzelnen Stationen des gleichen Landes, verschiedener Länder und schließlich der ganzen Erdoberfläche exakt vergleichen. Gewiß sind die Monatsabschnitte im Jahreskreislauf fast immer klimatisch unbegründet. Aber es gibt überhaupt keine natürliche Jahreszeitengliederung, die für die ganze Erde Gültigkeit haben könnte. Die konventionelle Monatseinteilung hat den Vorzug, für alle meteorologischen Stationen der Erde zu gelten. Die auf Monate bezogenen Klimazahlen sind daher miteinander vergleichbar. Allein die Mittelwerte und die aus ihnen abgeleiteten Klimatypen, Andauerzeiten usw. lassen sich kartographisch ohne subjektive Willkür und damit einwandfrei darstellen.

2. Selbstverständlich genügen Tabellen mit sauber errechneten und reduzierten Mittelwerten möglichst aller Stationen und die mit ihrer Hilfe entworfenen Klimakarten auch für die Länderkunde nicht zur Erfassung der Klimaeigenart des behandelten Landes. Schon die klimatographische Beschreibung bedarf einer gründlichen textlichen Bearbeitung. In ihr werden die Mittelwerte auf ihren statistischen Ursprung hin untersucht, unter Auswertung des ganzen Zahlenmaterials, das zur Mittelbildung benutzt worden ist. Hauptaufgabe ist es dabei, die typischen Züge im klimatischen Jahresablauf herauszuarbeiten und diese durch Beispiele aus dem Gesamtzahlenmaterial zu belegen. Man wird dabei auch auf die mittleren und absoluten Extreme, auf die Koppelung der Werte der verschiedenen Elemente, insbesondere Temperatur und Niederschlag, eingehen, untersuchen, wie häufig bestimmte klimatische Ereignisse eingetreten sind, wie oft z. B. innerhalb der untersuchten Periode der Juli, wie oft der August der wärmste Monat im Jahres-

gang gewesen ist, usw. Der Kern dieser Ausführungen ist die Beantwortung der Frage, wieweit sich der mittlere Ablauf der Einzelelemente mit deren Ablauf in den untersuchten Einzeljahren deckt.

3. Länderkundlich sehr wichtig sind außerdem Schilderungen typischer Wetterlagen und Wetterereignisse. Neben anderen hat Hettner (22) diese Forderung nachdrücklich erhoben. Hann widmet ihr in seinem Handbuch der Klimatologie einen besonderen Abschnitt. Die amerikanische Klimatologie (R. de C. Ward) hat ihr schon immer lebendige Aufmerksamkeit geschenkt. Natürlich hat die Erfüllung dieser Forderung zur Voraussetzung, daß der Bearbeiter das betreffende Land aus eigener Anschauung heraus kennt oder daß die Literatur geeignete Wetterdarstellungen enthält. Ist keine dieser beiden Voraussetzungen gegeben, so darf die Kritik das Fehlen solcher Schilderungen aber nicht, wie es mitunter geschieht, dem Verfasser in die Schuhe schieben. Selbst für rein klimagraphische Arbeiten ohne solche lebendigen Beigaben gilt das, was Knoch betont hat (25): „Trotzdem brauchen die Arbeiten, die nur statistisches Material beibringen, nicht umsonst geschrieben und wertlos zu sein, denn auch sie dienen dazu, Ordnung und Übersicht in die Beobachtungen hineinzubringen." Sehr begrüßenswert sind daher die „Klimatographischen Witterungsschilderungen", die die Annalen der Hydrographie und maritimen Meteorologie auf die Initiative von W. Semmelhack hin seit 1932 aus der Feder guter Landeskenner fast in jedem Heft bringen. Am besten ist es natürlich, wenn der Geograph auf seinen Reisen selbst ein Wettertagebuch führt und diese persönlichen Feststellungen in die klimatischen Teile seiner Landeskunde verwebt. Diesen Weg bin ich bei der Darstellung des Klimas von Portugal (26), der spanischen Provinz Cuenca (27) und der koreanischen Inseln Quelpart und Dagelet (28) gegangen. Neu ist er aber natürlich nicht. In Ländern ohne Stationsnetz, wie z. B. Tibet, sind diese persönlichen Beobachtungen und Messungen der Reisenden bekanntlich die einzigen Quellen geographischer Klimakunde. Welche schönen Ergebnisse Laienbeobachtungen dieser Art erzielen können, wenn sie gut organisiert sind und von einer großen Zahl von Personen auf engem Raum durchgeführt werden, zeigt eine soeben erschienene Arbeit von L. Schulz über den Harz (29).

4. Eine länderkundlich orientierte Klimatographie braucht meines Erachtens nur diejenigen meteorologischen Elemente zum Gegenstand

ihrer unmittelbaren Forschung zu machen, die direkt auf unsere Sinne wirken und damit zum Wesen der Länder gehören. Die Berechnung von Mittelwerten des Luftdrucks und deren Analyse kann daher ohne jeden Schaden für die Länderkunde wegfallen. „Die Luftdruckverhältnisse ... gehören nicht mehr dem Stoffgebiet der visuellen dinglichen Erfüllung eines Erdraumes an. Für den Meteorologen, insbesondere den Prognostiker, spielt dagegen der Luftdruck als Ursache der Luftbewegungen die entscheidende Rolle, jedoch nicht für den Geographen, der die Luftmassen lediglich in ihrer unmittelbaren Verknüpfung mit der Erdoberfläche als Bestandteil der Landschaft im weiteren Sinne zum Forschungsgegenstand hat" (J. Blüthgen, 30). Auch die Behandlung von Mittelwerten der Äquivalenttemperaturen dürfte für länderkundliche Zwecke in der Regel unnötig sein. E. Heilgermann hat in seinen Beiträgen zur Klimatologie von Togo eine solche Berechnung mittlerer Äquivalenttemperaturen gegeben, ohne daß die Veranlassung dazu ersichtlich ist (31).

5. Für den Geographen sehr wichtig ist die Untersuchung der regionalen Verschiedenheiten des Klimas innerhalb des betrachteten Landes. Sie führt zu einer Gliederung desselben in klimatische Bezirke mit charakteristischen Sonderausbildungen des Klimas, die ihrerseits kartographisch darstellbar ist. Diese Betrachtung der regionalen Verschiedenheit wird meistens auf den Mittelwerten fußen müssen.

6. Es gibt sehr viele Länder, in denen das veröffentlichte meteorologische Material eine andere klimatologische Verarbeitung als die soeben dargestellte überhaupt noch nicht zuläßt. Eine Kritik wie die von R. Penndorf geht stillschweigend von dem Stand meteorologischer Forschung und Organisation aus, wie er in Mittel- und Westeuropa sowie den USA vorhanden ist. Zu jeder luftkörperklimatologischen und ähnlichen Bearbeitung des meteorologischen Zahlenmaterials ist Voraussetzung, daß die Terminbeobachtungen selbst veröffentlicht sind. Diese Voraussetzung ist aber außerhalb der genannten Länder sehr oft nicht gegeben. Interessant sind z. B. die Schwierigkeiten, die H. Schamp zu überwinden hatte, um für seine Luftkörperklimatologie des griechischen Mittelmeergebietes die Terminbeobachtungen von Athen und Naxos für ganze zwei Jahre handschriftlich zu erhalten (32). Sehr oft sind nur die Monatsmittel der Elemente veröffentlicht. Das gilt z. B. – um nur die Länder zu nennen, über die ich selbst klimatologisch gear-

beitet habe – vom Jahrbuch des spanischen Wetterdienstes (33). In Portugal wurden bisher nur für Lissabon (34) und Coimbra (35) die Terminbeobachtungen alsbald publiziert. Im übrigen erschienen dieselben mit Verspätungen bis zu 12 Jahren (36), während die Monatsmittel alljährlich sofort herausgebracht werden (37). Das meteorologische Jahrbuch von Korea (38) enthält von dem Zentralobservatorium Zinsen die allstündlichen Werte, im übrigen nur die Monatsmittel. In anderen Ländern liegen die Verhältnisse noch wesentlich ungünstiger als in den genannten. Ganz das Entsprechende muß über die täglichen synoptischen Wetterkarten gesagt werden. Die Einzeichnung von Fronten, die Aussonderung von Luftkörpern und eine Luftkörperanalyse im Text fehlen in den Wetterkarten der meisten Länder. Die 8-Uhr-Terminbeobachtungen sind in sie oft nur für ganz wenige Stationen eingetragen, und selbst diese Eintragungen sind in den Jahrgängen mitunter lückenhaft.

7. Die Methoden der Mittelwertklimatologie sind also nicht ein beliebiger Irrweg gewesen, den man heute vermeiden muß. Ihre Ergebnisse bilden vielmehr die solide Basis einer jeden geographisch orientierten Klimaforschung. In den Ländern, die ich soeben genannt habe, und in vielen anderen existierten bisher klimatologische Bearbeitungen der alljährlich herausgebrachten meteorologischen Daten überhaupt noch nicht oder nicht in genügendem Umfang. In solchen Ländern ist die Schaffung dieser Basis also die erste Voraussetzung jeder länderkundlichen Arbeit.

8. Luftkörperklimatische Untersuchungen beginnen mit der Aufstellung eines Luftkörperkalenders. Das Deutsche Meteorologische Jahrbuch für 1934 bis 1937 enthält einen solchen für elf bis zwölf große deutsche Stationen. Die gesamte weitere Arbeit steht und fällt mit der richtigen Aufstellung des Kalenders. Sicherheit in der Zuordnung der Luftkörper kann aber nur der Stationsmeteorologe haben, der den betreffenden meteorologischen Vorgang bewußt erlebt hat (vgl. R. Geiger, 39). Eine nachträgliche Zuordnung nur an Hand der gedruckten Terminbeobachtungen ist schon in Mitteleuropa schwer, in Ländern mit nichtmitteleuropäischen Luftkörpern für den Geographen in vielen Fällen direkt unmöglich.

9. Unter Bezugnahme auf den Wortlaut der Kritik von R. Penndorf muß vor dem vorschnellen Gebrauch der Bezeichnung Tropik- und

Polarluft gewarnt werden. Die offizielle Erläuterung der Buchstaben T und P der Luftkörperbezeichnungen lautet auch vorsichtiger: „Subtropische oder tropische Luft" bzw. „Polarluft oder subpolare Luft". Es verdient also betont zu werden, daß längst nicht alle Luftkörper, die in ein europäisches Land aus dem nördlichen Halbkreis eindringen, aus dem Bereich stammen, das die Geographen Polargebiet nennen, ganz besonders nicht in einem so südlich gelegenen Land wie Portugal. Tropische Luft gelangt überhaupt nur sehr selten nach Europa, da der Hochdruckgürtel der Roßbreiten unseren Erdteil in den unteren Luftschichten gegen die Tropen abriegelt. Selbst die Wurzel des ostasiatischen Sommermonsuns liegt nicht selten längst nicht so weit südlich, wie oft behauptet wird (40). Entsprechend stammen nicht alle Northers (cold waves), die die Südstaaten der Union erreichen, aus dem Gebiet nördlich des Polarkreises (41).

10. Die Errechnung der meteorologischen Durchschnittswerte der Monate eines jeden Jahres wird bekanntlich für jede Station von dem Stationspersonal selbst oder von dem Personal der Zentralstation des betreffenden Staates vorgenommen. Zur Berechnung der Durchschnittswerte der Luftkörper muß natürlich das gleiche Originalmaterial der Terminbeobachtungen herangezogen werden. Dieselbe bleibt aber fast stets demjenigen überlassen, der das Klima des betreffenden Landes vom Luftkörperstandpunkt untersuchen will. Diese Rechnungen sind ungemein zeitraubend. Infolgedessen beschränken sich alle bisher systematisch für den ganzen Jahreslauf und alle Luftkörper durchgeführten Untersuchungen auf nur ein oder zwei Stationen und wenige Jahre. Als Beispiele nenne ich die Arbeit von E. Dinies über Frankfurt a. M. (21), von K. Sonntag über Neustadt a. d. H. und die Kalmit (42), von G. Riedel über Davos (43), von Fr. Sieger über den Brocken und Schmatzfeld-Wasserleben (44), von H. Schamp über Athen und Naxos (32). Gerade die letztgenannte sehr fleißige Arbeit, die erstmalig die Methoden der Luftkörperklimatologie auf ein nichtmitteleuropäisches Gebiet anwendet, ist für den Geographen sehr aufschlußreich, zumal sie die altgriechischen Winde mit Recht als Luftkörper im modernen Sinne auffaßt und behandelt. Trotzdem kann sie nicht als Luftkörperklimatologie des ganzen griechischen Mittelmeergebietes gelten. Zwei Stationen können dem Geographen eben nicht eine flächenhafte Überschau über das Klima eines im Relief so viel-

gestaltigen Raumes wie des griechischen geben. Das soll kein Vorwurf gegen den Verfasser sein, der vielmehr alles getan hat, was von einem einzelnen billig erwartet werden kann, noch dazu bei den oben berührten Schwierigkeiten in der Beschaffung des Materials. Es scheint mir daher, daß der Geograph, für den die klimatische Untersuchung doch nur einer unter sehr vielen Gesichtspunkten der Erforschung des von ihm gewählten Landes sein kann, den Hauptnachdruck bei der Luftkörperbetrachtung seines Raumes gar nicht auf die exakte Berechnung der Häufigkeit und der Elementareigenschaften der Luftkörper legen soll und kann. Was nützt es dem Geographen schließlisch so sehr, zu wissen, daß die Durchschnittstemperatur des Aparktias, eines nördlichkontinentalen Luftkörpers in Griechenland, auf Naxos im August um 0,4° über, im Januar um 2,2° unter dem langjährigen Kollektivmittel liegt, während in Athen diese Unterschiede noch etwas größer sind? Die Hauptsache ist und bleibt für den Geographen eben doch, daß die mittleren Augusttemperaturen beider Stationen bei 25–27°, die Januartemperaturen dagegen bei 9–12° liegen! Wichtiger und ungeheuer viel weniger zeitraubend als die Berechnung der Elementarwerte der Luftkörper scheint es mir zu sein, allein mit Hilfe der Wetterkarten typische Aparktiaslagen festzustellen und den ganzen griechischen Raum in den verschiedenen Monaten des Jahres unter ihrem Einfluß zu betrachten.

11. Für den Geographen ist es auch unbedingt ein Mangel, daß luftkörperklimatische Feststellungen im Gegensatz zu luftkörpermeteorologischen nur schwer und unsicher kartographisch darstellbar sind. Ein von Tschierske im Jubiläumsheft des Vereins der Geographen an der Universität Leipzig unternommener Versuch, die „geographischen" Grenzen der Luftmassen Europas im Jahresgang der Verlagerung kartographisch festzustellen, befriedigt wenig (45). Auch entfällt im Gegensatz zu den Mittelwerten die Möglichkeit des zahlenmäßigen Vergleichs von weit entfernten Räumen, die unter der Herrschaft gänzlich verschiedener Luftkörper stehen. Schließlich ist es vorläufig kaum irgendwo möglich, die Gliederung eines betrachteten Raumes in klimatische Teilräume auf das Luftkörpergeschehen des ganzen Jahresringes zu stützen.

12. Endlich muß in diesem Zusammenhang auf den geographisch so wichtigen Kontinentalitätsbegriff eingegangen werden. Dinies (21) definiert Kontinentalität als das Verhältnis der Häufigkeit kontinentaler

zu der maritimer Luftkörper. Diese Definition kann aber nur für das außeretesische Europa und entsprechend gelegene Teile anderer Kontinente Geltung haben. Schamp ist bei dem Versuch, diesen Kontinentalitätsbegriff auf Griechenland anzuwenden, sofort auf die Unmöglichkeit gestoßen, die Etesien der Gruppe der kontinentalen oder der maritimen Luftkörper zuzuweisen. Und der Geograph sieht sofort Dutzende von anderen Schwierigkeiten der gleichen Art. Ist der Nordostpassat auf Ceylon, der Wintermonsun in Nordwestjapan schon ein maritimer oder noch ein kontinentaler Luftkörper? Gewiß war der Gedanke von Dinies, die Kontinentalität auf den synthetischen Charakter der Luftkörper und nicht auf die Jahresschwankung eines einzelnen Elementes zu gründen, sehr verlockend. Aber seine Verwendungsfähigkeit ist eben eine sehr beschränkte. Bei einem weltweiten Vergleich ist meines Erachtens die Jahresschwankung der Temperatur, nach der Formel von Gorczyński-Maisel des Einflusses der geographischen Breite und der Höhenlage entkleidet (46), immer noch der beste Gradmesser für die Kontinentalität.

13. Es sei nochmals ausdrücklich betont, daß diese Einwände sich nicht gegen die Luftkörperklimatologie als solche richten. Sind doch auch die Passate, Monsune und Etesien Luftkörper, ohne deren gründliche Berücksichtigung keine Länderkunde eines tropischen oder subtropischen Gebietes denkbar ist! Die Einwände sollen nur vor einer schematischen Übertragung der methodischen Einzelheiten der Luftkörperbearbeitung auf länderkundliche Untersuchungen warnen und sollen um Verständnis bei Klimatologen und Meteorologen werben, wenn eine solche Übertragung in klimatologischen Arbeiten unterbleibt, die von Geographen ausschließlich zu dem Zweck verfaßt sind, Bausteine für die geographische Erforschung irgendeines Landes zuzurichten.

14. Es erhebt sich nun aber die Frage: Soll und darf die Länderkunde bei den oben behandelten klimatographischen Methoden der Mittelwertanalyse und allenfalls der anschaulichen Schilderung typischer Wetterereignisse stehenbleiben? Die Antwort kann nur lauten: unter keinen Umständen. Die Mittelwertklimatologie liefert die Basis, aber nicht den ganzen Inhalt des klimatologischen Sektors länderkundlicher Forschung. Eine Wissenschaft, die heute so stark auf synthetische und dynamische Betrachtungsweise eingestellt ist, kann unmöglich in einem

ihrer Bereiche sich mit einer statischen und analytischen Behandlung begnügen. Klimakunden, die eine solche Behandlung ausschließlich bevorzugen, wie die von E. Heilgermann (31), nützen dem Geographen recht wenig, zum wenigsten sind sie in keiner Weise fertige Bausteine für eine Länderkunde. Wie dieser Oberbau beschaffen sein muß, läßt sich nicht für alle Länder nach dem gleichen Rezept vorschreiben. Denn seine Ausführung ist auf das engste an das in den einzelnen Staaten so gänzlich verschiedene Baumaterial gebunden. Man darf also auch da nicht prinzipiell für alle Länder Forderungen erheben, die an mitteleuropäischen Verhältnissen der Materialfülle und -durcharbeitung orientiert sind. Als ich meine länderkundlichen Untersuchungen in Portugal, Spanien und Korea begann, mußte ich alsbald feststellen, daß Klimauntersuchungen, die für länderkundliche Zwecke verwendbar sein könnten, überall gänzlich fehlten oder unzureichend waren. Da die Bearbeitung des statistischen meteorologischen Materials der drei Länder für einen einzelnen viel zu zeitraubend gewesen wäre, da eine solche Bearbeitung für die geplanten Länderkunden jedoch unerläßlich war, betraute ich seit 1930 allmählich neun Doktoranden mit der Schaffung je einer klimageographischen Monographie der neun Landschaften, in die ich zu diesem Zweck die Iberische Halbinsel gliederte. Die inzwischen erschienenen bzw. dem Erscheinen nahen dieser Klimamonographien sind unter (47) bis (51) verzeichnet. Entsprechend wurde Korea unter zwei Bearbeiter aufgeteilt (52, 53). Alle diese Arbeiten sind in ihrer Durchführung ähnlich und unterscheiden sich nur soweit, wie die Eigenart des behandelten Raumes oder die Besonderheit des Inhalts der meteorologischen Jahrbücher der drei Staaten es erfordert. Der erste Teil behandelt jeweils das Klima vom Mittelwertsstandpunkt aufgrund selbsterrechneter zwanzigjähriger Mittel, der dritte gibt eine Untergliederung in klimatische Teilräume aufgrund der Ergebnisse der beiden vorhergehenden, der zweite, für die hier angeschnittenen Fragen wichtigste, untersucht die typischen Züge des Jahresablaufes. Dieser Teil stellt eine synthetische und kausal-genetische Untersuchung dar. In ihm werden typische Isobarenbilder an der Hand der Wetterkarten festgestellt und mit Hilfe der in den Karten enthaltenen Stationsmeldungen bzw. der in den Jahrbüchern sporadisch enthaltenen Terminbeobachtungen an der Hand zahlreicher Beispiele in ihrer Wetterwirksamkeit auf den zur Behandlung stehenden Raum untersucht. Für die Iberische

Halbinsel sind 12 solche typischen Luftdrucklagen aufgestellt worden, für die koreanische 22. Selbstverständlich ist die Veränderung dieser Lagen für die Dauer ihrer Wirksamkeit ständig verfolgt worden (z. B. Vorderseiten- und Rückseitenwetter). Schließlich werden die Durchschnittswerte der Einzelmonate mit dem Vorherrschen bzw. Zurücktreten der einzelnen Luftdrucklagen in Zusammenhang gebracht und ihr hoher, niedriger oder normaler Betrag dadurch erklärt. Im Grunde handelt es sich bei dieser Methode um eine primitive Luftkörperbetrachtung. Denn die Verbindung zwischen den Luftdrucklagen und dem gleichzeitigen Wettergeschehen in dem untersuchten Raum wird durch die Luftkörper geschaffen. Dessen sind sich die Bearbeiter bewußt, wenn auch das Wort Luftkörper vermieden wird, um nicht eine mitteleuropäische Präzision vorzutäuschen. Selbstverständlich ist dabei nicht einfach nur festgestellt, z. B. daß Portugal an den und den Tagen „unter dem Einfluß des Azorenhochs" gestanden hat, sondern es sind die Eigenschaften der Luftkörper festgestellt, die unter diesem Einfluß herantransportiert worden sind. Diese Methode scheint mir die geeignetste für Länder des geschilderten Forschungs- und Materialstandes zu sein. Sie ist nicht neu. Für die Iberische Halbinsel ist sie allmählich von Hellmann (54), Teisserenc de Bort (55), Iranzo Benedito (56), Hessinger (57) und Eckardt (58) entwickelt worden. In Mitteleuropa haben zuerst 1895 van Bebber und Köppen gemeinsam einen großzügigen Versuch dieser Art gemacht (59). Derselbe ist von van Bebber 1899 und 1901 weiter ausgebaut worden (60), und selbst neueste Untersuchungen von Nehls (61) und Dammann (75, in gewissem Sinne auch 62) gehen ganz ähnlich vor. Um schließlich noch ein außereuropäisches Beispiel zu nennen, sei auf die von A. Schmauß veranlaßte Dissertation von H. Vogel über die atmosphärische Zirkulation über Australien hingewiesen (63). Wenn „die moderne Klimatologie versucht, über die Beschreibung der Einzelelemente und ihrer Mittelwerte hinaus zu den ihnen zugrundeliegenden Wetterlagen zu gelangen, sie auf deren Häufigkeit, deren regionale Verbreitung und Auswirkung zurückzuführen" (H. Flohn, 64), so sind alle diese Arbeiten nach modernen klimatologischen Gesichtspunkten gestaltet.

15. Wie etwa in Ländern noch niedrigeren Forschungsstandes zu verfahren ist, lehrt die prachtvolle Studie von L. Waibel über die Winterregen in Deutsch-Südwestafrika (65). Selbst in der Frühzeit der Entwick-

lung der Klimatologie haben schon Geographen mit einer solchen physiologischen Betrachtungsweise in Ländern eines damals meist ebenso primitiven Forschungsstandes bündige Ergebnisse erzielt, die noch heute gelten. Es sei nur an Th. Fischers Studien über das Mittelmeerklima (66) und A. Hettners Dissertation über das Klima von Chile (67) erinnert. In den Staaten höchster Entwicklung des Beobachtungsnetzes und der Materialveröffentlichung kann die von mir unter 14 entwickelte Methode im allgemeinen als überholt gelten. Daß trotzdem auch in ihnen selbst vom Standpunkt der klassischen Klimatologie aus länderkundlich gut brauchbare Arbeiten verfaßt werden können, zeigen z. B. die Untersuchungen von A. Dieckmann (68), H. Weise (69), M. Ridder (70), A. Schulze (71) und G. Erhardt (6), die sämtlich von Geographen geschrieben sind. Sie bleiben im wesentlichen auf dem klimatographischen Standpunkt stehen, geben aber für eine regional differenzierte länderkundliche Untersuchung gute Unterlagen. Ähnliches gilt von dem auf Veranlassung von K. Knoch vom Reichsamt für Wetterdienst neu bearbeiteten Kartenwerk über die mittlere Verteilung der Niederschläge im Deutschen Reich (72). Es gibt aber auch schon eine ganze Reihe von Arbeiten aus diesen Gebieten, die mit den feinsten Verfahren moderner synthetischer und kausaler Methodik arbeiten. Aus Deutschland sind zwei Gruppen von Arbeiten zu nennen. Die einen untersuchen deutsche Gebirge unter dem Einfluß einer Anzahl von Luftkörpern, mit besonderer Berücksichtigung der Stau- und Föhnwirkung. Ich nenne die von Knopf (73), Ohrt (74), Schulz (29), Moese (76) und vor allem die prachtvolle Studie von Kottwitz über den Schwarzwald unter dem Einfluß regenbringender Driften (77). Die andere Gruppe behandelt ganz Mitteleuropa unter der Wirkung von Kaltlufteinbrüchen. Zu ihr gehören die Arbeiten von Ortmeyer (78) und ganz besonders die von Blüthgen (30), welch letztere die bei weitem umfassendste dieser Art ist und sich auf den größten Teil Europas erstreckt. In den meisten dieser Untersuchungen steht aber der Luftkörper, nicht der Raum im Vordergrund. Luftkörperbetrachtungen an sich aber sind noch nicht geographisch, auch dann nicht, wenn die Beziehungen zum Relief im Vordergrund stehen. Denn die alte Auffassung, die Geographie habe die kausalen Beziehungen der im gleichen Raum vereinigten Erscheinungen als Hauptgegenstand ihrer Forschung zu betrachten, ist unhaltbar. Sie führt, wie schon wiederholt gezeigt worden ist (1), zu ganz untragbaren Konsequenzen. Für länderkundliche Monographien ist vielmehr der Gesamtablauf des typischen Wettergeschehens in dem betreffenden Lande als Produkt des Luftkörperwandels im ganzen Jahresring die Hauptsache. Das starke Interesse der Länderkunde setzt schlagartig in dem Augenblick ein, in dem die vom geographischen Standpunkt aus analytische Herausschälung einzelner Luftkörpertypen dem gesamten Luftkörpergeschehen im Jahreslauf oder wenigstens in einem größeren Abschnitt des Jahres Platz macht. Arbeiten dieser Art, die nicht nur ein oder zwei Stationen auswerten, sondern länderkundliche Räume behandeln, fehlen bisher noch. Ihre Schaffung ist die dringendste Aufgabe länderkundlicher Klimaforschung in Mitteleuropa. Die zahlreichen Arbeiten von A. Schmauß zu der von ihm formulierten Singularitätenforschung (79) sind für diese zukünftigen Untersuchungen unentbehrliche Richtungsweiser.

16. Blicken wir zurück: Die Klimatologie besitzt heute ein selbständiges Kerngebiet, das zwischen der Meteorologie und der Geographie steht. Trotzdem enthält sowohl die Allgemeine Geographie wie die Länderkunde einen integrierenden klimatologischen Bestandteil. Die Geographie hat das Recht und die Pflicht, diesen Bestandteil nach eigengesetzlichen Gesichtspunkten forscherisch zu pflegen. Die Methoden der klassischen Klimatologie liefern überall die unentbehrliche Basis. Erst nachdem diese geschaffen ist, können die synthetisch-kausalen Methoden der modernen Klimatologie Platz greifen. Die Wege, die im Bereich dieses Oberbaus zu gehen sind, hängen von dem Stand der meteorologischen Veröffentlichungen des betreffenden Staates ab. Das länderkundliche Ziel ist dabei, den typischen Jahresablauf des Klimas als Wettergesamtheit zu begreifen und ihn als einen Teil vom Wesen der Länder zu erfassen. Hat doch schon Carl Ritter den so modern anmutenden Satz geprägt (80): „Der Theil kann nur aus dem lebendigen Ganzen begriffen werden, ohne welches jede Theilbetrachtung unvollkommen, einseitig und unwissenschaftlich bleibt."

Aufgeführte Schriften

(1) Lautensach, H., Wesen und Methoden der Geographischen Wissenschaft. Klutes Handb. d. Geogr. Wiss. Bd. Allg. Geographie I. Potsdam 1933, S. 23–56.

(2) Wörner, R., Das geographische Ganzheitsproblem vom Standpunkt der Psychologie aus. G. Z. 1938, S. 340–347.

(3) Hann, J., Handbuch der Klimatologie. Bd. I, 3. Aufl. Stuttgart 1908, S. 1. Ebenso in der Neuauflage von K. Knoch. Stuttgart 1932.

(4) Passarge, S., Vergleichende Landschaftskunde. Heft 1. Berlin 1921, S. 56f. – Die Landschaftsgürtel der Erde. Jederm. Bücherei. Breslau 1923, S. 7.

(5) Hettner, A., Die Geographie, ihre Geschichte, ihr Wesen und ihre Methoden. Breslau 1927, S. 140.

(6) Erhardt, G., Das Klima von Mecklenburg. Diss. Beihefte z. d. Mitt. d. Geogr. Ges. zu Rostock Nr. 11, 1938.

(7) Bonacina, L. W. C., in: Monthly Weather Review 1921, S. 390.

(8) Köppen, W., Die Klimate der Erde. Grundriß der Klimakunde. Berlin u. Leipzig 1923, S. 1.

(9) Köppen, W./R. Geiger, Handbuch der Klimatologie. Berlin 1930ff.

(10) Roediger, G., Der Europäische Monsun, eine synoptische Darstellung seiner Erscheinungsformen, seines Verlaufs und seiner Ursachen. Diss. Leipzig. Veröff. d. Geophys. Inst. d. Univ. Leipzig IV, 3, 1929.

(11) Flohn, H., Singularitäten des freien Föhns, ein Beitrag zur modernen Klimakunde. Meteorol. Zeitschr. 1940, S. 134–140.

(12) Hader, F., Wesen, Umfang und Methoden einer geographischen Klimatologie. Zeitschr. f. Erdkunde IV, 1936, S. 345–352.

(13) Witte, W., Das Problem der geographischen Klimadarstellung, erläutert am Wetter von Hamburg 1930–1931. Diss. Hamburg 1932.

(14) Meyer, H., Anleitung zur Bearbeitung meteorologischer Beobachtungen für die Klimatologie. Berlin 1891.

(15) Semmelhack, W., Beiträge zur Klimatographie von Nordspanien und -portugal. I. Teil. Die Niederschlagsverhältnisse. Archiv der Dt. Seewarte 33, 1910. – Niederschlagskarte der iberischen Halbinsel. Annalen der Hydrographie usw. 1932, S. 28ff. – Temperaturkarten der iberischen Halbinsel. Annalen der Hydrographie usw. 1932, S. 327ff. – Andauer bestimmter Temperaturen auf der iberischen Halbinsel. Annalen der Hydrographie usw. 1932, S. 465ff.

(16) Flohn, H., Neue Wege in der Klimatologie. Zeitschr. f. Erdk. IV, 1936, S. 12–21, 337–345.

(17) Fedorow, E. E., Das Klima als Wettergesamtheit. Zeitschr. f. angew. Meteorol. 1927, S. 121–128, 145–157.

(18) Glawion, H., Wetter und Klima Vorpommerns, dargestellt am Beispiel Greifswald. Diss. Greifswald 1933.

(19) Bergeron, T., Richtlinien einer dynamischen Klimatologie. Meteorol. Zeitschr. 1930, S. 246–262. – Über die dreidimensional verknüpfende Wetteranalyse Geofys. Publ. V, 6. Oslo 1928.

(20) Schinze, G., Die Erkennung der troposphärischen Luftmassen aus ihren Einzelfeldern. Meteorol. Z. 1932, S. 169–179. – Praktische Wetteranalyse. Archiv d. Dt. Seewarte 52, Nr. 1. 1932.

(21) Linke, F., Luftmassen oder Luftkörper? Bioklimat. Beibl. d. Meteorol. Z. III, 1936, S. 97–103. – Dinies, E., Luftkörper-Klimatologie. Archiv d. Dt. Seewarte 50, Nr. 6, 1932.

(22) Hettner, A., Methodische Zeit- und Streitfragen. Die Wege der Klimaforschung. G. Z. 1924, S. 117–120, z. T. wörtlich wiedergegeben in (5), S. 205–207.

(23) Passarge, S., Das geographische Parthenon. Peterm. Mitt. 1930, S. 116–118.

(24) Penndorf, R., Besprechung von R. Freymann, Das Klima von Portugal (47). G. Z. 1936, S. 194.

(25) Knoch, K., Zur Methodik klimatologischer Forschung. Veröff. Pr. Meteorol. Inst. Nr. 327, 1925, S. 49–59.

(26–28) Lautensach, H., Portugal I. Das Land als Ganzes. Pet. Mitt. Erg.-H. 213, Gotha 1932, S. 61–77. – Cuenca und die Ciudad Encantada, Jahrb. Geogr. Ges. Hannover 1930, S. 97–114. – Quelpart und Dagelet, vergleichende Landeskunde zweier koreanischer Inseln. Wiss. Veröff. Mus. f. Länderkunde Leipzig 1935, S. 177–206.

(29) Schulz, L., Der Einfluß des Harzes auf Wetter und Witterung im Frühjahr 1936. Wiss. Abh. d. Reichsamts f. Wett. VI, 1. 1939.

(30) Blüthgen, J., Geographie der winterlichen Kaltlufteinbrüche in Europa. Habil.-Schrift Greifswald 1940, erscheint demnächst im Archiv d. Dt. Seewarte.

(31) Heilgermann, E., Beiträge zur Klimatologie von Togo. Archiv d. Dt. Seewarte 57, 3. 1937.

(32) Schamp, H., Luftkörperklimatologie des griechischen Mittelmeergebietes, Frankf. Geogr. Hefte 1939.

(33) Resúmenes de las observaciones effectuadas en las estaciones del Servício Meteorológico Español. Oficina central meteorológica. Madrid, alljährlich.

(34) Anais do Observatório Central Meteorológico. I Parte. Observações de Lisboa. Lissabon, alljährlich.

(35) Observações meteorológicas, magnéticas e sismológicas feitas no Observatório Meteorológico e Magnético de Coimbra. Coimbra, alljährlich.

(36) Anais do Observatório Central Meteorológico. II Parte. Observações das estações meteorológicas. Lissabon, alljährlich.

(37) Resumo das observações das estações meteorológicas. Lissabon, alljährlich.

(38) Annual Report of the Meteorological Observatory of the Government-General of Tyôsen. Zinsen, alljährlich.

(39) Geiger, R., Über die Entwicklung von Luftkörperwetterlagen und über Luftkörperfolgen in München. Z. f. angew. Met. 1932.

(40) Sion, J., Asie des Moussons. Géogr. Univ. IX, 1. Paris 1928, S. 10.

(41) Waibel, L., Naturgeschichte der Northers. G. Z. 1938, S. 408, 412.

(42) Sonntag, K., Die Eigenschaften der Luftkörper in Neustadt a. d. H. und auf der Kalmit. Dt. Meteorol. Jahrb. f. Bayern 1933, Anhang F.

(43) Riedel, G., Die Singularitäten des Davoser Klimas. Wiss. Abh. d. Reichsamts f. Wett. I, 5. 1935.

(44) Sieger, F., Das Klima des Brockens unter besonderer Berücksichtigung homogener Luftmassen. Diss. Berlin 1936, 67 S.

(45) Tschierske, H., Geographische Grenzen der Luftmassen Europas im Jahresgang der Verlagerung. Mit 8 Karten. Mitt. Ver. Geogr. Univ. Leipzig, Heft 14/15, Leipzig 1936, S. 193–199. – Die geographische Verbreitung troposphärischer Luftmassen in Europa. Mitt. Ges. Erdk. Leipzig 52, 1933, S. 171–189.

(46) Gorczyński, L., Sur le calcul du continentalisme et son application dans la climatologie. Geogr. Annaler 1920, S. 324–31. – Maisel, Ch., Der Einfluß der kontinentalen Lage auf die Jahresschwankung des Monatsmittels der Lufttemperatur im Deutschen Reich. Heimatkdl. Arb. a. d. Geogr. Inst. d. Univ. Erlangen, hrsg. v. R. Gradmann, H. 5, 1931.

(47) Freymann, R., Das Klima von Portugal aufgrund der Wetterbeobachtungen 1903–1922. Diss. Gießen 1935.

(48) Müller, K., Das Klima Neukastiliens aufgrund der spanischen Wetterbeobachtungen der Jahre 1906–1925. Diss. Gießen 1933.

(49) Schmitt, R., Das Klima von Altkastilien und Aragonien aufgrund usw. Diss. Gießen 1935.

(50) Wrobel, H., Das Klima von Katalonien aufgrund usw. Diss. Greifswald 1940, auch Archiv d. Dt. Seewarte 60, 3/4.

(51) Züge, F., Das Klima des immerfeuchten Nordwestens der Iberischen Halbinsel aufgrund usw. In Bearbeitung.

(52) Schumacher, G., Das Klima Südkoreas aufgrund der japanischen Wetterbeobachtungen der Jahre 1914–1933. Diss. Greifswald 1939, auch Archiv d. Dt. Seewarte 59, 2.

(53) Trojan, E., Das Klima Nordkoreas aufgrund usw. In Bearbeitung.

(54) Hellmann, G., Die Regenverhältnisse der iberischen Halbinsel. Z. Ges. Erdk. Berlin 23, 1888, S. 345.

(55) Teisserenc de Bort, L., Étude de la circulation atmosphérique sur les continents. Péninsule ibérique. Ann. Bur. Central Météorol. de France. Année 1879. Paris 1880, S. 19 ff.

(56) Iranzo Benedito, M., Ensayo de meteorologia dinámica con relación a la Peninsula Ibérica. Valencia 1899.

(57) Hessinger, E., Die jahreszeitliche Verteilung der Niederschläge auf der Iberischen Halbinsel und ihre Ursachen. Diss. Gießen 1914.

(58) Eckardt, W. R., Über die Ursachen der jahreszeitlichen Regenfälle in den westlichen Mittelmeerländern. Ann. d. Hydr. usw. 44, 1916, S. 195 ff.

(59) Bebber, W. J. van, und Köppen, W., Die Isobarentypen des Nordatlantischen Ozeans und Westeuropas, ihre Beziehungen zur Lage und Bewegung der barometrischen Maxima und Minima. Archiv d. Dt. Seewarte 18, 4. 1895.

(60) Bebber, W. J. van, Wissenschaftliche Grundlage einer Wettervorhersage auf mehrere Tage voraus. Archiv d. Dt. Seewarte 22, 5, 1899 und 24, 2, 1901.

(61) Nehls, E., Das Klima des Ostseegebiets; Versuch einer dynamischen Klimatologie. 51./52. Jahrb. Pomm. Geogr. Ges. 1933/34, S. 3–90.

(62) Dammann, W., Die mittlere Temperatur des Januar in Deutschland in ihrer Abhängigkeit von den Schwankungen der Luftdruckverteilung. Met. Zeitschr. 53, 1936, S. 157–165. – Die mittlere Temperatur des Juli in Deutschland usw. Met. Z. 55, 1938, S. 41–48.

(63) Vogel, H., Die atmosphärische Zirkulation über Australien. Mitt. Geogr. Ges. München 22, 1929, S. 177–238.

(64) Flohn, H., Die Niederschlagsverteilung in Süddeutschland und ihre Ursachen im Lichte der modernen Klimatologie. Mitt. Geogr. Ges. München 32, 1939, 14 S.

(65) Waibel, L., Winterregen in Deutsch-Südwestafrika. Hamburg 1922.

(66) Fischer, Th., Studien über das Klima der Mittelmeerländer, Pet. Mitt. Erg.-H. 58, 1879.

(67) Hettner, A., Das Klima von Chile und Westpatagonien I. Straßburger Diss. Bonn 1881.

(68) Dieckmann, A., Der Frost in Württemberg und Baden. Tübinger Geogr. u. Geol. Abh. Reihe I, 23, 1937.

(69) Weise, H., Klima und Wetter in Posen. Diss. a. d. Geogr. Inst. d. Univ. Leipzig, 1932.

(70) Ridder, M., Klimaregionen und -typen in Nordwestdeutschland. Beiträge z. Westfäl. Landeskunde. Schriftenreihe des Geogr. Seminars d. Univ. Münster, II. Heft, 1935.

(71) Schulze, A., Die Niederschlagsverhältnisse der ostdeutschen Provinzen. Veröff. Schles. Ges. f. Erdk. H. 22, Breslau 1936.

(72) Knoch, K., Die neuen Niederschlagskarten des Reichsamts für Wetterdienst. Meteorol. Zeitschr. 1937, S. 144 (vgl. H. Flohn in Pet. Mitt. 1937,
S. 168).

(73) Knopf, K., Das Erzgebirge als Klimafaktor. Diss. Dt. Meteorol. Jahrb. f.
Sachsen. Dresden 1929.

(74) Ohrt, H., Luftstau am Thüringer Wald. Diss. Jena 1934, 36 S.

(75) Dammann, W., Nasse und trockene Perioden im Harz in Abhängigkeit von
der Wetterlage. Wiss. Abh. d. Reichsamts für Wetterdienst II, 8. 1937. Aus
dem Geogr. Inst. d. Univ. Göttingen.

(76) Moese, O., Stau und Föhn als Haupteffekte für das Klima Schlesiens.
Veröff. Schles. Ges. Erdk. H. 23, Breslau 1937.

(77) Kottwitz, G., Der Schwarzwald im Regenwetter. Ein Beitrag zur neueren
klimatologischen Methodik. Diss. Tübingen 1935.

(78) Ortmeyer, W., Winterliche östliche Kaltlufteinbrüche. Die Abhängigkeit
ihres Verlaufes vom Relief Deutschlands und ihre Bedeutung für sein
Klima. Diss. Frankfurt a. M. 1928.

(79) Schmauß, A., Zeitabschnitte selbständiger und unselbständiger Witterung.
Gerl. Beitr. z. Geophys. 33, 1931, S. 1–15. – Der Sinn der Singularitätenforschung. Zeitschr. f. angew. Meteorol. 1932, S. 97–107. – Synoptische
Singularitäten. Meteorol. Zeitschr. 1938, S. 385–403. – Ganzheitsbetrach-
tungen in der Meteorologie. Zeitschr. f. angew. Meteorol. 1938 und zahlreiche andere Schriften.

(80) Ritter, C., Das historische Element in der geographischen Wissenschaft.
Abh. Pr. Akad. d. Wiss. zu Berlin 1833, S. 41–67.

Bioklimatische Beiblätter 9 (1942), S. 19–23.

DIE LUFTKÖRPERKLIMATOLOGIE, EINE STREITFRAGE ZWISCHEN GEOGRAPHEN UND METEOROLOGEN

Von Franz Linke

Als ich im Jahre 1929 (1) eine Definition der „*Luftkörper*" der damaligen Konferenz der Direktoren deutscher meteorologischer Institute unterbreitete und eine Untersuchung über die regionale und jahreszeitliche Häufigkeit dieser Luftkörper empfahl, geschah das aus meiner Einstellung heraus, daß man nur die Witterung klimatologisch und das Klima wetterkundlich betrachten müsse, um manche Fortschritte in Wetterkunde und Klimakunde zu erzielen. Die frühere Mittelwertklimatologie war für viele Anwendungen der Klimatologie nicht ausreichend; im praktischen Wetterdienst schienen mir die klimatischen Unterschiede, selbst in kleineren Vorhersagebezirken, nicht genügend beachtet zu werden. So hoffte ich, daß die Luftkörper, wie ich sie definiert hatte, als gemeinsames und verbindendes Element zwischen Wetterkunde und Klimakunde sich bewähren würden. E. Dinies (2) hat dann den ersten Versuch mit einigen deutschen Stationen ausgeführt, der dann auch Beachtung in weiteren Kreisen und mehrfache Wiederholung gefunden hat.

Für diese Zwecke war es natürlich notwendig, die Luftkörper nur auf die untersten Luftschichten zu beziehen; zwar nicht unmittelbar auf die „bodennahen" Luftschichten allein, weil sich hier schon mikroklimatische Kaltluftkörper, Talluftkörper und Waldluftkörper, ausbilden können, die ihre eigenen Bildungs- und Strömungsgesetze haben. Die Luftkörper sollten etwas großräumiger die Verhältnisse darstellen, die einem Beobachtungsorte, für den die Luftkörper aufgestellt werden, *aus den Europa umgebenden Hauptklimagebieten zugeführt werden.*

Das europäische Mischklima kann man sich sehr leicht zusammengesetzt denken aus advektiven Einflüssen des Polarklimas, des nordatlantischen maritimen Klimas, des russisch-sibirischen Kontinentalklimas und des im Mittelmeer und Nordafrika sowie über dem Mittelatlantik sich ausbildenden subtropischen Klimas. Da auch diese nicht immer ganz rein auftreten, wurden Übergänge geschaffen wie polar-maritim, polar-kontinental usw. Im allgemeinen schien es möglich, die Wetterwirkung auf solche 8 Luftkörper zurückzuführen; es stellte sich aber die Notwendigkeit ein, den Fall zu berücksichtigen, wo ein Ort sich gerade in einer Konvergenzzone (Front) befand, also einer Mischzone zweier Luftkörper. Solche Fälle werden als „Mischluft" (X) bezeichnet. Sie sind sehr selten. Häufiger hingegen sind Fälle, in denen man kaum noch unterscheiden kann, woher der Luftkörper stammt, da er sich schon tagelang über Europa hin und her verlagert und somit seinen ursprünglichen Charakter, was Temperatur, Feuchte und Trübungsgrad anbetrifft, mehr oder weniger verloren hat, also „gealtert" ist. In diesem Falle wurde die Luft als „indifferent" (I) bezeichnet. Der praktische Luftkörperdienst zeigte dann, daß solche Fälle relativ häufig sind, oft über 20% der Tage eines Monats umfassen können.

Es wird wohl allgemein zugestanden werden, daß durch dieses Aufkommen der Luftkörperanschauung ein frischer Zug in die klimatologische Forschung gekommen ist und daß die Luftkörper sich besonders für *bioklimatische* Forschungen als nützlich erwiesen haben.

Besonders erfreulich ist es, daß auch die Geographen sich mit den Luftkörpern zu beschäftigen anfangen. Aber sie dürfen nicht vergessen, daß die Luftkörperklimatologie vorläufig nur für Europa von mir aufgestellt ist und daß sich in anderen Weltgegenden eine ganz andere Einteilung als zweckmäßig und notwendig erweisen wird. Ein Beispiel dafür ist die Bearbeitung der Luftkörper des östlichen Mittelmeeres von H. Schamp (4). Hier war die Luftkörpereinteilung schon wesentlich schwieriger als in Deutschland. Doch traf es sich günstig, daß H. Schamp auf die alten griechischen Windbezeichnungen zurückgreifen konnte, die sich – entsprechend der damaligen Personifikation der Winde – als ganz moderne Luftkörper wieder in die Wissenschaft einführen ließen. Es ist also bei der Luftkörperklimatologie nicht erlaubt, die für eine Gegend gefundene Einteilung gedankenlos auf die ganze Erdoberfläche zu übertragen und damit eine weltweite vergleichende Statistik auszuarbeiten, wie das W. Dammann (5) offenbar gern möchte. Etwas vorschnell kommt er dann zu einem abfälligen Urteil über die ganze Luftkörperklimatologie. Das ist natürlich nicht zu billigen. Man muß bei Anwendung solcher neuen Begriffe vorsichtig sein und bei Untersuchungen nicht vergessen, sich Sinn und Zweck des neuen Begriffes zu vergegenwärtigen.

Ernster ist der Einwand zu nehmen, den H. Lautensach (6) in einer größeren Studie über die Stellung der Klimakunde zwischen Geographie und Meteorologie macht. H. Lautensach wehrt sich gegen die Minderwertigkeitserklärung der Mittelwertsklimatologie, wie sie nicht nur von jüngeren Meteorologen, sondern auch von Geographen, die den Anschluß an die Entwicklung der Meteorologie zur Physik der Atmosphäre zu versäumen fürchten, heutzutage leicht ausgesprochen wird.

Das ist natürlich auch nicht zu billigen. Die Mittelwerte der meteorologischen Elemente bilden das Gerippe für jede klimatologische Betrachtung. Auch wenn sie nicht ausdrücklich benutzt und erwähnt werden, so sind sie doch zum mindesten im Unterbewußtsein jedes klimatologischen Forschers vorhanden. H. Lautensach ist daher durch R. Penndorfs (7) Kritik über R. Freymanns (8) Arbeit über das Klima von Portugal verärgert. R. Penndorf geht m. E. über den Rahmen einer kritischen Besprechung hinaus, wenn er für jede geographische Klimaarbeit eine Berücksichtigung der modernen Begriffe von Front, Luftkörper usw. fordert. Diese genannten Begriffe setzen eine genaue Kenntnis der allgemeinen Luftzirkulation sowie des Wetterkartenbildes der einzelnen Tage voraus, wie sie vom Geographen nicht allgemein gefordert werden kann.

Es gab eine Zeit, wo man noch darüber streiten konnte, ob die Klimatologie meteorologische Geographie oder geographische Meteorologie sei; und es liegt zeitlich noch nicht lange zurück, daß der Geograph die Klimatologie als seine Domäne ansah und leitende Stellen in der Meteorologie von Geographen besetzt waren, denen jede physikalische Einstellung fernlag. Aber kein einsichtiger, moderner Meteorologe wird den Wert dieser geographischen Ära der Meteorologie verkennen, die einen wichtigen und notwendigen Entwicklungsabschnitt bildete. Und auch heute noch kann ein Geograph, der sich ernstlich mit den meteorologischen Theorien und Arbeitsmethoden vertraut gemacht hat, ein wertvoller, wenn auch wahrscheinlich nicht führender Mitarbeiter werden. Man kann zwar jeder klimatologischen Arbeit ansehen, ob sie von einem Geographen oder einem Meteorologen gemacht ist. Grundauffassung und Ausdrucksweise sind deutlich verschieden. Denn mit der

Entwicklung der Meteorologie nach der physikalischen Seite hin sind die Anforderungen an klimatologische Arbeiten gewachsen. Eine Feststellung der klimatologischen Grundtatsachen genügt heute dem Meteorologen nicht mehr, sondern er möchte die Bedingtheit dieses klimatologischen Bildes durch das Wettergeschehen studieren und in den klimatologischen Tatsachen physikalisch und möglichst mathematisch ausdrückbare Gesetzmäßigkeiten finden. Hier wird der zünftige Geograph im allgemeinen nicht folgen können. Er wird sich meist mit der Herausentwicklung des Tatsachenmaterials begnügen müssen. Das ist aber wertvolle Hilfsarbeit.

Die geographische Wissenschaft ist nun einmal eine synthetische Wissenschaft, die sich auf sehr heterogenen Grundwissenschaften, wie Geologie, Volkswirtschaft, Völkerkunde, Meteorologie usw., aufbaut. Diese im einzelnen und von Grund auf zu kennen, geht über die Fähigkeit eines einzelnen Gelehrten hinaus. Entweder ist der Geograph in der Hauptsache Geologe, Meteorologe oder Volkswirtschaftler usw., oder er sucht sein Ziel darin, die Ergebnisse dieser Hilfswissenschaften der Geographie zu einem abgerundeten Bilde eines größeren oder kleineren Teiles der Erdoberfläche zu gestalten. H. Lautensach sieht gerade in der länderkundlichen Betrachtung die Grundaufgabe des Geographen und fordert mit Recht, daß Klimatologie in allen länderkundlichen Betrachtungen eine führende Rolle spielt. H. Lautensach und andere Geographen sind auch in ihren klimatologischen Betrachtungen der allgemeinen Entwicklung der Meteorologie gefolgt, indem sie nicht nur Mittelwerte der einzelnen meteorologischen Elemente festzustellen sich bemühen, sondern auch die Stellung des betrachteten Teiles der Erdoberfläche im atmosphärischen Geschehen, also im wesentlichen in der atmosphärischen Zirkulation, herauszuarbeiten suchten. Wenn R. Freymann für Portugal eine Anzahl von Hauptwetterlagen als typisch herauswählt, wenn J. Blüthgen (9) Kaltlufteinbrüche und Wärmewellen als Grundlage für Klimauntersuchungen betrachtet oder W. Dammann (5) gewisse Luftdruckverteilungen heraussucht, welche für die sommerlichen Temperaturverhältnisse in Deutschland charakteristisch sind, so treiben sie im Grunde genommen Luftkörperklimatologie, auch wenn sie sich gegen die von mir formulierten Luftkörper verwahren. Sie übersehen dabei, daß die von ihnen zugrunde gelegten typischen Wetterlagen sehr subjektiv und schwerer rekonstruierbar sind als die Häufigkeitszahlen über die Herkunft der Luft aus großklimatischen Räumen. Keineswegs eignen sich solche Betrachtungen für vergleichende oder gar weltweite Untersuchungen. Je mehr diese jungen Geographen Meteorologie treiben, um so mehr werden sie sich voraussichtlich mit dem aus langer Erfahrung geborenen Komplexbegriff des Luftkörpers befreunden, der trotz scheinbarer Willkürlichkeit in der Hand eines prognostisch geschulten Meteorologen doch ein ganz treffsicheres Mittel für die Erfassung der advektiven Komponenten des Klimas darstellt.

Man kann die primären Erscheinungen, unter denen sich ein Klima auf irgendeiner Stelle der Erdoberfläche herausbildet, recht gut zurückführen auf advektive und lokale (oder autochthone) Vorgänge. Die ersteren sind durch die Luftkörper hinreichend charakterisiert, während die lokalen Ursachen sich vielleicht folgendermaßen unterteilen lassen:

1. Ein- und Ausstrahlungsverhältnisse,
2. Höhenlage oder Lage zu Gebirgen,
3. Lage zu großen Wasserflächen und Sümpfen,
4. Siedlungseinflüsse (z. B. Großstadt).

2. bis 4. führen allerdings schon wieder in eine *lokal*-klimatische (im Gegensatz zur großklimatischen) advektive Komponente hinüber. Die Luftkörperklimatologie kann also niemals eine *vollständige* Erklärung und Beschreibung eines lokalen Klimas geben, aber eine in vielen Gegenden ausschlaggebende Komponente. Sie würde z. B. inmitten eines ausgedehnten tropischen Klimagebietes fast unbrauchbar, wenn nicht zufällig die Lage zu Ozeanen und Hochgebirgen zu einschneidenden advektiven Vorgängen Veranlassung gäbe. Gerade für Mitteleuropa aber ist die Bedeutung des Luftkörpers ausschlaggebend, ebenso wie in Nordamerika, wo natürlich wieder andere Luftkörper (atlantische und pazifische) herangezogen werden müssen, guter Gebrauch von der Luftkörperanschauung gemacht ist. Auch für das Mittelmeer hat H. Schamp – wie schon erwähnt – mit bestem Erfolge die Luftkörperklimatologie angewandt. –

Was wenden nun die Geographen gegen die Luftkörperanschauung ein?

Da hat W. Dammann (5) Bedenken, wenn E. Dinies (3) in einer – meines Erachtens vorbildlichen – Arbeit feststellt, welche Werte die meteorologischen Elemente an verschiedenen Stationen Deutschland annehmen, wenn diese Stationen sich in diesem oder jenem Luftkörper befinden. Gerade eine solche Untersuchung war notwendig, um festzustellen, wie die Luftkörper altern, wenn sie über Deutschland hinwegstreichen. Die Untersuchung ist deswegen vorbildlich, weil die jetzt so notwendige Feststellung des lokalen Klimas einer Stadt oder insbesondere von Kurorten und Sanatorien die Frage beantworten soll, wie die *lokalen* Komponenten des Klimas, wie ich sie oben aufgezählt habe, die *advektiven* beeinflussen. Wenn Deutschland sich in einem charakteristischen Luftkörper befindet, so zeigt die Beobachtung, daß sich dennoch an verschiedenen, selbst benachbarten Stationen recht verschiedene Werte der meteorologischen Elemente ergeben. Diese lokalen Komponenten könnten nicht besser herausgearbeitet werden, als wenn man sie für jeden Luftkörper gesondert betrachtet. Dabei ist es durchaus nicht notwendig, an das Beobachtungsmaterial die Forderung der „unbedingten Gleichzeitigkeit" zu stellen, die W. Dammann für einen Grundsatz der Klimatologie (doch wohl höchstens der Mittelwertklimatologie) ansieht. Alle dynamischen Betrachtungen müssen sich von solchen primitiven „Grundsätzen" frei machen.

J. Blüthgen (9) meint, die Betrachtung des Wetters in einem bestimmten Luftkörper hieße „ihn aus einem natürlichen Verbande zu lösen". Das Wesen des Luftkörpers besteht aber gerade darin, daß er ein hinlänglich homogenes Gebilde im Mosaik der verschiedenen Witterungsvorgänge ist, so daß man eben die vielfach gesuchte Möglichkeit hat, ihn gesondert zu betrachten; die Möglichkeit der Loslösung ist also ein Vorteil und nicht etwa ein Nachteil. Der Luftkörper hat ferner den großen Vorteil, daß er für einen großen Umkreis der gleiche ist, so daß man ihn nur für verhältnismäßig wenig Orte eines größeren Teiles der Erdoberfläche (z. B. für Mitteleuropa) zu bestimmen braucht. Seine Auswirkung auf das Lokalklima, also die Auffindung der Lokalkomponenten, ist dann die Aufgabe, der sich insbesondere die Bioklimatologen unterziehen müssen, um den meteorologischen Mittelwerten eine lebensnahe Bedeutung zu geben. –

Und nun komme ich zu dem von W. Dammann (10) so bemerkenswert scharf gerügten Begriff der „Kontinentalität". Als konservativer Geograph möchte er diesen reichlich verschwommenen Begriff der Lagecharakterisierung eines Ortes lieber aufgrund der jährlichen Temperaturschwankung aufbauen. Sicherlich ist die jährliche Temperatur-amplitude abhängig von der kontinentalen Lage eines Ortes. Aber doch nicht allein von dieser, sondern auch von der geographischen Breite (also von den Bestrahlungsverhältnissen), vom Bewölkungsgrad und der relativen Höhenlage über benachbarten Tälern. Um den Einfluß wenigstens der Breite auszumerzen, hat man verschiedene, rein empiri-sche Verbesserungen der ursprünglichen Formel vorgenommen, so daß sie für viele Untersuchungen genügend erscheinen mag. Aber es bleibt doch immerhin ein unbefriedigendes Spiel mit willkürlichen Konstan-ten, die zu den eigentlichen geographischen Verhältnissen in keiner er-kennbaren Beziehung steht. Der Meteorologe liebt solche Faustformeln nicht sehr.

Zenker schrieb

$$K = 100 \, \frac{A}{\varphi},$$

wo A die jährliche Temperaturamplitude und φ die geographische Breite darstellen; Schrepfer machte daraus

$$K = \frac{600}{5} \, \frac{A}{\varphi} - 20$$

oder

$$\frac{800}{7} \, \frac{A}{\varphi} - 14,$$

Gorczynski formte:

$$K = 1.7 \, \frac{A}{\sin \varphi} - 20.4.$$

Wo hört solche Entwicklung auf?

Wenn E. Dinies (2) daher die Kontinentalität durch die Häufigkeit der Luftzufuhr aus kontinentalen oder ozeanischen Gebieten, und zwar zunächst nur für Deutschland, definiert, so ist das ein durchaus beach-tenswerter Versuch, die „Kontinentalität" ihres unsicheren Gewandes einer empirischen Formel zu entkleiden und auf sachliche Grundlagen zu stellen. Ein erster Erfolg dieses Versuches von E. Dinies war die Feststellung, daß in ganz Deutschland das Verhältnis der Häufigkeit von kontinentaler und maritimer Luftzufuhr sich im Laufe des Jahres ändert in der Weise, daß der Sommer häufiger maritime, der Winter häufiger kontinentale Luftzufuhr bedingt. Jede Formel unter Verwen-dung der jährlichen Temperaturamplitude wäre hierzu nicht zu gebrauchen gewesen. Eine solche jährliche Schwankung der Kontinentalität war ja auch nach unseren Kenntnissen von den Monsunen durchaus zu erwarten, und sie hätte niemand überrascht, wenn nicht die zahlenmäßigen Unterschiede so sehr in die Augen springend gewesen wären. Wenn W. Dammann eine diesem Ergebnis entgegenstehende Bemerkung von E. Alt (11) in seinem Kapitel über das Klima Mitteleuropas anführt, so muß man die Meinung Alts, daß *im Winter* der maritime Einfluß größer ist, in dem Zusammenhang verstehen, in dem dieser Ausspruch gefallen ist: E. Alt schildert, daß die Isothermen in Mitteleuropa im Winter nicht parallel den Breitengraden verlaufen, wie das entsprechend den Strahlungsverhältnissen zu erwarten sei, sondern nordsüdlich, woraus hervorgehe, daß im Winter der Einfluß des Ozeans die Strahlungseinflüsse übertönt. Wenn die Strahlungseinflüsse hier von E. Alt kurz als „kontinental" bezeichnet werden, so ist das meines Erachtens ein Fehlbegriff in der Bezeichnung. An der Tatsache, daß häufigere Ostwinde im Winter das Klima Europas kontinentaler machen, kann doch unmöglich gezweifelt werden.

Nun hat H. Berg (12) diese von E. Dinies vorgeschlagene Definition der Kontinentalität zunächst etwas abgeändert und diese auf West- und Nordeuropa erweitert. Zunächst halte ich es für nicht sehr glücklich, daß H. Berg nicht wie E. Dinies das Verhältnis der Häufigkeit der kontinentalen zu der der maritimen Luftkörper zugrunde gelegt hat, sondern das Verhältnis der kontinentalen zu den Luftkörpern insgesamt. Man soll solche neuen Definitionen erst gründlicher erproben, ehe man sie abändert. W. Dammann stellt die von H. Berg gezeichneten Linien gleicher Kontinentalität denen der empirischen Formeln gegenüber, die von W. Gorczynski und anderen angegeben sind, und findet, daß letztere sich den Küstenkonturen besser anschmiegen, also geeigneter seien.

Man soll nun aber von einer solchen komplexen Größe nichts Unmögliches verlangen, sondern sich ihrer Grenzen bewußt bleiben. Einerseits lassen sich Häufigkeiten der Luftkörper nicht für einzelne kleine Meeresbuchten bestimmen, sondern immer – wie schon gesagt – nur für ein größeres Gebiet, sagen wir von 100 km Durchmesser. Ferner gibt die Luftkörperanschauung eben nur die *advektive* Komponente des Klimas wieder. Die von W. Dammann geübte Kritik an der Bergschen Arbeit greift also meines Erachtens über natürliche Grenzen hinaus. Nicht „mangelnde Exaktheit" des Luftkörperbegriffes (wie Dammann sich ausdrückt), liegt hier vor, sondern mangelnde Einsicht in Wesen und Zweck der Luftkörperauffassung. –

H. Lautensach hat im Grunde keine Bedenken gegen die Luftkörperanschauung; er wendet sich aber mit Recht gegen die schematische Übertragung meiner für Mitteleuropa formulierten Luftkörper auf länderkundliche Untersuchungen anderer Teile der Erdoberfläche. Auch ich meine, daß die Luftkörper keinen Keil zwischen Geographen und Meteorologen treiben, sondern vielmehr ein brauchbares Bindeglied werden sollten.

Klimatologie ist ein Gebiet, auf dem sich Geographen und Meteorologen tummeln können; jeder nach seiner Art. Die Ergebnisse beider sind wertvoll für beide. Eifersüchteleien und vorschnelle Werturteile jüngerer Fachkollegen sollten die erfahrenen Leiter der Institute nicht an die Öffentlichkeit kommen lassen. Sie sind besonders unangebracht in Erstlingsarbeiten, z. B. Dissertationen.

Schrifttum

(1) F. Linke, Die Luftkörper-Anschauung, Z. f. d. ges. phys. Therapie 37, 217, 1929.

(2) E. Dinies, Luftkörper-Klimatologie. Arch. d. Dtsch. Seew. 1931, Nr. 26; Ann. d. Hydr. 1933, S. 182.

(3) –, Die Temperaturverhältnisse in Deutschland bei verschiedenen Luftkörpern. Ann. d. Hydr. 1933, S. 182.

(4) H. Schamp, Luftkörperklimatologie des griechischen Mittelmeergebietes. Frankf. Geograph. Hefte 1939.

(5) W. Dammann, Die mittlere Temperatur vom Juli in Deutschland in ihrer Abhängigkeit von den Schwankungen der Luftdruckverteilung. Meteorol. Z. 1938, S. 41.

(6) H. Lautensach, Klimakunde als Zweig länderkundlicher Forschung. Geogr. Z. 1940, S. 393.

(7) R. Penndorf, Besprechung der Arbeit von R. Freymann, Das Klima von Portugal usw. Geophys. Z. 1936, S. 194.

(8) R. Freymann, Das Klima von Portugal usw. Gießener Diss., 1935.

(9) J. Blüthgen, Kaltlufteinbrüche und Wärmewellen als Grundlage von Klimauntersuchungen. Z. f. angew. Meteorol. 1941, S. 244.

(10) W. Dammann, Die Kontinentalität Europas. Bemerkungen zu einer gleichnamigen Untersuchung von H. Berg. Ann. d. Hydr. 1941, S. 181.

(11) E. Alt, Klimakunde von Mittel- und Südeuropa. Köppen-Geiger, Handb. d. Klimatologie, III. Teil M, 1932, S. 225.

(12) H. Berg, Die Kontinentalität Europas und ihre Änderung 1928/37 gegen 1888/97. Ann. d. Hydr. 1940, S. 124.

Hermann von Wissmann-Festschrift, hrsg. von A. Leidlmair, Tübingen: Selbstverlag des Geographischen Instituts der Universität 1962, S. 81– 88.

THE GEOGRAPHER'S ROLE IN CLIMATOLOGY

By CHARLES W. THORNTHWAITE *

Historical Background

At least five centuries before the beginning of the Christian era, scholars in ancient Greece, when traveling over the length and breadth of the Mediterranean region, noted the unchanging character of the country from west to east in contrast to the striking differences from north to south. Traveling southward up the Nile in Egypt they found the country becoming increasingly hot and dry, while northward they experienced colder and wetter conditions. They reasoned on the basis of these observations that the earth must "slope up" to the south and those regions must be closer to the sun and thus, hotter. Similarly, the "slope down" toward the north placed those regions farther from the source of heat and made them cold and untenable.

The word climate originally meant simply slope. In Greek experience, significant regional differences in weather, vegetation, and people occurred only from north to south. These differences were related to the curvature of the earth's surface, confirming the current notion that the earth was a sphere, and were thought to be due to the slope or inclination of the sun's rays on the earth. From this, there developed the three-fold division of the earth into Torrid, Temperate, and Frigid zones. Since the Frigid and Torrid zones appeared to be too rigorous for life of any sort, it was argued that the inhabited world must be confined largely to the Temperate zone. This explains in part why the world of the Greeks was thought to consist simply of a fringe of land surrounding the

* A part of this paper has been abstracted form "Indroduction to Arid Zone Climatology," the Opening Adress of the Australia-UNESCO Symposium on Arid Zone Climatology, Canberra, Australia, 1956. Published in "Climatology and Microclimatology," UNESCO, 1958. Used with permission of UNESCO.

Mediterranean Sea, hairpin-shaped, and almost entirely within the Temperate zone.

It was reasoned that there must be another Temperate zone south of the equator, and that it must contain another habitable world. However, this southern continent, conjured out of the mind of an ancient Greek philosopher and called Australis, was considered to be utterly inaccessible, being cut off by the impassable equatorial zone. To achieve symmetry two additional habitable worlds were placed in the Temperate zones opposite the original two, so that the earth was pictured as a sphere whose surface was covered with a great world ocean out of which arose four island continents. All four worlds were visualized as consisting of land masses bordering central seas, which connected westward with the outer ocean.

At least two centuries before Christ the five original climatic zones of the Greeks were subdivided into a number of belts or climates which were defined by the length of the longest day and delimited by parallels of latitude which were determined by the height of the noon sun on the longest day. Eventually, twenty-four climatic belts were delimited; the longest day within each belt varying by one-half hour between twelve hours at the equator and twenty-four hours at each polar circle.

For more than 2000 years the term climate was used in this sense. After 1450 A. D., when the period of rapid geographical exploration began, increased acquaintance with actual conditions in other parts of the world showed that the climates are not simple latitude belts. They are instead usually highly irregular areas exhibiting contrasts in moisture supply and in wind movement as well as solar heat, which are reflections of the general circulation of the atmosphere and which, in turn, are strongly affected by the distribution, orientation, and configuration of the great land masses and water bodies over the earth's surface.

This new direction in climatology was given considerable impetus with the development of instruments and the collection of data. For the first time, regional differences in temperature, precipitation, wind and pressure could be given quantitative expression. But the thermometer and anemometer revealed large local differences in temperature and wind, both horizontally and vertically. For climatological purposes, it was thought that these local variations should be avoided in some way, or at least generalized. Accordingly, early investigators devoted much effort to developing standards of instrumentation and exposure.

At the same time the basic geographic quality of climatology was gradually lost from view. To many people at the present time, climatology is only concerned with the measuring, recording, and averaging of standard meteorologic observations. It is easy to understand that when climatology is circumscribed in this way it is sterile and unrewarding.

The fault lies at least in part with the climatologists who are responsible for the collection and compilation of the basic data. They have, too often, been satisfied to accept the old conventional approach, to continue the old techniques without reference to relevant developments in related fields. Only over the past few years has it been recognized that climatology must change but the awareness of this necessity is growing only slowly.

The Heat and Moisture Balance

Modern researches in physical climatology show us that climates owe their individual characteristics to the nature of the exchange of momentum, heat, and of moisture between the earth's surface and the atmosphere. The climate at a place represents the existing balance between incoming and outgoing fluxes of heat and moisture.

In this sense, of course, the words "incoming" and "outgoing" must be interpreted both horizontally and vertically. The horizontal component in the total flux is what we call "advection", which belongs in the province of dynamic climatology. In general, advection is slow by comparison with the vertical fluxes; the latter depend on radiative and turbulent exchanges parallel to very strong gradients of temperature and humidity, and are of a higher order of magnitude at most times than advection. The physical climatologist therefore concentrates mainly on determining the vertical balances of heat and moisture for a given locality.

To obtain the heat balance it is necessary to determine rates and amounts of solar radiation, reflectivity and emissivity of various types of surfaces such as bare soils, vegetation-covered ground, water bodies, and in some regions, snow and ice. It is necessary to measure soil temperature at different depths and to determine the thermal properties of the soil material. Finally, it is necessary to determine the distribution of temperature with height in the lowest several feet of the atmosphere.

To evaluate the water balance involves knowledge of the amount and distribution of precipitation, and the variation in the amount of interception of water by plants, infiltration into the ground and runoff from the various types of land surfaces and vegetation covers. In addition, the rate and amount of moisture transfer from the soil and vegetation cover to the atmosphere must be measured. To complete the moisture balance it is necessary to know the variation with depth of the soil moisture, the rate of moisture transfer through different soil materials, and the distribution of moisture with height in the atmosphere just above the ground surface.

Thus the proper field for study in climatology is not limited to the atmosphere alone but must include the land surface as well. Any region is a composite of innumerable local climates; the climate of the ravine, of the south-facing slope, of the hill top, of the meadow, of the corn field, of the woods, of the bare rocky ledge. Both the heat and moisture exchange vary from the ravine, to the hill top and to the rocky ledge, because of variation in the physical characteristics, position, exposure and aspect of these diverse surfaces. The color, apparent density, heat capacity, moisture content and permeability of the soil; the characteristics of the vegetation cover; the albedo and roughness of the surface; these are all factors that influence the heat and moisture exchange and are thus important climatic factors.

The Important Role of Microclimatology

The climates of areas of very limited extent are called microclimates. They are clearly the ones that concern the farmer, the agronomist, and the biologist. The standardized climatologic stations are neither situated nor equipped to measure temperature or humidity at the places and at the times that are critical for plants. The standard observations do not, as has been supposed, give an average of climatic conditions over a considerable area. They are in themselves microclimatic observations, and many differ appreciably from representative conditions, depending on the nature of the microclimate in which they are taken.

Rudolf Geiger, who is truly the father of microclimatology, has discussed the rather large number of terms that have been employed in the designation of the space aspect of climate. Ordinarily, the terms macro-, meso-, and microclimate designate different scales of area with microclimate referring to the climate of the very small space. The geographers use four terms that relate to different sizes of area; cosmography is the description of the cosmos or the universe, geography refers to a description of the whole earth, chorography to a region such as southern New Jersey in the United States, and topography refers to the description of a place. The old topographies, popular in England two centuries ago, were detailed descriptions of places of very limited area—fields or villages. Gilbert White's "Natural History of Selbourne" is a classic topography. Thus, by analogy, the climate of a very small space might be called topoclimate and its study, topoclimatology.

The word, topoclimatology, can mean the study of the climate of a place. But more than that, the logical connotation of the term can be sharpened by considering the content of climatology itself. Since climates owe their individual characteristics to the nature of the exchange of momentum, heat, and of moisture between the earth's surface and the atmosphere, then climatology must study the earth's surface as well as the atmosphere. It would be proper to assign to topoclimatology the task of determining the physical properties of the earth's surface that share in the development of the climates.

Microclimatic influences on the Heat and Moisture Balances

Microclimatology is concerned with the heat exchange near the ground and with the various influences upon it. The source of heat is the sun. At the top of the atmosphere the normal incidence of incoming solar radiation amounts to about two gram-calories per square centimeter each minute. If the earth had no atmosphere and were nothing more than a hollow ball made of thin sheet copper a millimeter thick, floating in empty space, the incoming radiation from the sun would raise the temperature of the copper about 20 °C per minute, which would bring it to the melting point in less than an hour. However, the earth is itself a radiation source whose rate varies with temperature. Thus, the temperature of the surface of our copper shell would rise only to a point where the outgoing black body radiation equaled the incoming radiation from the sun. In our example, this equilibrium would be reached at approximately 122 °C. If our imaginary earth had the astronomic motions of the real earth, and experienced night and day, the incoming radiation would be received only during the day while the outgoing radiation would continue both day and night following the diurnal course of temperature. Under these conditions the surface temperature at the equator would range from a maximum of 122 °C just after noon to a minimum in the neighborhood of −187°C in the early hours of the morning.

If this imaginary world consisted of chrome plated copper sheets, 65 percent of the incoming radiation would the reflected back to the sky and the available energy would be reduced to 0.7 calories per square centimeters per minute. Under those condititions the temperature at the equator would range from a daytime maximum of 31°C to a nighttime minimum of −194°C.

If the thickness of the copper shell of our imaginary earth were a hundredfold greater, it would take 100 times as many calories to raise the temperature a given amount, and the solar radiation intake of 2 calories/cm^2/min would raise the temperature only 1/100 as fast. Daytime equilibrium would still be reached at 122 °C but the nocturnal minimum would be only 34°C. If this thicker copper sphere were chrome plated the daytime maximum would be 31°C and the nighttime minimum would be −23°C.

Even on this imaginary earth devoid of an atmosphere one can see the great variety of conditions which could exist as a result of nothing more than a simple variation in the mass and plating of the copper shell. When we consider the actual earth consisting of ocean and land surrounded with an atmosphere containing water vapor the number of physical variables increases greatly to produce what we have observed, extreme climatic diversity in which a systematic climatic pattern is distinctly discernible.

As the solar radiation enters the earth's atmosphere it is depleted in a number of ways. About one-third is reflected back to the sky from the tops of the clouds. Smaller amounts are absorbed and diffusely scattered so that less than six-tenths of the sun's radiation reaches the earth's surface. There are only small differences in the available heat reaching the surface over wide geographic areas. The differences which do exist are the result of differences in absorption and scattering of insolation in the air because of the local presence of clouds, or other concentrations of water vapor, and the turbidity of the atmosphre. It is rather the surface of the earth exerting its influence that leads to the formation of the innumerable microclimates which can exist even within a small area. Because of this, it becomes important to consider the surface features and to discover their influence on the disposition of the available heat.

Of the energy that reaches the bare ground or a vegetation covered surface some is reflected immediately back to the sky while the rest, less than 50 percent of the original total of insolation from the sun, goes to heat the surface layers of soil or water, to heat the air in contact with the surface and to be used in the evaporation of water.

Surfaces differ in their ability to reflect incoming radiation. The albedo, or reflectivity, usually expressed as a ratio of reflected radiations to that arriving at the surface varies from .80–.85 for as fresh snow surface to .05–.09 for an ocean surface, although the albedo of a water surface depends strongly on the sun's angle. Forest vegetation has an albedo of .05–.18, while grass, shrubs, and cultivated green crops have albedos of .15 to .30. The albedo of bare dry sands is .18, wet sand is .09. Thus, as soon as the ground or vegetation surface enters into the heat balance considerable differences arise in available energy between adjacent areas.

Since different surfaces absorb varying amounts of heat, markedly different thermal regimes will exist both in the surface layers and in the air over the surface. At one extreme is water which retains almost all the heat radiated to it; because of its ability to absorb and hold heat, there is almost no daily range of temperature in the air over a water surface. At the other extreme, a mulch or a leaf litter, having a very low coefficient of thermal conductivity and thus good insulation properties, will allow little of the energy to get into the soil, and so most of it goes to heat the surface of the mulch itself and the overlying air by conduction-convection. Such a surface can get very hot in the daytime and cold at night resulting in a large diurnal range of air temperature.

The density, color, and aspect of a surface all affect its thermal regime. Plowing a soil or handling it in such a way as to increase its air content lowers the ability of the soil to absorb heat to any depth. This, in turn, increases the amplitude of the daily range of air temperature over it. Dark colored surfaces are able to absorb more heat than lighter ones. Aspect, slope and exposure of the site are important in determining the amount of heat absorbed or reflected at the surface. In the United States, south and west facing slopes receive more energy than north or east facing slopes, and hence they are generally warmer und drier than the latter slopes.

Moisture affects, in several ways, the balance between the heat which enters the soil and that which goes to heat the air. First, although a moist soil will generally absorb more radiation than the same soil when dry, water is a better conductor of heat than air so that more of the heat reaching the surface will be used to heat the deeper layers of the soil and in evaporation of water and less will be utilized in heating the air. The daytime temperature of the surface of a moist soil will be less than that of a dry one; these differences will be reflected in the temperature of the air above. Second, since in most cases, the temperature of water falling on the surface will be lower than that of the surface itself, the effect of adding moisture to a surface will be to lower its temperature and that of the air above it. Of course, where the soil contains no moisture, there is no evaporation or transpiration and so none of the energy is utilized for evaporation. There is then an increased amount of energy going into heating the soil and air. However, when there is no deficiency of moisture in the soil between 80 and 90 percent of the energy reaching the surface will be used to evaporate water and only a small amount, the remaining 10 or 20 percent, will go to heat the soil and the air. As the moisture content of the soil varies from fully moistened to completely dry, the percentage of radiation used in evaporation varies proportionally.

The type of vegetation growing on the surface is of secondary importance in determining the combined evaporation and transpiration from a moist soil. In this case the evaporation is primarily determined by the energy available from the sun. Except for the differences in albedo which will result in variations in the total amount of heat available for evaporation, the evapotranspiration from moist soil is independent of the type of vegetation. As the soil dries, however, different species of vegetation are able to utilize varying amounts of stored soil moisture. The actual evapotranspiration from a surface will, therefore, be influenced by the type of surface and the form of vegetation on it.

Mapping the Factors of the Heat and Moisture Balance

Here, then, is where the study of climate takes on a new aspect. Climatology has been an armchair study. The task of the climatologist presumably has been to salvage and analyze meteorological observations as meteorologists discard them. But the complete study of climatology involves field work. It follows a line that *Drs. Carl Knoch* and *Fritz Schnelle* have recently pioneered in Germany, but goes a step beyond. It involves detailed study of certain aspects of the land. It is essential in topoclimatology to make surveys and to map the aspects of the soil that affect the heat and moisture balance. These studies involve methods that have been developed by geographers and soil surveyors. Still, the pedologist has never concerned himself with the mapping of the heat capacity or heat conductivity of the soil. No geographer has ever attempted to map the qualities of vegetation that determine the surface roughness and condition the vertical wind profile or that determine the evapotranspiration and thus the soil moisture. So far as I know, no such maps of this kind have ever been made anywhere even experimentally.

Some geographers have experimented with the mapping of elements of slope and with what they call surface configuration. They have never made such maps, however, to assist in the interpretaion of the heat and moisture balance. Unless a climatologist has had basic training in geomorphology and in soil science, he will be poorly qualified to work in this phase of climatology. Conversely, ordinary geomorphologists and soil surveyors will not have the understanding of the objectives of climatology to lead them to make such studies.

It is necessary to emphasize the importance of geographic mapping of the characteristics of the surface that influence the exchange of heat, moisture, and momentum. *Hare* and his associates have recently made a detailed map of albedo of Labrador, Canada, on a scale of 1:5 million, but it is doubtful if a detailed map of aerodynamic roughness has ever been made for any area. Maps showing the distribution of soil moisture in detail are similarly lacking. Those elements which are of importance in heat and moisture exchange vary from season to season and in some instances from day to day. But to understand the heat and moisture exchange, it is necessary to produce maps showing the averages of these factors. Some years ago I published small-scale maps of the United States showing the concentration of moisture in the soil at the end of each of the twelve months. These were highly generalized maps. To achieve the program that is herein outlined, it will be necessary to make such maps on large scale. Maps of soil moisture would show the effect of soil texture, slope and topographic situation on the water content. Such maps of soil moisture would aid immeasurably in an understanding of the water balance of a small area. The ultimate objective of climatology may be to make maps of the heat budget and the moisture budget of the earth on topoclimatological scale. This would involve making very detailed large-scale maps. Generalization from such local studies would greatly enhance our understanding of climates of large regions.

One of the tasks of the climatologist is to develop skill in generalizing for a large area the observations of a point. This requires more than the simple plotting of data on a map and the drawing of smooth isolines the proper distances from the plotted points. The reason for this is clear. The standard climatic observations at a point do not give an average of climatic conditions over a large area. We must therefore develop means which will permit us to extrapolate from the standard instruments shelters, which must always be located at points that are convenient to the observer, to other nearby areas and in this manner determine average climatic conditions over a considerable area. In this, topoclimatology is indispensable.

Topoclimatology – A Field for the Geographer

Geographers have concerned themselves with climate because they have believed that there are on the earth's surface natural climatic regions that are reasonably homogeneous and that have boundaries which can be identified in terms of limits of plant communities, soil groups, and landform types and can be defined in terms of numerical climatic data. In short, they have seen in climate the key to the areal differentiation of the earth. But climatology is a geographical science, a part of physical geography, and as *Leighly* has recently stated, deserves to be studied in its own terms and for its own sake.

In topoclimatology, the physical geographer, if not indispensable, would indeed be very useful. This presupposes that he has not shortcut his basic training in physics, chemistry, and mathematics, however. His knowledge of geomorphology and field geology is taken for granted. In addition, he would need a good knowledge of dynamic meteorology and physical climatology as well as more than an acquaintance with plant ecology and soil science.

The physical geographer is the scientist who could undertake to map the physical qualities of the land, the topoclimatic elements, that are responsible for the myriad of microclimates that are found in an area. This is an important task intrinsically, and it has the added merit that it would lead the geographers back to climatologic fundamentals and would help to remove the vexing distinction between "meteorological" and "geographical" climatologists.

Geographische Zeitschrift 53 (1965), S. 10–50 (Auszüge).

SYNOPTISCHE KLIMAGEOGRAPHIE

Von Joachim Blüthgen

Der in der Überschrift verwendete Grundbegriff „Klimageographie" mag zunächst manchem etwas ungewöhnlich erscheinen. Man wird ihn vielleicht als entbehrlich empfinden gegenüber dem altgewohnten Namen „Klimatologie", und man wird vielleicht sogar den Verdacht hegen, hier habe eine sich interessant machen wollende Neuerungssucht Pate gestanden. Daß dem ganz und gar nicht so ist, wird man bei einigem Nachdenken über die jüngste Entwicklung der Klimatologie als selbständiger Wissenschaft gewahr werden. Als solche ist sie im Begriff, sich zwischen Meteorologie und Geographie als ihren sie am meisten befruchtenden Nachbardisziplinen mit einem eigenen Stoffgebiet und spezifischen Arbeitsmethoden zu etablieren. Der Geograph kann sich bei weitem nicht mehr für alles, was heute in der Klimatologie betrieben wird, als kompetent betrachten. Für den Geographen ist es deshalb eine zwangsläufige Konsequenz, die auch kürzlich K. H. Paffen (Erdkunde 1964, S. 51) in anderem Zusammenhange und völlig unabhängig vom Verfasser betont hat, den Begriff *Klimageographie* einzuführen.

Gemeint ist damit der Anteil des Geographen an der Klimaforschung in Analogie zu längst geläufigen Benennungen von Teildisziplinen wie „Vegetationsgeographie", „Siedlungsgeographie", „Wirtschaftsgeographie", die alle, genau wie die Klimageographie, stofflich ein Sachgebiet betreffen, das für sich allein genommen noch keinen Teil der Geographie darstellt, sondern erst durch eine spezifische, der Geographie eigene chorologische Betrachtungsweise zu einem Teil dieser Disziplin wird, im übrigen aber auch Gegenstand benachbarter Fächer ist (Botanik, Siedlungskunde, Wirtschaftskunde). Hier gilt auch das Wort Schlüters, daß die Gegenstände der Geographie erst erarbeitet werden müssen und nicht naturgegeben sind. Klimaforschung betreiben Meteorologen, Physiker, Mediziner u. a. ebenso wie Geographen, jeweils aber unter einem anderen Gesichtswinkel. Es gab eine Zeit, etwa von der Mitte des vorigen Jahrhunderts bis in die dreißiger Jahre dieses Jahrhunderts, während der die Klimatologie vorzugsweise als Teil der Geographie überhaupt betrachtet und behandelt wurde. Von daher rührt die noch heute traditionsgemäß bei vielen Geographen übliche Gleichsetzung von Klimatologie als eines ausschließlich geographischen Fachbereiches.

Diese Gleichsetzung ist jedoch nicht mehr zu vertreten, und um einer klaren Scheidung der Begriffe willen muß man den auch fürderhin von Geographen behandelten – zweifellos sehr großen – Anteil an der Gesamtdisziplin Klimatologie als Klimageographie präzisieren. Damit stehen wir in Übereinstimmung mit geographischen Methodikern wie H. Lautensach, die das schon frühzeitig (1940) erkannt hatten, ohne freilich damals bereits die Namenskonsequenz gezogen zu haben.

Die *Synoptische Klimageographie*, deren Sachgebiet wir im folgenden darstellen wollen, ist also ein Teil dieser Klimageographie, der ziemlich jungen Datums ist und sich noch in voller, wenn auch vorerst leider noch zögernder Entfaltung befindet. Der Geograph findet hier noch sehr viel Neuland vor. Um das Fachgebiet zu umreißen, bedarf es vorausgehend einiger historischer bzw. allgemeiner Vorbemerkungen.

Innerhalb der Meteorologie spielt die *Synoptik*, d. h. die in Wetterkarten festgehaltene Verbreitung und Struktur von Wettervorgängen seit fast 100 Jahren die Hauptrolle. An sie ist der praktische Nutzen dieses Faches in Gestalt der täglichen Wettervorhersage geknüpft, und ihrer Verfeinerung und Sicherung gelten vor allem die forscherischen Bestrebungen, die von den Forschungsabteilungen der Wetterdienstanstalten, den Observatorien und den meteorologischen Fachinstituten verfolgt werden. Dieser sehr breit, aber sicher noch immer nicht genügend ausgebaute Zweig der *Meteorologie* als eines Teilgebietes der Geophysik im weiteren Sinne bedient sich aber eines Arbeitsmaterials, nämlich der verschiedenen Wetterkarten, das als spezifisch geographisch bezeichnet werden muß. Schon aus diesem arbeitstechnischen Grunde ergibt sich eine enge Nachbarschaft und wechselseitige Befruchtung beider Disziplinen und ist das Interesse auch des Geographen legitim, von seiner sonstigen fachlichen Kompetenz und seinem historischen Beitrag dazu hier einmal ganz abgesehen.

Die Ausgangsbasis für das Zustandekommen von Wetterkarten sind punkthafte Werte, die an den meteorologischen Beobachtungsstationen, den sogenannten *synoptischen Stationen* des allgemeinen Netzes von meteorologischen Stationen, gewonnen und verschlüsselt in wechselnden, aber regelmäßigen Zeitabständen per Funk in alle Welt ausgestrahlt werden. Neben diesen synoptischen Stationen, die ein zeitlich verdichtetes Ableseprogramm zu erfüllen haben, stehen die *Klimastationen*, an denen im allgemeinen an drei Terminen – in einigen Ländern auch viermal – täglich Ablesungen vorgenommen werden, aus denen die langfristigen Mittelwerte errechnet werden.

Das Schwergewicht klimatologischer Forschung lag und liegt praktisch noch bei den letztgenannten Werten, während das zu Wetterkarten geographisch integrierte Beobachtungsgut der synoptischen Stationen erst zögernd zu klimatologischen, geschweige denn klimageographischen Schlußfolgerungen herangezogen worden ist. Während die Synoptik seit ihrer mit der Erfindung der drahtlosen Telegraphie verknüpften Entstehung vor über 100 Jahren, insbesondere aber seit den Impulsen durch die von V. Bjerknes begründete „Norwegerschule" im zweiten Jahrzehnt unseres Jahrhunderts einen wachsenden Bestandteil der meteorologischen Lehrbücher ausmachte, schien dieser so wichtige Zweig der Meteorologie die eigentliche *Klimatologie* zunächst unberührt zu lassen. Das nimmt eigentlich wunder, denn auch schon frühe Definitionen des Klimas wie z. B. die von J. v. Hann (1883) verstanden immerhin unter dem Begriff Klima nicht nur den „mittleren Zustand der Atmosphäre", sondern auch die „Gesamtheit der Witterungen". In den hiermit herangezogenen Begriff der Witterung geht, freilich noch unausgesprochen, der des momentanen Wetters, also des von einer Wetterkarte festgehaltenen Augenblickszustandes ein.

Man begnügte sich jedoch in der Klimatologie bis in die jüngste Vergangenheit hinein mit den Ergebnissen, die das Studium des physikalischen Verhaltens der einzelnen Elemente und das regionale bzw. globale Verbreitungsbild dieser Einzelelemente offenbarte. Das ist die sogenannte *Mittelwertklimatologie*. An die komplexen Gebilde, wie sie jede Wetterkarte zeigt, wagte man sich lange Zeit noch nicht heran. Weder W. Köppen (1923) noch A. Hettner (1930), noch K. Knoch (1932, in der Neubearbeitung des Hannschen Handbuches der Klimatologie), noch W. Meinardus (1933), noch V. Conrad (1936) – um nur einige deutsche Klimatologen zu nennen – behandeln in ihren Lehrbuchdarstellungen die Wetterkarte als klimatologisches Forschungsmittel, geschweige denn, daß sie klimatologische Schlüsse daraus ziehen. Diese Feststellung hat, gemessen an dem heutigen Forschungsstand, etwas Verblüffendes an sich und offenbart die lange geübte Einseitigkeit der Klimaforschung.

Die „synoptische Lücke" in der Klimaforschung klaffte bis um 1930 noch in voller Breite. Erst danach erschienen Einzelarbeiten, die sich in stärkerem Maße auf Wetterkarten als Arbeitsgrundlage stützen, oder die sich komplexer Begriffe, die aus der Synoptik stammten, bedienten. Hierbei ist auch von russischer Seite Bahnbrechendes geleistet worden, was leider aus sprachlichen Schwierigkeiten lange oder überhaupt unbeachtet blieb.

Auch der Weg der Zurückführung des arealmäßigen Verhaltens einzelner Elemente auf ihre dynamischen bzw. synoptischen Ursachen ist erst in jüngerer Zeit beschritten worden. H. Flohn (1936, 1939) hat hier Wege gewiesen; Musterbeispiele in dieser Richtung, die also separative und synoptische Klimageographie verknüpft, sind die Arbeiten von G. Kottwitz (1935) und M. Wagner (1964).

In dem Maße, in dem die Klimatologie als Teil der Meteorologie betrachtet und ausgebaut wurde, gelangten synoptisch-klimatologische Ergebnisse in die *meteorologischen Lehrbücher*. Hier mögen für den deutschsprachigen Bereich die bekannten Kompendien von Chromow-Konček-Swoboda (1940, Übersetzung aus dem Russischen), von Hann-Süring (5. Auflage 1939–1951) und von R. Scherhag (1948) genannt werden. In ihnen konnte man sich über die klimatologische Bedeutung von komplexen Begriffen der Synoptik wie Wettertypen, Luftmassen, Zugbahnen, Fronten usw. erstmals zusammenfassend orientieren.

In das *geographisch-klimatologische Lehrbuchschrifttum* drangen solche Erkenntnisse aber erst viel später. Die Ursachen dafür sind nicht recht ersichtlich. Wahrscheinlich sind sie heterogener Art: einmal hatte das aus den Mittelwertkarten des Luftdrucks und der Winde abgeleitete Schema der allgemeinen Zirkulation, wie es schon A. Woeikow und nach ihm A. Hettner aufgestellt hatten, in seiner Einprägsamkeit einen gewissen faszinierenden Effekt; zum andern verlockte das relativ leichte und zweifellos auch unentbehrliche Manipulieren mit analytischen Elementarmittelwerten dazu, in der geographischen Klimatologie sich damit zu begnügen; und zum dritten wurde die geographische Trag-

weite neuer physikalischer Ereignisse ganz einfach nicht rasch genug erkannt, zumal sie sich in rein meteorologischen Zeitschriften und dazu
oft im Gewande exakt-mathematischer Ableitungen fanden.

So kam es, daß die Synoptik eigentlich erst mit der Darstellung von
G. T. Trewartha (erste Ausgabe bereits 1937) Eingang in ein geographi-
sches Klimalehrbuch (1954) fand. Es war noch ein Frühwerk, das freilich inzwischen mehrere in dieser Richtung ausgebaute Neuauflagen
erlebt hat. Ihm folgte erst 1961 ein analoges französisches Werk von
Ch. P. Péguy, das ebenfalls die Synoptik mit vollem Schwergewicht ein-
baute. Im deutschsprachigen Bereich fehlte es seit den dreißiger Jahren,
d. h. seit der von K. Knoch besorgten Neuauflage des 1. Bandes von
Hanns „Handbuch der Klimatologie", überhaupt an Klimalehrbü-
chern. Erst 1963 erschien aus der Feder eines zeitweilig als Meteorologe
tätigen Klimatologen und Geographen die Darstellung von E. Heyer, in
der erstmals in deutscher Sprache die synoptischen Bausteine einer Klimatologie einbezogen wurden. Das weit verbreitete Büchlein des Synoptikers R. Scherhag (2. Auflage 1962) bildet trotz seines anspruchsvollen Titels und der geographischen Reihe, in der es erschienen ist, keine
eigentliche Einführung in die gesamte Klimatologie, sondern eine synoptisch und physikalisch fundierte Darstellung der allgemeinen Zirkulation. Insofern muß es also in diesem Zusammenhange eigens genannt
werden. Das kürzlich erschienene Werk des Verfassers „Allgemeine
Klimageographie" bemüht sich, neben den Einzelelementen die Ergebnisse der Synoptik unter stärkerer Berücksichtigung ihrer geographischen Tragweite in das Lehrgebäude der allgemeinen Klimageographie
einzubauen. Es ist nach dem Vorbilde von J. v. Hann bestrebt, auch der
komplexen Witterungsschilderung bei der Darbietung des Klima-
stoffgebietes zu ihrem Recht zu verhelfen. Diese kommt dem Bemühen
des Geographen um Synthese besonders entgegen und sollte daher
gerade von ihm gepflegt werden.

Auf die synoptisch-klimageographischen Einzelbeiträge kann hier
aus Raumgründen nicht eingegangen werden. In welcher Richtung die
Forschung hier jedoch liegen muß, wird an zwei mustergültigen Einzel-
beispielen deutlich, die ausdrücklich angeführt seien. Das eine ist die
Regionaldarstellung der Witterung und des Klimas von Mitteleuropa
aus der Feder von H. Flohn (1954, in erster Auflage aber bereits 1942
herausgekommen), die sich sehr stark synoptisch-komplexer Begriffe

zur Kennzeichnung des Klimas als des durchschnittlichen Witterungs-ablaufs bedient. Das zweite Werk ist die synoptisch-klimageographi-sche Behandlung des Klimas des Beckens von Paris aus der Feder des französischen Klimageographen P. Pédelaborde (1957/58). Sie ist wohl am konsequentesten aufgebaut auf einer Analyse der Wetterlagen und ihrer Eigenschaften innerhalb des gewählten Bezugsraumes. Einen be-sonderen Hinweis in diesem synoptischen Zusammenhange verdient jedoch noch das ausgezeichnete Werk des englischen Geographen und Klimatologen G. Manley: Climate and the British scene (1955), das sich an einen größeren Leserkreis wendet.

Nach diesen historischen einführenden Betrachtungen müssen wir uns mit dem *Wesen der Synoptik* selbst beschäftigen. Sie befaßt sich mit dem geographisch differenzierten Erscheinungsbild des Wetters zu einem bestimmten Zeitpunkt über einem größeren Ausschnitt der Erd-oberfläche. Es handelt sich also um die geographische Darstellung phy-sikalischer Befunde der Atmosphäre. Der Meteorologe leitet aus ihnen physikalische Vorgänge zur Erklärung und Voraussage des Wetters für bestimmte Gebiete ab. Der Geograph muß sich bemühen, das Typische solcher Vorgänge für einzelne Gebiete herauszufinden.

Der sowjetische Synoptiker S. P. Chromow hat in einem kurzen, aber beachtenswerten Aufsatz (1950) die synoptische Meteorologie überhaupt als geographische Wissenschaft apostrophiert, sie sogar als vorrangig vor der Klimatologie hingestellt, weil letztere eine Abstrak-tion darstelle. Daß freilich „gerade dieser physikalische Charakter der neuen Begriffe ... die synoptische Meteorologie zu einer geographi-schen Wissenschaft" macht, ist ein methodisch Widerspruch herausfor-derndes Argument. Viel mehr ist es die andere Feststellung Chromows, „daß die Eigenschaften der synoptischen Prozesse überall genau so wie das Klima ein nicht fortzudenkender Bestandteil der geographischen Landschaft sind, die wir voll bejahen". Sie freilich in Gegensatz zum ab-strakten Klima zu setzen, ist irreführend, denn auch die synoptischen Prozesse ermöglichen ihrerseits Abstraktionen und sind, so betrachtet, eben ein Teil des Klimas. Sie sind geographisch, „indem sie sich über die Erdoberfläche verteilen und mit anderen geographischen Faktoren und Erscheinungen in Wechselwirkung stehen", – ein vom Geographen voll und ganz zu übernehmendes Argument.

Jede Klimaaussage, gleichgültig welches ihre Materialbasis gewesen ist, fußt letzten Endes auf synoptischen Vorgängen, d. h. auf dem Wetter. Das letztere ist daher die primäre Quelle für klimatologische Schlußfolgerungen. Das Wetter stellt aber den komplexen, ganzheitlichen Ablauf verschiedener ineinander verwobener Teilvorgänge dar, den wir in den Wetterkarten nur generalisiert festgehalten finden. Das liegt an der Weitmaschigkeit des Stationsnetzes und ist nicht zu ändern. Wir müssen jedoch bei einer Betrachtung der aus den Wetterkarten entnommenen komplexen Phänomene dieser Ausgangsunschärfe eingedenk sein. Sie tritt im übrigen aber überall in der Klimatologie auf, soweit sie auf dem allgemeinen Stationsnetz basiert, nicht nur bei der Synoptik. Diese Integration zu Flächen bzw. Räumen aus Punktwerten bildet in der Klimageographie eine prinzipielle Gefahrenquelle. Ihr kann nur durch sorgfältigste Quellen-, d. h. Stationskritik, begegnet werden.

Wir wollen als methodischen Ausgangspunkt folgende geographische *Klimadefinition* festhalten:

Das geographische Klima ist die für einen Ort, eine Landschaft oder einen größeren Raum typische Zusammenfassung der erdnahen und die Erdoberfläche beeinflussenden atmosphärischen Zustände und Witterungsvorgänge während eines längeren Zeitraumes in charakteristischer Verteilung der häufigsten, mittleren und extremen Werte (J. Blüthgen 1964, S. 4).

Die Wissenschaft, welche sich mit der solcherart auf erdnahe Verhältnisse eingeschränkten Klimadefinition abgibt, ist die Klimageographie, nicht die Klimatologie als Ganzes. Der Standpunkt des Meteorologen, der Klimatologie betreibt, ist demgegenüber ein anderer und nicht primär der regionale, erdoberflächenbezogene. Ihn zu definieren ist nicht unsere Aufgabe. Die vorgenannte geographische Klimadefinition enthält implicite, daß unter den „atmosphärischen Zuständen und Witterungsvorgängen" nicht nur die Befunde der einzelnen Klimaelemente, also die separative Klimatologie (Pédelaborde), verstanden werden, sondern in gleicher Weise die Komplexbegriffe. Diese sind nur durch die Kombination von mehreren Elementareigenschaften zu erfassen und besitzen zugleich eine wechselnde volumhafte Erstreckung, sind also *Raumbegriffe,* die nur dreidimensional umschrieben werden können. Das gilt auch schon für die untersten dieser Komplexbegriffe, die Luftmassen bzw. Luftkörper, bei denen man sich zwar aus Gründen des

Arbeitsumfanges häufig mit den Punktmeßwerten einer Station begnügt oder begnügen muß, aber diesen doch den Charakter von Testwerten für ein mehr oder weniger großes Volumen, eben die Masse bzw. den Körper, zubilligt. Wir kommen auf die Systematik dieser Raumbegriffe noch bei der Besprechung der synoptischen Terminologie zurück.

Es gibt Geographen, die in dieser ganzheitlichen Betrachtungsweise überhaupt die Primäraufgabe der Klimatologie sehen wollen. Von P. Pédelaborde wird das Klima ausschließlich als die «totalité des types de temps» verstanden und auch E. S. Rubinstein und O. A. Drosdow sehen in ihm „den langjährigen Durchschnitt seiner charakteristischen Witterungen". Allerdings behandeln dessenungeachtet die Letztgenannten in ihrem Lehrbuch (1956) auch das physikalische Verhalten der einzelnen Klimaelemente, während Pédelaborde in seiner bereits erwähnten Monographie des Klimas des Pariser Beckens (1957/58) nur mit komplexen Luftmassenbegriffen und Wetterlagen operiert. Er hat diese Einstellung auch lehrbuchhaft in seiner Introduction à l'étude scientifique du climat (1958) festgehalten.

Der Verfasser hat jedoch in seiner oben genannten Klimadefinition diese Beschränkung auf die komplexe Klimatologie bewußt vermieden; denn auch die herkömmliche separative Klimatologie hat, wenn sie richtig angewandt und nicht überfordert wird, wissenschaftlichen Sinn zur Aufklärung geographischer Zusammenhänge. Das hat sie in den Jahrzehnten ihrer Existenz zur Genüge bewiesen. Daß sie andererseits auch zu geradezu typischen Fehlschlüssen gelangte, weil Mittelwerte und Mittelwertkarten die wirklichen Zusammenhänge oft verschleiern und die kausale Forschung in eine falsche Richtung lenkten, hat z. B. die in den letzten Jahrzehnten aufgekommene Diskussion um den Monsun offenbart. Das hat z. T. seine Ursache darin, daß anstelle der viel sinnvolleren Häufigkeitswerte die oft irreführenden arithmetischen Mittelwerte benutzt wurden. Man sollte auch in der separativen Klimatologie wo irgend möglich mit Häufigkeits- statt Mittelwerten arbeiten. Leider ist aber das Originalbeobachtungsmaterial in der Regel bereits nach Mittelwerten aufbereitet, so daß eine Umrechnung auf Häufigkeitswerte von den Originaltabellen ausgehen müßte, ein in großem Maßstab sicher illusorisches Unterfangen.

Was für den Geographen entscheidend ist, wird weniger durch den Gegensatz von separativer und synthetischer bzw. komplexer Klimatologie, auch nicht den zwischen Mittel- und Häufigkeitswerten gegeben, als vielmehr durch den Leitsatz räumlicher Differenzierung und Gliederung. Diese ist es, die die Rechtfertigung für den Geographen abgibt, sich auch weiterhin in Fortführung einer ehrwürdigen Tradition mit dem Klima zu befassen. Es scheiden sich – seit einigen Jahrzehnten – die Wege zu einer meteorologischen und einer geographischen Klimatologie. Vor allem die Erforschung des Verhaltens hoher und höchster Atmosphärenschichten, die durch die besonders seit dem letzten Weltkrieg breit entwickelte Aerologie, einschließlich der mit Raketen und Satelliten betriebenen, durchgeführt wurde, hat klimatologische Erkenntnisse gebracht, die nicht mehr in das vorhin skizzierte geographische Aufgabengebiet erdnaher Zustände und Abläufe gehören. So ist es, wie eingangs bereits betont, dringend notwendig, hinfort von einer *Klimageographie* sui generis zu sprechen, wenn man sich auf das dem Geographen obliegende Teilgebiet der Gesamtklimatologie beschränkt. Die Entwicklung der Forschung erzwingt diese klare begriffliche Trennung, wie sie in anderen Zweigen der allgemeinen Geographie längst eingebürgert ist.

Innerhalb der Klimageographie bildet die synoptische Arbeitsrichtung einen umfangreichen Zweig neben der separativen. Man kann die letztere auch als Elementarklimageographie bezeichnen, weil sie sich zerlegend mit den Einzelelementen befaßt, während es die synoptische mit Komplexgrößen oder synthetischen Begriffen zu tun hat. Die synoptische Klimageographie ist also eine Komplexklimageographie, die das räumliche und raumbedingte Verhalten dieser Komplexgrößen zum Forschungsziele hat. Konkret ausgedrückt an einem Beispiel: sie will festhalten, welche Typen von Tiefdruckgebieten über einem definierten Teilgebiet, etwa von Europa, im Jahresgang auftreten, welche Bahnen sie einschlagen und welche charakteristischen Witterungserscheinungen damit in eben diesem Raum verknüpft sind. Es soll also eine geographische Eigenheit dieses Raumes erforscht werden. Das ist an sich bereits der Sinn einer *regionalen Klimageographie*. Da diese eine zweckgerichtete Untersuchung der Bausteine benötigt, ist aber zuvor eine propädeutische bzw. vergleichend globale *allgemeine Klimageographie* nötig. Man erkennt darin unschwer die Parallelität zwischen Hettners Allgemeiner vergleichender Länderkunde (im Sinne einer Allgemeinen Geographie) und seiner individualisierenden Länderkunde, wie sie in

seinen „Grundzügen der Länderkunde" vorliegt. Nicht anders ist das
Verhältnis zwischen Allgemeiner und Regionaler Klimageographie.
[. . .]

Eine *Systematik der synoptischen Begriffe*, die einer klimageographischen Betrachtung zugänglich sind, muß von den Luftdruckgebilden,
d. h. den verschiedenen Typen von Hoch- und Tiefdruckgebieten, ausgehen. Wir beschränken uns hierbei auf die in unseren Breiten auftretenden Gebilde. Sie können zunächst nach Größe, Entwicklungssta-
dium und vertikalem Aufbau gegliedert werden. Bei den *Antizyklonen*
sind es selbständige Hochdruckzellen oder nur Hochdruckrücken bzw.
Zwischenhochs, erstere oft bis in große Höhen verankert und demzufolge stabile Wetterabfolgen einleitend, letztere kurzfristig, flach und
mit nur geringfügigen Wetterbesserungsabschnitten verbunden. Selbständige große Hochdruckgebiete überschreiten eine gewisse Maximal-
ausdehnung nicht, sondern zerfallen dann in mehrere Kerne mit jeweils
eigener Witterungsgestaltung. Ähnlich, nur viel wetterwirksamer, gliedern sich die *Zyklonen* in stationäre, einen weiten Einflußbereich umfassende Mutterzyklonen, die ebenso wie die stationären Antizyklonen
auch als Aktions- oder Steuerungszentren bezeichnet werden, und in
Randstörungen, die vielfach als Tochterzyklonen auf eigenen Bahnen
ausscheren und sich dabei zu neuen Zentralgebilden zu vertiefen und
auszuweiten vermögen. Am Beginn einer Randstörung steht meist eine
schwach ausgeprägte sogenannte Wellenstörung. Flache Tiefdruckgebiete mit oft unbestimmtem Isobarenbild sind häufig die Reste aus-
gefüllter Vollzyklonen, aber darum nicht minder wetterwirksam. Im
Französischen heißen sie charakteristischerweise «marais barométri-
que». Die vertikale Reichweite der Zyklonen ist für ihre Wetterwirksamkeit und ihre Weiterentwicklung von entscheidender Bedeutung.

Zyklonen und Antizyklonen besitzen eine voneinander stark abweichende Struktur. Während Hochdruckgebiete als Bereiche vorherrschender Absinktendenz zwar weithin homogen, aber darum doch keineswegs frei von geographischen Differenzierungsmöglichkeiten sind,
finden sich in den Tiefdruckgebieten mehr oder weniger scharf ausgeprägte Fronten oder gealterte Reste von solchen. Die übliche Unterscheidung von *Warmfronten*, *Kaltfronten* und *Okklusionen* reicht nicht
aus, um der Vielfalt der typischen Erscheinungsformen gerecht zu

werden. Es muß wegen der sehr unterschiedlichen Wetterabläufe viel stärker differenziert werden.

Beginnen wir mit den *Warmfronten*! Sie sind je nach Jahreszeit, Intensität und Alterungszustand sowie Zugbahn der Tiefdruckgebiete verschieden. Generell treten Warmfronten nur im aufsteigenden Entwicklungsast einer Zyklone auf, und zwar am deutlichsten im maritimen Bereich der Zyklonenentstehungs- und -vertiefungsgebiete. Die in der Wetterkarte eingetragenen geschwungenen Frontlinien sind, dessen müssen wir eingedenk sein, die Schnittlinien von schrägen Aufgleitflächen vordringender Warmluft mit der Erdoberfläche. In der Höhe eilt die Warmluft also weit voraus und bildet einen mehr oder weniger breiten, oft wellenförmig gegen die unterliegende Kaltluft begrenzten Aufgleitschirm oder -fächer. Die Steilheit der andrängenden Warmfrontfläche hängt von der Jugendlichkeit der Tiefdruckstörung ab und von der Resistenz der vorgelagerten Kaltluft. Klassische Warmfronten sind daher in unserem Klima, so paradox es klingen mag, eine typisch winterliche Erscheinung. Im Sommer wird ihre Natur wegen der erfahrungsgemäß starken Einstrahlungserwärmung vor der Front diffus, und die gleiche Luft, die im Winter den Warmsektor hinter der Warmfront nährt, ist dann relativ bedeutend kühler und wirkt wie einbrechende „Kaltluft", besonders in den bodennahen Schichten. Frische Zyklonen, die mit großer Kraft im Winter über die Britischen Inseln gegen die Kaltluftblöcke des mitteleuropäischen Festlandes anbranden, besitzen in der Regel steile und daher weniger breite Aufgleitwarmfronten, während absterbende oder erst im ersten Bildungsstadium begriffene Zyklonen meist einen breiten Aufgleitschirm ihrer Warmfront aufweisen. Das ist von großer klimageographischer Bedeutung, denn in beiden Fällen ist der Witterungsverlauf beim Durchzug sehr verschieden: steile Warmfronten bringen rasche Eintrübung und raschen Niederschlagsbeginn, der im Winter sehr bald von anfänglichem Schnee in Regen und Tauwetter und Umsprung des heftig aufgefrischten Südostwindes in S- bis SW-Wind übergeht. Flache Warmfronten dagegen verteilen nicht nur die Wettervorgänge über einen längeren Zeitraum und ein größeres Gebiet, sondern komplizieren den Ablauf durch Einschaltung mehrerer Wellen in den Witterungsverlauf, die sich im Wolkenbild, in der Niederschlagsform und im Wind widerspiegeln. Solche Warmfronten können unter dem Einfluß nachfolgender atlantischer Störungen auch rückläufig werden mit Rückdrehen des Windes auf SE bis E und Wiedervorstoß präfrontaler Kaltluft. SW-NE-gerichtete Zugbahnen haben im allgemeinen die deutlichsten Warmfronten steileren Charakters, während NW-SE-gerichtete zumindestens schon bei Erreichen des europäischen Festlandes rasch okkludieren. Auch vom Mittelmeerraum nordwärts vordringende Warmfronten sind in der Regel sehr flach und breiten einen ausgedehnten Aufgleitschirm, oft über große Teile Mitteleuropas, aus.

Die Häufigkeit von Warmfronten ist in Mitteleuropa, wie G. A. Gensler (1957) am Beispiel alpiner Frontenstatistik gezeigt hat, 6–10 mal geringer als die der Kaltfronten. Außerdem müssen noch die Sonderfälle maskierter Warmfronten (H. Faust 1952) bedacht werden, die, obwohl in der Höhe echte Warmfronten, am Boden vorübergehend Abkühlung bringen, jedoch nur kurzfristig wirksam sind, im Gegensatz zu den noch zu behandelnden maskierten Kälteeinbrüchen.

Es kommt bei den Warmfronten der atlantischen Zyklonen allerdings ganz entscheidend darauf an, wie alt die Zyklone bereits ist, ehe sie die europäischen Küsten erreicht. Am deutlichsten sind Warmfronten bei uns ausgeprägt, wenn das zugehörige Tief, vielfach als südliche Randstörung einer isländischen Mutterzyklone, im Raum nördlich und nordöstlich der Azoren entsteht und die Warmluft aus dem Raum zwischen Azoren und Biscaya vorstößt. Typisierende Untersuchungen über Warmfronten, die klimatologisch oder gar klimageographisch von Bedeutung wären, liegen offenbar noch nicht vor. Es wäre aber zweifellos eine reizvolle Aufgabe, das Werden und Vergehen von Warmfronten im vielgliedrigen nordwesteuropäischen Bereich als dynamischen Bestandteil des dortigen Klimas zu untersuchen. – Der im Literaturverzeichnis genannte Beitrag von H. Kruhl (1952) befaßt sich nicht mit solcher Fragestellung, sondern untersucht, ausgehend von den von Seilkopf eingeführten Begriffen der Kalt- und Warmfrontalzone, die meteorologischen Kennzeichen von Warmfrontwellen, d. h. Wiederholungen von Warmfronten bei einer bestimmten Antizyklonalwetterlage über W-Europa.

Wesentlich weiter sind wir mit einer Typisierung der *Kaltfronten* gediehen. Sie ist von meteorologischer Seite (H. Faust 1951) vorgenommen worden. Die sehr viel stärker differenzierten Witterungserschei-

nungen bei Kaltfronten erleichtern eine typenmäßige Aufteilung, bei
der ebenfalls der jahreszeitliche Gang eine Rolle spielt sowie ihre Stabilität bzw. Labilität. Faust gibt folgende Einteilung:

I. Aktive Kaltfronten (Zunahme der frontsenkrechten Windkomponente nach
    oben).

    a) Rein stabiler Typ (meist im Winter): Schichtung im Frontbereich stabil;
       präfrontaler Niederschlag; Bewölkung Stratus und Altostratus, Nimbo-
       stratus, Stratus; keine Böen.

    b) Haupttyp (alle Jahreszeiten): Schichtung im Frontbereich erst stabil,
       dann labil; prä- und postfrontale Niederschläge, z. T. Gewitter; Bewöl-
       kung Stratus und Altostratus, Nimbostratus mit Cumulonimbus, Cumu-
       lonimbus, Stratocumulus; mäßige Böen.

    c) Rein labiler Typ (meist im Sommer): Schichtung im Frontbereich labil;
       postfrontale Schauerregen, z. T. mit Gewittern; Bewölkung Cumulus
       und Altocumulus, Cumulonimbus, Stratocumulus; starke Böen.

II. Passive Kaltfronten (Abnahme der frontsenkrechten Windkomponente nach
    oben).

    a) Stabiler Typ (alle Jahreszeiten): Schichtung im Frontbereich stabil; post-
       frontaler Dauerniederschlag; Bewölkung Stratus und Altostratus, Nim-
       bostratus, Stratocumulus; keine Böen.

    b) Labiler Typ (im Sommer): Schichtung im Frontbereich labil; postfrontale
       Schauerregen, z. T. Gewitter; Bewölkung Cumulus und Altocumulus,
       Altrostratus und Cumulonimbus, Stratocumulus; Böen.

Geographisch spielen, was im obigen Schema, dem meteorologische
Erwägungen zugrunde liegen, nicht zum Ausdruck kommt, primär natürlich die mit der Kaltfront einhergehenden Temperaturänderungen
eine entscheidende Rolle, nicht nur die oben genannten dynamischen
Vorgänge. So wären neben den regulären, am Erdboden einen Temperaturrückgang bewirkenden Kaltfronten auch noch die *thermisch maskierten Kaltfronten* zu nennen, bei denen der zu einer Kaltfront gehö-
rige Temperaturgegensatz nur auf die höheren Teile des Frontalvor-
ganges beschränkt ist, während in Bodennähe das Umgekehrte eintritt
(= getarnte oder maskierte Kälteeinbrüche nach H. v. Ficker), d. h. mit
dem Erscheinen der Kaltluft die Temperatur in Bodennähe paradoxer-
weise steigt. Das ist meist die Folge des Anheizungseffektes der unteren
Luftschichten über wärmeren Meeren bzw. der bodennahen nächtlichen Abkühlung innerhalb des Warmluftsektors, wie sie im Winter oft
beobachtet wird. Im übrigen leiten diese Fragen bereits über zu den

komplexen Vorgängen im synoptischen Geschehen, die dann bei den Lufttransporten besprochen werden.

Außer den Warm- und Kaltfronten muß noch die *Okklusion* genannt werden, die bekanntlich eintritt, wenn die infolge des Aufgleitens langsamer vorankommende Warmfront von der rascher und meist turbulent vorstoßenden Kaltfront eingeholt wird, zuerst im Zentrum des Tiefs und von dort peripher fortschreitend. Aus dem unterschiedlichen thermischen Charakter der weichenden präfrontalen Luft gegenüber der hinter der Kaltfront vorstoßenden ergeben sich zwei Haupttypen:

a) Okklusion mit Warmfrontcharakter (wenn die eindringende Kaltluft wärmer ist als die präfrontale wegzuräumende Luft und daher das Bestreben hat, über letztere aufzugleiten),

b) Okklusion mit Kaltfrontcharakter (wenn frische, kältere Kaltluft die gealterte und weniger kalte Luft vor der Okklusion verdrängt).

Hierbei spielen die geographischen Verhältnisse eine entscheidende Rolle. In Europa herrscht im Herbst und Winter der Warmfronttyp der Okklusionen vor, weil dann die Anheizung der Rückseitenkaltluft über den Meeren und die Abkühlung der präokklusionalen Luft ins Gewicht fallen. Im Frühjahr und Sommer dagegen ist es umgekehrt. Ganz allgemein wird durch den Übertritt des Frontensystems von See auf Land infolge der Reibung die Tendenz zur Okklusion verstärkt, und in Mittel- und Nordeuropa erreichen die Tiefs meist in okkludiertem Zustande das Festland und bringen die hierfür charakteristischen Witterungserscheinungen mit sich. In Ostasien hingegen bedingt die gleiche Westdrift im Winter kräftige Kaltfrontokklusionen, weil hier kontinentale Kaltluft vom Festland austropft. Ähnliches gilt auch für das nordöstliche Nordamerika.

Untersuchungen über die Häufigkeit und regionale Ausprägung der Frontalbildungen, ein klimageographisches Anliegen ersten Ranges, gibt es so gut wie nicht. In einer Studie hat G. Band (1955) die Frontenhäufigkeit nördlich und südlich der Mainlinie behandelt. Auch hier harrt noch ein weites Feld der geographischen Bearbeitung.

Neben den Frontalerscheinungen, die gewissermaßen als unterste Kategorie der Bausteine einer synoptischen Klimageographie zu gelten haben und dabei auch vielfach „embryonale" Vorstadien eigentlicher Fronten (z. B. die *Schauerserien* im Rücken einer Kaltfront) erkennen lassen bis hinab zu so begrenzten Gebilden wie *Wolkenstraßen* oder *Gewitterpfropfen,* müssen weitere synoptische Erscheinungen innerhalb von Druckgebilden berücksichtigt werden. Das sind z. B. *Konvergenz-* und *Divergenzzonen,* entlang denen Wetterverschlechterung bzw. Aufheiterung beobachtet wird. Sie sind der Effekt der Beteiligung bestimmter vertikaler Strömungsverhältnisse, die ein Ausweichen nach oben (bei Konvergenzen) oder ein Auseinanderfließen mit Absinktendenz (beim Divergieren) zeigen. Hierbei ist der Unterschied zu eigentlichen Fronten besonders im Falle der Konvergenzen nicht immer deutlich, stellt doch auch eine echte Front eine Konvergenz von Luftströmungen dar, die in spitzem Horizontalwinkel aufeinandertreffen.

Ein solches frontenloses Schlechtwettergebiet, das z. B. für Nordwesteuropa durchaus typisch ist, stellt der in der Regel einer Kaltfront nachfolgende *Tiefdrucktrog* dar, in dem die eigentliche Gradientverschärfung erst eintritt. Mit ihr ist konvergenzartige Wetterverschlechterung (Schauer) bei erhöhter Windstärke, jedoch ohne eigentliche Front mit Windsprung, verbunden. Dieser Tiefdrucktrog darf nicht mit einer Erscheinung gleichgesetzt werden, die als rückkehrende oder *zurückgebogene Okklusion* in Nähe des Tiefdruckkerns auftritt und im allgemeinen durch die stratiformen Wolken der Okklusion gekennzeichnet wird.

Einen Sonderfall bildet die *Schleifzone,* wenn nämlich Tiefdruckfronten wellenförmig auf engem Gürtel dicht aufeinander folgen und anhaltendes Schlechtwetter bringen. Schleifzonen bilden sich, soweit man bisher weiß, vorzugsweise im Sommer bei einer allgemeinen Westlage über Mitteleuropa aus und sind für manche Hochwasserlagen verantwortlich. Die enge Aufeinanderfolge von Warm- und Kaltfronten über besagtem Gürtel führt zu einer Dauerregensituation, die sich räumlich nur wenig verlagert. Obschon nicht eben häufig auftretend, sind Schleifzonen doch ein charakteristischer Bestandteil des dynamischen Witterungsgeschehens in Mitteleuropa. Über ihr sonstiges Vorkommen ist noch nichts Sicheres bekannt.

Komplexe, an Fronten gebundene synoptische Erscheinungen sind ferner die von Schereschewsky und Wehrlé (1923) unterschiedenen «systèmes nuageux». Mit diesen *Wolkensystemen* erfaßten die Verfasser die für jeden Frontdurchgang und für jede Luftmasse selbst charakteristische Verteilung der Wolkenarten als sichtbares Kennzeichen einer bestimmten komplexen Struktur der Atmosphäre. Man löste sich damit also von den genetischen Strukturelementen zugunsten der effektiven Erscheinungsformen des Witterungsgepräges. Man sprach nicht von «front» bzw. «masse d'air», sondern von «traîne» und «corps», von „Schleppe" und „Körper" im atmosphärischen Gefüge.

Damit gelangen wir zu einem der wichtigsten synoptischen Begriffe, nämlich dem der *Luftmassen*. Frontalerscheinungen sind nur möglich beim Vorhandensein verschiedener Luftmassen, deren Unterschiede daher parallel zu den sie begrenzenden Fronten festgehalten werden müssen. Sie entstammen den Antizyklonen als Bildungsherden, und zwar den warmen, subtropischen und den kalten, polaren. Das war schon eine der von V. Bjerknes ermittelten und mit seinen Begriffen Tropik- und Polarluft festgehaltenen Grundtatsachen der modernen Synoptik. Sie wurde vor allem von T. Bergeron 1928 betont.

Bei der Unterscheidung von *Warm-* und *Kaltluft*, die im übrigen natürlich nur relativ zueinander Gültigkeit hat, stößt man jedoch auf eine prinzipielle Schwierigkeit, auf die besonders R. Scherhag (1948, S. 140) hingewiesen hat. Die Labilisierung einer Kaltluft durch Anheizung (sei es im Tagesgang der Erwärmung oder beim Überqueren wärmerer Unterlagen) und die Stabilisierung einer Warmluft durch Abkühlung (sei es durch nächtliche Ausstrahlung oder durch Einströmen in Gebiete mit winterlich negativer Strahlungsbilanz) machen die Grenzen zwischen beiden fließend bzw. können ihren relativen Charakter schon nach kurzer Zeit ins Gegenteil verkehren. Scherhag schlug deshalb von seinem synoptischen Standpunkt aus überhaupt vor, statt thermischer Bezeichnungen die Strukturbezeichnungen *stabil* und *labil* zu wählen. Diese Wandlungsfähigkeit der Luftmassen war es auch, die ihre Verwendung im praktischen Wetterdienst mit der Zeit einschränkte.

Die Differenzierung der Luftmassen müssen wir jedoch vom klimageographischen Standpunkt aus ausführlicher behandeln. Hier sei nur vorab festgehalten, daß die Entwicklung der Luftmassenforschung von dem relativ einfachen Schema, welches Bergeron im Rahmen seiner dreidimensionalen Wetteranalyse aufgestellt hatte, über die noch relativ einfache Linkesche Luftkörpergliederung (vgl. Dinies 1932), welche von den Verhältnissen in der Bodenstörungsschicht ausging, zu viel detaillierterer Einteilung fortschritt. Es wurden nicht nur allein Her-

kunftsgebiete der Luftmassen, und zwar unabhängig von der Bodenstörungsschicht (Schinze 1943), sondern vor allem eine Vielzahl von
Transportwegen über die verschiedensten geographischen Unterlagen
hinweg berücksichtigt. Das letztere hat im Extremfall für die Britischen
Inseln Belasco (1951) getan. Der Luftmassenbegriff wurde aber damit
erweitert im Sinne einer dynamischen Behandlung der ganzen Vorgänge
im Wettergeschehen.

Diese dynamische Betrachtung der Luftmassen haftet auch in gewisser Weise der von R. Scherhag (1948) gegebenen und heute im Wetterdienst gebrauchten Einteilung an, die hier wiedergegeben sei:

Symbol	Bezeichnung	Ursprungsgebiet	Weg
cT_S	Afrikanische Tropikluft	} Sahara	–
mT_S	Afrikanische Tropikluft		Mittelmeer
cT	Tropikluft	Südlicher Balkan	–
mT	Tropikluft	Azorenhoch	Atlantik
cT_P	Gemäßigte (Tropik-)Luft	Zentraleuropa	–
mT_P	Gemäßigte (Tropik-)Luft	Nordatlantik	–
cP_T	Gealterte Polarluft		Südosteuropa
mP_T	Gealterte Polarluft	} Polargebiet	Atlantik s. 50° N
cP	Polarluft		Osteuropa
mP	Polarluft		westlich Island
cP_A	Arktische Polarluft		Nordosteuropa
mP_A	Arktische Polarluft		östlich Island

Aus der ursprünglichen Bergeronschen Gegenüberstellung von Warm-
und Kaltluft ist also jetzt ein viel differenzierteres Inventar geworden,
indem Übergangsformen sowie die maritime (m) oder kontinentale (c)
Variante ausgeschieden werden. Primär maßgebend ist das Ursprungsgebiet, sekundär die maritime bzw. kontinentale Umwandlung. Geographisch verwunderlich ist an dieser Einteilung, daß zwar die Ur-
sprungsgebiete der T-Luftmassen differenziert angegeben werden,
nicht dagegen die der P-Luftmassen, als deren Ursprungsgebiet nur generell für alle das Polargebiet genannt wird und lediglich die Transportwege differenziert werden, obwohl die Verteilung von Land, Eis und
offenem Meer in Verbindung mit der den Strahlungsgenuß regulieren-

den Breite sicher ähnlich differenzierte Quellgebiete auszusondern zuließen wie im Falle der subtropischen Quellgebiete.

In der Synoptik, d. h. der täglichen Wettervorhersage, ist man inzwischen wie erwähnt von der Luftmassengliederung wieder abgekommen, jedoch hat sie für die synoptische Klimatologie ihre Bedeutung behalten und auch klimageographisch wird sie behandelt. Das geht aus den Versuchen hervor, eine Klimagliederung der Erde (Alissow 1954) bzw. der Nordhemisphäre (Brunnschweiler 1957) auf dieser Basis vorzunehmen. Dafür war es notwendig, sich auf eine vergleichbare Terminologie zu einigen, hatte doch jedes Land zunächst seine eigenen Luftmassenbegriffe. Die statische Betrachtung der mittleren Luftmassenverteilung erfaßt jedoch nur einen Teil des komplexen Wettergeschehens, und die besonderen wetterwirksamen Frontalerscheinungen kamen dabei zu kurz. Es erwies sich als wünschenswert, den Luftmassenbegriff zu erweitern, d. h. die Bausteine für eine synoptische Klimatologie größer zu wählen.

Bevor wir dies tun, müssen wir jedoch noch den klimageographisch relevanten Begriff des *Dreimassenecks,* von Rodewald geprägt und untersucht (Hauptarbeit 1939), erläutern. Es handelt sich um charakteristische Mischgebiete von drei unterschiedlichen Luftmassen, die zu kennen nicht nur für die Wettervorhersage entscheidend ist, sondern die als solche auch für eine Luftmassen-Klimageographie wesentlich sind. Das geht z. B. auch aus den diesbezüglichen Verteilungskarten bei Brunnschweiler (1957) hervor. Es gibt auf der Erde, was noch nicht ausführlich untersucht ist, sicher mehrere solcher Gebiete mit häufigem Luftmassenwechsel, wobei es sich nicht immer um energetisch labile Zonen zu handeln braucht, die zugleich zyklogenetisch wirksam sind.

Mit der Berücksichtigung frontaler Erscheinungen bei den Luftmassen gelangen wir zu einer Forschungsrichtung, die nicht die Luftmassen allein als Bausteine des Wetterablaufs, sondern die *Transporte* dieser Luftmassen einschließlich der sie begrenzenden und räumlich differenzierenden Frontalerscheinungen behandelt. Lufttransporte mit ihren physiognomischen Eigenschaften sind als ganzheitliche Gebilde auch bei geographischen Klimadarstellungen hin und wieder berücksichtigt und auch geographisch typisiert worden. Dazu gehören die Kälte- und Wärmewellen Rußlands und Nordasiens (v. Ficker 1910 und 1911), die

Northers Nordamerikas (Waibel 1938) und die für Europa aufgestellten Typen von Kaltlufteinbrüchen und Wärmewellen (Blüthgen 1940, 1941, 1942). Man muß hier ferner die monographischen Darstellungen bestimmter Winde anführen, sofern bei ihnen das gesamte Erscheinungsbild der Begleitwitterung mit erfaßt wird. Es seien hier genannt der Föhn, der Mistral, die Bora, der Schirokko u. a. Diese Phänomene können ebenso unter synoptischem Gesichtswinkel betrachtet werden, denn mit ihnen sind charakteristische Luftmassentransporte und ein typisches Gesamtwitterungsgepräge verbunden.

Als Beispiel dafür, wie man auch hierbei zu einer geographisch begründeten Typisierung gelangen kann, sei auf die von geographischer Seite vorgenommene Typisierung der winterlichen europäischen *Kälteeinbrüche* und *Wärmewellen* (Blüthgen 1941) hingewiesen, weil dabei geographische und nicht meteorologische Kriterien angewandt wurden. Es wurde nämlich zur Abgrenzung eines Kaltlufteinbruchs die absolute Vorkommensgrenze von Frost nach den Stationsmeldungen (Morgenwerte!) der Wetterkarten verwendet, um damit die geographisch so ungemein gewichtige Frostgrenze zu dokumentieren, die meteorologisch gesehen in diesem Zusammenhang sicher belanglos erscheinen muß. Für andere Transporte und in anderen Jahreszeiten oder Räumen wird man freilich wieder andere geographisch relevante Kriterien suchen müssen, um sie aus dem Wettergeschehen exakt herausschälen zu können.

Die Einteilung von Kälteeinbrüchen und Wärmewellen für den europäischen Winter sieht folgende Typen vor:

A. Kaltlufteinbrüche
   1. Nordostlufteinbrüche
   2. Mitteleuropäische Kaltluftvorstöße
   3. Skandinavische Kaltluftkissen
   4. Nordwestluftvorstöße
   5. Nordskandinavische Kaltluftvorstöße
   6. Südostluftvorstöße
B. Wärmewellen
   7. Mediterrane Aufgleitfächer
   8. Südwestwetter
   9. Baltische Warmluftzungen
  10. Polare Warmluftzungen
  11. Nordwestwärmewellen

Lufttransporte sind jedoch ihrerseits nur Ausschnitte eines großräumigen Wettergeschehens, das sich in den einen weiteren Raum umfassenden Wetterlagen manifestiert. Für sie hat sich der von F. Baur
geprägte Begriff der *Großwetterlage* eingebürgert. Genaugenommen
handelt es sich dabei um die Witterung, nicht um das Wetter, wenn wir
uns dabei auf die von Baur selbst gegebene Unterscheidung stützen. Der
Unterschied zwischen Wetter und Witterung wurde von Baur bereits
1926 scharf betont und 1963 mit folgenden Worten wiederholt (S. 15):

Wetter ist der für unsere Sinne unmittelbar wahrnehmbare Zustand der Lufthülle in einem gegebenen Augenblick oder während eines kurzen Zeitraums von
höchstens Tageslänge. Der Begriff *Witterung* baut wohl auf dem des Wetters auf,
bezieht sich aber auf einen größeren Zeitraum. Die Witterung ist das Gleichbleibende oder wenigstens annähernd Gleichbleibende in den atmosphärischen
Erscheinungen während einer Aufeinanderfolge von mehreren Tagen.

Für den Geographen ist hierbei die regionale Umgrenzung wichtig.
Man kann das Wetter oder die Witterung eines einzelnen Ortes ermitteln und gleichzeitig auch auf ein bestimmtes Gebiet ausdehnen, insofern dieses Wetter oder diese Witterung seinen bzw. ihren Charakter
über einem weiter ausgedehnten Areal beibehält. So kann z. B. Nord-
deutschland zyklonales Wetter, Süddeutschland dagegen Hochdruck-
wetter besitzen. Diese räumliche Ausdehnung ist sogar die Regel, denn
angesichts der meist sehr fließenden Übergänge im Wettergeschehen hat
es nur selten Berechtigung, vom Wetterunterschied benachbarter Orte
zu sprechen. Diese lokalen Unterschiede treten jedenfalls zurück
gegenüber den gemeinsamen Zügen im Wetterablauf, die zu einer geographischen Integrierung führen.

Diese Integration des Wetters findet jedoch eine Grenze dort, wo das
Gebiet so ausgedehnt wird, daß zyklonale und antizyklonale Wesens-
züge des Wetters gleichzeitig nebeneinander vertreten sind. Damit wird
gegenüber dem regional enger begrenzten Wetter der räumlich nächst-
höhere Begriff des *Großwetters* geschaffen.

Das Großwetter bezieht sich also ebenso wie die Witterung auf einen *längeren*
Zeitraum, ist aber durchaus nichts Einheitliches, sondern besteht aus verschiedenen, unter Umständen sogar sehr verschiedenen Witterungen, die aber durch
die Gleichzeitigkeit physikalisch miteinander verbunden sind (F. Baur 1963,
S. 16).

Das Verteilungsbild des Großwetters über dem entsprechend ausgedehnten Raum – im Falle Europas von der Größe etwa dieses Erdteils – nennt Baur (ebenfalls seit 1926): *Großwetterlage*. Darunter wird zwar zunächst definitionsgemäß nur die Luftdruckverteilung dieses Großraumes während mehrerer Tage verstanden, aber implicite wird damit auch die Begleitwitterung erfaßt, die für den Klimageographen im Vordergrunde steht. Während dieser mehrtägigen Spanne bleiben die Grundzüge der Witterung in den einzelnen Teilgebieten des Großraumes erhalten, damit also auch das Verteilungsbild der Witterungsunterschiede.

Baur erläutert das an folgendem Beispiel (1963, S. 16–17):

Wenn beispielsweise das Hochdruckgebiet, das in der Regel über den Azoren lagert, kräftig entwickelt ist und einen Ausläufer nach Osten, nach Südeuropa und bis ins Alpengebiet erstreckt und wenn gleichzeitig nördlich davon Tiefdruckgebiete aus dem Raum um Island ostwärts über das Nordmeer und Skandinavien nach Nordrußland wandern, dann hat zwar in Mittel- und Nordeuropa jeder einzelne Tag eine andere Wetterlage und auch ein anderes Wetter, je nachdem der Kern des Tiefdruckgebietes über dem Nordmeer oder über Skandinavien oder über Finnland liegt, aber im ganzen bleiben doch die *wesentlichen Züge* der Luftdruckverteilung erhalten: im Süden hoher Luftdruck, im Norden tiefer Luftdruck, und ebenso haben die einzelnen Gebiete gleichbleibende Witterung, im nördlichen Mitteleuropa stark unbeständiges, häufig regnerisches Wetter, im südlichen Mitteleuropa leichter unbeständiges Wetter oder wechselhafte Witterung. Solange diese Merkmale bestehen bleiben, kann man von einer einheitlichen Großwetterlage sprechen, im gegebenen Beispiel von einer sogenannte „Westlage".

Es wäre vielleicht besser, von Großwitterungslagen zu sprechen, da neben der räumlichen ja auch die zeitliche Integration vollzogen wird, jedoch hat sich der Begriff Großwetterlage nun einmal eingebürgert, obwohl er eine mehrtägige Mittelung umfaßt, sich also aus zahlreichen Momentanverteilungsbildern des Wetters herleitet.

Großwetterlagen sind am ausführlichsten für Europa untersucht worden, was im wesentlichen auf den Einsatz F. Baurs und die ihm zu dankende Anregung zurückzuführen ist. Das Forschungsbild ist sogar so vielfältig geworden, daß schon fast von einer Verwirrung gesprochen werden kann. Die Ursache dieser überraschenden Differenzierung ist darin zu suchen, daß verschiedene Autoren bei der regional enger be-

grenzten Nutzanwendung der Baurschen Typologie Schwierigkeiten
bekamen, die örtlichen Witterungsphänomene befriedigend einzuord-
nen. So kam es zu abweichenden Systematisierungsversuchen. Auch das
unterschiedliche Gewicht, das man dem gleichzeitigen hochtroposphä-
rischen Druckbild beimaß, spielt hierbei eine entscheidende Rolle.

Bleiben wir zunächst bei der Baurschen *Typologie der Großwetterlagen*. Sie unterscheidet drei große Gruppen von Großwetterlagen:
A. die zentralhoch-gesteuerten Großwetterlagen, B. die zentraltief-
gesteuerten Großwetterlagen und C. die liniengesteuerten Großwetterlagen. Bei der Gruppe A werden 7 verschiedene Typen unterschieden,
je nach der Lage und Erstreckung des steuernden Hochdruckgebietes:

1. Hoch am Westrand Europas (= HW),
2. Hoch über Mitteleuropa bis Westrußland (= HE),
3. Hoch über Mittel- und Südrußland (= HO),
4. Hoch über dem Nordmeer (= HN), häufig mit Hochausläufer über Nord-
   europa bis Nordrußland,
5. Hoch über Fennoskandien (= HF),
6. Zonale Hochdruckbrücke (= BZ),
7. Meridionale Hochdruckbrücke (= BM).
   Die Gruppe B zerfällt nur in drei Typen:
8. Zentraltief über Island (= TI), deutlicher Ausläufer bis Europa,
9. Tief über den Britischen Inseln (= TB),
10. Tief über Holland oder Mitteleuropa (= TK).

Unter den liniengesteuerten Großwetterlagen der Gruppe C ragen zunächst einmal, auch der Häufigkeit nach, die Westlagen hervor, und
zwar

11. die nördliche Westlage (= Wn),
12. die regelrechte Westlage (= Wr) und
13. die südliche Westlage (= Ws). Ihnen schließen sich an
14. die Südlage (= S),
15. die Südwestlage (= SW),
16. die Nordwestlage (= NW) und
17. die Nordlage (= N).

Einige dieser 17 Typen können noch in Varianten unterteilt werden, auf
die hier der Kürze wegen verzichtet wird. Während die Gruppen A und
B durch die geographische Lage der steuernden Druckgebilde gekennzeichnet sind, decken sich die Richtungsangaben bei den liniengesteuer-

ten Großwetterlagen der Gruppe C gleichzeitig mit den vorherrschenden Winden in Mitteleuropa. Der Häufigkeit nach (im Zeitraum
1881–1943) stehen die Westlagen (11–13) mit zusammen 28,3 % voran
vor den verschiedenen Hochlagen (HE mit 12,5 % noch vor HW mit
8,7 %, BZ mit 8,4 % und HF mit 6,9 %), jedoch ergeben sich dabei charakteristische jahreszeitliche Unterschiede, auf die hier nicht näher eingegangen sei. Wesentlich für die Zuordnung der Einzelwetterlage zu
einer Großwetterlage ist das Reliefbild der 500-mb-Druckfläche.

Die Typenvielfalt F. Baurs wurde vereinfacht durch Hess/Brezowsky
(1952). Baur hatte, wenn wir alle Varianten einzeln rechnen, insgesamt
23 Typen unterschieden. Bei Hess/Brezowsky sind es nur 8, und zwar:
1. Westlagen, 2. Nordwestlagen, 3. Nordlagen, 4. Südwestlagen,
5. Süd- und Südostlagen, 6. Trog- und Zentraltieflagen, 7. Ost- und
Nordostlagen und 8. Hochdrucklagen. Gleichzeitig haben diese Autoren die Bezugsreihe bis 1947 ausgedehnt. Die stärkere Zusammenfassung erfolgte vornehmlich bei den hochdruckgesteuerten und zentral-
tiefgesteuerten Lagen, wobei vor allem der Gesichtspunkt ihrer Auswirkung im unmittelbar mitteleuropäischen Bereich dafür maßgebend
war.

[. . .]

Mit der Wettertypenklassifikation engeren oder weiteren Anwen-
dungsbereichs berühren wir nun die letzte synoptische Begriffskatego-
rie, die der *Zirkulationstypen*. Diese betreffen vorerst nur diejenigen
Teile der allgemeinen Zirkulation, die das Luftdruckgefälle zwischen
dem subtropischen Hochdruckgürtel und dem zirkumpolaren Höhentief umfassen. Es handelt sich also um Ausprägungen der höheren Luftschichten, vorzugsweise des 500-mb-Druckniveaus, in denen die Steuerung der bodennahen Druckgebilde vor sich geht. Deshalb kann auch
eine Klimageographie auf die Typisierung dieser mittel- bis hochtropo-
sphärischen Vorgänge nicht verzichten, denn diese Zirkulationstypen
ziehen einen charakteristischen Wetterablauf in den unteren Luftschichten nach sich. Man kann die Zirkulationstypen aus diesem
Grunde auch als *Steuerungstypen* bezeichnen.

Diese Betrachtungsweise, die also die Dynamik von Großwetterlagen
in den Vordergrund rückt, wurde auch von W. Hesse (1952) seiner auf
dem Wetterkartenmaterial von 1935 bis 1944 fußenden Klassifikation
von Steuerungstypen zugrunde gelegt. Jedem Steuerungstyp ist also

eine bestimmte zeitliche Witterungsfolge an der Bezugsstation bzw. eine charakteristische Zuordnung der Witterungsfelder in Europa eigen. Es werden bei dieser Gliederung folgende Typen unterschieden:

A. Zyklonaler Steuerungstyp
B. Antizyklonaler Steuerungstyp
C. Gemischter Steuerungstyp (in westöstlicher Reihenfolge)
   1. Antizyklonal-Zyklonal   3. Zyklonal-Antizyklonal
   2. Antizyklonal-Trog   4. Trog-Antizyklonal
D. Geradliniger Steuerungstyp
   1. SW-Steuerung   5. N-Steuerung
   2. W-Steuerung   6. NE-Steuerung
   3. Winkelsteuerung (bis Mittel-   7. E-Steuerung
      europa W-, danach S-Steuerung)   8. SE-Steuerung
   4. NW-Steuerung   9. S-Steuerung
E. Umsteuerung

[. . .]
Die Zirkulationstypen stellen eine sich im allgemeinen nur langsam ändernde und daher auch prognostisch wichtige Ausprägung der sogenannten Frontalzone in bestimmten geographischen Anordnungen ihrer drei Hauptbestandteile dar. Diese sind die subtropische Zone von Hochdruckzellen, das nördlich anschließende, meist mehrlappige polare Höhentief und das zwischen beiden ausgebildete, mehr oder weniger stark mäandrierende, teilweise auch aufgespaltene und in seinem Druckgefälle durchaus wechselnde Band der *Strahlströmung* (jet stream). Es kommt dabei vielfach zu Vorstülpungen oder regelrechten Abschnürungen von Ausläufern des Hochdruckgürtels nach Norden bzw. der Tiefdruckmulde nach Süden.

Im ersteren Falle sind es ziemlich fest liegende *blockierende Höhenhochs,* die ihren Namen daher tragen, daß sie auch am Erdboden die allgemeine Westwinddrift unterbrechen, „blockieren", und einen Bereich mit vorherrschenden Ostwinden einschalten. Damit sind dann am Boden antizyklonale Ostwindwetterlagen verknüpft, die z. B. in Europa im Winter gefürchtete mehrtägige Kälteeinbrüche aus Nordosten bedingen. Über die klimatologische Bedeutung der blockierenden Hochs haben u. a. Rex (1950) und Baur (1958) gearbeitet.

Im zweiten Falle, wenn sich Teile des nördlichen Höhentiefs südwärts abschnüren, spricht man von *Kaltlufttropfen,* weil man dabei von

der Vorstellung eines großmaßstäbigen südwärtigen „Austropfens" aus
dem zirkumpolaren ständigen Kaltluftreservoir ausgeht. Auch Kaltlufttropfen sind meist von mehrtägiger Beständigkeit, freilich verbunden
mit zyklonalem Schlechtwetter. Sie sind klimatologisch von Fontaine
(1951) und von Weimann (1958) untersucht worden. In der Regel entspricht einem Kaltlufttropfen in südwärts abgeschnürter Lage ein
nordwärts abgeschnürtes Höhenhoch einige Meridiane nordwestlich
oder nordöstlich davon. Das hängt damit zusammen, daß beide Phänomene Ausprägungen extrem mäandrierender Westwinddrift sind, so
daß es dabei zu wirklichem West-Ost-Transport nur an begrenzten
Ausschnitten dieser Zirkulationsform kommt. Das Beherrschende innerhalb des bodennahen, klimarelevanten Wettergeschehens sind dabei
die als *Tröge* bezeichneten Ausbuchtungen des Polarhöhentiefs, denn in
ihrem Bereich macht sich zyklonale Wetterwirksamkeit in auffallend
gegensätzlicher Form bemerkbar: feuchtwarme Vorderseite mit Süd-
windkomponente und nachfolgende, erstere oft abrupt ablösende
kühle, schauerreiche Rückseite mit Nordwindkomponente. Das ganze
Gebilde wandert dabei langsam von West nach Ost. Diese Tröge sind
nicht zu verwechseln mit dem nachschleppenden Tiefdrucktrog einer
einzelnen Zyklone innerhalb von deren Rückseitenkaltluft, wovon wir
bereits gesprochen haben.

[. . .]

Im Zusammenhang mit den Zirkulationsformen muß noch der allgemeinen Unterscheidung eines *polaren* und *subtropischen Wettertyps*
Rechnung getragen werden. Sie stammt von R. Mügge und bezieht sich
an sich nur auf die Geschwindigkeit und Intensität der Wetterablauf-
phasen beim Durchzug von Störungen in Mitteleuropa. Er mißt ihr jedoch generelle Bedeutung zu. Beim polaren Wettertyp sind die Druck-
änderungen rasch und stark: auf einen steilen Druckanstieg folgt rasch
starker Druckfall und im Druckanstiegsbereich herrscht wolkenarmes,
sichtiges Wetter, wobei im Zentrum des Drucksteiggebietes oft schon
die Zirren als Vorboten des nahenden nächsten Schlechtwettergebietes
erscheinen. Das Schlechtwetter mit Bewölkung und Niederschlägen ist
auf das Druckfallgebiet und den Durchzug der Front konzentriert. Dies
ist in Kernnähe der Zyklonen der Fall und demzufolge also auch in
Mitteleuropa, wenn diese weiter südwärts ausgreifen. Liegt dagegen
Mitteleuropa, wie meist im Sommer, in größerer Nähe zu dem subtro-

pischen Hochdruckgürtel, dann vollzieht sich der Durchzug der Störungen langsamer, und das Schönwettergebiet liegt meist innerhalb der präfrontalen Druckfallregion, während im nachfolgenden, ebenfalls schwächeren Rückseitendrucksteiggebiet noch lange wolkiges, u. U. niederschlagsreiches Wetter nachschleppt und die Aufheiterung erst einsetzt, wenn der Scheitel des Steiggebietes bereits passiert hat. Diese beiden Hauptwettertypen – sie werden auch schneller und langsamer Wettertyp genannt – bedingen also gewissermaßen eine zonale Zweigliederung der Westwinddrift und sind deren Einzelzirkulationsformen überlagert. Als Mügge sie (1931) unterschied, waren freilich unsere Kenntnisse der Hochtroposphäre mit ihren Steuerungsformen noch sehr lückenhaft, so daß damals eine Differenzierung nach den verschiedenen Zirkulationsanordnungen noch nicht erfolgen konnte.

Alle diese Einzelformen oder Gruppen von solchen sind verbunden mit einem charakteristischen, geographisch differenzierten Witterungsbild, so daß damit eine synoptische Ausgangsbasis geschaffen ist, wenigstens den Westwindgürtel dynamisch-klimageographisch zu behandeln. Wir stehen freilich erst in den Anfängen dieser Sparte der Klimaforschung, und vollends fehlt es noch an Versuchen, Zirkulationstypen für die anderen Gürtel der allgemeinen Zirkulation der Atmosphäre auf der Erde aufzustellen. Man denke nur an den Südrand der Passatzone mit dem noch weitgehend unerforschten Rhythmus der "easterly waves". Das hat seine naheliegenden Gründe in dem Fehlen weltweit umfassender Wetterkarten für die Tropen und die Südhemisphäre. Aus diesem Grunde muß einstweilen die Beschränkung dieses Zweiges der synoptischen Klimageographie auf die nördliche Westwinddrift in Kauf genommen werden. Aber auch hier bleibt noch sehr viel offener Acker, besonders hinsichtlich der regionalen bodennahen Auswirkung eben dieser aus der Hochtroposphäre abgeleiteten Typen.

Die Behandlung der Steuerungstypen – der Begriff der Steuerung wurde zuerst von Schereschewsky und Wehrlé 1923 bei der Diskussion der an Fronten gebundenen Wolkensysteme verwandt – geht Hand in Hand mit einem speziellen Forschungszweig der Synoptik, der Untersuchung der *Zugbahnen der Druckgebilde*. Auch dieses Arbeitsfeld ist für die synoptische Klimageographie unentbehrlich, denn von der Fortpflanzungsrichtung der Tief- und Hochdruckgebiete hängt die

Witterungsabfolge in einem bestimmten Gebiet ab. Es ist klimageographisch nicht gleichgültig, ob Tiefdruckgebiete z. B. von Island auf Südostkurs in Richtung auf die Nordsee ziehen und dann gegen das Ostseegebiet einschwenken oder ob sie von Schottland aus gen Nordosten und entlang der Nordmeerküste Skandinaviens ziehen. Im erstgenannten Falle bricht polarmaritime Kaltluft in gestaffelter rascher Folge nach Mitteleuropa ein – im Frühling mit den Begleiterscheinungen des typischen Aprilwetters –, im zweiten Falle dringt Südwestluft mit nur randlich sich auswirkenden Frontausläufern, oft bloßen Wolkenfeldern, über Mitteleuropa vor. Damit wird milde Meeresluft aus dem Raum der Biscaya in unser Gebiet geführt, was sich besonders im Winter oft als Tauwetterwelle bemerkbar macht. Jeder Zugbahn ist also für ein bestimmtes Gebiet ein charakteristischer Wetterablauf zugeordnet, und darin liegt – neben dem prognostischen – der klimatologische und speziell der klimageographische Wert dieser Betrachtungsweise. Man könnte also für jeden Teil der Nordhemisphäre – theoretisch wäre es auch für andere Zonen möglich – nach dem Zugbahnverhalten von Hoch- und Tiefdruckgebieten einen entsprechenden Katalog der Witterungsabläufe aufstellen einschließlich des zugehörigen jahreszeitlichen Wandels. Freilich werden die zugbahngebundenen Witterungsabläufe stärkstens differenziert durch die Eigenschaften der Druckgebilde selbst, was sorgfältig auseinanderzuhalten ist.

Es ist erstaunlich, daß die Zugbahnforschung bisher äußerst stiefmütterlich betrieben worden ist, obwohl doch das Ausgangsmaterial in Gestalt der Wetterkarten seit Jahrzehnten vorliegt. Selbst Höhenkarten, die man wegen der Steuerung der Druckgebilde heranziehen muß, liegen schon seit den dreißiger Jahren vor. Man sollte meinen, daß klimageographische Gesichtspunkte bei diesem Forschungzweig ganz besonders im Vordergrund stehen müßten, aber von geographischer Seite wurde erst in jüngster Zeit durch die Arbeit von H. Reinel (1960) über die Zugbahnen der Hochdruckgebiete in Europa ein Teilbeitrag geliefert, wobei die Klassifizierung der Zugbahnen nicht nach deren Wirkung, sondern nach ihrer Genese erfolgte. Hierbei wurde nicht gradfeldstatistisch vorgegangen – wie das mehrere frühere Bearbeiter von Zyklonenfrequenzen getan haben (G. Richter 1938, S. Evjen 1950, 1954, W. Klein 1957, W. Dammann 1952, 1960) –, sondern es wurde jede einzelne Bahn für sich aufgezeichnet und die Bündelung nach genetischen Gesichtspunkten vorgenommen. Dadurch wird der Fehler vermieden, Gradfeldwerte miteinander zu verbinden, die kausal nicht immer zusammengehören. Leider ist dieser erfolgversprechende Weg bisher nur in der genannten Arbeit über die europäischen Hochdruckzugbahnen beschritten worden. Er dürfte aber generell anwendbar sein und ein korrekteres Bild ergeben.

Hochdruckzugbahnen sind überhaupt nur ganz selten behandelt worden. Viel eher wurden Zyklonenbahnen oder zumindest Zyklonenfrequenzen (in einem Gradfeldnetz) untersucht, was mit deren schärferer Kernabgrenzung, größerer Wetterwirksamkeit und wirtschaftlicher Tragweite in unseren Breiten zusammenhängt. Vor der neueren, die ganze nordhemisphärische Westwinddrift umfassenden und monatsweise vorgehenden Untersuchung durch den Amerikaner W. Klein (1957) aufgrund 20jährigen Wetterkartenmaterials der Nordhemisphäre – eine grundlegende Arbeit auf diesem Gebiet – bestanden eigentlich nur die alten Arbeiten von W. Köppen (1880) und die von J. van Bebber aus den Jahren 1881 und 1891. Letzterer ermittelte aus den 5 Wetterkartenjahrgängen 1876–1880 ein Jahreskärtchen der Zyklonenzugbahnen, das bis in die Gegenwart hinein (G. Liljequist 1962) immer wieder abgedruckt worden ist, obwohl es einer modernen Quellenkritik sicher nicht standhalten kann, denn die alten Wetterkarten – noch dazu nur 5 Jahre mit allen dadurch bedingten Gefahren des Übergewichts singulärer Bahnvorkommnisse – konnten noch nicht aerologisch-genetisch ausgewertet werden.

Es ist einerseits erstaunlich, wieviel allgemeingültige Schlüsse damals van Bebber aus diesem nach heutigen Begriffen mehr als dürftigen Material bereits ziehen konnte, und zum andern, wie zählebig gerade diese Studie wurde, unangefochten durch noch so moderne Meteorologen (R. Scherhag 1948, G. Liljequist 1962). Schon aus der zweiten der genannten beiden Arbeiten van Bebbers (1891), die sich immerhin auf 15 Jahrgänge Wetterkarten stützen konnte und die 12 Monatsdurchschnittskärtchen enthält, mußte die Diskrepanz zur ersten Karte hervorgehen, denn die 12 Kärtchen enthalten z. T. andere und viel mehr Bahnen als die zuerst publizierte Jahreskarte. Es kommt hinzu, daß auch in bezug auf die Zugstraßen genau wie bei den nichtkomplexen Klimaelementen langfristige Schwankungen zu erwarten sind, denn letztlich hängt das Verhalten der Einzelelemente ganz und gar von der

Aufeinanderfolge der Witterung und damit von deren Gestaltung durch die Transportwege der barischen Gebilde ab.

Von den alten van Bebberschen 5 Zugbahnen – die etwa gleichalte Köppensche Darstellung blieb ziemlich unbeachtet – hat besonders die vom Mittelmeerraum nordwärts über das östliche Mitteleuropa gerichtete Straße V b eine gewisse klimageographische Bedeutung für Mitteleuropa erlangt, denn durch sie wird eine Witterungsabfolge bedingt, die mit besonders auffälligen Wettererscheinungen verknüpft ist: von Süden nach Norden sich langsam ausbreitender ausgedehnter Niederschlagsschirm mit Dauerniederschlägen, die zu Hochwässern im Alpenvorland, in Böhmen und Schlesien führen (Knothe-Moese 1939). Was die Häufigkeit betrifft, so tritt diese Bahn jedoch weit hinter den anderen zurück.

Wahrscheinlich wird, ähnlich wie es Reinel für die Hochdruckbahnen getan hat, auch das Problem der Zyklonenzugstraßen völlig neu auf genetischer Basis und nicht nach Gradfeldern in Gestalt einer mosaikartig aufgeteilten Statistik der Zyklonenhäufigkeit aufgegriffen werden müssen, wenn man die Dynamik der Westwinddrift ursächlich richtig darstellen und erklären will. Diese Feststellung darf aber nicht dahin mißverstanden werden, als ob gradfeld- oder sonstwie begrenzten Häufigkeitsstatistiken klimageographischer Wert abgesprochen werden solle. Das ist ganz und gar nicht der Fall, nur dürfen sie hinsichtlich der Dynamik des Witterungsverlaufes nicht überfordert werden. Die Arbeiten von W. Dammann (1952, 1960) haben eine klare Vorstellung von der Häufigkeitsverteilung von Hoch- und Tiefdruckgebieten und Tiefdrucktrögen auf der Nordhalbkugel gegeben, aus der die Parallelitäten mit der oro- und topographischen Unterlage deutlich hervorgehen. Wie diese Zusammenhänge im einzelnen in der Wirklichkeit liegen, wird man freilich wohl am sichersten über die Erforschung der einzelnen Zugbahnen der Hochs und Tiefs herausbekommen können.

Im Anschluß an die Betrachtungen über Großwetterlagen und Zugbahnen muß noch kurz auf die Frage der *Jahreszeiten* eingegangen werden, wie sie sich vom synoptisch-klimatologischen Gesichtspunkt aus stellt. Auch sie ist von klimageographischer Tragweite, denn der Rhythmus der Jahreszeiten, der sich in einem entsprechenden Rhythmus des Wirtschaftslebens widerspiegelt, ist ein typisches Kennzeichen der geographischen Substanz. In manchen Ländern, vor allem tropischen, ist seit eh und je dem jahreszeitlichen Wechsel die gebührende landeskundliche Aufmerksamkeit geschenkt worden. Regen- und Trockenzeiten der Tropen, die Jahreszeitengliederung in den Monsunländern, der jahreszeitliche Gegensatz des Mittelmeerklimas sind selbstverständliche Elemente jeder landeskundlichen Darstellung dieser Länder. In unseren Breiten ist das bereits viel seltener geschehen. Darstellungen wie die über die portugiesischen Landschaften im Wandel der Jahreszeiten, die Lautensach im zweiten Band seiner Landeskunde von Portugal (1937, S. 131–138) beigesteuert hat, sind rühmliche Ausnahmen. In einer dem Winter in Nordeuropa gewidmeten Studie hat J. Blüthgen (1948) den Versuch unternommen, eine geschlossene Jahreszeit landeskundlich-monographisch darzustellen und dabei ein Mosaik regionaler Wintertypen aufgestellt, ausgehend von der synoptischen Grundsituation.

Die herkömmliche Gliederung des Jahres in vier astronomische Jahreszeiten ist klimatologisch uninteressant. Nicht einmal strahlungshaushaltsmäßig besagen sie etwas, solange die Abgrenzung auf die Solstitien und Äquinoktien selbst gelegt wird. Auch die Vollmonate der meteorologischen Jahreszeiten (XII–II = Winter, III–V = Frühjahr, VI–VIII = Sommer, IX–XI = Herbst) sind noch eine zu grobe Einteilung. Bedeutungsvoller ist es schon, wie es F. Baur 1958 und 1963 vorgeschlagen hat, 8 Jahreszeiten von jeweils schematisch anderthalbmonatiger Länge zu unterscheiden: Hochwinter (1. I.–14. II.), Vorfrühling (15. II.–31. III.), Vollfrühling (1. IV.–16. V.), Vorsommer oder Frühsommer (17. V.–30. VI.), Hochsommer (1. VII.–15. VIII.), Spätsommer oder Frühherbst (16. VIII.–30. IX.), Vollherbst (1. X.–15. XI.), Vorwinter (16. XI.–31. XII.). Diese ließen sich, so meint Baur, jeweils mit natürlichen Witterungsabschnitten parallelisieren. Jedoch haftet diesem Vorschlag immer noch ein starker Schematismus bzw. Willkür in der Witterungskennzeichnung der jeweiligen Jahreszeit an, während in unserem Klima der Jahresablauf witterungsmäßig in Wirklichkeit sehr großen und unregelmäßigen Schwankungen unterliegt und jahreszeitliche Phasen von unterschiedlicher Länge aufweist, die zusammen das Problem der Aufstellung von natürlichen Jahreszeiten sehr schwierig machen. Selbst wenn wir hier absehen von der sekundären Jahresrhythmik, wie sie uns aus anderen Sachgebieten her entgegentritt, ist doch auch die primäre Jahreszeitengliederung von seiten

der Meteorologie-Klimatologie noch keineswegs als geklärt zu betrachten.

Hierfür bieten sich die Witterungsregelfälle oder Regularitäten an. Sie
werden in der internationalen Literatur aus wissenschaftshistorischen
Gründen vielfach Singularitäten genannt, nach ihrer ersten derartigen
Benennung und Definition durch A. Schmauss (1928) in den zwanziger
Jahren. Schmauss hat selbst 1940 versucht, die wegen der Regelhaftigkeit und Kalenderbindung irreführende Bezeichnung Singularität zu ersetzen durch eine sachlich zutreffende, aber sein Vorschlag, statt dessen
Wetterwendepunkte zu sagen, drang nicht durch. Immerhin erscheint
gerade dieser Name für die Aufgabe, eine natürliche Jahresgliederung
vorzunehmen, durchaus passend, denn am Beginn jeder natürlichen
Jahreszeit steht eine Wetterwende, wie immer sie auch beschaffen sei.
Später haben Baur, Flohn und andere den deutschen Ausdruck *Witterungsregelfälle* eingeführt und darunter schließlich jene Witterungen
verstanden, die mit mindestens $2/3$ Eintreffwahrscheinlichkeit zu einem
bestimmten Zeitpunkt zu erwarten sind. Das Fremdwort *Regularität*
für diese Regelfälle ließe sich international ebensogut einbürgern, wie es
mit der schiefen Bezeichnung Singularität der Fall war. Schief ist sie
deshalb, weil eben damit kein singuläres, einmaliges, sondern ein kalen-
dergebundenes regelmäßiges Ereignis gemeint ist. Die wirklich singulä-
ren einmaligen Ereignisse des Witterungsverlaufs, die oft genug auch
wissenschaftlich behandelt werden (wie z. B. besonders Katastrophen-
fälle oder außergewöhnliche Dauerzustände wie Dürreperioden,
Hochwassersituationen, Hagelstürme u. dgl.) und die zwar mit Regel-
fällen zusammenfallen können, es aber nicht brauchen, müssen als echte
Singularitäten im buchstäblichen Wortsinn von den auch so benannten
regelhaften Fällen, also den Regularitäten, bei denen die Datums-
bindung das Entscheidende ist, deutlich getrennt werden.

Die Regelfälle sind ursprünglich an dem Kurvenverlauf für Tages-
werte von Einzelelementen (Temperatur, Niederschlag usw.), später
auch von Komplexelementen (Luftmassen), nachgewiesen worden. Da
sie aber in Wirklichkeit auf komplexen Großwitterungskonstellationen
beruhen, eignet sich die großräumige synoptische Klimatologie sinn-
voller für ihre Ausscheidung. Es sind bestimmte Großwetterlagen, die
zu den regelhaften, jahreszeitlich gebundenen Witterungserscheinungen (wie z. B. dem Altweibersommer, der Schafskälte, dem Weih-

nachtstauwetter) führen. Für ihre Regelhaftigkeit spricht übrigens auch, daß sie z. T. in alten Bauernregeln enthalten sind, soweit diese auf echter Beobachtungstradition beruhen.

Es gibt verschiedene Entwürfe zu sogenannten *Singularitätenkalendern*, die nach unterschiedlichen Indizien vorgegangen sind. Die Abweichungen ergeben sich aus der Verwendung ganz verschiedener Jahresreihen oder Örtlichkeiten – für die Britischen Inseln gab H. H. Lamb 1950 eine Aufstellung – und aus unterschiedlicher Setzung der Wahrscheinlichkeitsgrenze. Hier hatte von seiten der exakten Statistik (J. Bartels) Kritik an der Realität dieser Phänomene eingesetzt. Daß aber solche Häufungen existieren, darüber kann kaum ein Zweifel bestehen, nur sind sie ihrem Witterungsgehalt nach nicht exakt definierbar, zu komplex in ihrem Charakter, so wie ja auch die Zuordnung der einzelnen Tageswetterlagen zu den typischen Großwetterlagen einen beträchtlichen Ermessensspielraum läßt.

A. Hofmann (1955, S. 13–16) gab aus verschiedenen Quellen einen weithin bekannt gewordenen solchen „Singularitätenkalender" heraus: Der ideale Jahresablauf der Witterung im mitteleuropäischen Binnenland. Aus Raumgründen sei auf seinen Abdruck hier verzichtet. Statt dessen wollen wir nachstehend die Jahresgliederung, die Flohn und Hess 1949 und Flohn 1954 aufgrund der Großwetterlagenstatistik 1881–1947 vorgenommen haben, wiedergeben. Sie enthält die über 67% hinausgehenden Wahrscheinlichkeitsprozente der (in Mitteleuropa) zyklonalen bzw. antizyklonalen Regelfälle. Regelfälle, die in dem gesamten langen Zeitraum nicht durchgehend „verläßlich" waren, sondern nur während kürzerer Zeitabschnitte das Wahrscheinlichkeitskriterium von 67% erreicht hatten, fehlen also hier. Dazu gehören der Märzwinter um den 10. 3., die Eisheiligen um den 11. 5., der Siebenschläfer am 27. 6. und die Hundstage um den 14. 7. Die Eisheiligen erreichten z. B. von 1881 bis 1910 77% Häufigkeit, seitdem aber nur noch 58%. In den nicht von den in der Tabelle angeführten Daten erfaßten Zeiträumen streuten die Großwetterlagen stärker, so daß ein für sie spezifisches überzufälliges „Normalbild" nicht entstand. Die oben erwähnten Regelfälle ergeben also das Gerippe einer jahreszeitlichen Gliederung nach synoptischen Kriterien.

Zum Abschluß muß noch einiges zum Problem der *dreidimensionalen Verknüpfungen* innerhalb der synoptischen Klimatologie gesagt

Regelfall (mit Abkürzung) zyklonal antizyklonal	Zeitraum	Großwetterlage zyklonal	antizyklonal	rel. Häufigkeit 1881–1947 zyklonal	antizyklonal
Tauwetter 2(T^2)	1.–10. XII.	Westwetter		81 %	
Frühwinter (Wf)	14.–25. XII.		Winterhoch Osteuropa		67 %
Weihnachtstauwetter (T^3)	23. XII.–1. I.	Westwetter		72 %	
Hochwinter (Wh)	15.–26. I.		Kontinentalhoch		78 %
Spätwinter (Ws)	3.–12. II.		Winterhoch Nordosteuropa		67 %
Vorfrühling (Fv)	14.–25. III.		Kontinentale Hochs		69 %
Spätfrühling (Fs)	22. V.–2. VI.		Nord- u. Mitteleuropahochs		80 %
Sommermonsun 2(M^2) (= Schafkälte)	9.–18. VI.	Nordwestwetter		89 %	
Sommermonsun 5(M^5)	21.–30. VII.	Westwetter		89 %	
Sommermonsun 6(M^6)	1.–10. VIII.	Westwetter		84 %	
Spätsommer (Ss)	3.–12. IX.		Mitteleuropahochs		79 %
Frühherbst (Hf) (= Altweibersommer)	21. IX.–2. X.		Mittel- und Südosteuropahochs		76 %
Mittherbst (Hm) (= Martinssommer)	28. X.–10. XI.		Mitteleuropahochs		69 %
Spätherbst (Hs)	11.–22. XI.		Mitteleuropahochs		72 %

werden. Seit der frontologischen Arbeitsweise der „Norwegerschule"
ist die Einbeziehung der dritten Dimension in der Meteorologie zur
Selbstverständlichkeit geworden. In bezug auf prognostische Indizien
hat sich sogar das Schwergewicht seit den dreißiger Jahren mehr und
mehr auf die höheren Luftschichten verlagert. Die mit Hilfe der Radio-
sondenmessungen möglich gewordenen Karten verschiedener *Höhen-
druckniveaus,* vor allem der in 5–6 km Höhe gelegenen 500-mb-
Druckfläche (seit 1934), aber darüber hinaus auch geringerer Druck-
werte bis in die Stratosphäre (41 mb!) hinein, liefern entscheidende
Anhaltspunkte für die Steuerung der Druckgebilde, ihre vertikale
Struktur und damit den zu erwartenden Witterungsverlauf. Ferner
werden die vertikalen Mächtigkeitsunterschiede zwischen zwei Be-
zugsdruckflächen in Gestalt der *relativen Topographien* kartenmäßig
festgehalten. Sie geben Auskunft über Dichteunterschiede, d. h. über
Warm- und Kaltluftmassen und damit über die prognostisch entscheidende Energieverteilung.

Alle diese Hilfsmittel sind für die Wettervorhersage unentbehrlich.
Sie haben aber inzwischen auch in die Klimatologie Eingang gefunden.
R. Scherhag (1948) und seine Schüler (z. B. I. Jacobs 1958) können das
Verdienst für sich in Anspruch nehmen, Mittelwertkarten dieser
Höhenniveaus usw. aufgrund langjähriger Beobachtungsreihen bzw.
Wetterkartenjahrgänge entworfen zu haben. Auch von seiten amerika-
nischer Meteorologen liegen solche Beiträge vor. Sie sind als Bausteine
einer *dreidimensionalen Klimatologie* zu betrachten. Sind sie es darum
auch für die Klimageographie? Sicher nicht im gleichen Sinne. Hier
scheiden sich die Geister! Die höhere Atmosphäre hat für den Geographen nur insofern Interesse, als die in ihr ermittelten Befunde zur Deutung des erdnahen Witterungsablaufs herangezogen werden müssen,
beispielsweise wenn die Stabilität einer sommerlichen Hitzewelle oder
Dürreperiode durch das Vorhandensein eines Höhenhochs erklärt werden muß. Dieses Höhenhoch ist also nicht klimageographischer Selbst-
zweck wie die besagte Dürreperiode, wohl aber kann es für den
meteorologisch arbeitenden Klimatologen eine selbständige Aufgabe
darstellen, unabhängig von der Dürreperiode.

Dreidimensionale Verknüpfungen innerhalb der Atmosphäre bis in
große Höhen sind also als *Erklärungshilfsmittel* grundsätzlich auch für
den Klimageographen unentbehrlich, aber eben in der Regel nur als

solche. Etwas anderes ist es, wenn Höhenwerte zum unmittelbaren geographischen *Beobachtungsbefund* selbst gehören. Das letztere ist z. B.
der Fall beim Aufbau der Grundschicht (Schneider-Carius 1953), bei
der Vertikalstruktur und Schichtung der Wolken, der Klimastufung im
Gebirge, der Ausbildung von Stark- oder Gegenwindströmungen in
höheren Luftverkehrsniveaus. Hier gehören also die Höhenbefunde zur
unmittelbaren geographischen Substanz. Es wäre ein Kunstfehler,
wollte der Verkehrsgeograph auf die Diskussion der Strahlströmungen
als eines heute entscheidenden Luftverkehrsfaktors verzichten. Es wäre
aber auch für den synoptischen Klimageographen ein Kunstfehler, die
Strahlströmung als für die Witterungssteuerung entscheidenden Befund
nicht zu berücksichtigen.

So muß auch der Klimageograph mehr und mehr in die dritte Dimension einsteigen, um den ihm in der dreidimensionalen Erdhülle gegebenen Stoff richtig zu deuten und das Nebeneinander der Rauminhalte
wissenschaftlich zu begründen. Die synoptische Klimageographie ist
dabei der jüngste Zweig dieses Teilgebietes der Geographie, der zugleich am stärksten dreidimensionaler Betrachtung bedarf. Hier öffnet
sich dem Geographen ein weites, bislang noch wenig beackertes Arbeitsfeld. Notwendig ist freilich dabei, daß er sich seines spezifischen
Gesichtspunktes bei der Sichtung der meteorologischen und klimatologischen Befunde bewußt bleibt: zu einer wissenschaftlich begründeten
Raumgliederung, zu abgrenzbaren regionalen Ganzheiten zu gelangen.
Diese geographische Aufgabe kann nur in engem nachbarschaftlichem
Zusammenwirken mit der Meteorologie gelöst werden. Aus diesem
Grunde hat der Verfasser allen Schülern und Mitarbeitern, die sich an
derartige synoptisch-klimageographische Aufgaben heranwagen, das
vorherige Hospitieren bei einem Wetteramt zur Pflicht gemacht. Wie
man jetzt schon sagen darf, hat sich das bewährt. Die Klimageographie
kann heute nur in enger Tuchfühlung mit der Meteorologie gefördert
werden, wird aber streng darauf achten müssen, ihren geographischen
Blickwinkel dabei zu wahren. [. . .]

Literatur

Alissow, B. P.: Die Klimate der Erde. (Deutsche Übersetzung aus dem Russischen, Berlin 1954, 277 S.)

–, O. A. Drosdow, E. G. Rubinstein: Lehrbuch der Klimatologie (Deutsche Übersetzung aus dem Russischen, Berlin 1956, 536 S.)

Arakawa, H.: Die Luftmassen in den japanischen Gebieten. (Meteor. Z. 54, 1937, S. 169–174)

Band, G.: Ist der Main eine Wetterscheide? (Z. f. Meteor. 9, 1955, S. 14 bis 21)

Barry, R. F.: A synoptic climatology for Labrador-Ungava. (Arctic Meteor. Res. Group, Publ. Meteor. Nr. 17. McGill Univ. Montreal 1959, 168 S.)

Bartels, J.: Anschauliches über den statistischen Hintergrund der sogenannten Singularitäten im Jahresgang der Witterung. (Ann. Meteor. 1, 1948, S. 106–127)

Baur, F.: Wetter, Witterung, Großwetter und Weltwetter. (Z. f. angew. Meteor. 58, 1936, S. 377–381)

–: Einführung in die Großwetterkunde. (Wiesbaden 1948, 167 S.)

–: Die Erscheinungen des Großwetters (Lehrbuch der Meteor., hrsg. v. Hann-Süring, Leipzig ⁵1951, S. 903–976)

–: Die meteorologischen Jahreszeiten. (Wetterkarte des Inst. f. Meteor. Berlin 1958, Beilage Nr. 143)

–: Die jahreszeitliche und geographische Verteilung der blockierenden Hochdruckgebiete auf der Nordhalbkugel nördlich des 50. Breitenkreises im Zeitraum 1949 bis 1957. (Az Idöjárás 62, 1958, S. 73–82)

–: Großwetterkunde und langfristige Witterungsvorhersage. (Frankfurt a. M. 1963, 91 S.)

–: Das Großwetter Mitteleuropas im Jahresverlauf. (Fischer Weltalmanach 1963, S. 265–270)

Bayer, K.: Zur Frage der geographischen Abgrenzung des Einflußbereiches typischer Wetterlagen. (Stud. geophys. geodaet. 1, Prag 1957, S. 390 bis 392)

–: Witterungssingularitäten und allgemeine Zirkulation der Erdatmosphäre. (Geofys. Sbornik 1959, S. 521–634)

Bebber, W. J. van: Typische Witterungserscheinungen (Zeitraum 1876–80). (Monatl. Übers. d. Witterg. d. Dt. Seewarte 7, 1882, S. 29–38, enthält u. a. eine Jahreskarte der Zyklonenzugbahnen)

–: Die Zugstraßen der barometrischen Minima. (Meteor. Z. 8, 1891, S. 361–366, enthält 12 Monatskarten der Zugstraßen der Minima)

Belasco, J. E.: Characteristics of air masses over the British Isles. (Geophys. Mem. London 11, 1951, 34 S.)

Bergeron, T.: Über die dreidimensional verknüpfende Wetteranalyse. Erster Teil: Prinzipielle Einführung in das Problem der Luftmassen- und Frontenbildung. (Geofys. Publ. 5, Oslo 1928, 111 S.)

–: Richtlinien einer dynamischen Klimatologie. (Meteor. Z. 47, 1930, S. 246–262)

Blüthgen, J.: Geographie der winterlichen Kaltlufteinbrüche in Europa. (Arch. Dt. Seewarte 60, 6/7, 1940, 182 S.)

–: Kaltlufteinbrüche und Wärmewellen als Grundlage von Klimauntersuchungen. (Z. f. angew. Meteor./Wetter 58, 1941, S. 244–257)

–: Kaltlufteinbrüche im Winter des Atlantischen Europa. (Geogr. Z. 48, 1942, S. 21–46)

–: Der Winter in Nordeuropa. Eine wirtschaftsklimatologische Studie. (Peterm. Geogr. Mitt. 92, 1948, S. 113–133)

–: Allgemeine Klimageographie. (Lehrbuch der Allgemeinen Geographie, hrsg. v. E. Obst, Bd. II, Berlin 1964, 599 S.)

Borsos, J.: Typen der Zugbahnen der Zyklonen und Antizyklonen und ihre Häufigkeiten. (Az Időjárás 56, 1952, S. 279–284, ungar. m. frz. Zsf.)

Brunnschweiler, D. H.: Die Luftmassen der Nordhemisphäre. Versuch einer genetischen Klimaklassifikation auf aerosomatischer Grundlage. (Geogr. Helv. 12, 1957, S. 164–195)

Bürger, K.: Zur Klimatologie der Großwetterlagen. Ein witterungsklimatologischer Beitrag. (Ber. Dt. Wetterd. Nr. 45, 1958, 79 S.)

Cadež, M.: Sur une classification des types de temps. (Météorologie 1957, S. 317–323)

Chromow, S. P./N. Konček/G. Swoboda: Einführung in die synoptische Wetteranalyse. (Wien 1940, 532 S.)

–: Die geographische Anordnung der klimatischen Fronten. (Isw. Geogr. 82, 1950, S. 126–137 russ., dt. in Sowjetwiss. 1950, H. 2, S. 29–42)

Clerget, M.: Les types de temps en Méditerranée. (Ann. de géogr. 46, 1937, S. 225–246)

Conrad, V.: Die klimatologischen Elemente und ihre Anhängigkeit von terrestrischen Einflüssen. (Handb. d. Klimatol., hrsg. v. Köppen-Geiger, Bd. I, Teil B, Berlin 1936, 556 S.)

Dammann, W.: Der Märzwinter 1939, eine synoptisch-klimatologische Darstellung. (Meteor. Z. 58, 1941, S. 236–243)

–: Klimatologie der Tiefdruckgebiete und Fronten. (Ann. Meteor. 5, 1952, S. 395–402)

–: Klimatologie der atmosphärischen Störungen über Europa. (Erdkunde 14, 1960, S. 204–221)

Deppermann, C. E.: The weather and clouds of Manila. (Manila 1937, 37 S.)

Dinies, E.: Luftkörper-Klimatologie. (Arch. Dt. Seewarte 50, 6, 1932, 21 S.)

Evjen, S.: Number of cyclones and anticyclones in Northwest and Middle Europe. (Meteor. Annaler 3, 1954, S. 459–485)

Faust, H.: Kaltfronten und Gewitter. (Ber. Dt. Wetterd. US-Zone Nr. 27, 1951, 55 S.)

–: Maskierte Warmfronten. (Meteor. Rdsch. 5, 1952, S. 93–95)

–: Zur Dynamik der Hoch- und Tiefdruckgebiete. (Ber. Dt. Wetterd. US-Zone Nr. 35, 1952, S. 92–99)

Fedorow, E.: Das Klima als Wettergesamtheit. (Wetter 44, 1927, S. 121–128, 145–157)

Fénélon, P.: Types de temps australiens. (Ann. Géogr. 60, 1951, S. 288–294)

Ficker, H. v.: Die Ausbreitung kalter Luft in Rußland und Nordasien. Fortschreiten der „Kältewellen" in Asien-Europa. (Sitz.-Ber. Akad. Wiss. Wien 119, 1910, S. 1769–1837)

–: Das Fortschreiten der Erwärmungen (der „Wärmewellen") in Rußland und Nordasien. (Sitz.-Ber. Akad. Wiss. Wien 120, 1911, S. 745–836)

–: Maskierte Kälteeinbrüche. (Meteor. Z. 43, 1926, S. 186–188)

–: Wetter und Wetterentwicklung. (Heidelberg ⁴1952, 140 S.)

Fliri, F.: Wetterlagenkunde von Tirol. Grundzüge der dynamischen Klimatologie eines alpinen Querprofils. (Tiroler Wirtsch.studien H. 13, Innsbruck 1962, 436 S.)

Flohn, H.: Neue Wege in der Klimatologie. (Z. f. Erdkde. 4, 1936, S. 12–21, 337–345)

–: Die Niederschlagsverteilung in Süddeutschland und ihre Ursachen im Lichte der modernen Klimatologie. (Mitt. Geogr. Ges. München 23, 1939, S. 1 bis 13)

–: Über Begriff und Wesen der Singularitäten der Witterung. (Meteor. Z. 58, 1941, S. 229–233)

–: Kalendermäßige Bindungen im Wettergeschehen. (Naturwiss. 30, 1942, S. 718–728)

–: Flohn, H./P. Hess: Großwettersingularitäten im jährlichen Witterungsverlauf Mitteleuropas. (Meteor. Rdsch. 2, 1949, S. 258–263)

–: Witterung und Klima in Mitteleuropa. (Forsch. z. dt. Landeskde. 78, Leipzig ²1954, 214 S.)

Fontaine, P.: Les „gouttes d'air froid" sur l'Europe, la Méditerranée et l'Atlantique Est. (Météorologie 1951, S. 98–112)

Gensler, G. A.: Die Klassifikation der Fronten. (Météorologie 1957, S. 301–303)

Gentilli, J.: Air-masses of the Southern Hemisphere. (Weather 4, 1949. S. 258–261, 292–297)

Gold, E.: Fronts and occlusions. (Quart. J. Roy. Meteor. Soc. 61, 1935, S. 107–157)

Gressel, W.: Zur Klassifikation der Wetterentwicklung im Alpenraum von 1946 bis 1957. (Ber. Dt. Wetterd. Nr. 54, 1959, S. 212–215)

Hann, J. v.: Handbuch der Klimatologie. Bd. 1: Allgemeine Klimalehre. 1. Aufl. 1883, 4. Aufl. hrsg. v. K. Knoch. (Stuttgart ⁴1932, 444 S.)

Hann-Süring: Lehrbuch der Meteorologie. (Leipzig 1939–⁵1951, 1092 S.)

Hanzlik, S.: Die räumliche Verteilung der meteorologischen Elemente in den Antizyklonen (Zyklonen). (Denkschr. Akad. Wiss. Wien 84, 1908, 94 S. u. 88, 1912, 62 S.)

Herrmann, M.: Scirocco-Einbrüche in Mitteleuropa. (Veröff. Geophys. Inst. Leipzig IV, 4, 1929, S. 181–252)

Hess, P./H. Brezowsky: Katalog der Großwetterlagen Europas. (Ber. Dt. Wetterd. US-Zone Nr. 33, 1952, 39 S.)

Hesse, W.: Über Andauer und Häufigkeit von Steuerungslagen. (Z. Meteor. 6, 1952, S. 65–68)

Hettner, A.: Die Klimate der Erde. (Geogr. Schriften 5, Leipzig/Berlin 1930, 115 S.)

Heyer, E.: Witterung und Klima. Eine allgemeine Klimatologie. (Leipzig 1963, 439 S.)

Hofmann, A.: Probleme um die Wettervorhersage. (Stuttgart 1955, 74 S.)

Jacobs, I.: 5- bzw. 40jährige Monatsmittel der absoluten Topographien der 1000-mb-, 850-mb-, 500-mb- und 300-mb-Flächen sowie der relativen Topographien 500/1000 mb und 300/500 mb über der Nordhemisphäre und ihre monatlichen Änderungen. I und II. (Meteor. Abh. Fr. Univ. Berlin 4, 1958, 325 S. u. 168 S.)

Jacobs, W. C.: Synoptic climatology. (Bull. Amer. Meteor. Soc. 27, 1946, S. 306–311)

Klein, W. H.: Principal tracks and mean frequencies of cyclones and anticyclones in the Northern Hemisphere. (U. S. Weather Bur. Res. Pap. 40, 1957, 22 S.)

Kletter, L.: Charakteristische Zirkulationstypen in mittleren Breiten der nördlichen Hemisphäre. (Arch. Meteor., Geophys. Bioklimat. A, 11, 1959, S. 161–196)

Knothe, H./O. Moese: Meteorologische Ursachen des schlesischen Maihochwassers 1939. (112. Jahresber. Schles. Ges. f. vaterl. Cultur 1939, Naturwiss.-mediz. Reihe Nr. 7, Breslau 1939, 24 S.)

König, W.: Die Grundlagen der Bergener Wetteranalyse. (Z. f. angew. Meteor./Wetter 46, 1929, S. 245–252)

Köppen, W.: Die Zugstraßen der barometrischen Minima in Europa und auf dem nordatlantischen Ozean und ihr Einfluß auf Wind und Wetter bei uns. (Mitt. Geogr. Ges. Hamburg 1880/81, 1880, S. 76–97)

–: Grundriß der Klimakunde. (Erste Auflage 1923: Die Klimate der Erde.) (Berlin u. Leipzig 1931, 388 S.)

Kottwitz, G.: Der Schwarzwald im Regenwetter. Ein Beitrag zur neueren klimatologischen Methodik. (Diss. Tübingen 1935, 24 S.)

Kruhl, H.: Über Warmfrontwellen und zur Dynamik warmer Hochdruckgebiete. (Ann. Meteor. 5, 1952, S. 15–29)

Lamb, H. H.: Types and spells of weather around the year in the British Isles: Annual trends, seasonal structure of the year, singularities. (Quart. J. Roy. Meteor. Soc. 76, 1950, S. 393–438)

Lauscher, F.: Studien zur Wetterlagenklimatologie der Ostalpenländer. (Wetter u. Leben 10, 1958, S. 79–83)

Lautensach, H.: Klimakunde als Zweig länderkundlicher Forschung. (Geogr. Z. 46, 1940, S. 393–408)

Le Gall, A.: Les types de temps du Sud-Ouest de la France. (Météorologie 1934, S. 307–408)

Li, S.: Die Kälteeinbrüche in Ostasien. (Diss. Berlin 1935, 79 S.)

Liljequist, G. H.: Meteorologi. (Stockholm 1962, 438 S.)

Lincke, G.: Kaltlufteinbrüche im westlichen Mittelmeerraum. (Diss. Berlin 1939, 109 S.)

Link, O.: Die Kältewellen in Nordamerika und ihr Einbruch in das amerikanische Mittelmeergebiet. (Diss. Würzburg 1934, 146 S.)

Linke, F.: Luftmassen oder Luftkörper? (Bioklimat. Beibl. Meteor. Z. 3, 1936, S. 97–103)

Maede, H.: Über eine Gliederung und Zusammenfassung typischer Wetterlagen. (Z. Meteor. 3, 1949, S. 217–222)

Manley, G.: Climate and the British scene. (London 1955, 314 S.)

Matthewman, A. G.: A study of warmfronts. (Prof. Notes Meteor. Off. 7, Nr. 114, London 1955, 23 S.)

Meinardus, W.: Allgemeine Klimatologie. (Handb. d. Geogr. Wiss., hrsg. v. F. Klute, Bd. Allg. Geogr.: Physikalische Geographie, Potsdam 1933, S. 118–226)

Mertz, J.: Essai de classification des types de temps sur les Alpes d'après la disposition des isohypses à 500 mb. (Météorologie 1957, S. 305–315)

Meyer, H. K.: Typische Wetterlagen in Deutschland. (Geogr. Rdschr. 6, 1954, S. 96–101.)

Miller, A.: Air mass climatology. (Geography 1953, S. 55–67)

Mügge, R.: Über das Wesen der Steuerung. (Meteor. Z. 55, 1938, S. 19 bis 205)

Neef, E.: Neue Auffassungen in der Klimatologie. (Erdkundeunterr. 4, 1952, S. 212–223)

Pédelaborde, P.: Le climat du Bassin Parisien. Essai d'une méthode rationelle de climatologie physique. (Paris 1957, 539 S. u. Atlas 1958, 116 S.)

–: Introduction à l'étude scientifique du climat. (Paris 1958, 150 S.)

Péguy, Ch. P.: Précis de climatologie. (Paris 1961, 347 S.)

Reinel, H.: Die Zugbahnen der Hochdruckgebiete über Europa als klimatologisches Problem. (Mitt. Fränk. Geogr. Ges. 6, 1960, S. 1–73)

Rex, D. F.: Blocking action in the middle troposphere and its effect upon regional climate. (Tellus 2, 1950, S. 196–211, 275–301)

Richter, G.: Singularitäten der Zyklonenfrequenz in einzelnen 5°/10° Feldern. (Veröff. Geophys. Inst. Leipzig 9, 1938, S. 273–322)

Rodewald, M.: Frontenstunden und Frontenlagen. (Ann. Hydrogr. marit. Meteor. 64, 1936, S. 314–317, auch 448–451)

–: Das Dreimasseneck als zyklogenetischer Ort, dargestellt an den Sturmtiefbildungen bei Kap Hatteras. (Arch. Dt. Seewarte 59, 10, 1939, 35 S.)

–: Die Warmfront und ihr Drum und Dran. (Wetterlotse 13, 1961, S. 121–140)

Runge, H.: Stationäre warme und kalte Antizyklonen in Europa. (Diss. Leipzig 1931, 57 S.)

Schamp, H.: Luftkörperklimatologie des griechischen Mittelmeergebietes. (Frankfurter Geogr. Hefte 13, 1939, 75 S.)

Schereschewsky, Ph./Ph. Wehrlé: Les systèmes nuageux. (Mém. Off. Nat. Météor. France Nr. 1, Paris 1923, 3 Bde. 77 S. Text, 33 Kartentaf., Lichtbilder Fasc. 1–26)

Scherhag, R.: Neue Methoden der Wetteranalyse und Wetterprognose. (Berlin 1948, 424 S.)

–: Einführung in die Klimatologie. (Braunschweig ²1962, 128 S..)

Schinze, G./R. Siegel: Die luftmassenmäßige Arbeitsweise. (Sonderbd. Wiss. Abh. Reichsamt f. Wetterd. Berlin 1943, 99 u. 167 S.)

Schmauss, A.: Singularitäten im jährlichen Witterungsverlauf von München. (Dt. Meteor. Jahrb. Bayern 50, 1928, 22 S.)

–: Synoptische Singularitäten. (Meteor. Z. 55, 1938, S. 385–403)

–: Wiederkehrende Wetterwendepunkte. (Forsch. u. Fortschr. 16, 1940. S. 153–157)

–: Kalendermäßige Bindungen des Wetters (Singularitäten). (Z. angew. Meteor./Wetter 58, 1941, S. 237–244, 373–376)

–: Das Problem der Wettervorhersage. (Leipzig ⁵1945, 138 S.)

Schmidt, G.: Zyklonen auf ungewöhnlichen Zugbahnen. (Ann. Hydrogr. marit. Meteor. 67, 1939, S. 516–523)

Schneider-Carius, K.: Die Grundschicht der Atmosphäre. (Leipzig 1953, 168 S.)

Schüepp, M.: Klimatologie der Wetterlagen im Alpengebiet. (Ber. Dt. Wetterd. Nr. 54, 1959, S. 164–173)

–: Die Klassifikation der Witterungslagen. (Geofis. pura appl. 44, 1959, S. 242–248)

Tarr, L. M.: Storm tracks as a factor of climate. (Bull. Amer. Meteor. Soc. 14, 1933, S. 78–80)

Trewartha, G. T.: An introduction to climate. (London ³1954, 402 S.)

Tschierske, H.: Die geographische Verbreitung troposphärischer Luftmassen in Europa. (Mitt. Ges. Erdkde. Leipzig 52, 1934, S. 171–189)

Wagner, M.: Die Niederschlagsverhältnisse in Baden-Württemberg im Lichte der dynamischen Klimatologie. (Forsch. z. dt. Landeskde. Bd. 135, 1964. 119 S., 42 Karten, 47 Abb.)

Waibel, L.: Naturgeschichte der Northers. (Geogr. Z. 44, 1938, S. 408–427)

Weickmann, L.: Häufigkeitsverteilung und Zugbahnen von Depressionen im mittleren Osten. (Meteor. Rdsch. 13, 1960, S. 33–38)

Weimann, W. U.: Die Kaltlufttropfen zwischen Felsengebirge und Ural. Klimatologische und synoptische Untersuchungen für den fünfjährigen Zeitraum März 1951 bis Februar 1956. (Meteor. Abh. Fr. Univ. Berlin 4, 3, 1958, 40 S.)

Willett, H. C.: American air mass properties. (Pap. Phys. Oceanogr. Meteor. Vol. 2,2, Cambridge (Mass.) 1933, 84 S.)

36. Deutscher Geographentag Bad Godesberg, 2. bis 5. Oktober 1967. Tagungsbericht und wissenschaft-liche Abhandlungen, im Auftrag des Zentralverbandes der Deutschen Geographen hrsg. von F. Monheim/E. Meynen unter Mitwirkung des Instituts für Landeskunde, Wiesbaden: Franz Steiner 1969, S. 428–437.

KANN UND SOLL NOCH
KLIMATOLOGISCHE FORSCHUNG
IM RAHMEN DER GEOGRAPHIE BETRIEBEN WERDEN?

Von Wolfgang Weischet

Vor nunmehr 27 Jahren hat Hermann Lautensach in einem Aufsatz „Klimakunde als Zweig länderkundlicher Forschung" in der Geographischen Zeitschrift (1940) die Frage gestellt: „Gibt es innerhalb der Geographie noch die Möglichkeit, ja etwa sogar die Notwendigkeit klimatologischer Forschung?"

Als direkten Bezug für die Auseinandersetzung mit dieser Frage nahm zwar Lautensach eine vorher in derselben Zeitschrift erschienene Stellungnahme des Meteorologen Penndorf (1936) zu einer Dissertation von Freymann (1935) über „Das Klima von Portugal aufgrund der Wetterbeobachtungen 1903 bis 1922", doch hatte sich die Fragestellung im Laufe der voraufgegangenen 20 Jahre geradezu herauskristallisiert im Spannungsfeld zwischen der bis dahin vorwiegend praktizierten klassischen, separativen Mittelwertsklimatologie und den verschiedenen methodischen Neuansätzen von meteorologischer Seite, auf die im einzelnen einzugehen ich mir ersparen kann, die aber alle darauf hinauslaufen, in der meteorologischen Synopsis gewonnene komplexe atmosphärische Erscheinungen als Gegenstand einer neuen klimatologischen Behandlung zu nehmen (Komplex-Klimatologie von Fedorow, Dynamische Klimatologie im Sinne von Bergeron, Luftkörperklimatologie von Dinies, Großwetterkunde nach Baur oder Witterungsklimatologie im Sinne der dementsprechenden Klimadefinition von Hann und der praktischen Anwendung von Flohn zum Beispiel).

Das Ergebnis seiner Überlegungen faßte Lautensach (1940) so zusammen:

Die Klimatologie besitzt heute ein selbständiges Kerngebiet, das zwischen der Meteorologie und der Geographie steht. Trotzdem enthält sowohl die Allgemeine Geographie wie die Länderkunde einen integrierenden klimatologischen

Bestandteil. Die Geographie hat das Recht und die Pflicht, diesen Bestandteil nach eigengesetzlichen Gesichtspunkten forscherisch zu pflegen. Die Methoden der klassischen Klimatologie liefern überall die unentbehrliche Basis. Erst nachdem diese geschaffen ist, können die synthetisch-kausalen Methoden der modernen Klimatologie Platz greifen.

Ich möchte heute, ungefähr eine Wissenschaftsgeneration später, die alte Frage neu stellen: „Kann und soll noch klimatologische Forschung im Rahmen der Geographie betrieben werden?" Ich gebe gleich zu, daß die Frage leicht provozierend formuliert ist, und möchte bitten, die Tatsache, daß ich über dieses Thema auf einem deutschen Geographentag vortrage und nicht einfach einen Zeitschriftenaufsatz daraus mache, so zu deuten, daß es mir dringend erscheint, in dem interessierten Kreis von Fachkollegen in ein ernstes Gespräch zu kommen, das die förderlichen Gesichtspunkte des Problems zutage bringt.

Meine *These* ist die folgende: Innerhalb des Gesamtbereiches der klimatologischen Forschung tut sich immer mehr eine breite Lücke zwischen der geophysikalisch-idealisierenden und der chorologisch-vergleichenden Betrachtungsweise auf, summarisch simplifiziert also zwischen derjenigen des Meteorologen und der des Geographen. Diese Lücke muß im Zuge der wissenschaftlichen Entwicklung im wesentlichen von der Seite der Geographie her geschlossen werden. Das kann nur dadurch geschehen, daß wir uns mehr in Methoden einarbeiten, die bisher als geophysikalisch erachtet wurden, um einerseits die von Meteorologen erarbeiteten Zusammenhänge auszuwerten und für die Geographie nutzbar zu machen und um anderseits die Ursachen der landeskundlich ausschlaggebenden Klimaeffekte in den dynamischen Vorgängen der Atmosphäre selbst aufdecken zu können. Implicite bedeutet das eine Annäherung von geographischen und meteorologischen Untersuchungsmethoden in der Klimatologie.

Zur Erläuterung der Thesen und zum Nachweis der Behauptungsgrundlagen müssen kurz die Entwicklung auf dem Forschungssektor der Klimatologie in den vergangenen zwei Jahrzehnten, die gegenwärtige Situation und die sich abzeichnende Tendenz für die kommenden Jahre beleuchtet sowie die Relation zum Forschungsziel der Geographie hergestellt werden. Daraus ergeben sich dann als Konsequenz die oben formulierten Folgerungen.

Welche Entwicklung die aus der Meteorologie erwachsene klimatologische Arbeitsmethodik bis 1940, als Lautensach die zitierten Gedanken niederschrieb, genommen hat, braucht hier im einzelnen nicht ausgeführt zu werden. Das kann man inzwischen in allen neueren Lehrbüchern nachlesen und ist in den Details auch nicht so wichtig. Ausschlaggebend für den zu erörternden Zusammenhang ist, daß die Luftkörperklimatologie wie die Singularitätenforschung, die Großwetterkunde und die Witterungsklimatologie von Beobachtungsgrundlagen aus den unteren, erdoberflächennahen Teilen der Troposphäre ausgingen und von daher schon direkte Beziehungen zu geographischen Räumen hatten. Aus den Ergebnissen konnte – auch wenn sie von Meteorologen erarbeitet wurden – die Geographie für ihre Betrachtungsweise unmittelbaren Nutzen ziehen, weil die Phänomene noch „mit anderen geographischen Faktoren und Erscheinungen in Wechselwirkung stehen", wie der russische Meteorologe Chromow (1950) noch für die ganze synoptische Meteorologie herausstellt (zitiert nach Blüthgen 1965). Ein geradezu klassisches diesbezügliches Beispiel ist die Darstellung von Flohn „Witterung und Klima in Deutschland" (1942 und 1954).

Das hat sich seither wesentlich geändert. Ausschlaggebend wurde dafür zunächst die rapide Ausweitung des aerologischen Beobachtungsmaterials, sowie später die Entwicklung der elektronischen Rechenanlagen, der Satelliten und Radarbeobachtungen. Mit den Höhenwetterkarten kam die Meteorologie hinein in Atmosphärenschichten, in welchen man die dynamischen Vorgänge für die Steuerung des atmosphärischen Geschehens in den tieferen Stockwerken erkannte, und hinaus aus der „bodennahen Störungszone" mit ihrer unüberschaubaren Anzahl von Einflußparametern. Der Weg war frei von einer notwendigerweise vorwiegend deskriptiven Darstellung allzu komplizierter Vorgänge hin zu einer exakteren, physikalisch-numerischen Behandlung modellmäßiger Idealisierung besser zugänglicher meteorologischer Systeme. Neue Impulse auf diesem Wege lieferte die Entwicklung der Rechentechnik, die es erlaubte, die immer noch hochkomplizierten theoretischen Gleichungssysteme tatsächlich durchzukalkulieren. Die Problemstellung lautete von nun an: „Wie läßt sich das Klima eines Ortes auf der Grundlage weniger meßbarer physikalischer Parameter in all seinen statistischen Eigenschaften theoretisch ableiten?" oder „Kann man das Klima eines Ortes mit all seinen statistischen

Eigenschaften ohne jede Klimabeobachtung, nur mit Hilfe der physikalisch-mathematischen Grundgesetze vorhersagen?" (Flohn 1959).

Mit diesen Fragestellungen begann das, was man bereits als die „Renaissance der Klimatologie" bezeichnet hat. Wenn man heute die Berichte der klimatologischen Sektionen der meteorologischen Unionstagungen in Rußland, des National Center for Atmospheric Research in Boulder/Colorado, anderer US-amerikanischer Forschergruppen oder der Klimasektion der World Meteorological Organisation (WMO) durchstudiert, so findet man deutlich die Feststellung von Boughner (1965), dem Präsidenten des zuletzt genannten Gremiums, bestätigt, daß die klimatologische Forschung seitens der Meteorologen abgeht „von dem, was man als traditionelle Klimatologie bezeichnet, und ihre Aufmerksamkeit mehr und mehr theoretischen Studien zuwendet, die zum Verständnis solch fundamentaler Fragen wie dem globalen Energiehaushalt beitragen können".

Flohn hat in der Naturwissenschaftlichen Rundschau 1965 die Probleme und Arbeitsrichtungen der theoretischen Klimatologie umrissen. Das Fernziel wurde schon genannt. Zu erreichen versucht man es auf zwei Wegen: durch mathematisch-theoretische Ableitung und durch hydrodynamische Laboratoriumsexperimente.

Aus den klassischen Grundgesetzen der Physik: den Bewegungsgleichungen von Newton und Euler, dem ersten Hauptsatz der Thermodynamik, den Gesetzen von der Erhaltung der Masse, des Drehimpulses und der Energie, den statischen Grundgesetzen usw. werden allgemeine Lösungen abgeleitet, welche die Berechnung der planetarischen Verteilung von Temperatur, Druck und Wind, schließlich auch Bewölkung, Niederschlag und Verdunstung gestatten (sinngemäß nach Flohn 1965). Ob die Lösungen der Wirklichkeit genügend nahe kommen, wird durch Simulationsrechnungen festgestellt, bei denen die Randbedingungen der verschiedenen Modellannahmen eingesetzt werden. Auf diesem Wege sind bisher die größten Fortschritte erzielt worden (vgl. z. B. Smagorinsky 1965; oder die errechneten Luftdruck- und Stromlinienkarten von Mintz 1964). Aber auch bei den Experimenten haben sich bereits Erkenntnisse über Zirkulationsgesetzmäßigkeiten ergeben (z. B. Faller 1966).

Diese knappen summarischen Angaben müssen hier genügen, da es im Grunde nur darum gehen kann, die Entwicklungsrichtung deutlich zu machen. Übrigens läßt sich die aufgezeigte Tendenz auch an der Entwicklung des wissenschaftlichen Werkes eines international hochangesehenen Klimatologen wie Hermann Flohn verfolgen. Am Anfang standen Themen wie „Die Niederschlagsverteilung in Süddeutschland und ihre Ursachen im Lichte der modernen Klimatologie" oder „Witterung und Klima in Deutschland", dann kamen Anfang der 50er Jahre solche über die neueren Vorstellungen zur allgemeinen Zirkulation der Atmosphäre, beide noch in geographischen Zeitschriften publiziert. Inzwischen aber liegt der Schwerpunkt seiner Arbeit auf dynamischen Untersuchungen über die tropischen Strahlströme nahe der Stratosphärengrenze z. B., die natürlich in entsprechenden Zeitschriften zur Physik der Atmosphäre erscheinen.

Nicht unwichtig für die Charakterisierung der neuen, in einer veränderten Fassung des ursprünglich von Bergeron geprägten Begriffes „Dynamische Klimatologie" zusammengefaßten Forschungsrichtung (vgl. Court 1957; Hare 1948, 1955, 1957; Gordon 1953; Blüthgen 1965) ist auch, daß als Stimulans für die materielle Unterstützung und die systematische Planung der aufwendigen Untersuchungen die Möglichkeit ihrer Nutzanwendung in der Lang- und Mittelfristprognose der Wetterdienste, in der Klimabeeinflussung, in der Luft- und nicht zuletzt auch in der Raumfahrt wirkt.

Aus den angeführten Gesichtspunkten ergibt sich m. E. automatisch die Konsequenz, daß die besten Kräfte von der meteorologischen Seite der Klimatologie sich dieser neuen, wesentliche Fortschritte versprechenden Forschungsrichtung zuwenden.

Wenn man nun versucht, die Position der Geographie und ihrer Interessen zu der von meteorologischer Seite auf dem Gebiet der Klimatologie eingeschlagenen neuen Forschungsrichtung zu bestimmen, so ist zunächst festzuhalten, daß für die letztere die Maxime physikalisch-exakter Behandlung der atmosphärischen Felder notwendig mit dem Trend verbunden ist, soweit als möglich von der bodennahen Störungszone zu abstrahieren. Die Felder, welche z. Z. modellmäßig behandelt werden können, liegen vorwiegend in den höheren Schichten der Atmosphäre. Der Idealisierung und Abstraktion ist aber dadurch eine entscheidend wichtige Grenze gesetzt, daß der Wärme- und Feuchtehaushalt der Gesamtatmosphäre in seinem quantitativ ausschlaggebenden Anteil von der Erdoberfläche her bestimmt wird und wichtige

Parameter des Austausches ebenfalls von den Randbedingungen an der Erdoberfläche abhängen. Das führt notwendigerweise dazu, daß in die „Renaissance der Klimatologie" als zweiter Schwerpunkt die Grenzflächen- oder Mikroklimatologie insbesondere mit der Erforschung des Energieumsatzes und der Austauschvorgänge einbezogen wird.

Grob sinnfällig gemacht kann man es so ausdrücken, daß die neue Arbeitsrichtung der dynamischen Klimatologie einerseits an der unmittelbaren Grenzschicht von Atmosphäre und physikalischer Erdoberfläche und andererseits an den höheren Troposphären- und Stratosphärenstockwerken interessiert ist. Die zwischenliegende untere Troposphäre, in welcher sich in der Hauptsache das für die Natur- und Lebensräume wichtige Wettergeschehen abspielt, wird als noch zu kompliziertes System vorläufig einmal „auf Eis gelegt".

Aus dieser Perspektive der erwarteten Fortschritte ergibt sich dann „des Geographen Rolle in der Klimatologie" in der Sicht des Meteorologen ungefähr so, wie sie Thornthwaite (1962) umrissen hat. Wegen der Bedeutung aller jener Charakteristika der Erdoberfläche, die den Austausch von Wärme, Wasserdampf und Bewegungsgrößen beeinflussen, sei eine großmaßstäbige Aufnahme der Albedowerte der Erdoberfläche bei verschiedenem Gestein, Boden und Pflanzenkleid, der Bodenfeuchte im zeitlichen und räumlichen Wandel, der wahren Verdunstung oder auch der Rauhigkeitswerte einheitlicher Areale z. B. wünschenswert. „Topoklimatologie" sei das Feld, auf welchem der Geograph durch die großmaßstäbige, möglichst kartographische Feststellung der genannten Terme nützliche Arbeit leisten könne. Thornthwaite fügt noch hinzu, daß dies natürlich voraussetze, daß der Geograph nicht seine Grundausbildung in Physik, Chemie und Mathematik kurzgeschlossen habe.

Nun, das ist die Sicht des Meteorologen. Wie stellt sich die Perspektive von der Geographie her, von der allgemeinen, der Landschaftskunde und der speziellen, der Länderkunde? Auch in diesen beiden Teilbereichen ist in den letzten Jahrzehnten ein gewisser Wandel der Betrachtungsweise eingetreten, und zwar dahingehend, daß der ökologische und funktionale gegenüber dem vorwiegend korrelierenden Gesichtspunkt immer mehr an Bedeutung gewinnt.

Für die relativ kleinräumige *ökologische Landschaftskunde* im Sinne der methodischen Darlegungen von Troll, Neef, Schmithüsen oder

Paffen z. B. scheint mir nun die vorauf zitierte Anregung Thornthwaites durchaus prüfenswert. Wenn man diese nämlich dahin umformuliert, daß *in ökologische Landschaftsanalysen Untersuchungen über den Wärme- und Wasserhaushalt sowie die Austauschvorgänge mit einwandfreien physikalischen Methoden und repräsentativen Meß- und Zahlenunterlagen eingebaut werden sollen,* so kommt man von der an sich noch unbefriedigenden kartographischen Aufnahme dieser Faktoren, wie es die Meteorologen für wünschenswert halten, weg und gewinnt für die genannten geographischen Untersuchungen jene solide physikalische Basis, die auf die Dauer sicher unerläßlich ist. Gewiß haben in der Geographie Probleme des Wasserhaushaltes einschließlich der Verdunstung schon seit Jahrzehnten eine große Rolle gespielt, die Fragestellung stammt sogar aus der Geographie; doch sollte man auch leidenschaftslos zur Kenntnis nehmen, daß nicht wenige der geprobten Methoden der Kritik mehr physikalisch orientierter Wissenschaften aus vielerlei Gründen nicht standhalten. Ich bin sicher, daß exemplarische geländeklimatologische Arbeiten mit der skizzierten physikalischen Orientierung für kleinräumige landschaftsökologische Forschungen sehr stimulierend wirken können.

Für großräumige klimatologische Untersuchungen in den Dimensionen von Ländern und darüber hat Lautensach (1940) die klassische Mittelwertklimatologie als das für den Geographen erste und wichtigste Fundament klimatologischer Feststellungen seinerzeit wohl noch mit Recht verteidigt, zumal damals in vielen Ländern Afrikas, Asiens und Südamerikas die Beobachtungsgrundlagen für solche Mittelwertsbetrachtungen gerade erst reif wurden. Die erste ordnende Übersicht über die klimatischen Verhältnisse der Erde, für welche die klassischen Mittelwerte das probate Mittel sind, mußte noch komplettiert werden. Heute kann man das aber als weitgehend abgeschlossen ansehen. Es gibt nur noch ganz wenige Gebiete in der Welt, für welche nicht entsprechende Tabellenwerke oder Kartendarstellungen existieren. Weitere Untersuchungen über die räumliche und zeitliche Verteilung der klassischen klimatologischen Mittelwerte kann man heute wohl kaum noch als eine wesentliche Aufgabe geographischer Forschung apostrophieren, zumal sich deutlich die Möglichkeit einer theoretischen Berechnung abzeichnet.

Anders steht es damit, die Unzulänglichkeit dieser statischen Größen zu überwinden. Von der Geographie her gesehen ist m. E. das schwerwiegendste Bedenken, daß die auf der Basis klassischer Mittelwerte erarbeiteten Klimaklassifikationen Räume miteinander als gleich oder vergleichbar ausweisen, die landeskundlich ganz entscheidende Unterschiede in ihrer naturlandschaftlichen Ausstattung aufweisen (vgl. z. B. Weischet 1968).

Stichwort bei der Frage, wie man über die Mittelwertaussagen hinaus zu besseren Erkenntnissen kommen kann, ist die z. B. von K. Knoch mehrfach geforderte Auflösung des Mittelwertes. Wie das geschehen soll, darüber kann man sich am Verwendungsziel großräumiger klimatologischer Aussagen in der Geographie orientieren. Sie dienen uns, um die unterschiedliche natur- und kulturgeographische Ausstattung der Räume funktional oder wenigstens korrelativ zu verstehen. Für dieses Verständnis trägt in vielen Fällen das von der Biologie entwickelte, aber nicht nur in der belebten Natur wirksame Prinzip der Minimumfaktoren bei, wobei diese Faktoren in bezug auf Klimadaten natürlich nicht identisch sind mit einfachen absoluten Extremwerten. Der methodisch adäquate Weg, die klimatischen Minimumfaktoren erkennen zu helfen, ist der *Ersatz der Mittelwerte durch Häufigkeitsverteilungen wirklich gemessener Größen der meteorologischen Parameter.* Daß dies in allen Fällen schon genügend nahe zum Ziel führt, ist zwar kaum zu erwarten; jedenfalls ist es aber eine sinnvolle zweite Näherung, die wesentlich über die Mittelwerte hinausführt. Mit dieser Argumentation ist also die an verschiedenen Stellen schon von Blüthgen (1964, 1965) erhobene Forderung zu unterstützen, in verstärktem Maße geographisch-klimatologische Untersuchungen auf der Basis von Häufigkeitsanalysen durchzuführen, zu denen man methodische Vorarbeiten im meteorologischen Schrifttum finden kann (Schneider-Carius 1955 und Essenwanger 1954, 1955 z. B.).

Neben den schon genannten funktionalen oder korrelativen Aufschlüssen geben solche Analysen auch die Möglichkeit, *die Abgrenzung von Klimaregionen allein nach klimatologischen Kriterien* vorzunehmen, wie Van Husen (1967) nachgewiesen hat. Aus Mittelwerten eindeutige Kriterien für die Grenzziehung zu gewinnen, ist sehr viel schwieriger. Die Folge ist der allgemeine Brauch, solche Kriterien aus der Verbreitung anderer Naturphänomene, meist der Vegetation, zu entlehnen und daran die „klimatologischen" Grenzen zu orientieren

– ein Verfahren, welches funktionale Untersuchungen von Klima und Vegetation wegen des Zirkelschlusses strenggenommen unmöglich macht.

Wenn auch die Häufigkeitsanalysen klassischer Elementenwerte einen guten Schritt weiterführen können zum Verständnis der klimatischen Einflußfaktoren bei der naturgeographischen Gestaltung der Räume, so werden sie doch noch nicht alles in dem angegebenen Sinne leisten können. Das ergibt sich schon daraus, daß solche Häufigkeitsstatistiken die klimatischen Bedingungen immer noch mit Hilfe separativer und statischer Größen beschreiben. Das Klima eines Raumes ist aber seinem Charakter nach weder statisch noch die Summe von atmosphärischen Elementenwerten. Es ist vielmehr der charakteristische Ablauf atmosphärischer Transformations- und Austauschprozesse, darstellbar durch deren statistisches Verhalten.

Da nun kein Grund zu der Annahme besteht, die Wirkungen eines solchermaßen dynamischen Phänomens mit Hilfe relativ weniger, separierter und statischer Rechengrößen als Repräsentanten des dynamischen Ganzen genau erfassen zu können, *kann auch in der Geographie nicht verzichtet werden auf das Verständnis der dynamischen Seite des Klimas.* Mit etwas anderen Argumenten ist diese Feststellung seit den 30er Jahren schon wiederholt getroffen worden. Sie ist inzwischen wohl auch allgemein anerkannt.

Leider sind aber besonders in der deutschen Geographie die Konsequenzen nur zögernd gezogen worden, wie Blüthgen vor kurzem noch dargelegt hat (1965, S. 13). Neue Erkenntnisse aus den verschiedenen Ansätzen dynamischer Klimauntersuchungen, welche Eingang in die Geographie gefunden haben, wurden mit wenigen Ausnahmen von Meteorologen übernommen. Das ging noch leidlich gut, solange sich die Meteorologen in den 30er und 40er Jahren vorwiegend mit Untersuchungen in den unteren Teilen der Troposphäre befaßten und weil ein Kollege vom Format H. Flohns sich bemühte, die verwertbaren Ergebnisse aus den entlegeneren, höheren Stockwerken der Lufthülle für den Gebrauch in der Geographie aufzubereiten.

Mittlerweile ist aber durch die eingangs skizzierte Entwicklung in der dynamischen Klimatologie (das Wort in der neuen Bedeutung, Gordon 1963) mit der fast ausschließlichen Konzentration auf Untersuchungen der höheren Atmosphärenschichten eine neue Situation eingetreten. Sie stellt uns Geographen vor drei Notwendigkeiten, wenn wir in unserem mehrfach apostrophierten speziellen fachlichen Anliegen weiterkommen wollen:

1. sich in verstärktem Maße um das Verständnis und die Auswertung der Ergebnisse der physikalischen Klimatologie in ihren verschiedenen Zweigen im Hinblick auf die Verwendung bei geographischen Fragestellungen zu bemühen,

2. bei eigenen klimatologischen Untersuchungen fester auf die Basis physikalisch einwandfreier, möglichst quantifizierbarer (meßbarer) Unterlagen zu kommen, und

3. vor allem auf dem Gebiet der synoptischen Klimatologie noch mehr als bisher forschend tätig zu werden.

Zusammen mit der bereits vorher apostrophierten geländeklimatologischen Problemstellung *kristallisieren sich für die klimatologische Forschung im Rahmen der Geographie wenigstens zwei neue „brennende" Untersuchungsschwerpunkte heraus, die synoptische und die Geländeklimatologie. Außerdem muß die Umsetzung der Ergebnisse der geophysikalischen Untersuchungen zur allgemeinen Zirkulation der Atmosphäre in geographisch verwertbare Formen vollzogen werden.*

Mit Befriedigung kann festgestellt werden, daß es zu den angeschnittenen Themen bereits eine gewisse Zahl von Arbeiten aus der Feder von Geographen gibt (einige Beispiele sind im Literaturverzeichnis aufgeführt). Es sind aber noch zuwenig. Sie müssen innerhalb der Geographie erst noch zu Schwerpunkten entwickelt werden, und zwar im eigensten Interesse unseres Faches. Das kann freilich nur geschehen unter Übernahme mehr physikalischer Arbeitsmethoden und „in engem nachbarlichem Zusammenwirken mit der Meteorologie", wie Blüthgen (1965) zum gleichen Problem mit Recht feststellt.

Im befruchtenden Kontakt mit der Nachbarwissenschaft lösen sich aber zwangsläufig die Abgrenzungen zwischen Fachrichtungen oder Betrachtungsweisen auf, und man sollte deshalb nichts tun, was zu einer auch nur nomenklatorischen Unterscheidung in „Klimatologie" hier und „Klimageographie" dort führen könnte.

Zum Schluß sei noch festgestellt, daß die angezeigten Wege wesentlich geebnet worden sind durch das Lehrbuch von J. Blüthgen (1966) wie das von Heyer (1963). Nun besitzt nach den anderen wissenschaftlich führenden Ländern auch die deutsche Geographie genügend aus-

führliche[1] Werke, die dem Nachwuchs schon ein gut Teil des Rüst-
zeuges für die skizzierten Aufgaben vermitteln können, wenngleich
eine intensive Ausbildung in Physik und Meteorologie für denjenigen
unerläßlich sein wird, der klimatologisch forschend tätig werden will.
Junge Geographen sollten dazu die wohl einmalige Chance nutzen, daß
in Deutschland meteorologische Institute vorhanden sind, in welchen
dynamische Klimatologie mit sehr viel Verständnis für die Nachbarwissenschaft Geographie betrieben wird. Und alle akademischen Lehrer in
der deutschen Geographie sollten ermunternd dahin wirken, einen be-
herzten Schritt vorwärts zu tun zu einer gut verstandenen Spezialisierung des einzelnen Geographen im Bereich der Forschung. Dies wird
mithelfen, aus der „Malaise" herauszukommen, die G. Pfeifer (1965)
jüngst noch charakterisiert hat.

Literatur

Baur, F.: Das Großwetter Mitteleuropas im Jahresverlauf. Fischer Weltalmanach 1963, S. 265–270.

–: Großwetterkunde und langfristige Witterungsvorhersage. Frankfurt a. M.
1963.

Blüthgen, J.: Geographie der winterlichen Kaltlufteinbrüche in Europa. Arch.
Dt. Seewarte 60, 6/7, 1940.

–: Synoptische Klimageographie. Geogr. Zeitschrift 53, 1965, S. 10–51. [Aus-
züge in diesem Sammelband, S. 62 ff.]

Court, A.: Climatology: Complex, Dynamic and Synoptic. Annals of the Ass.
of American Geograph. Vol. 47, 1957, S. 125–136.

Defrise, P.: La circulation générale de l'atmosphère. Ciel et Terre, LXXXII. Jg.
Nr. 11–12, S. 361–380.

Essenwanger, C.: Probleme der Häufigkeitsanalyse. Met. Rundschau 7, 1954 a.
S. 85–88.

–: Zur Häufigkeitsanalyse meteorologischer Beobachtungen. Zeitschr. f. Met.
9, 1955, S. 257–266.

–: Zur Verwendung eines logarithmischen Maßstabes bei der Niederschlags-
statistik. Met. Rundschau 9, 1956, S. 197–206.

---

[1] Die kurzgefaßte Einführung von Scherhag (1962) setzt zum vollen Verständnis nicht geringe Kenntnisse in Meteorologie voraus.

–: Tafeln zur Häufigkeitszerlegung mit Anwendungsbeispielen. Ber. d. Dt. Wetterd. 5, Nr. 39, 1957.

Faller, A. J.: Hydrodynamic models of atmospheric circulation. Nat. Center for Atmosph. Research (NCAR) Boulder/Colorado, Technical Notes, 22, 1966. S. 89–98.

Fliri, F.: Wetterlagenkunde von Tirol. Grundzüge der dynamischen Klimatologie eines alpinen Querprofils. Tiroler Wirtsch.Studien H. 13, Innsbruck 1962.

Flohn, H.: Die Niederschlagsverteilung in Süddeutschland und ihre Ursachen im Lichte der modernen Klimatologie. Mitt. Geogr. Ges. München, 32, 1939, S. 1–14.

–: Witterung und Klima in Deutschland. Leipzig 1942.

–: Die allgemeine Zirkulation der Atmosphäre im Lichte neuerer aerologischer Beobachtungen. Z. f. Erdkunde, 2, 1944, S. 253–264.

–: Neue Anschauungen über die allgemeine Zirkulation der Atmosphäre und ihre klimatische Bedeutung. Erdkunde, 4, 1950, S. 141–162.

–: Grundzüge der atmosphärischen Zirkulation und Klimagürtel. Wiss. Abh. Dt. Geogr.Tag Frankfurt, 1951, S. 105–118. [In diesem Sammelband S. 224 ff.]

–: Zur Didaktik der allgemeinen Zirkulation der Atmosphäre. Geogr. Rundschau, 5, 1953, S. 41–56. ergänzt: 12, 1960, S. 129–142 und 189–195.

–: Probleme der geophysikalisch-vergleichenden Klimatologie seit Alexander von Humboldt. Berichte des Dt. Wetterdienstes Nr. 19, 1959, S. 9–31.

–: Investigations on the Tropical Easterly Jet. Bonner Meteorol. Abh. H. 4, 1965.

–: Probleme der theoretischen Klimatologie. Naturwiss. Rundschau, Bd. 18, 1965. S. 386–392.

Flohn, H./H. Trenkle: Zur Kenntnis des atmosphärischen Meridionalaustausches. Arch. Meteorol. Geophys. Biokl., Serie A, 1954. S. 85–98.

Gordon, A. H.: Dynamic Climatology. WMO Bull. Vol. 2, 1953. S. 121–124.

Hare, F. K.: The Dynamic Aspects of Climatology. Geografiska Ann. Bd. XXXIX, 1957. S. 87–104.

–: Dynamic Climatology in Geographic Studies. Rev. Canadienne de Géographie, Vol. 2, 1948. S. 9–16.

–: Dynamic and Synoptic Climatology. Annals of the Ass. of American Geograph. Vol. XLV, 1955. S. 152–162.

Heyer, E.: Witterung und Klima. Eine allgemeine Klimatologie. Leipzig 1963.

Hidy, G. M.: On Atmospheric Simulation: A Colloquium Report. NCAR Boulder/Colorado, Techn. Notes 22, 1966.

Husen, Chr. van: Klimagliederung in Chile auf der Basis von Häufigkeitsverteilungen der Niederschlagssummen. Freiburger Geogr. Hefte 4, 1967.

Huss, A.: Numerical studies of planetary circulations in a model atmosphere. Jerusalem/Israel, Dpt. Met. Hebrew Univ. 1965, I. S. 1–46.

Kletter, L.: Charakteristische Zirkulationstypen in mittleren Breiten der nördlichen Hemisphäre. Arch. Meteorol., Geophys., Bioklimat. A, 11, 1959, S. 161–196.

Knoch, K.: Betrachtungen über das geographische Moment in der Mikroklimatologie. Festschrift f. Carl Uhlig, Öhringen 1932. S. 256–263.

–: Betrachtungen zum Problem der Klassifikation der Klimate. Zeitschr. f. Meteorol. Bd. 17, H. 9–12, 1966. S. 276–279.

–: Großraum-Klimakarten. Zeitschrift f. Meteorol. Bd. 17, H. 9–12, 1966. S. 261–266.

Landsberg, H. E.: Climatology – a usefull branch of meteorology. Royal Meteorol. Soc., Canadian Branch, Vol. 6, 1955.

Lauscher, F.: Studien zur Wetterlagenklimatologie der Ostalpenländer. Wetter und Leben 10, 1958, S. 79–83.

Lautensach, H.: Klimakunde als Zweig länderkundlicher Forschung. Geogr. Zeitschrift Bd. 46, 1940, S. 393–408. [In diesem Sammelband S. 19 ff.]

Manabe, S./J. Smagorinsky/R. F. Strickler: Simulated Climatology of a General Circulation Model with a Hydrologic Cycle. Monthly Weather Rev. 93, 1965. S. 769–798.

Manabe, S./Synkuro/J. Smagorinsky: Simulated Climatology of a General Circulation Model with a Hydrological Cycle. II. Analysis of the Tropical Atmosphere. Monthly Weather Rev. 95, 1967, S. 155–169.

Mintz, Y.: Very long-term global integration of the primitive equations of atmospheric motion. – WMO Techn. Note No. 66, S. 141–167. Genève, 1966.

–/J. Lang: A Model of the Mean Meridional Circulation. Final Report AF 19, (122)–48. General Circulation Project Pap. Nr. VI. Univ. of California, Los Angeles 1955.

Pédelaborde, P.: Le climat du Bassin Parisien. Essai d'une méthode rationelle de climatologie physique. Paris 1957, 539 S. u. Atlas 1958, 116 S.

–: Introduction à l'étude scientifique du climat. Paris 1958.

Péguy, Ch.: Précis de climatologie. Paris 1961.

Pfeifer, G.: Geographie heute? Festschr. Leopold G. Scheidl. Wien 1965. S. 78–90.

Pfeiffer, H.: Calculations of „Austausch"-coefficients for the Southern Hemisphere and remarks on the suitability of some circulation indices. Notos 7, 1958, S. 159–169.

Philips, N. A.: The general circulation of the atmosphere: a numerical experiment. Quart. Journ. Royal Met. Soc. 82, 1956. S. 123–164.

Reinel, H.: Die Zugbahnen der Hochdruckgebiete über Europa als klimatologisches Problem. Mitt. Fränk. Geogr. Ges. 6, 1960, S. 1–73.

Rex, D. F.: Blocking action in the middle troposphere and its effect upon regional climate. Tellus 2, 1950, S. 196–211 und S. 275–301.

Sapozhnikova, S. A.: Present-day methods in climatology and the prospects of their development. In: Research and Development in meteorology – USSR – Washington Off. Techn. Serv., US Dept. Commerce 1964, S. 1–13.

Scherhag, R.: Einführung in die Klimatologie. Braunschweig 1962.

Schneider-Carius, K.: Die Niederschlagswahrscheinlichkeit als kennzeichnende Größe in einer Darstellung der Physiognomie der Niederschläge. Zeitschr. f. Met. 9, 1955 a. S. 161–169.

–: Zur Frage der statistischen Behandlung von Niederschlagsbeobachtungen. Zeitschr. für Met. 9, 1955 d. S. 129–135, 193–202, 266–271 und 299–300.

–: Eigentümlichkeiten der Niederschlagsverhältnisse im Norden und Süden der Schweizer Alpen, dargestellt durch die Niederschlagswahrscheinlichkeit von Basel, St. Gotthard und Lugano. Arch. f. Met. Geoph. und Bioklim. B. 7, 1955 e. S. 32–48.

–: Analyse von Niederschlagswahrscheinlichkeiten ausgewählter Stationen Vorderindiens. Geofisica pura e applicata. 30, 1955 f. S. 205–221.

Schüepp, M.: Die Klassifikation der Witterungslagen. Geofis. pura e appl. 44, 1959, S. 242–248.

–: Klimatologie der Wetterlagen im Alpengebiet. Berichte des Dt. Wetterdienstes Nr. 54, 1959, S. 164–173.

–: Ziele und Aufgaben der Witterungsklimatologie. Vierteljahresschr. Naturf. Ges. Zürich 110, 1965, S. 405–418.

Smagorinsky, J.: General circulation experiments with the primitive equations: I. The basic experiment. Monthly Weather Rev. 91, 1963, S. 99–165.

–/S. Manabe/J. L. Holloway: Numerical results from a nine-level general circulation model of the atmosphere. Monthly Weather Rev. 93, 1965, S. 727–768.

Telegadas, K./Y. London: A Physical Model of Northern Hemisphere Troposphere for Winter and Summer. Scientific Rep. No. 1. Contract AF 19 (122)–165. Res. Division College of Engineering, New York Univ., 55 S.

Thornthwaite, C. W.: The Geographer's Role in Climatology. Hermann-v. Wissmann-Festschrift, Tübingen 1962. [In diesem Sammelband S. 51 ff.]

Trewartha, G. T.: The Earth's Problem Climates. Madison 1962.

–: An introduction to climate. London 1954.

Vowinckel, E.: Die Bedeutung regionaler Klimatologie in der Meteorologie. Meteorol. Rundschau, Bd. 17, 1964, S. 104–105.

Wagner, M.: Die Niederschlagsverhältnisse in Baden-Württemberg im Lichte der dynamischen Klimatologie. Forsch z. dt. Landeskunde, Bd. 135, 1964.

Weischet, W.: Die thermische Ungunst der südhemisphärischen hohen Mittelbreiten im Sommer im Lichte neuer dynamisch-klimatologischer Untersuchungen. Regio Basiliensis, 1968. [In diesem Sammelband S. 330 ff.]

WMO: Commission for Climatology: Abridged Final Report of the 4th Session. Stockholm 12.–26. Aug. 1965. WMO, No. 177 RP 65, Geneva 1965.

Annals of the Association of American Geographers (1976), S. 199–222 (Auszüge).

CLIMATOLOGY FOR GEOGRAPHERS

By Werner H. Terjung

Abstract: Climatology is reviewed and redefined in terms of relevance to geography, and a programmatic statement for future research is presented. Instead of enumerating substantive areas, physical geography is defined and ranked according to five levels of methodology and attendant philosophy. The essence of geographical climatology is the analysis and description of process-response systems of importance to mankind occurring within the planetary boundary layer, interface, and substrates. The future of a climatology useful to geographers appears to lie in the numerical modeling of such systems.

Once again, and perhaps more urgently than ever before, we should address the question: "What is the purpose of climatology in geography?" Is the inclusion of physical geography in many geography curricula a mere tradition springing from the physical science background of the founders of geography, or does the human geographer really need, or see any relevance in, climatology (or geomorphology)? Many geography students seem to look upon physical geography courses as obstacles to be avoided or quickly disposed of. Many geographers with Ph. D. degrees who specialize in the cultural/human aspects of the field seem to have little or no background in physical geography.

The polarization between human and physical geography appears to be still widening. Many texts in regional geography, for instance, present only a perfunctory chapter or two on the climatology (and geomorphology) of the region. Often the "climatology" is of the most descriptive nature (e.g., distributions of air temperature and precipitation) and rarely is it integrated into the remainder of the book. Such geographer-authors must have a low opinion of climatology relative to the rest of our discipline.

Causes for the abysmal status of climatology can be traced to geographers' training and to their perception that climatology is an isolated subfield. These perceptions appear to be accented by the purely physical nature of many of the climatological articles published in the geographical literature. For example, between 1940 and 1966 the number of papers concerned with "climate-for-its-own-sake" far exceeded those which attempted to establish relations between climate and other aspects of geography. Is it not the burden of the physical geographer to convince his colleagues and his prospective students of the value and relevance of his intellectual wares? The unique position of geography as a link and integration between the social sciences and the physical-environmental sciences was the promise that brought me into our discipline. Geographical climatology should be of immediate relevance to geography because of its inherent interest on climate-human interrelationships.

Such a redefinition seems timely in light of an increasing dislike for, and alienation from, science (often confused with technology) among social science and humanities students, as well as among the general population. Since the physical sciences are developing exponentially, this widening gap urgently needs to be bridged. I propose that we direct our energies toward the coupling of the decision-making systems developed in the social sciences (translatable into legislative action) and physical systems so that more rational policy implementation may be derived.

Perceptions of Climatology

Some may consider a concern for epistemological issues as a waste of time since nothing new is being discovered (this is often the opinion of the investigator whose research starts with collecting a set of data on some phenomenon of the "real" world), but the quality of results is directly proportional to the quality of means (methods). Facts can be considered as useful information, but understanding and knowledge appear to lie on a higher plane of abstraction. It is possible that not too few facts, but rather too many facts and the accumulation of large amounts of data, hamper the development of theory and concepts. The collection of facts is not science. Facts become knowledge only when incorporated into a conceptual scheme. A perusal of the research methodologies is as necessary as substantive studies of actual phenomena. How the investigator thinks and reasons appears to be just as important as what he thinks.

Traditionally, climatology often has been defined as the composite or long-term (spatial?) generalization of the variety of day-to-day meteorological conditions. In the past, climatologists usually worked over the results of meteorologists and applied the findings to descriptions of "regional climates". Many geographers apparently deluded themselves into thinking that they had found a shortcut to science, i.e., the presentation and analysis of scientific material without the benefit of solid scientific training. Probably most of our senior geographers have been exposed to that kind of view. This was not science, it was weather lore—but, more importantly, it was easy. Courses attracted many students, but served geography badly. There was, and unfortunately still is, a lot of vague talk about "interrelationships". That period was climatology's darkest and least geographical interlude. It is no wonder that physical geography declined so rapidly, because there really was no relevance to the rest of the field and, notably, to man. Climatology had become encrusted with tradition and orthodoxy reigned supreme.

In the last two decades climatology has changed enormously. Perhaps it really never was what most geographers thought it to be! The blame for the pervasive nature of such a climatology probably can be placed at the doorsteps of certain popular geographical textbook writers. These authors were remarkably removed from the momentous events in the earlier parts of this century when meteorology was becoming a science. What was later to be called "energy balance climatology" also existed during that period, but was unknown to most of the isolated and inadequately trained geographers, except for the Russians.

It is curious that influences from this dark age of climatology have persisted so long in spite of the prolific writings and exhortations of a series of competent geographer-climatologists. Thornthwaite's call for a renaissance in climatology a decade and a half ago was largely ignored by western geographers. My colleagues often suggest to me that there could be several climatologies and that energy budget climatology is just another viewpoint. In my opinion, a "viewpoint" has equal validity only if its adherents practice the most appropriate and up-to-date methodologies available. Otherwise, it becomes an excuse to work on a lower level of competence and effectiveness. Latter portions of this paper will attempt to bring this argument into stronger focus.

Another point which might be advanced is the scope of geographical climatology versus meteorological climatology. Should a geographer roam across the entirety of climatology, even if it entails "climatology-for-its-own-sake"? A negative response often connotes a denial of intellectual freedom; nevertheless, I prefer research in geographical climatology to be biased toward the world of man, leaving the purely physical analysis of the atmosphere to the systematic sciences. If we merely become meteorologists or geologists, then what happens to our mission to link man and science? We should use the best tools of the environmental physicist and apply them to problems of human relevance. Moreover, if such problems are not tackled by geographers, they will be assumed by others (e.g., physicists, physiologists, agronomists, urban planners, architects, meteorologists, or economists), probably without the integrative viewpoint of the geographer.

Most of the climatic problems of importance to mankind occur at interfaces in the lower part of the planetary boundary layer where the characteristics of the air are strongly influenced by the properties of the earth's surface. Many of the problems of "dynamic climatology" are too remote to be of direct concern to general geographers. Should we study the thermodynamics and hydrodynamics of a cyclone for their own sake, or should we concentrate upon their effect on the energy and mass budgets which concern crops, people, cities, vegetation, and soil moisture at the various interfaces near the earth's surface? I prefer the latter, since the atmospheric physicist is eminently qualified to handle the cyclone, but is often less concerned that plants, animals, man, and his structures respond primarily to the microclimatic conditions of the boundary layer. I do not endorse the rather confining view which would limit the investigations of physical geography to aspects of the earth-atmosphere interface alone. Such a constraint would omit too many vital feedbacks between the interface and the atmospheric boundary layer. At this point, I want to avoid making a more formal definition of modern climatology. It might be desirable first to examine some of the work accomplished in the field. Since climatology is represented by a vast body of literature, some way has to be found to classify it into logical subdivisions.

A Methodological Classification

Climatology is most often subdivided according to subject areas which are being climatically analyzed. This results in a multitude of potentially confusing terms: bioclimatology, phytoclimatology, agricultural climatology, physiological climatology, urban climatology, economic climatology, dynamic climatology, synoptic climatology, and energy budget climatoloty. Such a classificatory scheme is cumbersome and often redundant in describing what climatologists are doing, could be doing, or the significance of their work (i.e., what appears to be the prevailing philosophy and what might be future prospects of the field). The intent of a study is not necessarily a guide to accomplishment if it lacks a viable methodology. In order to appraise the significance of climatological research, a system similar to those common in the physical sciences has been devised according to levels of methodology and the accompanying physical insights of its practitioners. The scheme recapitulates the birth and subsequent development of any field as an initially young science matures and becomes increasingly more sophisticated in philosophy, cause and effect concepts, and higher levels of integration (Fig. 1). Overlap between the five classes sometimes could not be avoided.

Qualitative Inventory and Associations

Identification of a phenomenon or problem, and subsequent data collection, usually represent the very beginning of scientific inquiry. At the most basic level, verbal descriptions of the collected data (e.g., on maps, tables, graphs, etc.) are accompanied by qualitative speculations regarding associations of phenomena and perhaps their origin or diffusion patterns. Generally this is the first stage of the venerable triad—collection-analysis-synthesis—the so-called scientific method (or inductive method) presumably first expounded by Sir Francis Bacon in the seventeenth century. All the major sciences have originated this way. Unfortunately, this particulars-to-generalization approach often results only in additional information and the accumulation of data when pursued indefinitely, and it yields no real new concepts regarding cause and effect. Because of obvious inefficiencies, this inductive approach has been

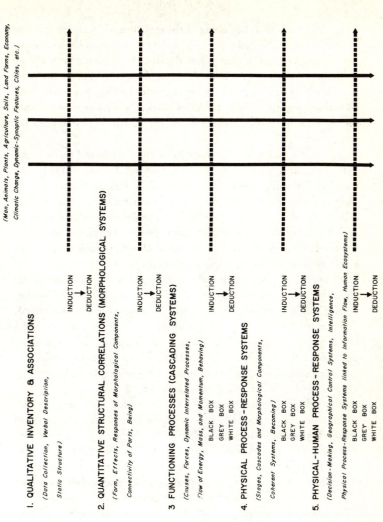

Fig. 1. Possible levels of methodology in physical geography. See text for further explanations.

increasingly replaced, beginning in the early twentieth century, by its
virtual opposite, the deductive approach (applicable mainly to the following categories). Data are collected only to prove or disprove a prior
theoretical statement or model. At its best, quantum jumps in knowledge can be gained in relatively short periods of time, bypassing years
of tedious empirical research. At its worst, the investigator becomes
mesmerized by his own constructs and his models begin to replace the
real world.

Studies, for example, of a single moisture variable and thermal and
kinetic response properties of the atmosphre, lacking virtually any
flavor of cause and effect, and showing little rational connections to
their impact on the world of man, have dominated the geographical literature. Gradually these papers are being replaced by more searching,
multivariate qualitative inquiries. Some recent examples of this latter
trend are a climatic classification based on air masses, regionalization of
freeze-thaw activities, tentative associations between forest types and
gradients of air temperature and moisture, a description of the Arctic
Front in relation to the taiga-tundra boundaries, and several studies
dealing qualitatively with paleoclimatic changes. On the other hand,
one continues to encounter studies of seasonal and diurnal rainfall distributions, descriptions of the Chinese and Indian monsoons, and fog
and tornado frequencies. Thirty-eight percent of all articles in climatology published in selected journals since 1954 belong in the category of
Qualitative Inventory and Associations (Fig. 2, category 1).

Throughout this paper I will use the probable relationship between
photosynthetic productivity and climate as an arbitrary illustration of
the various methodological levels possible in research strategy. This
particular example has been chosen not only because of a certain degree
of familiarity with the subject, but also because the topic appears timely
in regard to the food and energy problems plaguing our planet. It also
illustrates how problem-solving in physical geography can be of interest
to geographers concerned with the socioeconomic aspects of geography.

In the first qualitative category, productivity (conceived in this category usually as agricultural yields per administrative area) and climatic
data (conceived to be air temperature, precipitation, and more recently,
solar radiation) are derived independently, either by field work or, more

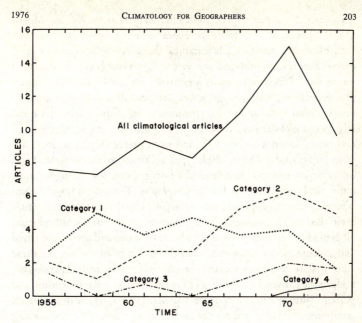

Fig. 2. Number and type of publications in climatology appearing in selected geography journals since 1954. The categories refer to Figure 1. Curves are drawn on the basis of three-year moving averages.

frequently, from published sources. Such data are plotted on maps or graphs and relations between the production and climatic parameters are derived by visually observing and comparing the associated map or graph patterns. Many textbooks continue to publish such subjective speculations.

Quantitative Structural Correlations

At its best, this higher level of inquiry deals with the responses, adjustments, or effects of physical, morphological components (or form) to the workings of some underlying, basic genetic process (Fig. 1). Such causal processes, to be discussed in the next category, are less obvious and largely "invisible" (often not directly measurable) in the landscape.

This category appears to be somewhat analogous to William Morris Davis' "structure" or "form" of geomorphic landscapes or Harvey's "morphometric analysis". It is natural that a young science will grasp onto the more noticeable and concrete facts exhibited in the landscape or atmosphere. These more easily identifiable phenomena can be physical properties (e.g., rock type, grain size, leaf size, air temperature, precipitation, cloud cover and type), geometries (e.g., slope angle, elevation, stream channel density, view factor, leaf orientation), strengths (e.g., resistance, firmness, viscosity), and occurrences (e.g., presence, absence, magnitude). Census data, types of houses, settlements, land use, or traffic arteries and their vehicular flow patterns are analogous morphological components in human geography. The morphological components of the atmosphere coincide largely with the data primarily studies in classical climatology: air temperature, air pressure, wind velocity, air humidity (including the three phases of water and associated cloud and precipitation phenomena), and the turbidity of the air. All these elements are responses to, and the physical-spatial manifestations of, underlying causes, i.e., the flows of energy, mass, and momentum (and perhaps "information" in the case of human geography). Morphological components are often the result of arbitrary selection of variables which are readily obtainable, especially when the laws of environmental physics are little used in a particular field. In geographical geomorphology and sectors of biogeography, for instance, research is conducted largely at this level.

Research in this second category is the analysis of a web of correlations or feedbacks between the morphological components of part of a system or between systems. The strength and direction of the connectivity between the components is analyzed by statistical methods. Such methods can range from simple analysis of variance and correlation to multiple regression and to sophisticated cross-spectral analysis. Major problems encountered in the analysis of morphological systems are the identification of system boundaries, the multitude of variables (the greater the proliferation of variables, the greater the chance of error in deriving causal relationships), and the gigantic sampling designs necessary.

My comments should not be interpreted as a wholesale condemnation of this research strategy. For example, an initial correlative investigation might be useful in indicating whether or not further investigation may be fruitful. Moreover, although some aspects of biological science are capable of analytical modeling (next category), environmental relationships and feedbacks are frequently so complex that statistical shortcuts can replace parts of a system. A similar argument can be advanced for the study of time series of climatic events. Even though some remarkable general circulation models (physical process-response systems) do exist, computer technology has not yet developed the speed and storage capacity necessary for the regular application of such three-dimensional numerical models to the study of worldwide climatic changes. Experimentation with simplified, one-dimensional, steady-state models might be a reasonable compromise between strictly statistical studies and the expensive general circulation models.

Most current work in physical geography and in human geography attempts to solve problems of cause and effect by examining the morphological components observable in the landscape. Much of this research is inductive and empirical. As far as most climatology is concerned, however, and keeping in mind certain complex problems (e.g., the study of climatic change, time series, and temporal wave disturbances), this should not be so. In addition to orthodoxy and training, part of the excessive persistence of statistics in geographical climatology appears to be related, paradoxically, to ready access to computers and to the availability of canned statistical programs. It is tempting to plug data into programs without understanding or considering the deeper implications, assumptions, and meanings of a particular statistical routine. All too often, instead of freeing the scholar from number drudgery so that more time can be devoted to creative thoughts, the computer is used only to crank out more studies of the same kind.

[...]

Considerable effort has been directed toward the temporal dimension in studies of climatic changes using a variety of inductive methods. Much work by geographers in dynamic and synoptic climatology has also used this research strategy. Geographers have investigated rainfall relations, frequencies, reliabilities (using harmonic and spectral analysis in some cases), and the frequency distribution of fronts and circulation types. Much of this research has been conducted for its own sake, unfortunately, and no attempt has been made to link the planetary boundary layer (or entire troposphere) and other subsystems of interest to man.

The morphological systems approach has also been much utilized in studies of agricultural yield (often shown as a function of air temperature and the water balance), urban climates (including wind and air pollution relations), man's comfort, climatic classifications, statistical relations between diurnal and annual variations and extremes, and microclimates and erosion. Some interesting studies in regional climatology have resulted in anomalies of the water balance of North America, statistical models of temporal and spatial climates, and the climatic resources of grassland farming. Other important efforts have investigated economic repercussions, reactions, and perceptions of climate.

The connectivity of parts and the existence, frequency, or probability of observable events comprise the core of most current research in climatology by geographers. Thirty-seven percent of all articles in climatology in the selected journals were in this group (Fig. 2, category 2). This is much in keeping with the remainder of our discipline. As important and statistically sophisticated as many of these studies are, however, the philosophy embedded in this approach will not readily provide answers about the causes which result in the many forms of morphological systems. In order to derive causal explanation, one must move to a higher level of understanding and abstraction.

Functioning Processes

This third level of research in climatology (or all of physical geography) examines the path followed by the throughput of energy, mass, and momentum through the subsystems of the planetary boundary layer, the various interfaces near or at the earth's surface, and the soil-plant-water systems (Fig. 1). The flow of information in human decision-making systems is analogous. Output from one subsystem may form the input for another adjacent subsystem. Regulators within the systems allocate part of the input into stores or throughputs. These energy, mass, and momentum cascades force the responses and determine the form of the morphological components of the landscape and atmosphere. For example, air temperature (at various heights) is caused by, or is an expression of, the internal energy of a particular air parcel. Wind is caused by momentum changes which are genetically linked to kinetic energy, potential energy, frictional forces, and pressure forces. Pressure changes, on the other hand, are caused by density and volume changes, themselves linked to internal energy. Atmospheric humidity is a result of latent heat fluxes and momentum changes (including advection), whereas turbidity is complexly linked with most of these and with the interface energy, mass, and momentum budget.

There is a tendency toward the analytical treatment of such cascades, but a continuum exists ranging from black box descriptions to complex white box models. Many systems are simulated by mixing both extrems. A black box approach views a system as a unit: a certain input of energy, mass, or momentum will result in a certain output of such elements. The internal structure of the system is unknown or omitted. For instance, an input of short and longwave radiation and mass (e.g., water form precipitation) into a particular soil column results in an outflow of energy and mass (which is not equal to the original input) on a specific level below the surface. Making the transmissivity of the atmosphere a function of the ratio of solar radiation on top of the atmosphere to that same radiation arriving at the surface is another example. A prediction of the output is usually obtained by statistical methods. Thus, black box models differ only slightly from some of the more advanced morphological studies of the last category; the difference is the selection of the causal energy, mass, and momentum parameters instead of morphological components.

A generalized all-wave transmission coefficient derived by separate analysis (nonspectral) of radiative scattering and absorption by aerosols, water vapor, CO_2, and air molecules uses a grey box model which allows a partial view of the internal workings of a system. This common approach mixes deductive and inductive methods. White box models are much rarer: an example would be the solution of a closed set of nonlinear partial differential equations, which determine the input, storage, and outflow of energy and mass in a soil column. The integration of Beer's Law of the absorption and scattering over all wave spectra for water vapor, carbon dioxide, ozone, nitrous oxide, carbon monoxide, oxygen, methane, nitrogen, and various aerosols is also a white box.

About twenty percent of the climatology articles in the journals surveyed were in this category (Fig. 2, catetory 3). Six major substantive areas examined cascading systems: 1) global, continental, local, and regional studies of energy budgets; 2) the energy, mass, and momentum budgets of portions of the atmosphere in regard to dynamic features; 3) polar ice studies; 4) solar cascades and man; 5) urban energy budgets; and 6) mass cascade studies of evapotranspiration. Many other articles and publications by geographers have appeared outside the selected journals. Studies of energy exchange at the earth's surface and aerial transfers of heat, water vapor, and CO_2 constitute a large part of research in microclimatology. Much attention has been directed toward the analysis of transport mechanisms and methods of measurement of the various fluxes, but relatively little knowledge of the influence of vegetation on energy exchange has been obtained. This knowledge is especially important, since local surface variations in energy exchange have important consequences in synoptic and dynamic meteorology. The literature of causal atmospheric and interfacial processes is dominated by nongeographers.

The modeling of cascading systems by geographers in geomorphology (e.g., hydrological cascade, weathering cascade, debris cascade, stream channel cascade, glacier cascade, and wave cascade) and biogeography (e.g., cascades of energy, nutrients, and water through ecosystems) is still in its infancy. Unstead of the widespread practice of the morphologic-stochastic systems analysis now prevalent in these fields, one would expect greater advances in knowledge and causal perspectives if more studies attempted to strike at the more fundamental problem of the analysis of the various cascades of energy, mass, and momentum fluxes.

[...]

In spite of the importance of research on functioning processes, an incomplete picture of the understanding of man's physical environment emerges when studies are confined to such aspects alone. There appears to be a disturbing tendency among some geographer climatologists in that direction. Considerable efforts, for instance, have been directed toward the collection of long-term measurements of the energy and mass budgets at or near the earth's surface without specific objectives. Frequently such data are reported in a form that is almost useless for model testing. Measurements designed for model verification are necessary and badly needed, but this zeal for measurement for its own sake could deteriorate into rather mindless exercises of more and more of the same. Sometimes the availability of instruments, the bandwagon effect, and computer programs for the analysis of masses of data seem to block the development of theory and attempts to understand why the physical environment behaves the way it does. To reach such knowledge one must move to yet a higher plateau of research strategy and philosophy.

Physical Process-Response Systems

A level of greater explanation lies in the linkage between the structure or form of the morphological systems (second category) and the causal processes of the cascading systems of the third category (Fig. 1). Such an intersection of process and structure, or cause and effect, results in the prediction of the prevailing stage of a system or systems. For instance, the morphological components of the atmosphere (air temperature, pressure, wind, humidity, and turbidity) are seen as a response to the forcing of energy, mass, and momentum. Thus, process-response systems consist of cascading and morphological components which mutually adjust themselves to changing input-output relationships. The time required for an adjustment to a new equilibrium depends on the amount and direction of change in the cascade and the number of links between the variables. The many forms and structures manifested in the physical environment are the result of the underlying cascading processes. This is not a one-way street though; changes in morphology may effectively alter, via feedbacks, the manner in which cascades operate. A change in albedo, for example (especially soil and vegetation cover changed to snow and ice), could become self-perpetuating (positive feedback) by creating a rather different energy, mass, and momentum budget in the earth-atmosphere system. Changes are not necessarily isolated, and can influence cascading and associated morphological systems far removed from the initial disturbance, but most feedback loops create an equilibrium or damping effect between the variables or the morphological systems and a steady-state of throughput in the cascade. The most frequent links between form and process occur at regulators (diamond-shaped) and storage stages (rectangular-shaped) of the cascades. These are also the points where man can interfere most effectively.

Process-response systems generally demand greater rigor in methods of analysis, although their analyses have ranged from inductive to deductive. This is not necessarily a quantification-at-any-price demand, but as Lorenz stated so well[1]:

> A demand for mathematical rigor is not a demand for mathematical symbols and formulae. It is perfectly possible for a purely verbal argument to be mathematically rigorous. But, particularly when the argument is very complicated, a nonrigorous qualitative approach offers numerous opportunities for errors in reasoning. One of the best ways to avoid such errors is to formulate the problem in mathematical symbols, and manipulate these symbols according to established procedures.

Climatology, or any other aspect of geography, exhibits a research continuum which ranges from reductionist to synthesis approaches. In spite of the arguments of some of my colleagues, the former is more related to, and encountered in, the first two research categories (qualitative inventory and quantitative structural correlations), whereas the latter is supreme in process-response systems. Many geographers are confused by the actual analytical methods employed, which may appear "reductionist" in their detail. This detail is necessary, because basic causal processes and their effects must be modeled at a detailed level; otherwise their predictive value will deteriorate in direct proportion to the noise introduced by too many simplifying assumptions. So-called reductionist methods, therefore, are the necessary basic building blocks leading to the analysis of coherent, whole, and complex systems.

At the heart of this fourth category of research strategy lies the concept of numerical-analytical modeling. The objective is the prediction of the space-time variations of the morphological components of the atmosphere, interfaces, and substrates (e.g., air, surface, and soil temperature, moisture, wind, and pressure fields in the planetary boundary layer). Numerical modeling has become possible with the advent of high-speed digital computers which enable the climatologist to solve, at least partially, the nonlinear partial differential equations governing the energy, mass, and momentum fluxes in fluids by finite differencing schemes. Depending on the degree of complexity, desired resolution, and multidimensional aspects, one must employ considerable and often

---

[1] E. N. Lorenz, *The Nature and Theory of the General Circulation of the Atmosphere* (Geneva: World Meteorological Organization, 1967), p. 4.

ingenious "parameterizations" (simplifying approximations in the interest of computing time and partially because of gaps in knowledge of the details of certain processes). Such parameterizations are often statistical.

[...]

The selected journals show only sporadic use by geographers of process-response models (Fig. 2, category 4); one percent of the climatology articles represent work in this category. A search of virtually all major western atmospheric science journals found only a few additional articles by geographers. The field is dominated by nongeographers. The situation is similar in geomorphology. These facts might make one want to stop devising further categories of increasing profundity of learning, but one higher level of inquiry in geography is necessary.

Physical-Human Process-Response Systems

Ideally an emphasis on man's role in intervening in the natural process-response systems to change the face of the earth should be the most important strategy of geographic research (Fig. 1). Such systems deal with the throughput of energy, mass, momentum, and information. Chorley called these Geographical Control Systems. Physical process-response systems are often linked to socioeconomic decision-making systems. The loci of interaction or intervention are frequently the regulators and storages of the cascade portions of process-response systems. At these points man can conveniently intervene to change the distribution of energy, mass, momentum, and associated morphological components. These human-induced changes can be deliberate in order to approach optimization of processes (e.g., albedo changes caused by the introduction of irrigation). Some changes are inadvertent (e.g., a change in shortwave radiation scattering caused by air pollution). Interaction need not be isolated; it may be a complex, partially coordinated, spatial and temporal decision-making system. Emphasis is on the man-environment interface where biophysical and sociocultural systems interact. Such a commitment should be the core of geography. There has been an increasing tendency among geographers, especially those leaning toward "regional science", to construct systems in which purely economic and social variables are dominant, and physical considerations are subordinated to a primitive black box position. This is a far cry from the emergent interest of society in the management or husbandry of the total environment. The concern is not new to geographers; unfortunately, their good intentions have often been hindered by their ignorance of adequate methodologies. Environmental science is reaching such levels of complexity that geographers should begin to exploit this growing knowledge of the nature and working of physical process-response systems. Reciprocal impacts of intervention at the man-environment interfaces could then be assessed more rationally and in a more predictable manner. Much of this type of work is, unfortunately, conducted on the research levels of the first two categories. Little causal explanation can be gained from such basically descriptive approaches. Attempts should be made to isolate and analyze the biosocial processes which determine the visible morphological components. On the social side of the interface, the determination of processes, or the flow of information as perceived by man and society, is a thorny problem and an analytical solution seems impossible. On the physical side of the interface research could be more process-oriented. The flow of information in decision-making systems would be analyzed on the level of morphological systems (category 2) which are then linked to environmental process-response systems (category 4). A predominantly nonspatial system of socioeconomic information flow, for instance, could be coupled to a process-response system whose cascading flows of energy, mass, and momentum have visible manifestations. Physical geography could investigate the varying responses to different inputs, throughputs, and outputs of energy, mass, momentum, and information of portions of the environmental envelope of concern to mankind. I urge that this be the beacon toward which physical geographers set their sights. Human geographers should be concerned with the spatial processes and manifestations of information-flow systems. The economic ideal of optimization probably cannot be achieved because of the many choices along which to optimize. Instead, a compromise or satisficer behavior may have to be adopted. Many techniques exist to explore such problems. O'Riordan has classified types of approaches in regard to the flow of information at the man-environment interface: cultural-historical studies, man-made environments, adjustment to natural hazard, and studies of the formation of public attitudes. My inadequate knowledge of the subject and its large literature prohibits further excursions into the fascinating area of decision-making systems.

[...]

Other linkages are possible between human comfort, public health, perception of weather, and labor. The "flow of information" is not based on the notion of rational economic man, but includes all possible shades of perception.

One could conjure up many other possibilities. For instance, the climatic impact of urbanization and industrialization looms large on the atmospheric microscale, whereas cloud seeding, agricultural burning, and dust effects from plowing could be visualized on the mesoscale. Debate continues whether man has begun to influence the atmosphere in the macroscale. Numerical modeling would be helpful in developing answers to some of these questions. Chorley and Kennedy give examples and excellent references to basin hydrological systems, erosional drainage basin systems, debris mass cascades, ground-water systems, and ecosystems – all linked to the earth-atmosphere process-response system. Ecosystem analyses are the example par excellence of this type of systems simulation.

In spite of an extensive literature on related subjects of systems analysis, I am unaware of any study which has really achieved the fifth level of physical-human process-response systems. Of the numerous attempts in that direction, most failed because the physical part of the system was not modeled as a rigorous process-response system (category 4).

Concluding Remarks

Traditionally, climate has been defined as the composite or long-term, often spatial, generalization of day-to-day meteorological conditions. These meteorological conditions (including many aspects of the so-called "circulation studies") are actually morphological components of the atmosphere. They are not the cause of climate but are the response to the cascades of energy, mass, and momentum. A climatology based on traditional concepts is basically descriptive and has only rudimentary explanations. Frequently, the climatologist merely applies the results of the meteorologist to descriptions of "regional climates". His training often does not permit him to interpret such data fully or to determine what causes them. Classical climatology, unknowingly, deals with a confusing mixture of effects which are determined by some ill-perceived processes. Such a climatology is often unconcerned with the geographer's interest in the world of man.

Modifying Budyko, a more viable definition appears to be that the climate of an area (a process-response system) exhibits the results of meteorological conditions which are typical for a series of years (Caution: climatic change is ongoing) and are governed by the solar radiation on top of the atmosphere, the composition of the atmosphere (morphological components: air temperature, pressure, wind, moisture content, turbidity – the "initial conditions" of the numerical model), and the structure of the earth's surface (or "controls", such as latitude, altitude, mountain barriers, ocean currents, surface conditions – the latter two are not independent because of reciprocal feedbacks). In other words, the cascades of energy (radiation, conduction, convection), mass (density times volume), and momentum (mass times velocity) are linked reciprocally with the morphological components, resulting in the process-response system called "climate". Carried to a more geographical viewpoint, climatology is the physical analysis of the fundamental relations and workings of the earth-atmosphere process-response system in regard to man and his works. Most of these analytical linkages occur in the planetary boundary layer where men, plants, and animals respond primarily to the microclimate, which may differ considerably from the macroclimate of the free atmosphere.

Instead of subdividing and defining climatology (or any part of physical geography) by substantive areas, a more meaningful alternative appears to be a classification based on levels of methodology and their philosophical implications. Gaps in communication among physical geographers (and in the nonphysical sector of geography) exist not so much because of the different subject matter of the various subfields as because scholars work on different levels of methodology. A change from one level of research strategy to a more integrative level appears to be more difficult, and becomes more of an obstacle in the development of our discipline, than familiarizing oneself with other substantive endeavors on the same level of methodology. I submit, emphatically, that this discussion applies to all of physical and biogeography, and that a systems analytical view will tend to unify geography.

More specifically, the core of my argument is that climatologists, increasingly, should adopt the research level of physical process-response systems relevant to the world of man. At its highest level, such research involves the integration of the nonlinear partial differential equations of the thermodynamics and hydrodynamics of the planetary boundary layer and associated substrates. The most complex and revealing—and most expensive—are three-dimensional, transient, numerical models. Such models could be linked to socioeconomic decision-making systems which simulate information flow. The numerical-analytical modeling of climate, even on the microlevel, appears to be the only viable approach, no matter what problems still plague it. Climatic processes are simply too complicated and too interrelated to be amenable to the casual (statistical) analysis of the past. I urge geographers to assume the stance of deductive reasoning.

The implication of this thesis is that geographers who are interested in the physical environment of man need to be trained rather differently than in the past. We can afford no second-class investigators. Geographers who want to work in the environmental sciences must be willing to learn the methods of these sciences, lest we lose the respect of our colleagues in such fields. Prospective physical geographers should take basic courses in calculus, physics, chemistry, engineering, modern biology, and computer programming. On higher levels of instruction geography departments should develop courses which stress a core of basic thermodynamics and hydrodynamics and their relation to the environmental envelope of relevance to mankind. Instead of drumming the trivial facts of the physical geography of yesteryear into the heads of reluctant freshmen, introductory classes should teach the concepts of systems analysis and the flows of energy, mass, momentum, and information through the various environments of our planet.

Because of a predilection for self-contemplation and sometimes almost suicidal academic isolation, geography has a history of missing the boat on vital social and environmental issues. Many of these problems could be handled, ideally, by geographers who have a broad grasp of the world around us. We have long held out the promise of the integrative examination of man and nature—here is our opportunity.

II

BEITRÄGE ZUR ALLGEMEINEN KLIMAGEOGRAPHIE

Wissenschaftliche Beiträge zum Gedächtnis der hundertjährigen Wiederkehr des Antritts von Alexander von Humboldt's Reise nach Amerika am 5. Juni 1799. Aus Anlaß des Siebenten Internationalen Geographen-Kongresses hrsg. von der Gesellschaft für Erdkunde zu Berlin, Berlin: W. H. Kühl 1899, S. 3–32 (Auszüge).

DIE ENTWICKELUNG DER KARTEN DER JAHRES-ISOTHERMEN VON ALEXANDER VON HUMBOLDT BIS AUF HEINRICH WILHELM DOVE

Von WILHELM MEINARDUS

Versuche, sich eine schematische Vorstellung von der Wärmeverteilung auf der Erdoberfläche zu machen, haben seit den ältesten Zeiten, seit den Anfängen einer beschreibenden Geographie, einen beliebten Gegenstand spekulativen Denkens gebildet. Mit jeder Erweiterung des geographischen Horizonts erfolgte eine neue Anregung zur Vergleichung der fühlbaren Verschiedenheiten der Klimate in benachbarten Erdräumen. Solange sich der Kulturkreis nicht über die engeren Grenzen der Alten Welt ausdehnte, waren es die klimatischen Gegensätze in der Richtung vom Äquator zum Pol, die zu einer vergleichenden Betrachtung einluden. Später führte die Besiedelung des nördlichen Amerika bald auch zur Erkenntnis solcher Gegensätze zwischen West und Ost, und die Geschichte geographischer Entdeckungen überhaupt steht im engsten Zusammenhange mit dem Werdegang der allgemeinen Anschauungen über die Wärmeverteilung auf der Erdoberfläche.

Aber solange die Wahrnehmungen verschiedener Klima-Charaktere nur auf das Gefühl oder bestenfalls auf die Beobachtung von Erscheinungen biologischer und phänologischer Natur gegründet waren, konnten sie noch keine zuverlässige Basis für eine wissenschaftliche Behandlung liefern. Dazu bedurfte es vorerst der Einführung exakter Messungen an unter sich vergleichbaren Instrumenten. Erst nach der Erfindung des Thermometers wurden zu Beginn des 18. Jahrhunderts die ersten planmäßigen Beobachtungen gemacht, die geeignet waren, eine Klimatologie im modernen Sinn zu begründen.

Als Alexander von Humboldt vor hundert Jahren seine Reise nach dem spanischen Amerika antrat, waren nicht nur schon einige stattliche Beobachtungsreihen der Temperatur an Orten der Alten und Neuen Welt vorhanden, es waren auch bereits von namhaften Gelehrten

bestimmtere Anschauungen über die Wärmeverteilung auf der Erdoberfläche entwickelt worden. Teils hatte man diesen Gegenstand als ein
Problem der theoretischen Physik zu behandeln versucht, teils war das
schon vorhandene Material benutzt worden, um die wirkliche Wärmeverteilung als eine empirische Funktion der geographischen Breite darzustellen. Die erste Richtung wird durch die Arbeiten von Halley,
Mairan und Lambert gekennzeichnet, welch letzterer in seinem «Traité
de Pyrométrie» (1779) zum ersten Mal die Anordnung der Klimate in
der Richtung vom Äquator zum Pol mathematisch mit dem wechselnden Maß und der verschiedenen Dauer der Ein- und Ausstrahlung in
Verbindung brachte.

Die zweite, empirische Richtung wurde zuerst von Tobias Mayer
eingeschlagen (1755).[1] Durch die einfache Gleichung

$$t = a - b \sin^2\varphi,$$

deren Form aus theoretischen Erwägungen entsprungen war, und deren
Konstanten a und b von Mayer aus Temperaturbeobachtungen an einigen wenigen europäischen Orten abgeleitet wurden, stellte er die Abhängigkeit der Temperatur (t) von der geographischen Breite (φ) dar.
Diese Formel hat in der Geschichte der allgemeinen Klimatologie lange
Zeit eine große Rolle gespielt und selbst auf die Zeichnung der Isothermen, wie wir sehen werden, vorübergehend einen Einfluß ausgeübt.
Ihre Anwendung ist geradezu bezeichnend für die im Aufblühen begriffene wissenschaftliche Klimatologie in der zweiten Hälfte des vorigen Jahrhunderts. Man bemühte sich, die immer mehr anwachsende
Zahl der Beobachtungen unter einem einheitlichen Gesichtspunkt zusammenzufassen, man suchte durch einen solch einfachen Ausdruck der
unleugbaren Tatsache einer Temperaturabnahme mit der Breite Rechnung zu tragen und faßte die Abweichungen von dieser Gesetzmäßigkeit als lokale oder temporäre Störungen auf, die sich vielleicht durch
genauere oder längere Beobachtungsreihen fortheben würden. Anfänglich waren in der Tat die Grenzen des Beobachtungsgebietes noch eng
genug, um nicht ohne weiteres die Ergebnislosigkeit solcher Bemühungen klar vor Augen treten zu lassen. Man konnte sich noch frei in Hypo-

[1] De variationibus thermometri accuratius definiendis. Opera inedita I, herausgegeben von Lichtenberg 1775.

thesen über die Anordnung der meteorologischen Elemente auf dem Erdball ergehen, ohne überall durch empirische Daten eingeengt zu werden. Die große Mannigfaltigkeit der Klimate war noch nicht zum Bewußtsein gekommen. Man erweiterte ohne Bedenken den Geltungsbereich der für das europäische Gebiet abgeleiteten Gesetzmäßigkeit der Temperaturverteilung nach Norden und Süden, ehe noch sichere Wärmemessungen in arktischen und tropischen Ländern gemacht worden waren, und, um mit Humboldt zu reden:

comme les sciences physiques portent presque toujours l'empreinte des lieux où l'on a commencé à les cultiver, on s'est accoutumé à considérer la distribution de la chaleur observée dans le centre de la civilisation primitive de l'Europe comme le type des lois qui gouvernent le globe entier.[2]

Humboldt blieb es vorbehalten, als er auf seiner großen Reise in die Äquinoktialgegenden durch eigene Anschauung und durch die sorgfältigsten Beobachtungen die außerordentliche Mannigfaltigkeit irdischer Klimate erkannt hatte, jenen Formel-Schematismus zu beseitigen und durch eine Darstellungsweise zu ersetzen, welche gestattete, die Temperaturverteilung auf der ganzen Erdoberfläche mit einem Blick zu übersehen und zugleich ihre Abhängigkeit von physischen, in der Anordnung des Festen und Flüssigen begründeten Ursachen zu erkennen.

Abhold allen Spekulationen, die über das empirisch Erweisbare hinausgehen, betonte Humboldt nachdrücklichst, „daß, ehe man es wagen dürfe, ein System aufzuführen, die Tatsachen beobachtet, in Gruppen zusammengestellt, die Zahlenverhältnisse bestimmt, und die Erscheinungen unter empirische Gesetze gebracht sein müssen"[3]. Dies der einzige Weg für einen sicheren Fortschritt in der Erkenntnis der Natur. Heutzutage, wo die naturwissenschaftliche Methode die gesamte Forschung beherrscht, erscheinen die von Humboldt aufgestellten Forderungen fast als etwas Selbstverständliches. Vor hundert Jahren bedurfte es eines so weitschauenden Geistes wie Humboldts, um die Schwächen eines zur Spekulation neigenden Zeitalters zu überwinden und dem Denken und Forschen eine Richtung zu geben, welche allein zu den

---

[2] A. v. Humboldt, «Des lignes isothermes et de la distribution de la chaleur sur le globe». Extrait des Mémoires d'Arcueil. Paris 1817, S. 11.

[3] A. a. O., S. 30.

großen wissenschaftlichen Errungenschaften des 19. Jahrhunderts führen konnte.

Humboldt ist der Begründer der vergleichenden Methode in der Klimatologie. Die Anregung zu dieser neuen Auffassungsweise empfing er in den Tropen.

Unter den Wendekreisen, in einer senkrechten Höhe von 4800 m auf dem weiten Berggeländer, welches von den Palmen- und Pisang-Gebüschen der meeresgleichen Ebene bis zum ewigen Schnee ansteigt, folgen die verschiedenen Klimate gleichsam schichtenweise über einander gelagert. In jeglicher Höhe erleidet die Luftwärme das ganze Jahr hindurch nur unbedeutende Veränderungen. Das Gewicht der Atmosphäre, ihre elektrische Ladungen, ihre Feuchtigkeit, alles ist regelmäßigen Veränderungen unterworfen, deren unwandelbare Gesetze um so leichter zu entdecken sind, als die Erscheinungen unverwickelter, minder in Perturbationen versteckt sind." [4]

Pflanzengeographische Studien waren es, welche Humboldt nötigten, die Verbreitung der Wärme auf der Erdoberfläche einer eigenen Untersuchung zu unterziehen. Wenn er die Höhenlage der Vegetationszonen an den Abhängen der Anden mit den Breitenzonen, in denen dieselben Vegetationsformen in einem tieferen Niveau und in der Ebene auftreten, vergleichen und ihre Beziehungen aufsuchen und erklären wollte, hatte er festzustellen, um wieviel Breitengrade man polwärts fortschreiten muß, um dieselbe Temperaturabnahme zu erhalten, die man beim Besteigen der Anden von 100 zu 100 Toisen beobachtet. Dabei hatte er den großen Unterschied zu beachten, der in der Temperaturabnahme mit der Breite unter europäischen und amerikanischen Meridianen stattfindet. Unter demselben Parallel herrscht dort eine höhere Jahrestemperatur als hier, und die Temperaturdifferenz zwischen beiden Küsten des Nord-Atlantik wächst mit zunehmender Polhöhe. [5] Das Gesetz der Temperaturabnahme, auf dessen Bestimmung die Bemühungen der Meteorologen bisher gerichtet waren, konnte also auch keine allgemeine Geltung besitzen, es durfte nur auf die Meridiane an-

[4] Ideen zu einer Geographie der Pflanzen. 1807, S. 37.

[5] Vor Humboldt hatten schon G. Forster (Kleinere Schriften, Bd. III, 1, § 10, S. 84–89. Berlin 1794) und besonders C. F. Volney (Tableau du climat et du sol des Etats-Unis d'Amerique Cap. 8, Paris 1803) wertvolle vergleichende Bemerkungen über den klimatischen Gegensatz von Nordamerika und Europa gemacht.

gewandt werden, unter denen die Beobachtungen, auf die es basierte, gemacht waren. Für die Erklärung der Verbreitung der Organismen war ein solches Gesetz aber noch weniger geeignet. „Denn in der organischen Natur zeigen die Formen konstantere Verhältnisse nicht unter denselben Parallelkreisen, sondern unter denselben isothermen Parallelen, d. h. unter Bögen, welche durch Punkte der Erde gezogen werden, die einer gleichen Wärme genießen." [6]

Die Hauptergebnisse seiner Untersuchungen über die Verteilung der Wärme auf der Erdoberfläche stellte Humboldt zuerst in gedrängter Kürze in seinen „Prolegomena de distributione geographica plantarum" (Paris 1817) zusammen.[7] Hier dienen sie indes nur als Hilfsmittel bei der Erklärung der Pflanzenverbreitung auf der Erdoberfläche. Aber noch in demselben Jahr erschien als selbständige, umfassende Abhandlung das Werk über die isothermen Linien und die Wärmeverteilung auf der Erde.[8] Damit beginnt eine neue Epoche in der klimatologischen Forschung. In diesem Werk sind in scharfen Umrissen die wahrhaft wertvollen Leistungen der Vergangenheit von den minderwertigen getrennt und zusammengefaßt, in ihm wird in Verbindung mit einer neuen Forschungsmethode eine Reihe der wichtigsten Probleme aufgeworfen und in Bearbeitung genommen, und von diesem Fundamentalwerk aus haben alle weiteren Untersuchungen über seinen Gegenstand ihren Ausgang genommen.

Eine Geschichte der von Humboldt in dieser Abhandlung ausgesprochenen Ideen zu geben, hieße so viel, wie die Geschichte des thermischen Teiles der Klimatologie behandeln. Unsere Aufgabe soll sich auf eine Darstellung der ersten Entwickelung der Jahres-Isothermenkarten

[6] A. v. Humboldt, « Sur les lois que l'on observe dans la distribution des formes végétales. » Ann. de Ch. et de Phys. I, S. 229. Paris 1816.

[7] Dies Werk wurde schon im Dezember 1816 der französischen Akademie vorgelegt.

[8] A. v. Humboldt, « Des lignes isothermes et de la distribution de la chaleur sur le globe ». Mém. de phys. et de chimie de la Soc. d'Arcueil III, S. 462–602, Paris 1817; auch als separate Abhandlung unter demselben Titel erschienen: Paris 1817. 145 S. In deutscher Übersetzung erschien diese Schrift erst 1853 auf Humboldts eigene Veranlassung in seinen kleineren Schriften, I, S. 206–314, Stuttgart/Tübingen 1853; in englischer Übersetzung von Brewster im Edinburgh Philosophical Journ. III–V, 1820 u. 1821.

beschränken, d. h. bis zu dem Zeitpunkt gehen, wo infolge der großen Fülle des Beobachtungsmaterials eine intensivere Ausnutzung der kartographischen Methode eingeführt werden konnte, bis zu Doves Isothermenkarten.

[...]

In der Tat ermöglicht die Darstellung der Wärmeverteilung durch isotherme Linien nicht nur den Überblick über das gesamte einschlägige Beobachtungsmaterial, sie offenbart auch auf die anschaulichste Weise die Beziehungen, welche größtenteils in einer unübersichtlichen Zusammenstellung von endlosen Zahlenreihen für immer verborgen bleiben würden: die Beziehungen zu der wechselvollen Gestaltung der Erdoberfläche.

Als erste und notwendigste Vorbedingung für die Anwendung seiner graphischen Methode sah Humboldt eine vollständige kritische Bearbeitung des bis dahin gesammelten Beobachtungsmaterials an. Er bespricht in gedrängter Kürze die einzelnen Stadien seiner zu diesem Zweck unternommenen Vorarbeiten. Man staunt darüber, mit welch klarem, umfassendem Blick der Verfasser alle Vorbedingungen für eine zuverlässige Darstellung durch Isothermen erkannt und durch kritische Untersuchungen zu erfüllen versucht hat. Er prüft zunächst die Methoden, durch welche man damals aus Terminbeobachtungen die mittlere Tages-, Monats- und Jahrestemperatur abzuleiten pflegte, er behandelt die Reduktion der Temperatur auf den Meeresspiegel und in Kürze auch die Abweichungen der Lufttemperatur von der Meerestemperatur und der Temperatur der Quellen und des Bodens.

Wo das Beobachtungsmaterial nicht ausreichend oder zuverlässig genug war, um es diesen vorbereitenden Operationen unterwerfen zu können, verzichtete er auf eine Verwendung desselben. So mußte eine große Zahl von Stationen in Asien außer Betracht gelassen werden, weil ihre Meereshöhe nicht genau genug bekannt war. Mit strenger Kritik wurden die früheren Zusammenstellungen von Beobachtungen durch Kirwan[9] und Cotte[10] bearbeitet. Man darf sich deshalb nicht darüber wundern, wenn Humboldt schließlich die Beobachtungen von nur 58 Orten für seine Untersuchungen brauchbar findet. In einer der Ab-

---

[9] Estimate of the temperature of the Globe. Irish Transactions, VII. 1787.
[10] Mémoires sur la Météorologie. 1788.

handlung beigegebenen Temperaturtafel mit der Überschrift: « Bandes
isothermes et distribution de la chaleur sur le globe » gibt Humboldt ein
nach der Jahrestemperatur geordnetes Verzeichnis jener 58 Stationen.[11]
Außer der Temperatur des Jahres sind auch die der meteorologischen
Jahreszeiten, der kältesten und wärmsten Monate in C° angegeben, ferner findet man darin die Koordinaten der Orte, Quellennachweise und
eine kurze Charakteristik des Klimasystems, zu dem jeder Ort gehört.
Doppellinien trennen die Orte voneinander ab, die zu verschiedenen
Isothermen-Zonen gehören, deren jede ein Intervall von 5° C umfaßt.

Diese Tabelle bildete die Grundlage der ersten Isothermenkarte, die
wir nun einer näheren Betrachtung unterziehen (vgl. Tafel I und II).

Aus Mangel an genügendem Material sehen wir die Darstellung auf
einen Teil der nördlichen Hemisphäre beschränkt. Die Meridiane von
95° w. L. und 125° ö. L. von Paris begrenzen die linke und rechte Seite
der Karte. Die Parallelkreise sind gleichabständig von 10° zu 10° ausgezogen, den unteren Kartenrand bildet der Äquator, den oberen etwa der
80. Breitengrad. Die Meridiane sind nur durch ihre Zahlenwerte von 10°
zu 10° am Kopf der Karte angedeutet. Die Umrisse der Kontinente sind
nicht eingezeichnet, statt dessen wird man über die allgemeine Lage der
Festländer und Meere sowie einiger Orte durch eingetragene Worte
orientiert. Die Isothermen, von 5° zu 5° C gezogen, tragen die Bezeichnung: Bande isotherme de 0°, 5° usw. Um die verschiedene Größe der
jährlichen Temperaturamplitude ersichtlich zu machen, sind an einigen
Stellen in der Karte die Temperaturen des Winters und Sommers in
Bruchform angegeben.

Die Isotherme von 27,5° C läßt Humboldt mit dem Äquator, die von
25° etwa mit dem Wendekreis des Krebses zusammenfallen, sie sind auf
der Karte gerade Linien, alle niederen Isothermen gleichen einfach geschwungenen Wellenlinien, deren erhobene (konvexe) Scheitel sämtlich

---

[11] Von diesen 58 Stationen liegen 43 in Europa, 11 in Amerika, und je 2 in
Asien und Afrika. So ungleich war das Beobachtungsmaterial verteilt. Humboldt
hat später noch mehrere ähnliche Temperaturtafeln erscheinen lassen, zuerst in
seiner « Asie Centrale », III, S. 569–580 und 615 [1843] mit 310 Beobachtungsorten, dann in der von W. Mahlmann besorgten Übersetzung dieses Werkes mit
422 Orten und endlich in der Übersetzung seiner Abhandlung über die Isothermen (s. o.) [1853] mit 502 Stationen.

ungefähr auf 10° ö. L. von Paris liegen, während ihre konkaven Scheitel die Breitenkreise in 80° w. L. und 114° ö. L. von Paris berühren.

Humboldt hat offenbar aufgrund des ihm vorliegenden Beobachtungsmaterials noch keine genauere Darstellung des Isothermenverlaufes geben wollen. Er mußte sich damit begnügen, die verschiedene Lage der Linien unter den Meridianen der West- und Ostküsten in großen, schematischen Zügen anzudeuten. Er konnte, wie er sich ausdrückte, nur die allgemeinen Inflexionen der isothermen Linien betrachten. Vielleicht hat die Beschränktheit des Materials ihn auch davon abgehalten, seiner Darstellung eine geographische Karte und eine genauere Bezeichnung der Örtlichkeiten zugrunde zu legen. Denn in diesem Fall wäre der einfache Verlauf der Isothermen vielfach mit den lokalen Besonderheiten der Temperaturverteilung, soweit sie schon damals aus den Beobachtungen erkennbar waren, in Konflikt gekommen. Der Isothermenzug hätte z. B. in Europa sich genauer an die Beobachtungsdaten anpassen müssen, während er in den übrigen Teilen der Karte doch nur schematisch hätte sein können. Humboldt zog es wohl deshalb vor, die lokalen Störungen des Isothermenverlaufs zugunsten einer gleichmäßigen Behandlung des Kartenfeldes außer Betracht zu lassen und daher auch auf eine Wiedergabe der Küstenlinien zu verzichten. In diesem Sinne schreibt er (S. 53):

Nous n'indiquons ici que les lois empiriques sous lesquelles se rangent les phénomènes généraux et les variations de température qui embrassent à la fois une vaste étendue du globe. Il existe des inflexions partielles des lignes isothermes qui forment pour ainsi dire des systèmes particuliers, modifiés par de petites causes locales. . . . Il sera utile un jour de tracer sur des cartes spéciales, ces inflexions partielles des lignes isothermes qui sont analogues aux lignes de sonde ou d'égale pente."

In seiner Abhandlung vermeidet es Humboldt auch, aus dem Verlauf der Isothermen, wie er ihn gezeichnet, andere als allgemeine Schlüsse zu ziehen. Immer geht er auf das Zahlenmaterial zurück, welches er seiner Temperaturtafel entnimmt.

Trotzdem sich Humboldt somit aus Mangel einer breiteren empirischen Grundlage vielerlei Beschränkungen auferlegen mußte, sehen wir ihn doch mit dem bewundernswürdigen Scharfblick, mit welchem er auch Naturerscheinungen der verwickeltsten Art zu durchdringen pflegte, schon alle die Ursachen erkennen, welche die Wärmeverteilung auf der Erdoberfläche so wechselvoll gestalten und auf den Verlauf der Isothermen sowohl im Großen wie auch im einzelnen einwirken müssen.

Faßt man nur diejenigen Ergebnisse der Humboldtschen Untersuchung ins Auge, welche die Verteilung der mittleren Jahreswärme auf der Erdoberfläche betreffen, so verdienen die folgenden Sätze besonders hervorgehoben zu werden:

Nur in der Tropenzone verlaufen die Isothermen dem Äquator parallel; dem letzteren kommt eine Temperatur von etwa 27,5° zu.

Die Temperaturabnahme mit zunehmender Breite erfolgt unter den Meridianen des östlichen Nord-Amerika in mittleren Breiten (20° bis 60° Br.) schneller als in Europa, die Isothermen sind daher hier nicht dem Äquator und unter sich parallel, sondern liegen im „transatlantischen" Klimasystem dichter gedrängt als im europäischen. Die Abnahme der Temperatur erfolgt (in Übereinstimmung mit theoretischen Untersuchungen) am schnellsten zwischen dem 40. und 45. Breitengrad. Die Isothermen heben sich sowohl an der europäischen wie auch an der nordamerikanischen Westküste gegen den Pol. Andererseits senken sie sich gegen die Ostküste der Alten und Neuen Welt bis zu den niedrigsten Breiten herab.

Die einander entsprechenden Isothermen der nördlichen und südlichen Hemisphäre sind nach den vorliegenden Beobachtungen bis zum 40.° oder 50.° Br. ungefähr gleich weit vom Pol entfernt. Vergleicht man die Temperaturen beider Hemisphären unter 70° bis 80° w. L. miteinander, so findet man sogar eine höhere Wärme unter den Breiten der südlichen Erdhälfte als unter denen der nördlichen. Jedoch ist es wahrscheinlich, daß die südliche Hemisphäre als Ganzes betrachtet kälter ist als die nördliche, weil die vorwiegende Wasserbedeckung die Entwickelung höherer Temperaturen verhindert. Nur muß man sich hüten, den Unterschied zu überschätzen, was leicht der Fall ist, zumal man bisher nur vorwiegend die Sommertemperaturen der höheren südlichen Breiten zu beobachten Gelegenheit hatte. Der weit bedeutsamere Unterschied beider Halbkugeln liegt in dem verschiedenen Ausmaß der jährlichen Temperaturperiode.

Ich beschränke mich auf die Erwähnung dieser von Humboldt hervorgehobenen Tatsachen und weise nur beiläufig auf seine Bemerkungen über die Höhe der Schneelinie und den Vergleich klimatischer

Höhen- und Breitenzonen hin. Letzteren veranschaulichte er in einem Diagramm, welches in einem Vertikalschnitt die Senkung der isothermen Flächen vom Äquator zum Pol darstellt.

Auch über den Verlauf der Linien gleicher Sommer- und Wintertemperatur, der Isotheren und Isochimenen, und ihre Beziehungen zu den Jahres-Isothermen verbreitet sich Humboldt ausführlicher; dabei betont er, daß sich jene Linien besser eignen als die Jahres-Isothermen, die Verschiedenheit der Klimate und ihre Beziehungen zu den Erscheinungen des Pflanzenlebens hervortreten zu lassen. Er verfolgt die ungleiche Zunahme der Temperaturdifferenz zwischen Sommer und Winter unter den Meridianen der konkaven und konvexen Scheitel der Isothermen beim Fortschreiten vom Äquator zum Pol; er charakterisiert den Gegensatz zwischen Ost- und Westküsten der Kontinente durch die verschiedene Größe der jährlichen Temperaturamplitude auf der gleichen Jahres-Isotherme und gibt die ersten klassischen Beispiele für den Unterschied des Küsten- und Kontinental-Klimas.

[. . .]

Die Abhandlung Humboldts über die isothermen Linien bildete den Ausgangspunkt einer langen Reihe von Untersuchungen über Probleme, die teils, von früheren Autoren überkommen, durch die neue Darstellungsweise in ein neues Licht gerückt, teils aber zum ersten Male darin aufgeworfen wurden. Ihre Lösung hatte Humboldt, soweit es das Beobachtungsmaterial seiner Zeit gestattete, selbst angebahnt, aber gerade aus Mangel an genügendem Material noch nicht durchführen können. In der Folgezeit sehen wir in der klimatologischen Forschung überall das Bestreben hervortreten, alle neuen Beobachtungsreihen unter die Humboldtsche Betrachtungsweise zu stellen und sie zur Vervollständigung oder Berichtigung seiner Untersuchungen zu verwenden. Und die empirische Grundlage verbreiterte sich von Jahr zu Jahr. Wissenschaftlicher Forschungsdrang und kaufmännischer Unternehmungsgeist wußten das Interesse maßgebender Persönlichkeiten für die Erforschung noch unbekannter festländischer und ozeanischer Erdräume zu erwecken. Praktische und wissenschaftliche Ziele vereinigten sich bei den großen englischen Unternehmungen zur Entdeckung einer nordwestlichen Durchfahrt. Während diese Bestrebungen zur Kenntnis eines undurchdringlichen, eisgepanzerten Inselmeeres im Norden der Neuen Welt führten, brachten wissenschaftliche Expeditionen aus dem äußersten Osten des Russischen Reiches nähere Kunde von der ungeheuren Ausdehnung eines ewig gefrorenen Bodens und von der sprichwörtlich gewordenen sibirischen Kälte. Weltumsegelungen wurden unternommen, um u. a. über die physikalischen Verhältnisse der Ozeane und der über ihnen ruhenden Luft Beobachtungen zu sammeln. Das durch Gauss' Untersuchungen frisch belebte Interesse für erdmagnetische Forschungen wurde die Haupttriebfeder zu den Vorstößen gegen die Antarktis in den vierziger Jahren. Die Gründung eines festen meteorologischen Beobachtungsnetzes im Russischen Reich und in den englischen Kolonien gegen Ende der zwanziger Jahre ist nicht zum mindesten dem mächtigen Einfluß Alexander von Humboldts zuzuschreiben. In den vorgeschobenen Militärposten der Vereinigten Staaten wurden zu derselben Zeit die ersten fortlaufenden Beobachtungen aus entlegenen, damals noch kulturfremden Gegenden gesammelt. Ein regelmäßiger Beobachtungsdienst auf den Schiffen der seefahrenden Nationen wurde um die Mitte des Jahrhunderts auf Maurys tatkräftiges Betreiben eingeführt und damit die Kenntnis der ozeanischen Klimate angebahnt, deren Mangel sich bis dahin besonders bei der Behandlung von Problemen allgemeinerer Natur am meisten fühlbar gemacht hatte.

Trotz der Erweiterung der Beobachtungsbasis, trotz der Vergrößerung des Materials, das zu allgemeinen klimatischen Untersuchungen Verwendung finden konnte, haben doch Jahrzehnte hindurch – und es ist das eines der besten Zeugnisse für den genialen, weitschauenden und durchdringenden Blick Humboldts – die von diesem vertretenen Anschauungen über die Ursachen, welche die Lage und den Verlauf der Isothermen bestimmen, weder eine Berichtigung noch eine wesentliche Bereicherung zu erfahren brauchen, und auch heutzutage besitzen sie im wesentlichen ihre volle Gültigkeit. Ihren eigentlichen Ausdruck findet dagegen die allmähliche Vergrößerung des Beobachtungsmaterials in der fortschreitenden Entwicklung der Isothermenkarten. Je dichter und ausgedehnter das Beobachtungsnetz wurde, um so sicherer vermochte man den Verlauf der Isothermen festzustellen, um so größer wurden die Abweichungen dieser Linien von dem ebenmäßigen Verlauf, den Humboldt ihnen gegeben hatte. Man könnte geradezu einen Maßstab für die zunehmende Genauigkeit der Zeichnung gewinnen, wenn man die geometrische Länge der einzelnen Isothermen von Karte zu Karte in ihrem Wachstum verfolgen wollte.

Wir betrachten nun die weitere Entwicklung dieser Karten, von denen die wichtigsten aus der ersten Entwicklungsperiode auf Tafel II zum Vergleich nebeneinandergestellt sind.

Die zweite Isothermen-Karte rührt von Ludwig Friedrich Kämtz her. Sie erschien mit dem im Jahre 1832 herausgegebenen 2. Band seines kompendiösen und gründlichen Lehrbuchs der Meteorologie. Wie aus der Vorrede zu diesem Band (S. VI) hervorgeht, ist die Karte schon zwei Jahre vorher (also 1830) fertiggestellt worden. Trotzdem in diesen beiden Jahren verschiedene neue Beobachtungsdaten, namentlich durch Erman aus Sibirien, bekannt wurden, welche stellenweise eine Verbesserung des Isothermenzuges notwendig gemacht hätten, verzichtete Kämtz ausdrücklich darauf, eine neue Karte zu entwerfen.

Wir sehen in dem in Merkator-Projektion entworfenen, aber mit keinem Gradnetz versehenen Kartenbild die Küstenlinien der Kontinente in der nördlichen Hemisphäre (bis 75° Br.) und einem Teil der südlichen Tropenzone durch Schattierung hervorgehoben. Die Isothermen sind von 5° zu 5° C durch ausgezogene, die von A. T. Kupffer 1829 eingeführten und entworfenen Geoisothermen (Linien gleicher Jahrestemperatur des Bodens) durch punktierte Linien bezeichnet.

Der Verlauf der Isothermen ist nicht mehr so schematisch wie auf Humboldts Karte. Wir erkennen darin schon einige detailliertere Züge unserer modernen Darstellungen. Das Material, das Kämtz nach kritischer Sichtung zur Verfügung stand, lieferten 145 Stationen (mit insgesamt 1160 Beobachtungsjahren). Ihre Zahl war also zwei- bis dreimal so groß wie bei Humboldts Versuch. In ähnlicher Weise wie sein großer Vorgänger ordnete Kämtz die Orte nach der mittleren Jahrestemperatur, er gab aber außer der Temperatur des Jahres und der Jahreszeiten auch die der Monate und einen ausführlichen Quellennachweis. Die Stationen sind bei Kämtz schon gleichmäßiger über die Festländer der nördlichen Hemisphäre verteilt; besonders ist ihre Zahl im nördlichen Nord-Amerika und Sibirien gewachsen, wohin unterdessen mehrere Expeditionen ausgesandt und wo auch schon einige feste Beobachtungsplätze gegründet waren.

Trotz dieser breiteren empirischen Grundlage hat sich aber auch Kämtz noch nicht dazu entschließen können, seine Isothermen nur nach den Beobachtungswerten zu ziehen; er wendet vielmehr den ma-

thematischen Kalkül an, um die lokalen „Störungen" zu eliminieren und
die Grundzüge der Wärmeverteilung darzustellen.

Seit Humboldt nachgewiesen hatte, daß das Maß der Temperaturabnahme mit der Polhöhe auch eine Funktion der geographischen Länge
ist, durfte man es nicht mehr wagen, die tatsächliche Temperaturverteilung durch eine einzige mathematische Formel darzustellen. Humboldts Analyse der zahlreichen Ursachen, deren Zusammenwirken das
physische Klima eines jeden Ortes bestimmt, mußte vielmehr jeden
Versuch von vornherein vergeblich erscheinen lassen, die wahre Temperaturverteilung durch einfache Formeln genau darzustellen. Daß
trotzdem auch noch nach ihm dieser Versuch öfter wiederholt worden
ist, kann man nur aus dem Bestreben erklären, die weiträumigen Lük-
ken des damaligen Beobachtungsnetzes durch Interpolation, so gut es
ging, auszufüllen.

Kämtz bediente sich der schon auf S. 142 erwähnten Formel Tobias
Mayers, um die Lage der Isothermen zu ermitteln. Mit Hilfe der Methode der kleinsten Quadrate berechnete er aufgrund der Temperaturmittel ausgewählter Stationen die beiden Konstanten der Formel für die
West- und Ostküsten der Alten und Neuen Welt sowie für einige zwischen ihnen gelegene Meridiane. Er ging dabei sehr sorgfältig zu Werk
und zerlegte sogar einige Meridiane in zwei Abschnitte, um für jeden
eine besondere Formel zu berechnen. Denn auf diese Weise konnte er
größere Abweichungen zwischen Rechnung und Beobachtung vermeiden. Durch Einsetzen der Temperaturwerte der darzustellenden Isothermen in die Formeln ermittelte er dann die Schnittpunkte dieser
Linien mit den Meridianen bzw. Küstenlinien. So erhielt er z. B. die
geographische Breite der Punkte, in welchen die Isothermen von $-5°$,
$0°$, $5°$ usw. die Ostküste Asiens schneiden. Durch die Schnittpunkte zog
er freihändig die Isothermen.

Nach derselben Methode wurden von ihm Formeln berechnet, welche die Abnahme der Meerestemperatur mit der Breite für die drei
großen Ozeane darstellten. Indessen benutzte er diese Bestimmungen
nicht zur Zeichnung der Isothermen.

Vergleicht man die Karte von Kämtz mit der von Humboldt, so bemerkt man einige wesentliche Fortschritte.

Die Isothermen verlaufen in der Tropenzone nicht mehr parallel dem
Äquator, sondern lassen bereits durch ihre konkaven (äquatorwärts)

gerichteten Biegungen an den Westküsten Nordafrikas und Nordamerikas den Einfluß der rückkehrenden kühlen Meeresströmungen und die stärkere Erwärmung des Festlandes erkennen. Schon D. Brewster hatte im Jahr 1820 darauf hingewiesen,[12] daß der Isothermenverlauf auf der Humboldtschen Karte über Nord-Amerika und Asien es wahrscheinlich mache, daß dem Äquator unter diesen Meridianen nicht dieselbe, sondern eine niedrigere Temperatur zukomme als unter europäischen Meridianen. Er vermutete, daß die konkaven Scheitel der Isothermen sich, wenn auch in abgeschwächter Form, bis in die Tropenzone hinein bemerkbar machen, und wußte diese Vermutung durch rechnerische Hilfsmittel zu stützen. Er bestimmte die Temperatur des Äquators unter den amerikanischen und asiatischen Meridianen zu 81,5° F (27,5° C), wie Humboldt; unter den westeuropäischen Meridianen aber zu 82,8° F (28,2° C).

Zu ähnlichen Ergebnissen kam jetzt auch Kämtz, er fand sogar eine Temperatur von 29,2° C für den Äquator im Innern von Afrika.

Die niedrigste Isotherme, die auf der Karte von Kämtz auftritt, ist die von − 5°. Humboldt hatte keine Isotherme unter 0° gezeichnet. Aber auch in dieser Richtung war schon Brewster über die Darstellung Humboldts hinausgegangen[13]. Er stellte die lange Zeit hindurch herrschende, zuerst von Dove 1839 bezweifelte, aber erst 1852 widerlegte Theorie von zwei Kältepolen auf. Aus der Tatsache, daß die für die europäische und amerikanische Westküste geltenden Formeln für den Nordpol eine bedeutend höhere Temperatur ergaben, als die Formeln für die kontinentalen Meridiane, schloß Brewster, daß der Nordpol nicht der kälteste Punkt wäre, sondern daß im arktischen Nordamerika und nördlich von Sibirien zwei von geschlossenen Isothermen umzogene Kältepole existierten. Die Lage dieser Punkte berechnete er zu 80° n. Br. 95° ö. L. und 80° n. Br. 100° w. L. von Greenwich, ihre Temperatur zu −17,2° bzw. −19,7° C (+ 1° bzw. −3,5° F). Später verlegte Brewster nach einer Verbesserung seiner Formeln die Pole nach 73° n. Br. und 80° ö. L. bzw. 100° w. L. v. Gr. mit den Temperaturen −17,8° und −19,7° C (0° bzw. −3,5° F[14]).

---

[12] David Brewster, «Observations on the mean temperature of the globe». Transact. Roy. Soc. Edinb. IX, P. I, S. 210–225. 1820.

[13] A. a. O.

[14] Pogg. Ann. XXI, S. 323. 1831.

Die Formeln, welche Brewster aufstellte, wichen von der bis dahin gebräuchlichen Form ab. Als Physiker hatte er die isochromatischen Kurven studiert, die beim Durchgang polarisierten Lichts durch doppeltbrechende, zweiachsige Kristalle im Polariskop sichtbar werden. Die für diese geltenden Formeln übertrug er auf das System isothermer Linien, die sich lemniskatenförmig um die zwei Kältepole schlingen[15]. Kämtz fand in seinen Berechnungen und seiner Isothermenzeichnung eine Bestätigung der Brewsterschen Ansicht. Er erkannte besonders in der Biegung der Isothermen von 5°, 0° und −5° eine Andeutung davon, daß es im nördlichen Teile beider Kontinente in sich selbst zurücklaufende Linien gäbe, und zeichnete eine zweite Isothermenkarte in Polarprojektion, auf welcher er diese Vermutung zum Ausdruck brachte, indem er durch in sich geschlossene Isothermen von −10° und −15° C einen Kältepol nördlich vom Baffins-Land und einen andern westlich der Lena-Mündung deutlich hervorhob[16]. Dem Nordpol schrieb Kämtz dagegen nur eine Temperatur von etwa − 8° C zu.

[. . .]

Werfen wir noch einmal einen vergleichenden Blick auf die beiden ersten Isothermenkarten, so bemerken wir auch einen Unterschied des Linienverlaufs im nördlichen Europa; die Isothermen von 0° und 5° steigen bei Kämtz von Westen her flach gegen die norwegische Küste an und sinken im Innern der skandinavischen Halbinsel und östlich davon rasch zu niederen Breiten ab. Diese neue Auffassung des Isothermenzuges war das Ergebnis einer gesonderten Berechnung der Wärmeabnahme an der norwegischen Küste nach Mayers Formel. Sie bedeutet eine erste Annäherung an die abnorme Krümmung jener Isothermen, wie sie sich auf den modernen Karten darstellt (vgl. Tafel II, 6).

[15] Diese Formeln lauteten bei ihm zunächst (Trans. Edinb. IX, 215 ff.) t = 86,3° sin D −3,5° F für die dem nordamerikanischen und t = 81,8° sin D + 1° F für die dem asiatischen Kältepol näher gelegenen Gegenden. (D bezeichnet den sphärischen Abstand vom nächstgelegenen Kältepol.) Mit diesen Formeln berechnete Brewster auch die Temperaturen des Äquators (s. o.). Später (1830) hat er eine kompliziertere Formel gegeben.

[16] Die Berechnung der Lage der −10° und −15° Isothermen führte Kämtz erst im Nachtrag zum 2. Bande seiner Meteorologie (S. 575−591) aus, er benutzte dazu die Beobachtungen A. Ermans in Sibirien, die ihm vorher noch nicht zur Verfügung gestanden hatten.

Die Kämtzsche Isothermenkarte wurde im Jahr 1836 mit einigen Verbesserungen und Ergänzungen von Wilhelm Mahlmann an einer wohl wenig beachteten Stelle neu herausgegeben.[17] Das Kartenbild umfaßt zum ersten Mal auch die südliche Hemisphäre (bis 60° Br.), aber man findet südlich vom Äquator noch keine Isothermen eingezeichnet. Dagegen sind bei den meisten Beobachtungsorten der nördlichen und allen Orten der südlichen Halbkugel die Jahrestemperatur und, nach Humboldts Vorschlag, in Bruchform die Winter- und Sommertemperaturen eingetragen. Außerdem sieht man von 10° zu 10° Breite auf den mittleren Meridianen des Atlantischen und Indischen Ozeans die Wassertemperaturwerte vermerkt.

Der Verlauf der Isothermen ist fast derselbe wie auf Kämtz' Karte, nur ist die Isotherme von −10° noch hinzugefügt. Da die Jahrestemperaturen vielerorts in der Karte angegeben sind, so kann man leicht den von Kämtz rechnerisch bestimmten Verlauf der Isothermen mit ihrer wahren Lage vergleichen. Es kann nicht wundernehmen, daß zwischen beiden Bestimmungen stellenweise nicht unwesentliche Abweichungen vorkommen, die Isothermen von Kämtz verlaufen nur in großen Zügen den tatsächlichen Verhältnissen entsprechend. So zieht die 5° Isotherme fast geradenwegs von der Ostspitze Neufundlands nach der mittleren norwegischen Küste hinüber, trotzdem die mittlere Meerestemperatur an einer Stelle dieser Linie (50° n. Br., 20° w. L. v. Ferro) zu 12,8° angegeben ist, und die Faröer mit einer Jahrestemperatur von 7,4° C nördlich von jener Isotherme liegen.

Noch einen anderen Vorteil bietet die Karte Mahlmanns gegen ihr Original; man kann aus ihr entnehmen, wie außerordentlich ungleich die Beobachtungsorte über die Erdoberfläche verteilt waren. Es wäre unmöglich gewesen, die Isothermen ohne Zuhilfenahme einer Interpolationsmethode mit einiger Sicherheit zu ziehen; somit versprach die Anwendung des mathematischen Kalküls und der Wahrscheinlichkeitsrechnung immer noch die zuverlässigsten Resultate.

Diese von Kämtz vertretene Ansicht findet eine eigenartige, indirekte Bestätigung durch die Isothermenkarte von Heinrich Berghaus, die, im

---

[17] James Forbes, Abriß einer Geschichte der neueren Fortschritte und des gegenwärtigen Zustandes der Meteorologie. Übersetzt und ergänzt von W. Mahlmann. Berlin 1836, 248 S. und 3 Tafeln. Das Original findet sich im Report of the Brit. Association 1831 und 1832. London 1833.

Jahr 1837 gezeichnet, 1838 mit der zweiten Lieferung seines großen „Physikalischen Atlasses" erschien.[18] Wenn sich auch im großen und ganzen der Einfluß der Kämtzschen Darstellung auf dieser Karte nicht verkennen läßt, so bemerkt man doch, daß der Verfasser sich bemüht hat, überall, wo es angängig war, die Beobachtungswerte direkt zu berücksichtigen. Ferner sind offenbar theoretische Erwägungen, wie sie Humboldt angestellt hatte, bei der Zeichnung der Isothermen nicht unberücksichtigt geblieben, so daß an manchen Stellen ganz bedeutende Abweichungen gegen die früheren Darstellungen hervortreten. Besonders betrifft dies den Isothermenverlauf über Europa, der auf einer besonderen Karte (1. Abt. Nr. 3) zur Anschauung gebracht ist. Die Linien zeigen einen sehr unruhigen, wellenförmigen Verlauf besonders über dem Nordmeer und dem westlichen Teil Europas; nur über Rußland ziehen sie ebenmäßiger fort. Man wird nicht fehlgehen, wenn man die Gründe jener an sich sehr unwahrscheinlichen und durch die spätere, exaktere Forschung nicht bestätigten Krümmungen der Isothermen vor allem in einer unzureichenden Kritik des vorliegenden Beobachtungsmaterials sucht. In diesem Sinne haben sich auch Mahlmann[19] und Kämtz[20] unverhohlen ausgesprochen, und man bemerkt mit Genugtuung, daß in der 2. Ausgabe des Berghausschen Atlasses, deren erste Abteilung 1849 erschien, die erwähnten, der Natur widerstreitenden Krümmungen der Isothermen zum größten Teil vermieden worden sind (vgl. Tafel II, Nr. 4). Es empfiehlt sich, die nähere Besprechung der Berghausschen Karten an diese zweite Ausgabe anzuknüpfen und vorher noch eine Isothermenkarte zu betrachten, die von W. Mahlmann im Jahr 1840 mit großer Sorgfalt entworfen und ein Jahr später herausgegeben wurde[21] (Tafel II, Nr. 3).

In der vortrefflichen Abhandlung, welche die Karte begleitet, unterwarf Mahlmann die Grundlagen und Vorbedingungen der Isothermen-

[18] H. Berghaus, Physikalischer Atlas, 8 Abteilungen. Gotha, 1838–48. Die Anregung zur Zusammenstellung dieses einzigartigen Kartenwerkes hat Alexander von Humboldt gegeben. Briefwechsel A. v. Humboldts mit H. Berghaus. Bd. I, S. 118. Leipzig 1863.

[19] W. Mahlmann, Mittlere Verteilung der Wärme auf der Erdoberfläche. Doves Repertorium der Physik, IV, S. 162, 1841.

[20] Kämtz, Vorlesungen über Meteorologie. S. 223. Halle 1840.

[21] A. a. O.

zeichnung einer genauen Untersuchung. So behandelt er, um mit kurzen Worten seine Vorarbeiten zu charakterisieren, zunächst die Korrektionen der bisher zur Bestimmung der Lufttemperatur verwendeten Instrumente, er weist auf die Nullpunktverschiebung der gebräuchlichen Thermometer hin; er prüft die Aufstellung der Thermometer in bezug auf etwaige Strahlungseinflüsse; er geht auf die Methoden ein, welche eine Bestimmung der mittleren Tagestemperatur aus Terminbeobachtungen bezwecken; er sucht die verschiedenen Reduktionsgrößen der Temperatur auf das Meeresniveau zu ermitteln. Ihm sind die Fehlerquellen nicht unbekannt, die durch die Verwendung verschiedener Jahrgänge bei der Bestimmung der mittleren Jahrestemperaturen für benachbarte Orte entstehen können.

Mit solch kritischem Geist sichtete Mahlmann das ihm zugängliche Beobachtungsmaterial und fand die Beobachtungen von 700 Stationen brauchbar für seine Untersuchung. In einer umfangreichen Tabelle stellte er für diese Orte die mittlere Jahres-, Sommer- und Wintertemperatur zusammen, und diese Tabelle bildete die Grundlage seiner Isothermenkarte. Sie ist in größerem Maßstab als die früheren entworfen und umfaßt in Merkator-Projektion die Erdoberfläche zwischen 82° n. Br. und 55° s. Br. In der äußeren Anlage ähnelt sie der Karte Mahlmanns von 1836. Die Isothermen sind von 5° zu 5° C nach den in die Karte eingetragenen Beobachtungswerten gezeichnet.

Als die bemerkenswertesten Abweichungen gegen frühere Darstellungen verdienen folgende Punkte erwähnt zu werden:

Der bedeutendste Fortschritt ist in der Auffassung der Wärmeverteilung in der Tropenzone zu erkennen. Im tropischen Südamerika, in Afrika, Arabien und Indien deutet Mahlmann die Isotherme von 27,5° C an; in Indien umschließt sie den östlichen Teil der Halbinsel, in Afrika und Südamerika weist sie durch ihre Krümmung auf ähnlich abgeschlossene, relativ heiße Gebiete hin. Ein Vergleich der Temperaturen über dem Festland und Ozean innerhalb und außerhalb der Tropen führt den Verfasser zu dem Schluß, daß ausgedehnte festländische Flächen in niederen Breiten eine höhere, in höheren eine niedrigere Jahrestemperatur haben als die Ozeane.[22] Ferner erkennt Mahlmann aus

---

[22] W. Mahlmann, «Über die Inflexionen der Isothermen in der heißen Zone, über den Wärme-Äquator und die Temperaturverteilung auf der südlichen Hemisphäre.» Monatsber. d. Ges. f. Erdk. Berlin. II, S. 31. 1841.

dem Verlauf der Isothermen, daß die Ostküsten in den Tropen wärmer, in der gemäßigten Zone kälter sind als die Westküsten der Kontinente.

Im einzelnen macht Mahlmann noch auf folgende Punkte seiner Darstellung aufmerksam.[23] Die Senkung der Isothermen von der Westküste Europas nach dem Inneren Rußlands hin ist nicht so steil, wie sie auf der Karte von Berghaus gezeichnet ist. „Es glättet sich der Schwung der Wellenlinien in der neuesten Darstellung fast überall zu einem sanfteren Übergang der Verhältnisse, wenn man das Beobachtungsmaterial kritisch sichtet und unzuverlässige Jahresmittel unberücksichtigt läßt." Der konkave Scheitel der Isothermen liegt in Nordamerika nicht über der Mitte des Kontinents, sondern an der Ostküste. Das Klima westlich der Alleghanies ist milder als östlich davon.

Die Existenz zweier Kältepole leugnete Mahlmann nicht, er hat ihre Lage aber nicht in seiner Karte bezeichnet, denn er wollte nur das zur Darstellung bringen, was durch Beobachtungen sicher verbürgt war.

So verzichtete er auch auf eine Zeichnung der Isothermen der südlichen Halbkugel. „Wegen der zu großen Breitenabstände der meisten Beobachtungsorte auf einander naheliegenden Meridianen ist eine genaue Bestimmung der Knotenpunkte der Isothermen und Parallelkreise hier noch nicht möglich." Nur so viel glaubte er annehmen zu dürfen, daß bis 35° oder 40° s. Br. die Westküsten der Kontinente kälter seien als die Ostküsten. Etwas südlicher laufen die Isothermen parallel dem Äquator, aber in höheren südlichen Breiten zeigen sie wie auf der nördlichen Halbkugel einen Temperaturüberschuß zugunsten der Westküsten.

Weniger glücklich als in diesen Schlußfolgerungen aus einem noch ziemlich dürftigen Beobachtungsmaterial war Mahlmann in der Annahme eines doppelten Wärme-Äquators auf den Weltmeeren und an seinen Küsten.

Bei einer Durchsicht der Beobachtungsjournale der Seefahrer, namentlich der Expeditionen um die Welt . . ., ergab sich als ein ganz unerwartetes, aber fast überall auffallend hervortretendes Resultat, daß auf der Erde oder zunächst auf den beiden großen Ozeanen der Äquator nicht allein nicht die wärmste Linie ist, sondern daß es hier zwei Linien größter Luftwärme gibt, die eine nördlich vom

[23] W. Mahlmann, «Über die Verteilung der mittleren Jahreswärme auf der Erdoberfläche.» Monatsber. d. Ges. f. Erdk. Berlin. I, S. 65–70. 1840.

Äquator, die andere südlich davon und näher der Linie . . . Diese wärmsten Linien haben offenbar in den verschiedenen Meridianen nicht einerlei Temperatur; ihre Maximum-Temperatur erreichen sie wahrscheinlich im Innern der großen Kontinente, von denen uns fast alle direkten Beobachtungen noch fehlen.[24]

Doch läßt es Mahlmann dahingestellt sein, ob das Gesetz, welches für das offene Meer und die tropischen Küsten gilt, auch auf das Innere der großen Kontinente übertragen werden darf. Mit Recht aber zieht er aus seiner Betrachtung den Schluß, daß die analytischen Ausdrücke für das Gesetz der Wärmeverteilung, als einer einfachen Funktion der geographischen Breite, vollkommen ihre Anwendbarkeit verlieren und die daraus abgeleiteten Temperaturen des Äquators irrig sind, weil der Wärme-Äquator nicht mit dem geographischen zusammenfällt.

Mit jener Anschauung Mahlmanns konnte sich Berghaus nicht befreunden, der schon in der ersten Ausgabe seines physikalischen Atlasses einen einzigen Wärme-Äquator gezeichnet hatte und ihn auch in der zweiten Ausgabe noch aufrechterhielt. Mahlmann verzichtete darauf, die beiden Linien größter Wärme, die er gefunden zu haben meinte, kartographisch darzustellen, denn dazu reichte das Material noch nicht aus. Um so unverständlicher war es ihm, daß Berghaus trotz des mangelhaften Materials eine Linie als Wärme-Äquator ausgegeben hatte, die durch ihre unregelmäßigen Biegungen den Anschein erweckte, als ob sie durch genügende Beobachtungen sichergestellt wäre.[25]

Berghaus benutzte zur Darstellung seiner Isothermen auf dem Meer vor allem die Beobachtungen der Lufttemperatur, die an Bord der preußischen Seehandlungsschiffe auf ihren Reisen nach und von Nord- und Südamerika sowie auf ihren viermaligen Erdumschiffungen in den Jahren 1822 bis 1836 angestellt worden waren. Eine Bearbeitung dieses Materials gab er u. a. im ersten Bande seiner allgemeinen Länder- und Völkerkunde (Kap. 12). Die Berghaussche Karte von 1838 ist die erste, auf welcher Beobachtungen auf dem Ozean Berücksichtigung fanden. Wenn man erwägt, welchen Schwierigkeiten die Bestimmung der wahren Lufttemperatur an Bord der Schiffe begegnet, da es ohne besondere Vorsichtsmaßregeln nicht möglich ist, die Strahlungseinflüsse des Schiffskörpers zu verhindern, so versteht man, weshalb die Verwen-

[24] A. a. O., S. 159–161.
[25] Doves Repertorium der Phys. IV, S. 162.

dung solchen Materials zur Konstruktion von Isothermen und zu Schlußfolgerungen über die Lage der wärmsten Linie Anlaß gab, die so weit voneinander abwichen wie die von Mahlmann und Berghaus.

Wie schon erwähnt, erschien die zweite Isothermenkarte von Berghaus im Jahre 1849 (vgl. Tafel II, Nr. 4). Sie wich in manchen Teilen von der ersten ab. Der Verlauf der Isothermen ist ebenmäßiger und kommt den wahren Verhältnissen näher. Trotzdem erkennt man kaum einen Fortschritt gegenüber der Darstellung Mahlmanns vom Jahre 1840. Dieser hatte die Lage der konkaven Isothermen-Scheitel in Nordamerika und Asien sogar richtiger gezeichnet als Berghaus, der sie noch zu weit westlich verlegt. Ferner trägt letzterer auch noch 1849 die beiden Kältepole Brewsters in die Karte ein, trotzdem damals die Untersuchungen Doves die Existenz dieser beiden Punkte bereits mehr als zweifelhaft gemacht hatten (s. u.).

Bemerkenswert ist, daß Berghaus zum ersten Mal versucht hat, die Isothermen der südlichen Hemisphäre zu zeichnen. Aber das Material war noch zu spärlich (trotz der Heranziehung aller gelegentlichen Beobachtungen auf Welt- und Entdeckungsreisen[26]), um die Darstellung hier über einen gewissen Schematismus zu erheben, der im allgemeinen darin zum Ausdruck kommt, daß die Isothermen über dem Ozean den Breitenkreisen nahezu parallellaufen, über den Kontinenten und ihrer Umgebung aber eine Flexur zeigen. Durch letztere trug er der Tatsache Rechnung, daß in niederen Breiten die Westküste der Kontinente infolge kalter Meeresströmungen kälter sind als die Ostküsten. Die südlichste und niedrigste Isotherme ist die von 0° C. Berghaus läßt sie, außer in der Nähe von Kap Horn, ungefähr mit dem 60. Grad s. Br. zusammenfallen.

Trotz der oben erwähnten Bemerkung Mahlmanns, der auch Kämtz beipflichtete, behielt Berghaus auch in der zweiten Auflage den Wärme-Äquator in unveränderter Gestalt bei. Er bildet auf seinen Karten eine Kurve,

die sich im Atlantischen Ozean nördlich vom terrestrischen Äquator befindet, im Indischen Meer diesen schneidet, längs der Sundainseln in südlichen Parallelen läuft und vielleicht in der Mitte des Großen Ozeans den Erdgleicher abermals

---

[26] Berghaus, Allgemeine Länder- und Völkerkunde I, S. 176–184. Stuttgart 1837.

durchschneidet, um in nördlichen Latituden gegen die Küste von Südamerika zu ziehen. Die Lage dieser Kurve ist nicht konstant, sondern abhängig von den Jahreszeiten.[27]

Die verschiedenen Temperaturen, die Berghaus für diese Linie berechnet hat, sind an mehreren Stellen an derselben vermerkt.[28]

Was die Berghausschen Karten in hervorragender Weise vor allen vorher und vielen nachher veröffentlichten Isothermenkarten auszeichnet, ist die äußere Ausstattung. Die zugrundeliegenden Erdkarten sind sorgfältiger gezeichnet und lassen die Verteilung des Festen und Flüssigen deutlicher hervortreten. Die Isothermen über und unter 0° C sind durch verschiedene Farben bezeichnet. Statt der großen Anhäufung von Zahlen, die in Mahlmanns Karte störend wirkt, hat Berghaus nur an einigen Stellen der Isothermen die Winter- und Sommertemperaturen angegeben, um den Charakter des Klimas ersichtlich zu machen.

Auch die Grenzen des arktischen und antarktischen Treibeises findet man auf seinen Isothermenkarten angedeutet. Im Nordatlantik ist davon noch die gewöhnliche und temporäre Grenze des Polareises im Frühjahr und Sommer unterschieden. Die ausgedehnten Flächen ewig gefrorenen Bodens im nördlichen Asien und Amerika sind durch blaue Farbentöne hervorgehoben.

Ehe die zweite Auflage von Berghaus' Atlas erschien, hatte Heinrich Wilhelm Dove bereits seine Monats-Isothermenkarten der Kgl. Preußischen Akademie der Wissenschaften vorgelegt (1848). Ihr Erscheinen bedeutet den Beginn einer neuen Epoche der kartographischen Darstellung der Wärmeverteilung. Die größere Fülle des Beobachtungsmaterials erlaubte jetzt eine intensivere Bearbeitung der Wärmeverhältnisse auf der Erdoberfläche. Die Jahres-Isothermen traten von nun an in den Hintergrund, denn Dove brachte durch seine Untersuchungen allgemein zum Bewußtsein, daß die charakteristischen Eigentümlichkeiten der Wärmeverbreitung und ihre ursächlichen Bedingungen viel klarer ausgedrückt werden, wenn man die Wanderung der Isothermen von Monat zu Monat verfolgt und vor allem die Isothermen der extremsten Monate miteinander vergleicht. Es treten in der einen Jahreshälfte Iso-

---

[27] A. a. O., S. 488.

[28] Eine tabellarische Übersicht über die zahlenmäßige Grundlage seiner Karte gibt Berghaus auf Blatt 4 des Atlas.

thermen neu auf, während andere verschwinden. Die Linien gleicher Monatswärme wandern nicht bloß, sie sind auch nicht immer dieselben. Dies zeigt schon unmittelbar, ein wie wenig bezeichnendes Bild für die Temperaturverteilung die Verbreitung der mittleren Jahreswärme gibt. Dazu kommt noch, daß die Physiognomie der ganzen Verteilung in den verschiedenen Abschnitten des Jahres durch Gestaltsveränderungen der Isothermen eine durchaus andere wird. (Bemerkungen zu den Temperaturtafeln, 1848.) „Aus der Kombination aller dieser periodischen Veränderungen tritt schließlich die Gestalt der Jahres-Isothermen als Endresultat sehr verwickelter Gestaltsveränderungen hervor."[29]

Die Vorarbeiten und Materialsammlungen zur Konstruktion seiner Isothermenkarten hatte Dove schon Ende der dreißiger Jahre zu veröffentlichen begonnen. Unter dem Titel: „Über die nichtperiodischen Veränderungen der Temperaturverteilung auf der Oberfläche der Erde" erschienen von ihm sechs Abhandlungen,[30] welche, wie er sich ausdrückte, eine thermische Witterungsgeschichte für den Zeitraum von 1729 bis auf die Gegenwart enthielten. Aus mehrere Jahre umfassenden Zeiträumen wurden gleichzeitige Beobachtungs-Systeme gebildet, und die Abweichungen der Monate der einzelnen Jahre von diesen vieljährigen Mitteln abgeleitet. Daraus ergab sich, daß alle erheblichen Abweichungen nicht vereinzelt auftreten, daß vielmehr derselbe Witterungscharakter über große Erdstrecken verbreitet zu sein pflegt. Man ist also imstande, die Beobachtungen weniger Jahrgänge eines bestimmten Ortes zu verbessern, da man aus den Abweichungen einiger Normal-Stationen, für welche sehr lange Reihen vorhanden sind, den quantitativen Wert der anzubringenden Verbesserungen ermitteln kann.[31] Auf diese Weise konnte Dove auch die kürzeren Beobachtungsreihen zur Konstruktion seiner Isothermen heranziehen und die erheblichen unperiodischen Schwankungen der Monatstemperatur eliminieren. Schon Mahlmann hatte beim Entwurf seiner Isothermen auf dieselbe Fehlerquelle aufmerksam gemacht. Aber bei den Jahres-Isothermen fallen die

[29] H. W. Dove, Monats-Isothermen. Berlin 1849. S. 31.
[30] In den Abhandlungen der Akad. Berlin 1838, 39, 42, 45, 52 und 58. Ein siebenter Teil wurde in den klimatologischen Beiträgen, II, S. 143–211, Berlin 1869, veröffentlicht.
[31] A. a. O., S. 5.

Besonderheiten der zur Mittelbildung benutzten Jahrgänge bekanntlich viel weniger ins Gewicht als bei den Monatsmitteln.

Noch eine zweite Verbesserung brachte Dove an den Beobachtungswerten an, um sie miteinander vergleichbar zu machen. Er eliminierte die tägliche Veränderung aus den Terminbeobachtungen, d. h., er gab Reduktionstafeln heraus, welche für 46 ausgewählte, in klimatischer Hinsicht möglichst verschiedenartige Stationen die Beziehungen der mittleren Tagestemperatur zu der Kombination der gebräuchlichen Terminbeobachtungen erkennen lassen und die erstere zu berechnen gestatten.[32]

Unter Verwendung dieser vorbereitenden Arbeiten konnte Dove 1848 die mittleren Monatstemperaturen von 900 Stationen zur Konstruktion seiner Isothermen benutzen.[33] Außerdem nahm er eine vollständige Bearbeitung aller damals verwertbaren Lufttemperatur-Beobachtungen zur See vor. Dies war die Grundlage der zwölf Doveschen Monats-Isothermenkarten von 1848, die in Merkator-Projektion und in kleinem Maßstab entworfen waren.

Auf einer einzigen Merkator-Karte sehr großen Maßstabes sind ferner außer den Isothermen des Januar und Juli die von Dove eingeführten thermischen Normalen, d. h. die 0°-Isanomalen, von Januar und Juli durch verschiedene Farben kenntlich gemacht. Zwei kleinere Karten auf demselben Blatt zeigen die Januar- und Juli-Isothermen und ihre thermischen Normalen in Polarprojektion.

Rechnet man alle Orte, die im Winter zu warm, im Sommer zu kühl sind, dem Seeklima zu, die hingegen, welche im Winter zu kalt, im Sommer zu warm sind, dem kontinentalen, so bilden die thermischen Normalen die Grenzlinien des See- und Kontinentalklimas.

Wir gehen nicht näher auf die Bemerkungen Doves zu seinen Monats-Isothermen ein, da es uns vor allem darauf ankommt, seine Darstellung der Jahres-Isothermen mit den früheren zu vergleichen.

[32] Über die täglichen Veränderungen der Temperatur der Atmosphäre. Abh. Akad. Berlin 1846 u. 1856.

[33] Er veröffentlichte dies Zahlenmaterial 1846 in den Abhandlungen der Akademie und dann 1848 besonders unter dem Titel: «Temperaturtafeln nebst Bemerkungen über die Verbreitung der Wärme auf der Erdoberfläche.»

Eine Jahres-Isothermenkarte veröffentlichte Dove aber erst mit seinem fundamentalen Werk über «Die Verbreitung der Wärme auf der Erdoberfläche, erläutert durch Isothermen, thermische Isanomalen und Temperaturkurven» (Berlin 1852).

Über die Konstruktion der Jahres-Isothermen bemerkt Dove, daß er aus den Monats-Isothermenkarten[34] durch graphische Interpolation für jeden Monat die Temperatur der Schnittpunkte der zehnten Meridiane und Parallelkreise entnahm und aus diesen Werten die Jahrestemperatur jener Schnittpunkte berechnete. Seiner Jahres-Isothermenkarte liegen also keine Beobachtungswerte, sondern interpolierte Werte zugrunde. Er setzte sich dadurch naturgemäß zwei Fehlerquellen aus, die er leicht hätte vermeiden können, wenn er auf die Temperaturtafeln zurückgegangen wäre. Erstlich konnten die Fehler, die jeder einzelnen seiner Monatskarten infolge unzureichenden Materials an vielen Stellen immerhin anhafteten, in den interpolierten Werten ebenfalls auftreten, und zweitens konnte die Interpolation selbst zu Ungenauigkeiten führen. Aber Dove findet,

daß die auf diese Weise konstruierten Isothermenkarten doch sehr nahe auf dem Lande der Form entsprechen, welche man aus den Jahresmitteln direkt ableitet, und hält diese Tatsache für einen Beweis, daß die Gestalt der Monats-Isothermen, in dem ersten Versuch, sie darzustellen, nicht im Verhältnis der größeren Unsicherheit monatlicher Mittel fehlerhafter ist als die der Jahres-Isothermen.[35]

Die letzteren entwarf er sowohl in Äquatorial- als auch in Polarprojektion. Die Karte in Äquatorialprojektion zeigt den Verlauf der Jahres-Isothermen zwischen 82° n. Br. und nur 40° s. Br.[36] Auch auf den Isothermenkarten der Südwinter-Monate fehlen die Isothermen der

[34] Die Monats-Isothermenkarten hat Dove unverändert aus seiner ersten Darstellung (1848) in sein Hauptwerk übernommen, trotzdem sich mittlerweile das Material um 230 Stationen vermehrt hatte. Die dadurch hervorgerufene Veränderung im Isothermenverlauf hielt er für zu unbedeutend, um eine Neuzeichnung notwendig zu machen.

[35] Die Verbreitung der Wärme etc., S. 26.

[36] Auf Tafel II, Nr. 5 sind die Doveschen Isothermen wiedergegeben mit Auslassung jeder zweiten, da Dove Isothermen von 2° zu 2° R gezeichnet hat, d. h. in einem Intervall, welches nicht mit den Darstellungen seiner Vorgänger übereinstimmt. Der Vergleich zwischen den Karten würde somit erschwert. Nur in

höheren südlichen Breiten aus Mangel an Beobachtungen auf den Meeren. Die südlichste Jahres-Isotherme ist die von 10° R (12,5° C); in der amerikanischen Arktis erscheint als niedrigste die von –14° R (–17,5° C). Auf der Doveschen Karte sind durch rote bzw. grüne Farbentöne die Gebiete, welche die Jahres-Isotherme von 0° trennt, unterschieden.

Vergleicht man die Karte mit den früheren, so fällt vor allem der eigenartige Isothermenzug in der Tropenzone ins Auge. Das liegt aber nur daran, daß Dove den breiten Raum zwischen den Isothermen von 25° C zu beiden Seiten des Äquators durch die Zeichnung der Isothermen von 26,25° und 27,5° C (21° bzw. 22° R) ausgefüllt hat. Denkt man sich die erstgenannte Isotherme fort, so erhält die Dovesche Darstellung eine unverkennbare Ähnlichkeit mit der Mahlmannschen von 1840 (Tafel II, Nr. 3), soweit ein Vergleich wegen der engeren Begrenzung der letzteren überhaupt möglich ist. Die Andeutungen, die Mahlmann durch seine 27,5°-Isotherme gemacht hatte, fanden, außer in Südamerika, ihre Bestätigung durch Dove. Auch dieser hebt über Afrika und dem östlichen Dekan abgeschlossene Wärme-Inseln durch dieselbe Isotherme hervor. Außerdem aber deutet er nördlich von Neuguinea eine wärmere Fläche über dem Meer an. Das von Mahlmann über dem nördlichen Südamerika vermutete Wärmegebiet tritt zwar auch auf Doves Karte als solches hervor, aber von der niedrigeren Isotherme von 26,25° C umrahmt. Hervorzuheben ist ferner, daß die letztere Linie auf ihrem Zug um die Erde mehrere Gabelungen (Bifurkationen) zeigt, welche den heutigen Beschauer befremden, während sie Dove häufiger gezeichnet hat. Wir verbinden zwei voneinander getrennte, durch dieselbe Isotherme umschlossene Gebiete heutzutage nicht durch eben dieselbe Isotherme, weil es höchst unwahrscheinlich ist, daß eine einzige Linie gleicher Wärme beide Gebiete verbindet.

Auch in höheren nördlichen Breiten zeigt Doves Karte eine große Ähnlichkeit mit der von Mahlmann, während Berghaus' Darstellung stellenweise nicht unerheblich davon abweicht. Dagegen hat sich Dove in der Zeichnung der Isothermen südlich vom Äquator ebensowenig wie Berghaus schon über einen gewissen Schematismus erheben kön-

der Tropenzone geben wir auch die Isothermen von 21° und 22° R und in der Arktis die von –14° R. wieder.

nen. Dazu fehlte es noch an einer genügenden empirischen Grundlage.

Die von Brewster in die Wissenschaft eingeführten Kältepole sind bei
Dove verschwunden. Die Temperaturverhältnisse in der Nähe des Pols
bestimmte er sehr sorgfältig durch graphische Interpolation zwischen
den nördlichsten empirisch gestützten Temperaturwerten auf gegenüberliegenden Meridianen. Bei der ersten Ausgabe der Monats-Isothermen ließ Dove jene Frage in bezug auf die Jahres-Isothermen, die er
damals noch nicht gezeichnet hatte, unentschieden. Denn obgleich er
auf den Monatskarten die Existenz der Kältepole nicht nachweisen
konnte, hielt er doch noch die Möglichkeit dafür offen, da „etwas im
jährlichen Mittel richtig sein kann, welches in keinem einzelnen Abschnitt des Jahres Realität hat"[37]. Jetzt (1852) fügte er aber hinzu:

Nach der hier vorliegenden Karte glaube ich, daß auch im Jahresmittel die Isothermen einen zusammenhängenden kältesten Fleck umschließen, von der Mel-
ville-Insel nach dem Eiskap hinüber, ohne dasselbe zu erreichen oder den Pol zu
berühren. Die Wanderung des Kältepols vom Januar zum Juli von Asien nach
Amerika und seine Rückkehr nach Asien in der zweiten Hälfte des Jahres
geschieht daher um eine mittlere Lage desselben.[38]

Die niedrigste Isotherme, die Dove auf seiner Polarkarte gezogen hat,
ist die von −14° R (−17,5° C), sie schließt ein sehr schmales, langge-
strecktes Gebiet ein, das vom Pol aus etwas nach der pazifischen Seite
der Karte verschoben ist. Für den Pol selbst fand er die Temperatur
−13,2° R (−16,5° C).

Es empfiehlt sich in diesem Zusammenhang gleich die beiden späteren
Jahres-Isothermenkarten Doves zu betrachten, die nur in Polarprojektion entworfen sind. Die Kenntnis von den Temperaturverhältnissen
höherer Breiten wurde in den vierziger und fünfziger Jahren durch die
englischen Expeditionen nach dem arktischen Nordamerika, die sich an
den Namen des unglücklichen John Franklin knüpfen, sowie durch die
Erweiterung des sibirischen Stationsnetzes und die Reisen von Midden-
dorfs und anderer Forscher, endlich durch Beobachtungen von Missio-
naren in Grönland und auf Labrador so schnell vermehrt, daß Dove sich
schon 1855 entschloß, auf zwei Karten sehr großen Maßstabes die
Wärmeverteilung der nördlichen Polargegenden von neuem darzustel-

[37] Monats-Isothermen, S. 9.
[38] Die Verbreitung der Wärme etc., S. 23.

len.[39] Er benutzte dazu auch die seit der letzten Darstellung hinzuge-
kommenen Beobachtungen außerhalb des Polarkreises. Die eine Karte
umfaßte die Pol-Kalotte innerhalb des 40. Breitengrades, die andere, in
größerem Maßstab, innerhalb des Polarkreises. Außer den Jahres-Isothermen wurden die durch Farben unterschiedenen Januar- und
Juli-Isothermen gezeichnet.

Da die Isothermen des Jahres nur von 4° zu 4° R gezogen sind, so fehlt
auf diesen Karten das früher durch die −14° R-Isothermen umzogene
Gebiet. Die niedrigste Isotherme ist die von −12° R (−15° C). Ausführlicher noch als früher läßt sich Dove hier über die Gründe aus, welche
die Annahme eines doppelten Kältepols verbieten und welche ihn bestimmten, die kälteste Stelle der Hemisphäre vom Pol aus nach der Seite
der Beringstraße zu verlegen. Hierfür macht er besonders geltend, daß
die Wärmeabnahme mit der Breite unter westeuropäischen Meridianen
wegen der erwärmenden Wirkung des Golfstroms viel langsamer erfolge, als unter den Meridianen der Beringstraße, wo in niederen Breiten
die Inselkette der Alëuten das Beringmeer dem erwärmenden Einfluß
des Kuro-Schio entzieht. „Allerdings können noch vereinzelte Kältein-
seln, relative Maxima der Kälte auf einzelnen Inseln, hervortreten, aber
sie verschwinden in einer die Wärmeverbreitung auf der Erdoberfläche
umfassenden Untersuchung."

Es muß noch hervorgehoben werden, daß auf der größeren Polarkarte von 1855 der Einfluß der warmen und kalten Meeresströmungen
im Isothermenzug deutlicher zum Ausdruck kommt als früher. Ferner
verlaufen die Linien über Europa nicht mehr so gleichmäßig, sondern
zeigen den im allgemeinen erwärmenden Einfluß der Randmeere durch
Anschmiegung an die Küstenlinien und Neigung zur Bildung konvexer
Scheitel in ihrer Nähe. Dove konnte zu dieser Darstellung bereits die
von Maury und Findley herausgegebenen Isothermenkarten der
Meeresfläche benutzen.

Ich gehe nun gleich zu der Jahres-Isothermenkarte Doves vom Jahr
1864 über, die zwar gleichfalls in Polarprojektion entworfen ist, aber

[39] «Die Verbreitung der Wärme in der nördlichen Hemisphäre innerhalb des
40. Breitengrades nebst zwei Karten.» Berlin 1855. Vgl. auch Dove, «Einige
Bemerkungen über die Temperatur der Polargegenden.» Klimatolog. Beiträge I,
48−63. Berlin 1857.

doch einen viel größeren Teil der Erdoberfläche zur Darstellung bringt, als die soeben erwähnten.[40] Die südliche Halbkugel und die Tropenzone sind hier aber auch von der Behandlung ausgeschlossen. Denn

die südliche Erdhälfte tritt erst in der neusten Zeit etwas aus dem Dunkel hervor, welches sie bisher verhüllte, so daß noch des Hypothetischen zuviel bleibt, um mit Sicherheit an Formveränderungen der (früher) entworfenen Kurven zu denken, und dasselbe gilt in gewissem Grad für die heiße Zone.

Die den Isothermenkarten zugrundeliegenden Temperaturmittel wurden von Dove in seinen „Klimatologischen Beiträgen" veröffentlicht.[41] Die Zahl der Beobachtungsorte auf beiden Hemisphären war seit 1846 von 900 auf über 2000 gewachsen.

Infolge dieses Umstandes und der gründlicheren Bearbeitung der Franklin-Expeditionen zeigte der Verlauf der Jahres-Isothermen, besonders in den Nordpolargegenden, einige Abweichungen gegen die älteren Karten. Die schmale Ellipse der −14° R-Isothermen von 1852 hat sich zu einem großen Oval erweitert und die niedrigere Isotherme von −16° R (− 20° C) in sich aufgenommen, die durch den Pol geht und den nach dem Pazifik weisenden Teil der von 80° n. Br. umgrenzten Pol-Kalotte umschließt. Da die Isothermen von 0° und 5° C ihre Lage wenig geändert haben, so erscheinen auf dieser Karte die Isothermen tieferer Temperatur in der Umgebung des 70. und 80. Breitengrades dichter gedrängt. Der steilste Temperatur-Gradient findet sich naturgemäß unter den ostatlantischen und ostpazifischen Meridianen, wo warme Meeresströmungen die höheren Isothermen in polare Breiten drängen.

Wir haben bisher die von Dove eingeführte, neue Darstellungsweise der Wärmeverteilung durch Isanomalen außer acht gelassen.[42] Als Zweck dieser neuen kartographischen Methode bezeichnet Dove die Lösung der Aufgabe, die Störungen, welche einer regelmäßigen Ver-

---

[40] Dove, «Die Monats- und Jahres-Isothermen in der Polarprojektion nebst Darstellung ungewöhnlicher Winter durch thermische Isametralen». Berlin 1864. Ferner Dove, «Die Verbreitung der Wärme auf der nördlichen Erdhälfte in den zwölf Monaten des Jahres und im Jahresmittel, dargestellt durch Isothermen in der Polarprojektion». Mit 13 Temperaturkarten. Klimatologische Beiträge, II, S. 50−116. Berlin 1869.

[41] Klimat. Beitr., I, 25−47, 60−63 und II, 58−129.

[42] Dove, Die Verbreitung der Wärme, 1852.

teilung der Wärme hindernd entgegentreten, ihrer Größe nach zu bestimmen. Denn das Isanomalen-System stellt die von der allgemeinen Wärmeabnahme vom Äquator zum Pol befreite Temperaturverteilung dar. In ihm kommen die Wirkungen der Ursachen klar zum Ausdruck, welche schon Humboldt in ihrer Bedeutung erkannt und zur Erklärung der Inflexionen der Isothermen namhaft gemacht hatte.

Wie die Veränderungen der Monats-Isothermen, so betrachtet Dove auch die Wanderungen, Gestaltsänderungen und das Auftreten und Verschwinden der Isanomalen von Monat zu Monat. Er vergleicht die Wanderung der zu kalten und zu warmen Gebiete vom Winter zum Sommer und vom Sommer zum Winter mit einer Drehung, die in der ersten Hälfte des Jahres von West nach Ost, in der zweiten von Ost nach West vor sich geht.

Denn so unsymmetrisch für den ersten Anschein die Verteilung des Festen und Flüssigen erscheint, so zeigt sich doch darin eine gewisse Regelmäßigkeit. Während der Atlantische Ozean, über den Pol verlängert, in dem Stillen Ozean seine flüssige Fortsetzung findet, entspricht dem verlängerten Nordamerika in Nordasien eine kontinentale Fortsetzung. Wären die flüssigen und festen sphärischen Zweieckspaare vollkommen regelmäßig, so würden es auch jene Oszillationen sein." [43]

Doves kartographische Darstellung der Temperaturverteilung war auf ein so umfangreiches Material gestützt, daß man sie lange Zeit als einen befriedigenden, nur im einzelnen noch verbesserungsbedürftigen Ausdruck der Wärmeverbreitung auf der Erdoberfläche ansehen durfte. Es begann unterdes eine intensivere Bearbeitung der Temperaturverhältnisse auf kleineren Gebieten, die schon Humboldt wiederholt als wünschenswert bezeichnet hatte und welche Dove am Schlusse seines Werkes von 1852 mit den Worten empfahl:

So wie eine Weltkarte schließlich aus der Vereinigung von Specialkarten hervorgeht, so wird die Verarbeitung der Wärme in ihren universellen Verhältnissen erst sich erläutern, wenn sie innerhalb engerer Gebiete schärfer ermittelt wird. Aber leidet findet man es immer noch bequemer, die bereits vorhandenen allgemeinen Isothermenkarten in etwas veränderter Größe zu kopieren, als durch spezielle, ein kleines Gebiet umfassende Arbeiten zu ihrer Verbesserung beizutragen. (S. 26.)

---

[43] Dove, ebenda, S. 21.

In der Tat sind aus der Vereinigung solcher Spezialkarten und einer systematischen Verwendung der Meerestemperaturkarten, sowie aus einer Sammlung und Verarbeitung zerstreuten Beobachtungsmaterials die Isothermenkarten entstanden, welche Hann und Buchan und in neuester Zeit van Bebber und Köppen gezeichnet haben. Diese neuere Entwickelung der Isothermenkarten zu verfolgen, geht über den Rahmen dieser Skizze hinaus. Nur zum Vergleich ist die in Hanns Werk „Die Erde als Ganzes" [44] wiedergegebene Jahres-Isothermenkarte auf Tafel II den älteren Darstellungen zur Seite gestellt worden. Sie gibt ein Bild von dem gegenwärtigen Stand unserer Kenntnis von der Jahrestemperatur-Verteilung auf der Erdoberfläche. Wie man sieht, sind insbesondere in den arktischen Gegenden (um Grönland), in der Tropenzone (Afrika und Australien) und in der südlichen Hemisphäre stellenweise noch erhebliche Veränderungen in der Isothermenzeichnung seit Dove eingetreten. Die einzige große Lücke, welche auch heute noch besteht, liegt jenseits des südlichen Polarkreises. Nach ihrer Ausfüllung ein Gesamtbild von der Wärmeverteilung auf dem Erdball zu entwerfen und es in allen seinen Einzelheiten als notwendigen Ausdruck klar erkannter, gesetzmäßiger Beziehungen aufzufassen, ist eine der wichtigsten wissenschaftlichen Aufgaben, deren Erfüllung das scheidende Jahrhundert dem kommenden überlassen muß.

[44] 5. Aufl., Wien 1896, S. 141.

TAFEL I

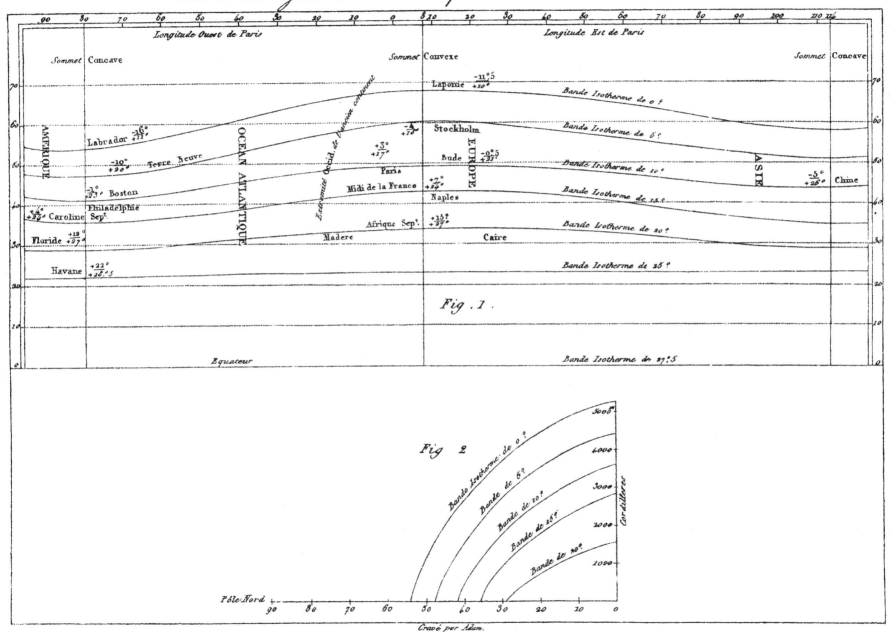

Tafel I.

Carte des lignes Isothermes par M. A. de Humboldt

Fig. 1.

Fig. 2

Gravé par Adam.

TAFEL II

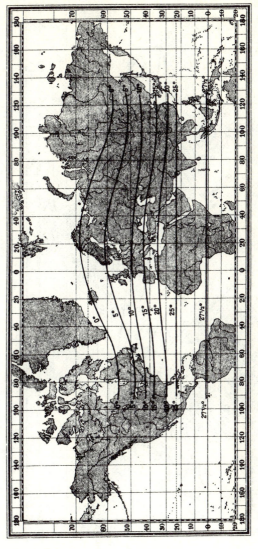

1. Isothermen-Karte von A. von Humboldt. 1817.

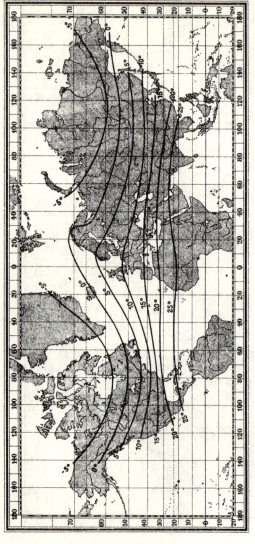

2. Isothermen-Karte von L. F. Kämtz. 1830.

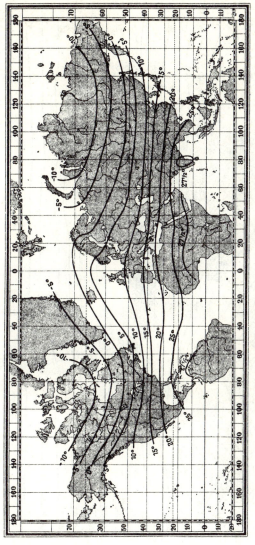

3. Isothermen-Karte von W. Mahlmann. 1840.

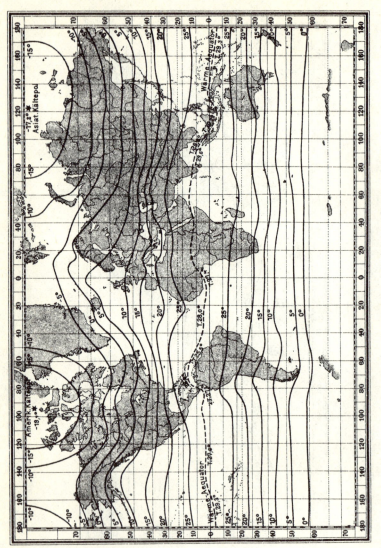

4. Isothermen-Karte von Heinr. Berghaus. 1849.

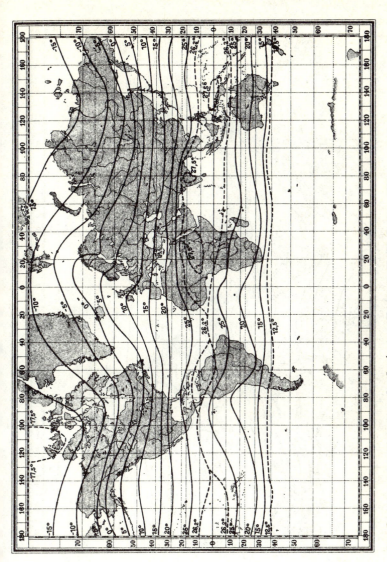

5. Isothermen-Karte von H. W. Dove. 1852.

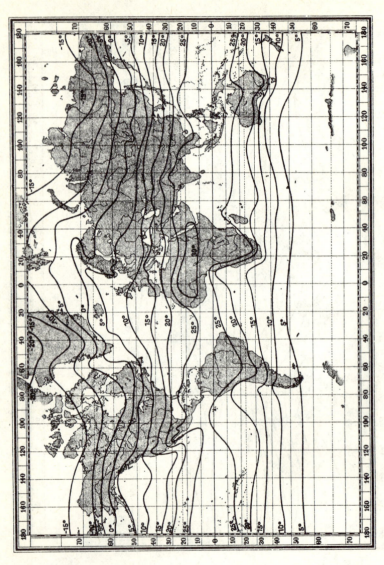

6. Isothermen-Karte von J. Hann. 1895.

Sitzungsberichte der Königlich Preußischen Akademie der Wissenschaften. Jahrgang 1910. Erster Halb-
band. Januar bis Juni, Berlin 1910, S. 236–246 (Sitzung der physikalisch-mathematischen Classe vom
3. März 1910).

VERSUCH EINER KLIMAKLASSIFIKATION
AUF PHYSIO-GEOGRAPHISCHER GRUNDLAGE

Von ALBRECHT PENCK

Anstelle der im Altertum üblich gewesenen Einteilung der Erdoberfläche in einzelne, durch die geographische Breite der Orte bestimmten
Klimazonen sind in neuerer Zeit verschiedene Klassifikationen des Klimas getreten, welche von den Temperatur- und Niederschlagsverhält-
nissen ausgehen; aber die Begrenzung der einzelnen Klimagebiete ist
dabei von sehr verschiedenem Standpunkte aus vorgenommen worden.
A. Supan[1] rückte einen geographischen in den Vordergrund und stellte
sich die Frage, welche Erdräume ein mehr oder weniger gleichartiges
Klima besitzen und gelangte zur Aufstellung von anfänglich 34, später
35 Klimaprovinzen, die in erster Linie als geographische Einheiten zu
betrachten sind. Sie weichen in der Tat nur wenig von den natürlichen
Gebieten ab, in welche Herbertson[2] die Landoberfläche bei gleicher
Berücksichtigung von Klima und Oberflächengestaltung zerlegte. Schärfer hat R. Hult[3] den klimatologischen Standpunkt betont, und in einer
wenig beachteten[4] Arbeit 33 Klimareiche unterschieden, deren Grenzen er in erster Linie nach den Temperaturverhältnissen, in zweiter nach
den Niederschlags- und Windverhältnissen zog. So erhielt er 9 größere
Klimagebiete, diese aber teilte er dann wieder nach geographischem
Standpunkte in einzelne Reiche, deren er 33 unterschied, und von denen
er die meisten weiter in Provinzen zerlegte. Noch schärfer kommt der

---

[1] Grundzüge der physischen Erdkunde. Leipzig, 1. Aufl., 1884, S. 129;
4. Aufl., 1908, S. 227.

[2] The major natural regions. The Geographical Journal, 1905, I, S. 300.

[3] Jordens Klimatområden. Försök till en indelning af jordytan efter klima-
tiska grunder. Vetenskapliga Meddelanden af Geografiska Föreningen i. Finland
I, 1892–1893, S. 140.

[4] Sie wird gewürdigt von Robert de C. Ward in The Classification of Climate
II. Bulletin American Geographical Society. XXXVIII. 1906.

klimatologische Gesichtspunkt bei W. Köppen[5] zur Geltung. Sein sehr
bemerkenswerter Versuch einer Klassifikation der Klimate nimmt eine
scharfe Sonderung der Klimaprovinzen auf Grund der Temperatur- und
Niederschlagsverhältnisse vor, und zwar dienen bald die einen, bald die
anderen bei Ziehung der Grenzen. Er wählt dann sowohl die Isothermen und die geringsten Niederschlagsmengen einzelner Monate als
auch die Temperaturunterschiede des wärmsten und kältesten Monats.
Pflanzengeographische Tatsachen bestimmen ihn bei dieser willkürlich
scheinenden Auswahl, und er unterscheidet 24 Klimate, die sich nicht
auf bestimmte geographische Räume beschränken und auf verschiedenen Teilen der Erde wiederkehren können. Jedes Klima benennt er nach
einer charakteristischen Pflanze oder nach einem charakteristischen
Tiere; so spricht er der Kürze halber von einem Baobabklima in Afrika
und Südamerika, ohne damit sagen zu wollen, daß der Baobabbaum in
Südamerika vorkommt. Auf ähnlicher Grundlage wie die Köppensche
Klimaklassifikation beruht die in jüngster Zeit von E. de Martonne[6]
aufgestellte. Letzterer legt jedoch weniger Gewicht auf die pflanzen-
geographische Bedeutung der einzelnen Grenzen und nennt die 30 unterschiedenen Klimate nicht nach charakteristischen Pflanzen, sondern
nach Gebieten, in denen sie herrschen. So hat er ein chinesisches Klima
sowohl in China als auch in Ostaustralien, im Osten von Südafrika,
Süd- und Nordamerika.

Die letzterwähnten Klassifikationen setzen eine genaue Kenntnis der
einzelnen Elemente des Klimas, der Temperaturen und Niederschläge
voraus und beruhen auf den Ergebnissen von meteorologischen Beobachtungen, von denen einige bestimmte zur Charakteristik der Klimagebiete oder zu ihrer Abgrenzung ausgewählt werden. Es erscheint aber
auch auf dem Lande möglich, das Klima selbst, d. h. das Zusammenwirken aller atmosphärischen Verhältnisse, einer Klimaeinteilung
zugrunde zu legen; denn es drückt der Landoberfläche eine so charakteristische Beschaffenheit auf, daß es möglich wird, hier ganze Klimagebiete voneinander zu scheiden, ohne von langen meteorologischen
Beobachtungsreihen auszugehen. Vermittelt wird der Einfluß des

---

[5] Versuch einer Klassifikation der Klimate vorzugsweise nach ihren Beziehungen zur Pflanzenwelt. Geographische Zeitschrift, VI, 1900, S. 593 (610).
[6] Traité de géographie physique. Paris 1909, S. 205.

Klimas auf die Beschaffenheit der Landoberfläche vor allem durch die Schicksale, die der gefallene Niederschlag hier erleidet. Ob er sich in Gestalt von Flüssen oder Gletschern fortbewegt, ist wesentlich vom Klima abhängig, nachdrücklich hat namentlich A. Woeikof [7] die Flüsse als Produkte des Klimas hingestellt. Folge des Klimas ist ferner, ob der Niederschlag gänzlich verdunstet und das Land daher wasserlos wird.

Auf der Landoberfläche sondern sich hiernach drei verschiedene klimatische Hauptprovinzen oder Klimareiche:

I. Das humide Klima, in welchem mehr Niederschlag (N) fällt, als durch die Verdunstung (V) entfernt werden kann, so daß ein Überschuß in Form von Flüssen (F) abfließt.

II. Das nivale Klima, in dem mehr schneeiger Niederschlag (S) fällt, als die Ablation (A) an Ort und Stelle entfernen kann, so daß eine Abfuhr durch Gletscher (G) erfolgen muß.

III. Das aride Klima, in dem die Verdunstung allen gefallenen Niederschlag aufzehrt, und noch mehr aufzehren könnte, also auch einströmendes Flußwasser zu entfernen vermag.

Wir können diese drei Klimate durch folgende Gleichungen charakterisieren:

$$\text{I. } N - V = F > 0. \quad \text{II. } S - A = G > 0. \quad \text{III. } N - V < 0.$$

Unsere drei Hauptprovinzen werden durch zwei wichtige Grenzen voneinander geschieden, von denen die eine durch das Gleichgewicht von Verdunstung und Niederschlag, die andere durch das von schneeigem Niederschlag und Ablation gekennzeichnet ist. Die letztere Grenze ist die bekannte Schneegrenze (SG), für sie gilt

$$S = A;$$

die andere Grenze sei als die Trockengrenze (TG) der Erde bezeichnet, für sie ist

$$N = V.$$

Die Schneegrenze hat seit langem die Aufmerksamkeit erregt; sie trennt die konstant beschneiten Gebiete von den „aper" werdenden, also nur zeitweilig vom Schnee bedeckten Teilen des Landes; sie fällt

---

[7] Flüsse und Landseen als Produkte des Klimas. Zeitschrift der Gesellschaft für Erdkunde. Berlin 1885, S. 92. Die Klimate der Erde. Jena 1887, S. 39.

daher im Landschaftsbilde sehr auf. Gleichwohl haben in neuerer Zeit eingehende Erörterungen über die Bestimmung ihrer Lage stattgefunden, und es sind sogar Zweifel an ihrer Realität ausgesprochen worden. Ihre Lage ist in der Tat keine konstante, sie wechselt von Jahr zu Jahr, je nachdem Ablation und Schneefall sich ändern, aber sie oszilliert im Laufe der Jahre um eine bestimmte Mittellage. Diese knüpft sich keineswegs an eine bestimmte Isohypse; man findet die Schneegrenze in ein und demselben Gebiete vielfach in recht verschiedenen Höhen, je nach der wechselnden Exposition und Oberflächengestaltung, welche hier das Zusammenwehen von Schnee begünstigt und dort hindert. Es hat sich daher die Notwendigkeit ergeben, anstelle der lokalen, beobachtbaren Einzelhöhen der Schneegrenze die ideale Höhe der klimatischen Schneegrenze für ein bestimmtes Gebiet einzuführen, nämlich die Höhe, oberhalb welcher die auf horizontaler Fläche innerhalb eines Jahres gefallene Schneemenge den Betrag der Ablation übersteigt. Dieser Wert ist für den Vergleich der Schneegrenzhöhen verschiedener Gebiete von Bedeutung; aber für die Abgrenzung der nivalen und humiden Gebiete spielt die lokale Schneegrenze die maßgebende Rolle. Für sie gilt unter lokalen Verhältnissen dasselbe wie von der klimatischen Schneegrenze bei horizontaler Oberfläche, nämlich daß oberhalb von ihr mehr Schnee fällt als geschmolzen werden kann. Ihre Lage ist also bestimmt durch eine Summe schneeigen Niederschlages und durch eine Summe von Temperaturen über 0°. Doch kommen für letztere Summe keineswegs alle Temperaturen von über 0° in Betracht. Die Tageswärme von über 0°, die den Schnee oberflächlich schmelzen macht, mindert die Schneedecke so lange nicht, als die Schmelzwasser in letzterer während der Nacht wieder gefrieren. Nur anhaltende Wärmetage zehren am Schnee. Daher setzte Finsterwalder[8] die Ablation im großen und ganzen proportional der schneefreien Zeit und der mittleren Temperatur über dem Gefrierpunkt während derselben, und Kurowski[9] erachtete sie proportional der Dauer und der mittleren Temperatur der Jahreszeit, während welcher die Temperatur über 0° ist. Aber der einzige einschlägige Versuch, danach rechnerisch die gegenseitigen Beziehungen

[8] Finsterwalder und Schunck, Der Suldenferner. Zeitschr. des Deutschen und Österreichischen Alpenvereins 1887, S. 70 (82).

[9] Die Höhe der Schneegrenze. Geogr. Abh. V_1, S. 115 (129).

zwischen schneeigem Niederschlag und Mitteltemperatur und Dauer
der frostfreien Zeit zu bestimmen, ergab bereits für benachbarte Gletscher ansehnlich voneinander abweichende Werte [10], und wir sind heute
noch recht weit von einer genauen Kenntnis der meteorologischen Einzelelemente entfernt, welche die Lage der Schneegrenze bestimmen. Sie
ist ein Produkt aus verschiedenen, noch nicht hinreichend gekannten
Faktoren.

Weniger auffällig als die Schneegrenze ist die Trockengrenze der
Erde. Gegen sie hin werden die humiden Gebiete ärmer und ärmer an
Flüssen; endlich hören letztere ganz auf, und das aride Gebiet ist erreicht. Von einer irgendwie scharfen Grenze ist nicht die Rede, aber die
Schärfe ist überhaupt nicht das Wesen der geographischen Grenze: sie
ist kaum je eine Linie, sondern fast immer ein mehr oder weniger breiter
Streifen. Auch ist unverkennbar, daß die Lage dieses Streifens ebenso
merklich durch die Bodenbeschaffenheit beeinflußt wird wie die Lage
der Schneegrenze durch die Exposition; auf permeablem Boden verschwinden die Flüsse eher als auf impermeablem. Dazu kommt, daß die
ariden Gebiete keineswegs absolut flußlos sind; jeder stärkere Regenguß ist von oberflächlichem Abfließen des Wassers begleitet, aber dies
Abfließen ist keine regelmäßige Erscheinung, sondern es erfolgt immer
nur zeitweilig. Man hat es mit Torrenten und nicht mit echten Flüssen
zu tun. Ferner fließen Flüsse häufig aus den humiden Gebieten in die
ariden hinein. Während sie aber in den ersteren allmählich anwachsen,
schwinden sie in den letzteren dahin. Obwohl wesentlich anderer Art
als die der humiden Gebiete, sind die Gerinne der ariden Gebiete nicht
immer leicht von denen der letzteren zu trennen. Aber diese Schwierigkeit kann nicht hindern, die Trockengrenze als eine der wichtigsten
natürlichen Grenzen auf der Landoberfläche anzusehen und zu versuchen, ihren Verlauf festzulegen. Das ist bisher noch nicht geschehen,
und wir sind daher auch nicht über die klimatischen Faktoren genauer
unterrichtet, die ihn bestimmen. Doch haben sich einzelne Anhaltspunkte dafür bei den Untersuchungen über das gegenseitige Verhältnis
von Niederschlag (N) und Abfluß (F) in humiden Gebieten ergeben. Sie
ließen erkennen, daß dies Verhältnis nicht, wie früher angenommen, an

---

[10] Fritz Machaček, Zur Klimatologie der Gletscherregion der Sonnblick-
gruppe. VIII. Jahresbericht des Sonnenblickvereins für 1899, S. 24.

einem Flusse durch einen bestimmten Abflußfaktor gekennzeichnet ist, sondern annähernd durch eine Formel von folgender Gestalt ausgedrückt werden kann [11]

$$F = (N - N_o)x,$$

worin N_o eine für benachbarte Flüsse wenig veränderliche Größe, x einen echten Bruch bedeutet. Falls diese Formel eine Extrapolierung gestattet, tritt Abflußlosigkeit für das betreffende Flußgebiet ein, wenn

$$N = N_o$$

wird. Die Größe N_o gibt uns also die Niederschlagshöhe an, bei welcher in humiden Gebieten Abflußlosigkeit eintritt. Sie läßt sich nach den Untersuchungen von Axel Wallén [12] für das mittlere Schweden zu 100 mm entnehmen; wiederholt ist sie für Mitteleuropa berechnet worden; die erhaltenen Werte [13] bewegen sich um 420–430 mm. Endlich hat Merz [14] für die mittelamerikanischen Flüsse N_o zu 1100 mm gefunden. Da nun die mittleren Jahrestemperaturen der zugehörigen Gebiete 1°, 7° und 24° sind, so ergibt sich, daß mit der mittleren Jahrestemperatur die Niederschlagsmenge wächst, bei welcher der Abfluß gleich Null ist. Das entspricht der bekannten Erfahrung, daß in wärmeren Klimaten mehr Niederschlag zur Aufrechterhaltung der Flüsse nötig ist als in kälteren.

[11] A. Penck, Untersuchungen über Verdunstung und Abfluß von größeren Landflächen. Geographische Abhandlungen V 5, 1896, S. 461.

[12] Régime hydrologique du Dalelf. Bulletin Geological Institution. Upsala, VIII 1, 1906.

[13] A. Penck, Über einheitliche Pflege der Hydrographie. Deutsch-Österr.-Ungar. Verb. für Binnenschiffahrt. Verb. Schr. XIX, 1897, S. 10: N_o = 420 mm.

H. Keller, Niederschlag, Abfluß und Verdunstung in Mitteleuropa. Jahrb. für die Gewässerkunde Norddeutschlands. Besondere Mitteilungen. I 4, 1906. Die Abflußerscheinungen von Mitteleuropa. Geogr. Zeitschr. XII, 1907, S. 611. N_o für die Hauptlinie des Abflusses 429 mm.

Paul Vujević, Die Theiß. Geogr. Abh. VII 4, 1906. Theiß bei Taskony N_o = 416 mm.

Eduard Stummer, Niederschlag, Abfluß und Verdunstung im Marchgebiete. Geogr. Jahresber. aus Österreich VII, 1909. March bei Angern N_o = 420 mm.

[14] Alfred Merz, Beiträge zur Klimatologie und Hydrographie Mittelamerikas. Mitteilungen des Vereins für Erdkunde Leipzig für 1906.

Aber von einer genaueren Festlegung aller der einzelnen Elemente, welche die Lage der Trockengrenze bestimmen, sind wir noch weit entfernt.

Im humiden Klima sondern sich zunächst zwei Gebiete. In dem einen kann der gefallene Niederschlag in den Boden eindringen und denselben je nach dessen Durchlässigkeit mehr oder weniger erfüllen, Grundwasser bildend. In dem andern ist das nicht möglich, weil der Boden gefroren ist. Hier in der polaren Klimaprovinz haben wir Bodeneis statt des Grundwassers in den „phreatischen" Klimaprovinzen. Die Grenze des Bodeneises hat schon wiederholt die Aufmerksamkeit erregt. Fritz[15] hat sie auf einer mehrfach reproduzierten Karte dargestellt; annähernd fällt sie nach Wild[16] mit der Jahrestemperatur von $-2°$ zusammen. Im polaren Klima fehlen mit dem Grundwasser echte Grundwasserquellen; es gibt lediglich oberflächlich abfließendes Wasser, das allerdings die oberste im Sommer auftauende Bodenschicht zu durchtränken vermag; diese kommt auf ihrer eisigen Unterlage leicht ins Rutschen, und es entstehen häufige Bodenbewegungen rein oberflächlicher Art. In dieser vielfach rutschenden, stellenweise förmlich fließenden Bodenlage vollzieht sich die Verwitterung auf mechanischem Wege; beim häufigen Wiedergefrieren zersprengt das oberflächlich zeitweilig vorhandene Wasser die obersten Gesteinslagen und lockert sie auf. Für die Speisung der Flüsse kommt in erster Linie die Schneeschmelze in Betracht, die gewöhnlich binnen verhältnismäßig kurzer Zeit sehr bedeutende Wassermassen liefert; kurzes Sommerhochwasser und langanhaltendes Winterniederwasser, verbunden mit langer Eisbedeckung charakterisiert die polaren Flüsse. Die Schneedecke breitet sich meist monatelang über das Land, aber nicht überall so lange, daß sie das Baumwachstum hindert. Es ist bekannt, daß sich letzteres nicht, wie ursprünglich angenommen, mit dem gefrorenen Boden ausschließt.

Die phreatischen Klimaprovinzen kennzeichnen sich dadurch, daß ein mehr oder weniger großer Teil des gefallenen Niederschlags je nach der Durchlässigkeit in den Boden einsickert und erst nach Durchlaufung eines unterirdischen Weges sich zu den Flüssen gesellt; diese

[15] Petermanns Geographische Mitteilungen 1878, Taf. 18.
[16] Die Temperaturverhältnisse des Russischen Reiches. St. Petersburg 1881. S. 348.

werden also nur teilweise unmittelbar durch den ablaufenden Regen gespeist. Das einsickernde Wasser löst längs seines Weges die löslichen
Gesteine und zersetzt durch seinen Kohlensäuregehalt die zersetzbaren;
es laugt die Oberflächenschicht der Erdkruste, die es passiert, aus und
schafft hier die charakterischen Auslaugungs- oder Eluvialböden.

Innerhalb des phreatischen Gebietes können wir einzelne Provinzen
nach der Verteilung der Niederschläge unterscheiden. Fallen dieselben
gleichmäßig im Laufe des Jahres, so geschieht auch die Speisung der
Flüsse durch den Niederschlag oder indirekt durch das Grundwasser
gleichmäßig durch das ganze Jahr hindurch fort, und die Flüsse erhalten
ziemlich gleichbleibende Wasserstände. Ist aber die Niederschlagsverteilung ungleichmäßig, trennen sich deutlich Regenzeiten und Zeiten
der Trockenheit, so zeigen die Flüsse sehr ausgesprochene Hochwasserzeiten, getrennt durch Niederwasserzeiten, und in letzteren kann es
sogar zu einem gänzlichen Verschwinden des Flusses kommen. Solche
nur jahreszeitlich fließende Gerinne sind Fiumare genannt worden. Sie
treten namentlich an den Grenzen der humiden Gebiete gegen die ariden hin auf. In den trockenen Jahreszeiten setzt aber auch das Einsikkern des Niederschlags und die dadurch bewirkte Speisung des Grundwassers aus, und es entwickeln sich zeitweilig aride Zustände, welche
die typischen humiden unterbrechen. Wir fassen alle jene Gebiete, in
welchen ein derartiger Wechsel von ariden und humiden Zuständen im
Laufe eines Jahres sich regelmäßig wiederholt, als semihumide Provinz zusammen. Sie umfaßt in den Tropen jene weiten Gebiete, die sich
durch eine große Trockenheit auszeichnen; ferner die Monsungebiete
sowie endlich die Subtropengebiete. Wir erhalten demnach drei Unterprovinzen der semihumiden Provinz, die tropische Provinz mit Regenzeit zur Zeit des höchsten Sonnenstandes, die Monsunprovinz mit
Regenfall gewöhnlich zur selben Zeit, die subtropische Provinz
hingegen mit Regenfall zur Zeit des tiefsten Sonnenstandes. Die tropische Unterprovinz charakterisiert sich durch große Gleichmäßigkeit
ihrer Temperatur, welche häufig in der Trockenzeit am höchsten steigt;
in den Monsungebieten kann es auch zur Entwicklung einer ausgesprochen kalten Jahreszeit kommen.

Gegen die polare Provinz oder das nivale Reich hin erhält das phreatische Gebiet ein besonderes Gepräge durch die regelmäßig zur Entwicklung kommende Schneedecke, welche monatelang das Eindringen des Wassers in die Tiefe hindern kann, um dann bei ihrem Schmelzen sowohl das Grundwasser als auch die Flüsse kräftig zu speisen. Letztere erhalten dadurch ein charakteristisches Schneeschmelzhochwasser, welches um so später auftritt, je später die Schneeschmelze erfolgt, bei Gebirgsflüssen also später als bei Ebenenflüssen, und bei letzteren um so später, je weiter gegen die Pole zu sie fließen. – Dieses Schneeschmelzhochwasser folgt nicht selten unmittelbar auf eine Zeit der Eisbedeckung der Ströme. Die durch alles dies gekennzeichnete subnivale Klimaprovinz ist nach oben oder polwärts begrenzt gegen das nivale Reich hin durch die Schneegrenze, gegen die polare Provinz durch das Eintreten des gefrorenen Bodens. Ihre Äquatorgrenze ziehen wir dort, wo die zeitweilige Schneedecke aufhört, eine Rolle im Haushalte der Ströme zu spielen. Das ist ungefähr da, wo sie im Jahre etwa einen Monat dauert; wo sie kürzer währt, bedingt sie keine nennenswerte Aufspeicherung von Niederschlag mehr, der dann beim Schmelzen die Flüsse beträchtlich speisen würde. Die subnivale Provinz reicht also weder so weit, wie die Schneedecke überhaupt zur Entwicklung kommt, noch reicht sie bis an die Äquatorgrenze des Schneefalles heran, welche durch Hans Fischer[17] näher untersucht worden ist. Ihre Grenzen bleiben noch im einzelnen festzulegen, wobei man mit ähnlichen Unsicherheiten zu rechnen haben wird wie bei Festlegung des Verlaufes der Trockengrenze, die auch nicht mit der Grenze des rinnenden Wassers oder des Niederschlages zusammenfällt. Annähernd dürfte sie der Isotherme des kältesten Monats von −1° bis −2° entsprechen. In der subnivalen Provinz kann man ebenso wie in der polaren nach der Dauer der Schneedecke zwei Unterprovinzen unterscheiden, nämlich die eine mit überwiegend aperer Zeit und die andere mit zeitlich überwiegender Schneebedeckung. Die Grenzen dieser beiden Unterprovinzen dürften im großen und ganzen mit der Baumgrenze zusammenfallen, und wir unterscheiden daher sowohl in der polaren als auch in der subnivalen Provinz bewaldete und unbewaldete Unterprovinzen.

Die phreatischen Gebiete mit gleichmäßiger Niederschlagsverteilung bilden die vollhumide Klimaprovinz. Dieselbe zerfällt räumlich

---

[17] Die Äquatorialgrenze des Schneefalls. Mitteilungen des Vereins für Erdkunde. Leipzig 1887. S. 97.

in zwei meist durch semihumide oder aride Gebiete voneinander getrennte Unterprovinzen, nämlich in die äquatoriale mit tropischer Wärme und reichlichem, jahraus, jahrein fallendem Niederschlag, und in die temperierte mit ansehnlichen jahreszeitlichen Temperaturunterschieden, wobei es jedoch weder zu andauernder Eisbildung auf den Flüssen noch zum regelmäßigen Auftreten von Schneedecken kommt, obwohl weder Frost noch Schneefälle gänzlich fehlen. In dieser temperierten vollhumiden Unterprovinz haben die Flüsse ebenso wie in der subtropischen Provinz Hochwasser gewöhnlich in der kalten Jahreszeit, welche deswegen nicht auch zugleich die niederschlagreichste zu sein braucht. Die Verdunstung ist während derselben am geringsten und demnach die Wasserführung der Ströme während derselben nicht nur relativ, sondern häufig auch absolut am reichsten.

In ähnlicher Weise wie die humiden Gebiete in vollhumide zerfallen, in denen das Einsickern des Niederschlages in den Boden jahraus, jahrein stattfindet, und in andere Gebiete, in denen dieser Vorgang jahreszeitlich oder ganz unterbrochen ist, so zerfällt auch das aride Reich in zwei Provinzen, in denen die Trockenheit voll und ganz oder nur teilweise zur Geltung kommt. Wie wir gesehen haben, fehlt im ariden Reiche der Niederschlag keineswegs gänzlich: er ist vorhanden, reicht aber nicht hin, um regelmäßig fließende Flüsse speisen zu können. Dabei kann er bedeutend genug sein, um die häufige Entwicklung von Torrenten zu ermöglichen und um die Entwicklung einer nicht unbeträchtlichen Vegetation zuzulassen, die sich an das Trockenklima angepaßt hat. In dieser semiariden Klimaprovinz sickert das bei den einzelnen Regengüssen gefallene Wasser häufig teilweise in den Boden ein, kann sich aber in dem letzteren nicht als ausgedehntes Grundwasser ansammeln, da es während der Trockenzeit aus dem Boden heraus verdunstet. Dabei wird es häufig durch kapillare Wirkungen wieder bis an die Oberfläche emporgehoben. Es durchlaufen also die Sickerwässer nicht den regelmäßigen Weg nach abwärts wie in den phreatischen Gebieten, und indem sie an die Oberfläche zurückkehren, um hier zu verdunsten, hinterlassen sie hier die Substanzen, die sie bei ihrer Wanderung in die Tiefe gelöst haben. Dementsprechend findet nicht, wie in den phreatischen Gebieten, eine Auslaugung des Bodens statt, sondern es erfolgt in der obersten Bodenschicht eine Anreicherung löslicher Substanzen, von leicht löslichen Salzen oder auch namentlich von Kalkkarbonat. Das letztere ist es namentlich, welches die für die semiariden Gebiete sehr bezeichnenden festen Oberflächenkrusten zusammensetzt.

In der vollariden Klimaprovinz entfällt diese ab- und aufsteigende Wanderung der Bodenwässer; es wird der Boden überhaupt nicht durchfeuchtet, und es kommt dementsprechend auch nicht zur Entwicklung von harten Krusten. Die Gesteinsoberfläche ist lediglich der mechanischen Verwitterung unterworfen; sie hat weder wie die humiden Gebiete in Gestalt der Vegetationsdecke noch wie die semiariden Gebiete in Gestalt der festen Kruste eine Panzerung gegen die Wirkungen des Windes. Letztere kommen daher voll und ganz zur Geltung, hier erodierend, dort akkumulierend. Nach ihren Temperaturverhältnissen zerfällt die vollaride Klimaprovinz in zwei Unterprovinzen, in eine temperierte vollaride mit starken jahreszeitlichen Temperaturgegensätzen und in eine subtropische Unterprovinz lediglich mit starken Temperaturdifferenzen zwischen Tag und Nacht. Eine entsprechende Unterteilung ist innerhalb der semiariden Provinz durchführbar.

Das nivale Reich kennzeichnet sich durch akkumulative Schneeablagerung, und zwar erfolgt dieselbe sowohl dort, wo ausschließlich schneeiger Niederschlag fällt – wie in der vollnivalen Provinz –, als auch dort, wo der Schneefall gelegentlich – wie in der seminivalen Provinz – durch Regenfälle unterbrochen wird. Diese Regenfälle tragen nicht zur Minderung der Schneedecke bei, sie bringen höchstens eine oberflächliche Durchfeuchtung derselben zustande, die ein Zusammensitzen des Schnees begünstigt und dann bei eintretendem Froste dessen Umwandlung in Eis. Solche harten Krusten spielen namentlich auf der Schneedecke unserer Hochgebirge eine große Rolle; doch dürften sie wohl auch in den vollnivalen Gebieten infolge kräftiger Insolation zur Entwicklung kommen, indem die oberflächlichen Schneeteilchen zum Schmelzen gelangen; aber die entstandenen Schmelzwasser müssen in sehr geringer Tiefe schon wieder gefrieren.

Im nivalen Reiche ist der Erdboden geschützt vor der atmosphärischen Verwitterung. Aber es ist nicht unwahrscheinlich, daß er unter der auf ihm lastenden mächtigen Schnee- und Eisdecke einem eigentümlichen Verwitterungsvorgange ausgesetzt ist, auf den Blümcke und Finsterwalder[18] die Aufmerksamkeit gelenkt haben. Erfolgt nämlich durch lokale Druckzunahme eine lokale Verflüssigung des Eises an seiner Sohle, so kann eine Durchfeuchtung seiner Unterlage erfolgen. Sobald aber Wiedergefrieren eintritt, wird auch diese Durchfeuchtung gefrieren, und dabei kann ein Lossprengen feinster staubiger Partikelchen in erheblichem Umfange geschehen. Doch dürfte diese subglaziale Verwitterung in ihren Wirkungen weit hinter den direkten mechanischen Einwirkungen des Gletschereises auf seine Unterlage zurückstehen.

Das Eis erodiert seine Unterlage und lagert die erodierten Materialien dort wieder ab, wo kontinuierliche Bodenschmelzung stattfindet, sei es in toten Winkeln[19], wo die Bewegung minimal wird, so daß die Erdwärme die Untermoräne austaut, sei es an der Peripherie der Vergletscherung, wo diese schmilzt.

Die im nivalen Reiche wurzelnden Gletscher reichen notwendigerweise aus dem nivalen Gebiete heraus und erstrecken sich weit in die subnivale oder polare Klimaprovinz hinein, wo sie zum Schmelzen gelangen. Es reicht sohin die glaziale Bodengestaltung weit über das nivale Reich hinaus, und die Grenzen einer ehemaligen Vergletscherung fallen daher keineswegs mit der früheren Ausdehnung des nivalen Reiches zusammen. Ebenso wie die Gletscherzungen aus dem nivalen Reiche herausragen, treten die Flüsse auch aus dem humiden Reiche ins aride herüber; das Vorhandensein von typischen Flußwirkungen an irgendeiner Stelle ist daher noch nicht maßgebend für deren gegenwärtige oder frühere Zugehörigkeit zum humiden Reiche. Die in das aride Gebiet übertretenden Flüsse verhalten sich ebenso wie die in das humide Reich übertretenden Gletscher: sie werden aufgezehrt; sie verlieren ihr Wasser teils durch direkte Oberflächenverdunstung, teils an den Boden, aus dem ihnen kein Grundwasser zuströmt, an das sie vielmehr Seihwasser abgeben. Sie erscheinen in jeder Hinsicht als Fremdlinge in der Klimaprovinz, in der sie sich befinden; sie charakterisieren sich als allochthone Flüsse gegenüber den autochthonen des humiden Reiches, ganz ebenso wie die Gletscherzungen im humiden Gebiete allochthone Eismassen im Gegensatze zu den autochtho-

---

[18] Zur Frage der Gletschererosion. Sitzungsber. d. math.-phys. Klasse d. Kgl. Bayer. Akad. d. Wiss. XX, 1890, S. 435.

[19] Penck und Brückner, Die Alpen im Eiszeitalter. 1909. S. 951.

nen darstellen, die im nivalen Gebiete durch die Umbildung des dort gefallenen Schnees entstehen.

Kann das Vorhandensein regelmäßig fließender Flüsse nicht für die Zugehörigkeit einer Stelle zum humiden Gebiete entscheidend sein, so ist umgekehrt auch der Mangel an Flüssen nicht unbedingt kennzeichnend für das aride Gebiet. Es gibt in den humiden Gebieten Stellen, wo die permeable Bodenbeschaffenheit nicht nur das Einsickern des Regenwassers, sondern auch das Verschwinden ganzer Flüsse begünstigt. Die Karstgebiete sind ein Beispiel hierfür. Zahlreiche weitere Beispiele werden durch ausgedehnte Schotter und Sandlandschaften geliefert, die Regenwasser und auch Flüsse aufschlucken. Solche pseudoaride Gebiete unterscheiden sich von den echten ariden dadurch, daß sich der Mangel an Oberflächenwasser mit dem Auftreten reichlichen Wassers in der Tiefe kombiniert, welches Quellen zu speisen vermag. Solches reichliches quellenspeisendes Tiefenwasser fehlt den echten ariden Gebieten; sie haben nur Seihwasser, welches sich in den Betten der allochthonen Flüsse oft weit bis über deren oberflächliches Ende hinauszieht. So ist es denn nicht ein einziges Merkmal, welches ein Klimareich charakterisiert, sondern dies geschieht immer durch eine Summe von Eigentümlichkeiten, und es wird möglich, durch deren direkte Beobachtung die einzelnen Reiche voneinander zu trennen. Letzteres gilt auch von den hier unterschiedenen Provinzen.

Dr. A. Petermanns Mitteilungen aus Justus Perthes' Geographischer Anstalt 64 (1918), S. 193–203.

KLASSIFIKATION DER KLIMATE NACH TEMPERATUR, NIEDERSCHLAG UND JAHRESLAUF

Von Wladimir Köppen

Fortschritte seit 1901

Es ist nicht schwer, das Klima eines Ortes in seine Bestandteile zu zerlegen und die Unterschiede im Klima verschiedener Orte nachzuweisen. Aber in der so geschaffenen Mannigfaltigkeit sich zurechtzufinden und die großen Züge darin zu erkennen, ist, namentlich für den Nichtfachmann, recht schwierig.

Wie der Botaniker sich nicht damit begnügen kann, möglichst viele Wurzeln, Blätter und Blüten zu beschreiben, sondern die Pflanze als Ganzes betrachten und die vielerlei Pflanzen in ein übersichtliches System bringen muß, so soll auch der Physiogeograph das Klima im Zusammenhang erfassen und das Verbindende und das Trennende zwischen den Klimaten durch eine großzügige Klassifikation leicht erkennbar machen. Sind auch seine Elemente nicht so greifbar wie Wurzel und Blatt, so sind dafür die physikalischen Vorgänge in ihnen einfacher und meßbarer.

Seit dem Erscheinen meines „Versuchs einer Klassifikation der Klimate, vorzugsweise nach ihren Beziehungen zur Pflanzenwelt"[1] im Jahre 1901 sind mehrere Schriften erschienen, die das Problem mehr vom geographischen oder mehr vom biologischen Standpunkt behandeln.[2] Anwendungen meiner Klassifikation auf einzelne Gebiete sind

[1] Hettners Geographische Zeitschrift VI. Auch als Sonderabdruck erschienen (Leipzig 1901, B. G. Teubner).

[2] E. de Martonne: Traité de géographie physique, Paris 1909, S. 206–225. – A. Penck: Versuch einer Klimaklassifikation auf physiogeographischer Grundlage. (Sitzber. Akad. Wiss. Berlin I, 1910, S. 236–46.) – A. Hettner: Die Klimate der Erde. (G. Z. 1911, S. 425, 545, 618, 675.) – O. Drude: Ökologie der Pflanzen, Braunschweig 1913, S. 149–62.

mir nur bekanntgeworden von H. Maurer auf Ostafrika und von Figurowski auf den Kaukasus – beides interessante und schwierige Ausnahmegebiete.

Durch die genannten Abhandlungen ist das Problem in lehrreicher Weise erweitert und näher beleuchtet. Ein genauer Vergleich der Einteilungen der in der Fußnote genannten Verfasser mit der meinigen ist allerdings deshalb nicht möglich, weil sie nur wenige klimatologische Zahlen angeben und, mit Ausnahme von Martonne, auch keine kartographische Darstellung der unterschiedenen Gebiete oder ausreichende Beschreibung ihrer Grenzen liefern.

Am meisten stimmt mit meiner Darstellung diejenige von Hettner überein, die in gewissem Sinne schon vor Erscheinen meiner Arbeit in einer Erdkarte der Pflanzendecke in Spamers Handatlas von ihm niedergelegt war, die mir unbekannt geblieben war (vgl. meinen „Versuch", vorletzte Seite). Nur verfahren wir verschieden in der Darstellung, Hettner mehr deduktiv, ich mehr induktiv. Beides hat seine Vorteile. Vorsicht veranlaßt mich indessen, auch jetzt die induktive Feststellung der Tatsachen in den Vordergrund zu stellen; ist doch der innere Zusammenhang der atmosphärischen Zirkulation in manchen Hauptzügen noch keineswegs sichergestellt.

Die kurze Beschreibung, die Martonne von seinen 30 Klimaten gibt, ist gewiß in allem Wesentlichen richtig. Aber da er für jedes Klima mehrere Züge angibt, ohne zu sagen, welchen er dessen Begrenzung zugrunde legt, ist ein genauer Vergleich seiner Abteilungen mit meinen durch feste Merkmale umschriebenen schwierig.

Eine sehr wertvolle Bereicherung des Bildes der Klimate hat Pencks kurze Abhandlung gebracht, in der er die Frage ausschließlich vom Standpunkt des Verhaltens der wässerigen Niederschläge zum Erdboden behandelt. Auf diesem Gebiete waren ihm Woeikof und Hilgard vorangegangen.[3] Ich werde im folgenden suchen, auch diese Beziehungen zu berücksichtigen, soweit sie sich mit den von mir unterschiedenen Klimagruppen sicher verknüpfen lassen.

[3] A. Woeikof: Flüsse und Seen als Produkte des Klimas (Z. Ges. Erdk., Berlin 1885). – E. W. Hilgard: Über den Einfluß des Klimas auf die Bildung und Zusammensetzung des Bodens, Heidelberg 1893. – Ders.: Soils . . . in the humid and arid regions, New York 1910 und London 1906.

Die Klassifikation in Drudes Werk, die in dieser Zeitschrift kürzlich von Eckardt besprochen worden ist, bietet, bis auf die verstärkte Betonung des Periodischen, wenig für die Klimatologie Verwendbares.

Sie betrifft Pflanzen, nicht Klimate.[4] Neben Wärme und Feuchtigkeit führt sie auch das Licht ein durch Anfügung einer großen Pflanzengruppe, für deren Leben die Lichtperiode entscheidend sei. Für die Klimatologie würde die Einbeziehung des Lichts eine vermeidbare Komplikation bedeuten, da die Strahlung auf die meteorologischen Vorgänge ganz vorwiegend durch die Erwärmung wirkt. Bei der Pflanze ist dies natürlich ganz anders. Indessen ist es auch da vielleicht nicht so „unverzeihlich" (Drude, S. 147), wenn de Candolle u. a. für die geographischen Hauptzüge ohne das Licht auszukommen suchten; denn entscheidend ist doch auch hier das Moment, das im Minimum für den physiologischen Bedarf vorhanden ist. Und das ist, unter freiem Himmel, wohl nur selten das Licht, sondern in niederen Breiten das Wasser, in höheren die Wärme.

Trennende Merkmale für die Klassifikation

Da wir es in der Klimatologie fast durchweg nur mit Quantitäten zu tun haben, so muß sie, um bestimmte Grenzen zu erhalten, zu Schwellen, und wenn diese nicht willkürlich sein sollen, zu solchen Schwellen greifen, die erkennbare Beziehungen zu andern Naturerscheinungen zeigen. Nun sind freilich diese Beziehungen in Wirklichkeit so äußerst verwickelt, daß wir gar nicht hoffen dürfen, sie durch irgendeine einfache klimatologische Zahl strenge auszudrücken. Wir müssen aber zufrieden sein, wenn unter den vielen zusammenwirkenden Ursachen in der Natur eine so überwiegt, daß sich ein annähernder Parallelismus mit einer klimatologischen Größe herausstellt, auch wenn dieser vielleicht nur ein mittelbarer ist, d. h. eine verwandte Größe anstelle der eigentlich wirksamen setzt, wenn er nur nicht rein zufällig ist.

Ein gutes Beispiel bietet die Isotherme 10° des wärmsten Monats. Im großen und ganzen fällt sie auffallend gut mit der polaren Grenze des

---

[4] Die 18 „Klimagruppen" des Buches sind nicht Gruppen von Klimaten, sondern klimatisch bedingte Pflanzengruppen.

Baumwuchses zusammen, wenn diese auch durch den Standort – im engeren und im weiteren Sinne – mannigfach beeinflußt wird. Die Seeküste und das ebene Land sind baumfeindlich; erstere wohl, wie auch bei uns, wegen der stärkeren Winde, letztere wegen des eisigen Grundwassers; steile Flußufer beherbergen die vorgeschobensten Waldposten. Wo aber die Mitteltemperatur des wärmsten Monats unter 10° liegt, fehlt der Baumwuchs ebenso im Gebiet der gewaltigen Jahresschwankung der Temperatur in Ostsibirien wie in dem gleichmäßigen Seeklima der Südhalbkugel. Wenn Schimper in seiner vortrefflichen Pflanzengeographie die Baumlosigkeit der Falklandinseln der Verteilung der Niederschläge über das Jahr, Hann (Klimatologie III, S. 579) dem beständigen Winde zuschreibt, so ist das erstere wohl ein Irrtum, das letztere Moment nur mitwirkend, denn die Mitteltemperatur des wärmsten Monats ist zu Pt. Stanley, wie an der sibirischen Baumgrenze, 9,6°. Die Waldgrenze ist dabei nicht nur sehr in die Augen fallend, sondern für das ganze menschliche und Tierleben in hohem Grade bestimmend.

Auch in den Gebirgen niedrigerer Breiten fällt diese Grenze, wie ich in der Fußnote [5] zeige, meistens bis auf ± 200 m mit dieser Isotherme zusammen, jedoch so, daß der Wald in Gebirgen, deren Kammhöhe diese Isotherme nicht erheblich überschreitet, darunter zurückbleibt,

[5] In der folgenden Liste bezeichnet die Zahl vor dem Namen die Höhe der 10°-Isotherme des wärmsten Monats, berechnet unter der Voraussetzung einer Temperaturabnahme von 0,67° auf 100 m, wie sie für Mitteleuropa zutrifft; die Zahl hinter dem Namen die Höhe der Baumgrenze nach Grisebach (Vegetation der Erde, Leipzig 1872); beides in Hektometern.

Gute Übereinstimmung zeigen: 7,5 Hardanger, Westhang 9,1 – 10,0 desgl. Osthang 10,4. – 13,5 Sudeten 11,7. – 15,7 Böhmerwald 14,6. – 16,5 Tatra 15,6. – Jura 14,9. – Auvergne 14,9. – Nordalpen 17,9. – 17,2 Siebenbürgen 18,2. – 18,0 Zentralalpen 19,5. – Cantabr. G. 19,5. – 19,2 Rocky Mts. (51°) 19,8. – Altai, Südhang 21,1; Nordhang 17,9. – 21 Dolomiten 21,8; Ostpyrenäen 24, Abchasien 21, Sajan 22. – 23 Kaukasus 23. – 25 Cord. Merida 27, Quito 27, Kamerun 23. – 27 Elborus 26. – 30 Kilimandscharo 30. – 37 Arizona 35.

Zu niedrig erscheinen die angegebenen Baumgrenzen im : 10,5 Ural (61°) 7,6. – 13,5 Harz 10,4. – 15,7 Vogesen 13,0 – Schwarzwald 13,6. – 19,2 Krim 13,2. – 21 Karst 15,3; Bosnien 16,2; Alleghanies 13,3. – 23 Athos 17. – 24 Apennin 19,5; Nordkarolina 20,4. – 25 Ätna 20; Südspanien 21. – 27 Cilicien, Südhang 20; Nordhang 23; Libanon 20; Cypern 20; Ararat 23. – Die meisten dieser Gebirge

des heftigen Windes wegen, dagegen bei geringer jährlicher Temperaturschwankung anscheinend über sie hinausgeht; was darauf hinweist, daß vielleicht auch hier, wie bei manchen pflanzengeographischen Erscheinungen, die mittlere Temperatur der Jahreszeit ein besseres Merkmal sein würde, als die des extremen Monats. Nur der Mangel an berechneten Jahreszeitenmitteln hält mich davon ab, diese für die Klassifikation zu benutzen.

Ein Gegenbeispiel liefert die Grenze des beständigen Bodeneises. Sie läßt sich nicht durch einen einfachen klimatologischen Wert kennzeichnen, denn sie fällt nicht, wie Wild annahm, mit der Jahresisotherme − 2° zusammen, sondern hängt auch von der Dicke der winterlichen Schneedecke ab.[6] Dabei tritt in der ganzen winterkalten Zone das Gefrieren des Bodens als vorübergehende Erscheinung auf und bleibt auf einem großen Raume das Eis im Boden in manchen Jahrgängen erhalten, in wärmeren Sommern nicht. Vielleicht ist dies der Grund, warum die an sich so bedeutsame Erscheinung des Bodeneises sich pflanzengeographisch so wenig bemerkbar macht und seine Ausbreitung nur so ungenau festgestellt ist.

erreichen wohl die thermische Baumgrenze gar nicht; Wind und Boden verhindern die Bewaldung ihrer Gipfel.

In den folgenden Angaben, in denen die Baumgrenze scheinbar zu hoch liegt, mögen einige irrige alte Höhenmessungen enthalten sein; bei den Tafelländern dürfte es aber daran liegen, daß die angenommene Temperaturabnahme von 0,67°/100 m zu groß ist; ich setze deshalb in [] die mit einer solchen von nur 0,5°/100 m berechneten Höhen daneben. So bei 33 [44] Abessinien 42. − 31 [42] Mexiko 37. − 30 [40] Himalaya 37. − 27 [36] Guatemala 34; Costa Rica 33. − 25 [34] Fremonts Pk. 31. − Zweifelhafter steht es mit den Inseln: 25 [34] Sumatra 29, Borneo 27. − 23 [30] Japan (Fuji) 26, ferner 19 [26] den Zentralpyrenäen 23, sowie 17 [22] dem Jablonoy 20.

Nach Imhof (Gerlands Beiträge 4) liegt die Waldgrenze in der Nordschweiz bei 16 hm, im Oberengadin bei 21,5 hm, ersteres 150 m niedriger, letzteres 140 m höher als das Juli-10°-Mittel, das nur um 2,5 hm zum Zentralmassiv ansteigt (Rigi, Säntis mit Sils-Maria verglichen). De Quervain (Gerlands Beitr. 6) vergleicht sie daher mit der Juli-Mittagstemperatur, deren Ansteigen das ihre noch etwas übertrifft. Mikula bestätigt diesen Parallelismus für die Ostalpen (vgl. Peterm. Mitt. 1914 u. Met. Zeitschr. 1914, S. 295).

[6] Die Angabe in der Nordlichtkarte von Fritz (Peterm. Mitt. 1874, Taf. 18) ist nach neueren russischen Quellen stark zu ändern.

Wenn wir einen so einfachen geographischen Zusammenhang feststellen können wie bei der Baumgrenze, so ist das für die Klimatologie
genügend. Sache der Pflanzenphysiologie ist es, festzustellen, wie dieser
Zusammenhang geartet ist und wie ein so einfacher Parallelismus entstehen kann, obgleich die Abhängigkeit der verschiedenen Lebens-
prozesse von der Wärme eine äußerst verwickelte ist, und obgleich das
vieljährige Monatsmittel der Lufttemperatur eine Abstraktion ist, die
mit der nach Wetter und Tageszeit wechselnden Wirklichkeit nur
schwach verknüpft ist und zudem von der Temperatur der besonnten,
verdunstenden oder im Boden versenkten Pflanzenteile mannigfach
abweicht. Stellt die Biologie dabei Fragen an die Klimakunde, so muß
diese freilich sie zu beantworten suchen.

Auch an andern Stellen erweisen sich zum Glück die jetzt so massen-
haft in der Literatur vorhandenen Monatsmittel der Lufttemperatur,
passend ausgewählt, als recht guter Ausdruck für den, sicher nicht
einfachen, Einfluß der Wärme auf die großen Züge des organischen und anorganischen Lebens auf der Erde. Sie sind daher als Haupt-
stützen für das im folgenden darzulegende System der Klimate benutzt.

Viel schwieriger ist die, doch unbedingt notwendige, Berücksichtigung des Wasserkreislaufs. Das Wichtigste darin, die Menge und Bewegung des Wassers im Boden in ihrer Abhängigkeit von Niederschlag
und Verdunstung, kennen wir leider bis jetzt nur sehr unvollkommen,
und die Schwierigkeit ihrer Feststellung gibt auch nur wenig Aussicht
auf baldige Gewinnung eines ausreichenden Beobachtungsmaterials
hierüber. Wir müssen uns daher zur Gewinnung eines zusammenhängenden geographischen Bildes damit begnügen, besser zugängliche
Teile dieses Kreislaufs in solcher Weise darzustellen, daß sie uns ein
annäherndes Spiegelbild des Gesuchten geben.

Das Nächstliegende sind natürlich die gemessenen Regenhöhen, für
die das veröffentlichte Material bereits riesengroß ist. Für den Wasser-
gehalt des Bodens, überhaupt für die Unterscheidung eines „feuchten"
oder „trockenen" Klimas bieten sie freilich allein nur wenig Anhalt.
Denn dafür sind die Zeiten und Umstände ihres Fallens und die Größe
der Verdunstung mitentscheidend. Bei gleicher Regenmenge wachsen
in Sibirien Urwälder und in Nordafrika nur ausgesprochene Wü-
stenpflanzen. Das ist einer der Gründe, weshalb ich, wie Supan sagt,

eine Vorliebe für die Angabe der Regentage habe.[7] Zehn Tage mit Regen bringen bei uns im Durchschnitt 4 cm Regenhöhe; aber die Bedeutung von zehn Regentagen für die Vegetation und für den Zustand des Bodens ist, so verschieden sie auch sein kann, dies doch lange nicht in dem Maße, wie die von 40 mm Regenmenge, je nachdem ob diese in einem oder vierzig Tagen und bei 0° oder bei 30° Wärme gefallen sind. In der Tat läßt sich die Grenze zwischen Wald und Steppe klimatologisch viel eher durch die Zahl der Regentage als durch die Regenmenge allgemein definieren. Natürlich ist aber auch dieses nur ein Notbehelf, schon darum, weil in Klimaten mit häufigen schwachen Niederschlägen die Zahl der Regentage je nach der Art der Zählung verschieden ausfällt. Ich habe deshalb, um das viel größere und zugänglichere Material über Regenmengen zu benutzen, mich beim Entwurf der neuen Karte auf eine möglichst einfache Verbindung von diesen mit den mittleren Temperaturen gestützt (s. unten). Es ist zwar zu hoffen, daß mit der Zeit ein rationellerer Ausdruck für diese Verknüpfung wird gefunden werden können, aber vorläufig genügt der gewählte, der den Vorteil hat, auf für die meisten Punkte der Erde annähernd bekannte Größen begründet zu sein.

Wenn wir uns nach einem Maßstab für die Brauchbarkeit der klimatologischen Größen als Grenzen für Klimagebiete umsehen, so drängt sich uns ungesucht ihre Wichtigkeit für den Menschen selbst auf. Wir müssen zwar die einseitige Auffassung des Wortes Klimatologie von ärztlicher Seite ablehnen, die daraus ungefähr eine Kurortlehre machen möchte, aber wir lassen uns die Definition Humboldts gern gefallen, daß das Klima „alle Veränderungen in der Atmosphäre umfaßt, die unsere Organe merklich affizieren"; denn sie gibt, wenn sie auch unsere mittelbare Beeinflussung einbezieht, einen richtigen Begriff von der Wichtigkeit der Klimatologie. Mit andern Worten (Hann): „Klima ist die Gesamtheit der meteorologischen Bedingungen, die das tierische oder pflanzliche Leben direkt oder durch ihre Wirkung auf die feste Erdkruste beeinflussen"; und da wir dabei unter Klima den einer

---

[7] Der zweite, noch entscheidendere Grund ist der Umstand, daß wir nur mit ihrer Hilfe ein zusammenhängendes Bild über die ganze Erde, einschließlich der Weltmeere, erhalten können, da Regenmessungen von Schiffen sehr schwer erhältlich sind.

bestimmten Gegend entsprechenden mittleren Zustand verstehen, so beziehen wir das Wort natürlich vorzugweise auf den von Menschen ständig oder zeitweise bewohnten Teil der Erdoberfläche, nicht auf die freie Atmosphäre oder das Meer.

Was sind nun die größten Züge im Klimabilde der Erdoberfläche in diesem Zusammenhang?

Die Hauptzüge des Klimabildes der Erde

Das Lebensgebiet der Erde – die Biochore – wird nach zwei Seiten eingeengt, von den Gebieten des Kältetodes und des Dursttodes – der Kryochore und der Xerochore –, den Reichen des ewigen Schnees und der Trockenwüsten. Aus der Biochore schneiden wir zunächst die Übergangsgebiete nach beiden Seiten – die Tundren nach der einen, die Steppen nach der andern – heraus, die sich durch das Fehlen hochwüchsiger Bäume kennzeichnen; wir können das erstere (das Tundrengebiet) die Bryochore (von βρυον, Moos), das letztere (das Steppengebiet) die Poëchore (von ποα, Gras) nennen.[8] Der große Rest des Lebensreiches ist das Baumgebiet, die Dendrochore, meteorologisch durch ausreichende Regen, sei es zu allen Jahreszeiten oder in regelmäßigen Regenzeiten, ausgezeichnet.

Als man im Altertum von der Erde nur den Raum zwischen der Sahara und Skandinavien kannte, mußte man glauben, daß das Lebensgebiet auch räumlich zwischen den Reichen des Durstes und des Frostes eingeschaltet sei und nur die mittleren Breiten der Erde einnehme. Die Erfahrung hat dann gezeigt, daß hinter der Trockenzone eine zwar nicht noch heißere, aber winterlose Zone reichsten Pflanzenlebens liegt und daß die Trockengebiete als zwei unvollständige – an der Ostseite der Kontinente unterbrochene – Gürtel längs den Wendekreisen angeordnet sind.

Innerhalb des ausgedehnten Baum- oder Regengebiets machen sich nach drei Hinsichten große Verschiedenheiten geltend: nach der Tem-

---

[8] Selbstverständlich ist beides nicht strenge zu verstehen und gehören neben den Moosen die Flechten, neben den Gräsern die Stauden und Dornsträucher mit zum Bilde.

peratur, dem Regenfall und dem Gange der Jahreszeiten. Sieben Hauptgruppen seiner Klimate können wir erkennen, die sich zwischen Äquator und Pol in drei Gürtel abnehmender Temperatur von wechselnder Breite einordnen, nämlich in (A) den winterlosen oder megathermen, (C) den warm gemäßigten oder mesothermen und (D) den winterkalten oder mikrothermen Gürtel. Zwischen A und C schaltet sich die Trockenzone B ein.

Die mesotherme (warme) Zone umfaßt drei Klimagruppen, je nachdem eine trockne (niederschlagsarme) Jahreszeit fehlt oder in der warmen oder in der kalten Jahreshälfte auftritt. Für die beiden andern Zonen vereinfacht sich dies auf nur je zwei Gruppen, weil in der megathermen Zone der Temperaturunterschied der Jahreszeiten so gering ist, daß es von geringem Belang ist, in welche Monate die Trockenzeit fällt, und weil in der mikrothermen Zone Klimate mit sommerlicher Trockenzeit fehlen. Wir erhalten so sieben, mit den vier vorher ausgeschiedenen elf große Klimagruppen. Von einigen kleineren Nebenformen spreche ich später.

In der Karte sind diese elf Klimagruppen zum leichten Auffinden in der Legende mit den Ziffern 1 bis 11 bezeichnet, vom Äquator zu den Polen fortschreitend. Ihre Beziehungen zueinander lassen sich durch die folgende Schreibweise verdeutlichen, in der die Buchstaben A bis F die Gürtel bezeichnen – außer den besprochenen den Tundrengürtel E und den Gürtel ewigen Frostes F. Diese sind auf der Nordhalbkugel sämtlich vertreten, auf der südlichen fehlt D und ist dafür F sehr ausgedehnt. Der zweite Buchstabe in der folgenden Zeichenreihe bedeutet bei B den Grad der Trockenheit (S = Steppenklima, W = Wüstenklima), bei A, C und D das Vorhandensein und die Lage der Trockenzeit (s = Haupttrockenzeit im Sommer, w = im Winter, f = beständig feucht, d. h. Regen in allen Monaten).

Die ständig feuchte (f) und die im Winter trockne (w) Klimaform sind also in den Gürteln A, C und D vertreten, die sommertrockne (s) dagegen (wesentlich) nur im mesothermen oder warmgemäßigten Gürtel C beider Halbkugeln.[9]

---

[9] Dies gilt für das feste Land. Auf dem Nordatlantischen Ozean reicht das sommertrockene Gebiet über die Januarisotherme 18° hinaus, so daß ein Klima As entsteht.

Zone	Zeichen	Erklärung
1. Tropische Regenklimate	Af =	Tropische Regenwaldklimate
2. Tropische Regenklimate	Aw =	Savannenklimate
3. Trockne Klimate	BS =	Steppenklimate
4. Trockne Klimate	BW =	Wüstenklimate
5. Warmgemäßigte Regenklimate	Cw =	Warme wintertrockne Klimate
6. Warmgemäßigte Regenklimate	Cs =	Warme sommertrockne Klimate
7. Warmgemäßigte Regenklimate	Cf =	Feuchttemperierte Klimate
8. Subarktische Klimate	Df =	Feuchtwinterkalte Klimate
9. Subarktische Klimate	Dw =	Trockenwinterkalte Klimate
10. Schneeklimate	E =	Tundrenklimate
11. Schneeklimate	F =	Klimate des ewigen Frostes

Die Klimagruppen 1 bis 4 stellen vier Stufen zunehmender Trockenheit dar, die bei gleicher Wärme den Pflanzenformationen des Regenwaldes, der Savanne, der Steppe und der Wüste entsprechen, wie dieses anschaulich für Westafrika von Rud. Müller auf Tafel 11 der Geographischen Zeitschrift von 1909 dargestellt ist. Im einzelnen sind freilich die Gründe für den Wechsel von Gräsern, Stauden und Gesträuch noch recht ungenügend bekannt, namentlich tritt Nr. 3 bald mit Grassteppe, bald mit Gestrüpp (Espinal, Scrub) auf. Vor der massenhaften Entwicklung der großen Weidetiere in diesen Klimaten, namentlich in Nr. 2 und 3, schützt sich die Pflanzenwelt in ihnen durch Stacheln, Dornen und ätherische Öle, die in den Waldgebieten, wo diese Tiere nur spärlich vorkommen, nicht nötig sind; vor dem Austrocknen schützt sie sich durch vielerlei sehr eigenartige Einrichtungen.

Für Nr. 5 und 6 ist immergrünes Gebüsch (Maqui) charakteristisch, für 7 bis 9 aber, wie für Nr. 1, hochstämmiger Wald, da auch in 9 die Niederschlagsarmut eines Teiles des Jahres wegen der Kälte dieser Zeit nicht die Wirkungen von Dürre hervorzubringen vermag, mit Ausnahme des südlichsten Teiles vom Gebiet. Nr. 10 ist baumlos, Nr. 11 überhaupt pflanzenlos.

Ich habe im Beginn dieses Aufsatzes mit Absicht zur Benennung der großen Klimagruppen Fremdwörter gewählt, weil sie sich eher an feste Definitionen binden lassen und weniger leicht in abweichender Weise gedeutet werden als deutsche Benennungen. Ich selbst aber werde diese Namen kaum gebrauchen, nachdem erst die Abgrenzungen möglichst scharf festgestellt sind. In meiner eingangs erwähnten ersten Klassifikation habe ich versucht, für die 23 dort unterschiedenen Klimate das in der Geologie so erfolgreich durchgeführte System der Bezeichnung nach hervorragenden Vertretern der betreffenden Formation anzuwenden. Der Versuch hat keinen Anklang gefunden, und da eine Terminologie, die nicht angewandt wird, zwecklos ist, so verzichte ich hier auf diese Bezeichnungsweise und werde sie nur für Unterabteilungen der genannten Hauptgruppen gelegentlich gebrauchen, wo sie bequem erscheint.

Sehen wir uns nun nach möglichst bezeichnenden und zugleich möglichst leicht feststellbaren Abgrenzungen für die unterschiedenen elf Klimagruppen um! Ich will diesmal weniger als 1901 den pflanzengeographischen Gesichtspunkt herrschend sein lassen, um die Klassifikation reiner klimatologisch zu machen; aber auch in der neuen, unmittelbarer auf den Menschen zugeschnittenen Gliederung glaube ich der Pflanzendecke, als dem Gewebe, in das das Tier- und Menschenleben hineingewirkt ist, den in erster Linie bestimmenden Platz erhalten zu sollen.

In seinem eingangs genannten Aufsatz unterscheidet Penck nach dem Verhalten des Niederschlags folgende drei große Klimareiche:

I. Das humide, in dem mehr Niederschlag (N) fällt, als durch die Verdunstung (V) entfernt werden kann, so daß ein Überschuß in Form von Flüssen (F) abfließt: $N - V = > 0$.

II. Das nivale, in dem mehr schneeiger Niederschlag (S) fällt, als die Ablation (A) an Ort und Stelle entfernen kann, so daß eine Abfuhr durch Gletscher (G) erfolgen muß: $S - A = G > 0$.

III. Das aride, in dem die Verdunstung allen gefallenen Niederschlag aufzehrt, und noch mehr aufzehren könnte, also auch einströmendes Flußwasser zu entfernen vermag: $N - V < 0$.

Die Grenze zwischen I und II ist die bekannte Schneegrenze, wo $S = A$ ist. Die Grenze zwischen I und III bezeichnet Penck als die Trockengrenze; für sie muß, der Definition nach, $N = V$ sein.

Die Schneegrenze scheidet die beständig unter Schneedecke liegenden Gebiete von den zeitweilig frei (aper) werdenden. Soviel auch über sie gearbeitet worden ist, sind wir nach Pencks Worten „heute noch recht weit von einer genauen Kenntnis der meteorologischen Einzelelemente entfernt, welche die Lage der Schneegrenze bestimmen. Sie ist ein Pro-

dukt aus verschiedenen, noch nicht hinreichend gekannten Faktoren."
Es ist leicht einzusehen, daß unter diesen die winterliche Schneemenge
und die sommerliche Wärme die wichtigsten sind.

Für unseren Zweck können wir uns mit dem einen Hauptfaktor, der
Sommerwärme, begnügen und die Grenze unserer Kryochore oder der
Schneeklimate im engsten Sinne dahin legen, wo die Mitteltemperatur auch des wärmsten Monats nur eben 0° erreicht, also alle Vorgänge
sich bei Lufttemperaturen mehr oder weniger tief unter Null abspielen.
Daß diese niedrigen Temperaturen sich auch bis in große Tiefen der aus
dem Schneefall entstehenden Eiskappen dieser Länder erstrecken und
das Eis dieser Gletscher dennoch in schnellem Fließen ist, haben die
Messungen von Koch und Wegener im grönländischen Binneneise gezeigt. Dieselbe Grenze habe ich auch 1901 für das „Reich des ewigen
Frostes" (F) angenommen. Jenseits des südlichen Polarkreises nimmt
dieses Reich einen gewaltigen Raum ein.

Für die Untersuchung der „Trockengrenze" ist bisher noch viel weniger geschehen. Nach Penck ist das Verhältnis zwischen Niederschlag
(N) und Abfluß (F) in humiden Gebieten derart, daß $F = (N - N_0) x$ ist,
worin N_0 eine für benachbarte Flüsse wenig veränderliche Größe und x
einen echten Bruch bedeutet. Dann muß, falls diese Formel eine Extrapolierung gestattet, die Grenze dort liegen, wo $N = N_0$ wird, d. h. der
Abfluß aufhört. Diese Größe N_0 ist nun für das mittlere Schweden zu
10 cm, für Mitteleuropa zu 42 bis 43 cm und für Mittelamerika zu
110 cm bestimmt. Nimmt man die betreffenden mittleren Jahrestemperaturen von t = 1°, 7° und 24° als entscheidend für die Erscheinung an,
so finde ich N_0 = ungefähr $5(t + 1)$ oder = $4(t + 3)$.

Ganz unabhängig davon habe ich für eine Reihe von Punkten folgendes ungefähre Verhalten der äußeren Grenzen der Wüsten und Steppen
zu den Jahresmitteln der Niederschlagsmenge und der Temperatur bestimmt und der Karte Tafel 10 zugrunde gelegt, wobei ich der Einfach-
heit halber, von vornherein die Regenmenge der Steppengrenze auf das
Doppelte von jener der Wüstengrenze angesetzt habe[10]:

---

[10] Auf die Temperatur der Jahreszeit, in der der Regen fällt, habe ich hierbei
nur insoweit Rücksicht genommen, daß ich bei entschiedenen Sommerregen die
geforderte Regenmenge um 30 v. H. größer, bei entschiedenen Winterregen um
30 v. H. kleiner genommen habe.

Temperatur	>25°	25–20°	20–15°	15–10°	10–5°	5–0°
Regen- Wüstengrenze (N_W)	32	29	26	23	20	16
menge Steppengrenze (N_S)	64	58	52	46	40	32

Das entspricht den ungefähren Gleichungen $N_w = {}^2/_3\,(t + 20)$ und $N_s = {}^4/_3\,(t + 20)$, N_w und N_s als die Niederschlagsmenge an den äußeren Grenzen der Wüsten und Steppen verstanden; also einem weit geringeren Einfluß der Temperatur, als für N^0 gefunden wurde. Innerhalb der Grenzen der Genauigkeit könnte man auch $N_w = t + 10$ und $N_s = 2\,(t + 10)$ setzen, und auch die Karte würde dadurch nicht wesentlich verändert werden. Immer aber bliebe N_s noch weit ab von dem Ausdruck für N_0. In der Praxis scheint sich dieses nicht so sehr bemerkbar zu machen, denn in einem Briefe vom 16. November 1910 schrieb mir Prof. Penck das Folgende:

Ich habe den Versuch gemacht, meine Klimaklassifikation auf einer Erdkarte darzustellen. Dabei habe ich die semiariden Gebiete gegen die semihumiden in der Weise gegeneinander abgegrenzt, daß die Trockengrenze die Gebiete voneinander scheidet, in welchen Flüsse entstehen und nicht mehr entstehen. Indem ich dies tat, kam ich zu einer Grenzlinie, die fast genau mit der Abgrenzung Ihrer B-Klimate in der Geographischen Zeitschrift übereinstimmt, nur daß ich das Hochland von Mexiko in seiner Gesamtheit noch dem ariden Klima und nicht einem Hochsavannenklima zuwies. Damit, glaube ich, ist der Beweis geliefert, daß unsere beiderseitigen Klimaklassifikationen in wesentlichen Stücken übereinstimmen.[11]

Die große Nichtübereinstimmung der obigen Formeln scheint darauf hinzudeuten, daß die in vollhumiden Gebieten gewonnenen Größen für N_0 doch wohl nicht mehr für diese Grenzgebiete gültig sind oder daß andere Einflüsse dabei mitwirken.

[11] Die Außengrenze des Xerophilenreiches (oder der B-Klimate) in meiner Darstellung vom Jahre 1901 weicht von derjenigen des Steppenklimas in meiner jetzigen Karte darin ab, daß sowohl in Nord- als in Südamerika längs den Anden das „Hochsavannenklima" jetzt durch Steppenklima ersetzt ist und am La Plata das „Espinalklima" (tropische Steppen) trotz der Baumlosigkeit der Gegend auf Grund der großen Regenmengen großenteils dem hygromesothermen Klima hat weichen müssen. Die merkwürdig geringe Zahl der Regentage gestattete, 1901 dieses Gebiet dem Xerophytenreich zuzuzählen und die Pampas als klimatische Steppen aufzufassen. Diese Frage bedarf noch der Klärung.

Nach H. Keller ist die „Trockengrenze" von der Niederschlagshöhe insofern unabhängig, als sie vielmehr dort liegen soll, wo die Ausfuhr an Wasserdampf aus dem Gebiet gleich ist der Summe der direkten und der mittelbaren Dampfzufuhr vom Meere (a = m + e).[12]

Pencks „semiaride Klimaprovinz" dürfte meiner „Poechore" bzw. dem Gebiet 3 meiner Karte (Steppenklima) nahe entsprechen. Im Verhalten des Bodens zu den Niederschlägen besitzt sie einen hochwichtigen Zug, der sie von allen übrigen auszeichnet, nämlich die Anreicherung der obersten Bodenschicht mit löslichen Stoffen durch Regenwasser, das zuerst einsickert und dann, in den trocknen Pausen, mit Salzen bereichert zur Oberfläche zurückkehrt, um da zu verdunsten. Diese Wanderung von Bodenwasser und die dadurch bedingte Bildung harter Krusten fehlt in den „vollariden" Wüstenklimaten, weil in ihnen der Boden überhaupt nicht durchfeuchtet wird. Den Wüsten fehlt daher eine „Panzerung" gegen den Wind, wie sie die Steppen durch Krusten und die feuchten Gebiete durch Benetzung und Pflanzendecke besitzen. Daher die „Deflation" der feinen Bestandteile des Bodens aus den Wüsten und deren Ablagerung als Löß in deren Randsteppen.

In mehreren älteren Darstellungen (Atlanten der Seewarte u. a.) habe ich als Grenze der regenarmen Landschaften sechs Regentage im regenreichsten Monat angenommen; in der eingangs genannten Arbeit diese Grenze für das Wüstenklima und elf Tage im regenreichsten Monat als Grenze von Steppen- und Waldklima; in letzterer Quelle habe ich daneben den Quotienten aus Regenmenge in Maximalspannung des Wasserdampfes benutzt, und diesen zu 2,2 an der Wüsten- und 4,0 an der Steppengrenze gefunden. Wo beiderlei Bestimmungen möglich waren, habe ich das Mittel benutzt; auf das Auseinandergehen beider in Argentinien

---

[12] H. Keller: Ursprung und Verbleib des Festlandsniederschlags (Jb. f. d. Gewässerk. Norddeutschlands, bes. Mitt. Bd. II, 1914, Nr. 7, S. 26 bis 30 [Selbstref. des Verf. in Met. Z. 1914, S. 297]). Nach K. hängt der Teil der Niederschläge, der aus der Verdunstung vom betreffenden Landgebiet selbst stammt, bei reichlichen Niederschlägen nicht mehr von deren Größe, wohl aber von der Temperatur ab nach der ungefähren Gleichung 1 = 4 (t + 4,6), vgl. a. a. O., S. 11, 1 in Zentimetern. Die Jahressummen des Niederschlags sollen oberhalb einer Schwelle, die für kalte Flußgebiete etwa bei 36 cm, für gemäßigt warme etwa bei 85, für tropische etwa bei 185 cm liegt, nur durch Zunahme der Dampfzufuhr vom Meere (m) wachsen.

habe ich dort bereits hingewiesen. Martonne[13] bezeichnet einen Monat, dessen Regenmenge in Zentimetern weniger als doppelt soviel als seine Temperatur in ° C beträgt, als „praktisch trocken" und scheint für das Wüstenklima mindestens acht solcher Monate zu verlangen.

Innerhalb des weiten Bereichs der Baum- oder Regenklimate finden wir eine große Mannigfaltigkeit je nach der mit wachsender Breite und Höhe abnehmenden Temperatur, der mit wachsender Breite und Kontinentalität wachsenden jährlichen Schwankung derselben, und dem Eintreten trockner Jahreszeiten. In der Pflanzenwelt drückt sich diese Mannigfaltigkeit vor allem im Eintreten von Ruhezeiten, teils Kälteruhe, teils Trockenruhe, aus.

In bezug auf die Temperatur liegt das entscheidende Moment für die organische Welt, einschließlich des Menschen, in niederen Breiten im Fehlen des Winters, in hohen im Fehlen einer genügend warmen Jahreszeit. Weder extreme Sommerhitze noch extreme Winterkälte zeigen einen ähnlich deutlichen Einfluß. Gegen die Extreme schützt sich die Pflanze durch Ruhezustände. Für die Grenze der heißen (megathermen) Zone wähle ich deshalb eine Isotherme des kältesten Monats, und zwar zeigt sich $+18°$ am brauchbarsten dazu; für die Grenze der gemäßigten gegen die kalte oder Tundrenzone aber eine solche des wärmsten Monats, und zwar die schon besprochene von $+10°$.

Für die Scheidung zwischen wärmerer und kälterer gemäßigter (mesothermer und mikrothermer) Zone habe ich in meiner Arbeit von 1901 in kontinentalen Klimaten die wärmere Jahreszeit, in maritimen dagegen die kältere entscheiden lassen. Nachdem Penck aber mit Recht die Wichtigkeit des regelmäßigen Auftretens einer Schneedecke von mehreren Wochen Dauer hervorgehoben hat, nehme ich die dafür bezeichnende Isotherme $-2°$ des kältesten Monats als solche Hauptscheide. Dabei stellt sich die interessante Tatsache heraus, daß sich eine mikrotherme Zone in diesem Sinne nur auf der nördlichen Halbkugel auftut, auf der ozeanischen südlichen aber fehlt, weil dort die $10°$-Isotherme des wärmsten Monats weiter vom Pol liegt, als die Isotherme von $-2°$ des kältesten (Kap Horn: Januar 9,1, Juli $-0,1$). Diese Zone kann also als die ausschließlich subarktische bezeichnet werden. Ein hervor-

---

[13] A. a. O., S. 206. Durch offenbaren Schreibfehler sind die als Beispiele bei ihm angeführten Regenmengen zehnfach zu klein.

stechender Zug derselben ist das durch die Schneeschmelze bedingte Frühlingshochwasser ihrer Ströme.[14] Von den sibirischen Strömen macht nur der Amur eine Ausnahme hiervon, dessen von den Sommerregen der Klimate Dwa bis Dwc gespeiste Hochwasser den russischen Ansiedlern peinliche Überraschungen bereiteten.

Das zweite Moment, das Auftreten niederschlagsfreier Jahreszeiten, spielt eine große, aber in den verschiedenen Zonen verschiedene Rolle. In niederen Breiten, wo die jährliche Schwankung der Temperatur gering ist, ist es praktisch unwesentlich, in welche Monate die Trockenzeit fällt; nur ihre Dauer und Intensität, sowie der von der Regenzeit überkommene Wasservorrat im Boden ist entscheidend. Es genügt also, ein ständig feuchtes (hygromegathermes) äquatoriales Urwaldklima von einem andern zu unterscheiden, das ein oder zwei ausgesprochne Trockenzeiten im Jahreslaufe aufweist und das ich 1901 als Baobabklima, jetzt als xeromegathermes oder Savannenklima bzw. solche Klimagruppe bezeichne. Als Merkmal dafür habe ich damals mindestens zwei Monate „wirklicher Trockenzeit" mit < 6 Regentagen im Monat angenommen, in der jetzt vorgelegten Karte aber, in der ich mich auf Regenmessungen stützen wollte, die weiter unten angegebenen Grenzen.

Komplizierter wird die Anordnung in der mesothermen Zone, weil hier es schon einen wesentlichen Unterschied macht, ob die niederschlagsarme Zeit in die kalte oder in die warme Jahreszeit fällt. Wir bekommen so in dieser Zone, in der die Mitteltemperatur des kältesten Monats zwischen 18° und − 2° liegt, drei charakteristische Klimagruppen: die hygromesotherme oder feuchttemperierte, die xerochimen mesotherme oder wintertrockne und die xerother mesotherme oder sommertrockne. Das letztere ist das längstbekannte Klima der Mittelmeerküsten, das sich ja in höchst charakteristischer Weise an den Westküsten anderer Festländer in gleicher Breite wiederholt – in Kalifornien, Chile, am Kap und in Südwestaustralien. Sie sind, namentlich früher,

[14] Im trockenen Sommer der Cs-Klimate versiegt ein großer Teil der kleineren Bäche überhaupt. Auch in den Cf-Klimaten fällt der höchste mittlere Wasserstand der Flüsse, soweit sie nicht von Gletschern gespeist werden, meistens in die kalte Jahreszeit, auch dort, wo die größere Regenmenge im Sommer fällt. Der Unterschied ist jedoch nicht groß und wird durch die Verdunstung bedingt.

vorzugsweise als subtropische Klimate bezeichnet worden, doch wird dieser Ausdruck auch für andere mesotherme Klimate gebraucht. Als Grenze habe ich in der früheren Arbeit auch hier für den trockensten Sommermonat weniger als sechs Regentage verlangt; in der neuen Karte habe ich für ihn eine Regenmenge von höchstens einem Drittel derjenigen des regenreichsten Monats der kälteren Jahreszeit angesetzt.

Die beiden andern mesothermen Klimagruppen decken sich nicht mit solchen meiner älteren Klassifikation. Um die vorhandenen Symmetrien möglichst deutlich hervortreten zu lassen, habe ich damals auf den Gegensatz zwischen den Regen zu allen Jahreszeiten in den östlichen Vereinigten Staaten sowie in Neusüdwales und den regenarmen Wintern Chinas und ähnlicher Klimate weniger Gewicht gelegt, als ich es jetzt im rein klimatologischen Sinne tun zu sollen glaube; denn in bezug auf Pflanzenwuchs ist die Verwandtschaft dieser Länder immerhin bedeutend. Die Grenze zwischen diesen Klimaten habe ich jetzt auf der Karte dorthin gelegt, wo der regenreichste Monat der wärmeren Jahreszeit zehnmal soviel Regen bringt wie der trockenste der kälteren. Wegen der verschiedenen Verdunstung mußte das Verhältnis hier soviel höher gegriffen werden als beim Gebiet der Winterregen. Wie die östlichen Unionsstaaten, so mußte ich jetzt auch die Pampas des La Plata wegen ihrer beträchtlichen Regenmengen in allen Monaten der feuchttemperierten Klimagruppe zuweisen.

Die Grenze der folgenden, mikrothermen, Klimagruppe nach der äquatorialen Seite stimmt mit derjenigen von Pencks subnivalem Klima überein. Nach der Polseite aber fällt sie bei mir mit der Baumgrenze, bei Penck teils mit der Grenze des Bodeneises, teils mit derjenigen des ewigen Schnees bzw. der seminivalen Provinz des nivalen Reiches (in der die Schneedecke zeitweise von Regen getroffen wird) zusammen.

Innerhalb des winterkalten Gürtels D, der so nur auf der nördlichen Halbkugel vorhanden ist, besteht ein zwar im Pflanzenwuchs nicht hervortretender, aber klimatologisch sehr interessanter Gegensatz zwischen den trüben Wintern des größten Teiles, insbesondere Nordeuropas, und dem klaren Winterhimmel des kontinentalen Ostsibiriens und der Mandschurei. Während bei uns der Sommer, trotz seiner größeren Niederschlagsmenge, die nicht nur an Sonnenschein, sondern überhaupt an Strahlung reichere Jahreszeit ist, ist dies im transbaikalischen Klima umgekehrt, so daß dieses das wertvolle experimentum crucis ist, das die Natur uns für manche Erscheinungen zum Vergleich mit dem Klima Europas bietet, z. B. für die Häufigkeitsverteilung der Temperaturen (vgl. Meteor. Zeitschr. 1888, S. 234). Wie das Klima der heißen Wüsten das Äußerste an Wirkungen der Einstrahlung hervorbringt, so tut es das jakutische Klima an solchen der winterlichen Ausstrahlung.

Die Grenzen der beiden letzten Klimazonen, der Tundren- oder hekistothermen Zone und der Zone des ewigen Frostes, sind dieselben geblieben wie in meiner älteren Arbeit: die Isothermen des wärmsten Monats von 10° und 0°; über sie habe ich oben schon gesprochen.

Die Temperaturzonen schlingen sich, abgesehen von den Gebirgen, als zusammenhängende Gürtel um die Erde. Auch die Trockengebiete ordnen sich in zwei zwischen den megathermen und die mesothermen Gürtel beider Halbkugeln eingeschaltete Gürtel, die aber an den Ostseiten der Kontinente und über den daranschließenden westlichen Teilen der drei Weltmeere unterbrochen sind, so daß dort die megathermen in die mesothermen Regenklimate übergehen, ohne die seit dem Altertum bekannte Begrenzung der mesothermen Zone an ihrer äquatorialen Seite durch die Wüste.

Da die Steppen die Wüsten umgeben und nicht als Breitenzone von diesen geschieden sind, so fassen wir beide zu je einem Trockengürtel auf jeder Halbkugel zusammen, während das von mir eingangs als analoges Übergangsgebiet zu den Schneewüsten bezeichnete Tundrenklima wenigstens auf der südlichen Halbkugel rings um die Erde polwärts in das Gebiet des ewigen Frostes – die Kryochore – überführt und diese beiden also als getrennte Zonen behandelt werden können. Es kommt hinzu, daß die Wüste – die Xerochore – lange nicht so lebensfeindlich ist wie die Kryochore, da in ihr jeder ausnahmsweise Regenguß Keime zu wecken und künstliche Bewässerung sogar die reichsten Ernten zu liefern vermag.

Weitere Gliederung. Die Klimaformel

Knüpfen wir nun, um in der Unterscheidung der Klimate einen Schritt weiter zu tun, an die oben zur Kennzeichnung der Beziehungen der elf Kolorite unserer Erdkarte verwendete Buchstabenschrift an! Die Erklärung der Zeichen, die ich zur weiteren Verwendung vorschlage, gebe ich hier in alphabetischer Reihenfolge; die Angaben über Regenmengen stelle ich an den Schluß. In ihrer Verbindung zur Klimaformel stehen die Buchstaben immer in absteigender Reihenfolge ihrer Wichtigkeit im betreffenden Fall.

A = Tropische Regenklimate. Kein Monatsmittel unter 18°.

B = Trockne Klimate.

C = Warme Regenklimate. Temperatur des kältesten Monats zwischen 18° und −2°.

D = Winterkalte Regenklimate. Kältester Monat unter −2°, wärmster Monat über 10°.

E = Tundrenklimate. Wärmster Monat zwischen 10° und 0°.

F = Schneeklimate. Wärmster Monat unter 0°.

H = Höhenklimate oberhalb 3000 m.

S = Steppenklimate.

W = Wüstenklimate.

a = Mittlere Temperatur des wärmsten Monats > 22°.

b = Mittlere Temperatur des wärmsten Monats < 22°, mindestens vier Monate > 10°.

c = nur 1–4 Monate > 10°, kältester Monat > −36°.

d = ebenso, aber kältester Monat unter −36°.

f = beständig feucht (genügender Regen oder Schnee in allen Monaten).

g = Gangestypus der jährlichen Temperaturschwankung mit Maximum v o r der Sonnwende und der sommerlichen Regenzeit.

h = heiß, Jahrestemperatur über 18°.

i = isotherm, Differenz der extremen Monate unter 5°.

k = (winter-)kalt, Jahrestemperatur < 18°, wärmster Monat > 18°.

k′ = ebenso, wärmster Monat unter 18°.

m = Monsunregen, Urwaldklima trotz einer Trockenzeit.

n = häufige Nebel.

n′ = Nebel selten, aber große Luftfeuchtigkeit bei Regenlosigkeit und relativer Kühle (Sommer unter 24°).

p = ebenso bei sehr hoher Temperatur (Sommer über 28°).

p′ = ebenso bei Sommertemperatur 24–28°.

s = trockenste Zeit im Sommer der betreffenden Halbkugel.

w = trockenste Zeit im Winter der betreffenden Halbkugel.

s′w′ = ebenso, aber Regenzeit nach dem Herbst hin verschoben.

s″w″ = ebenso, aber Regenzeit gegabelt, mit eingeschalteter kleiner Trockenzeit.

u = sudanesischer (umgekehrter) Wärmegang, kühlster Monat nach Sommersonnwende.

v = Kap-Verdescher Wärmegang, wärmste Zeit im Herbst.

x = Übergangsklima mit Frühsommerregen (vgl. Text, S. 218).

x′ = ebenso mit seltenen, aber heftigen Regen zu allen Jahreszeiten.

Über die Regenmenge sagen die Zeichen folgendes aus:

Af = im regenärmsten Monat mindestens 6 cm Regen.

Aw u. As = im regenärmsten Monat $\begin{cases} \text{bei Jahresmenge } 100 \ 150 \ 200 \ 250 \text{ cm} \\ \text{höchstens} \qquad\quad 6 \quad 4 \quad 2 \quad 0 \text{ cm} \end{cases}$

Am = Regenmenge im regenärmsten Monat zwischen Af und Aw.

$BW = N^{15} < t + 10$, d. i. $\begin{cases} \text{bei } t = \quad 25° \ \ 20° \ \ 15° \ \ 10° \quad 5° \quad 0° \ \ -5° \\ \text{unter} \qquad 35 \quad 30 \quad 25 \quad 20 \quad 15 \quad 10 \quad \ 5 \text{ cm} \end{cases}$

$BS = N < 2t + 20$, d. i. unter 70 60 50 40 30 20 10 cm

A, C und D = N größer als letztgenannte Grenze.

Cs = regenreichster Monat der kälteren Jahreszeit bringt mehr als dreimal soviel Niederschlag wie regenärmster der wärmeren.

Cw und Dw = regenreichster Monat der wärmeren Jahreszeit bringt mehr als zehnmal soviel Niederschlag wie regenärmster der kälteren.

Cf und Df = Unterschied der Monate geringer.

Die Erklärung der vorstehenden Zeichen und die Begründung ihrer Bedeutung folgt aus den nachstehenden Betrachtungen.

Wir finden zunächst neben den elf großen Klimagruppen in den sechs Klimazonen auf kleineren Räumen einige Nebenformen, welche die klimatischen Elemente der Temperaturhöhe, der Temperaturschwankung und der Feuchtigkeit in einer von diesen großen Typen etwas abweichenden Verbindung aufweisen und dadurch teils vermittelnde, teils eigenartige klimatische Züge zeigen. In der Karte sind sie, soweit der Maßstab sie überhaupt erkennen läßt, zu der ihnen nächstverwandten Hauptgruppe geschlagen. Die wichtigsten sind die folgenden:

1. Isotherme Höhenklimate. Die Temperaturabnahme mit wachsender Höhe ist nicht wie diejenige mit der Breite überwiegend auf den Winter beschränkt, sondern erstreckt sich auf das ganze Jahr. Wir haben daher in der Höhe in niederen Breiten kühle und kalte Klimate, die weder Sommer noch Winter kennen. Supans Isotalantosen gelten annähernd für alle Höhen. Welche wir als Grenze nehmen, ist willkürlich. Eine Jahresschwankung von < 5° zwischen den Mitteln der extre-

---

[15] N = jährliche Regenmenge in Zentimetern, t = Jahrestemperatur in Grad Celsius.

men Monate finden wir auf dem Lande außerhalb der Wendekreise nicht mehr, sie kann also als kennzeichnend für die tropischen Bergklimate dienen. Als Bezeichnung können wir Namen und Zeichen der Gruppe nehmen, die nach ihrer Definition dazu stimmt, aber ein „isotherm" bzw. „i" hinzusetzen. Wir erhalten so die Nebenformen Cwi, Cfi, Ei und Fi. Beispielsweise gehören Quito zu Cwi und Antisana zu Ei, der Mistigipfel bei Arequiqa zu Fi.

2. In gewissen Gebieten der h e i ß e n Z o n e finden wir auf beschränktem Raume hochstämmigen Urwald trotz einer scharf ausgeprägten Trockenzeit, sichtlich dort, wo die Regenmenge der übrigen Zeit dem Boden einen genügenden Wasservorrat auch für die regenlose Zeit zuführt. Dort, wo die Jahresmenge über 200 cm beträgt, wie an der Malabarküste, kann die Trockenzeit dabei selbst vier Monate dauern; bei einer Regenmenge von 150–200 cm, wie in Lagos, ein bis zwei Monate. Solche Bedingungen kommen besonders bei Monsunwechsel zustande. Ich bezeichne diese Nebenform mit Am und habe sie im Kolorit zu 1 (Af) geschlagen.

3. Zu den natürlichen Eigenschaften der kontinentalen W ü s t e n gehört auch die Trockenheit der Luft. Sie bewirkt, daß selbst starke aufsteigende Luftströmungen in ihnen kaum Wolken bilden. Anders aber ist es an den Meeresküsten. Hier ist die unterste Luftschicht feucht und starker Taufall die Regel, während die Regenlosigkeit wegen Mangel an aufsteigenden Luftbewegungen meist noch größer ist als im benachbarten Innern. Dieses luftfeuchte Wüstenklima tritt in dreierlei Formen auf. An Binnenmeeren, die in heiße Wüsten eingebettet sind, wie das Rote Meer, der Persische und der Kalifornische Golf, bringt die Verbindung von hoher Temperatur und Luftfeuchtigkeit noch viel lästigere Bedingungen für den Menschen hervor als die noch größere, aber trockne Gluthitze des benachbarten Binnenlandes; zur Nebelbildung kommt es aber dabei nicht. An Küsten dagegen, wo durch kalte Strömung oder aufquellendes Tiefenwasser das Meer am Ufer viel kühler ist als sowohl das Binnenland wie die hohe See, und zwar Temperaturen zwischen 12° und 20° aufweist, da führt, zumeist in der kühleren Jahreszeit, die hohe Luftfeuchtigkeit so häufig zur Nebelbildung, daß diese zum Hauptcharakterzug wird. Das ist vor allem so an den Küsten von Peru und Nordchile in 5–22°, sowie von Deutsch-Südwestafrika in 15–33°; auch von weiter nördlich, von Loango, ist der „Cacimbo" fast

ebenso bekannt wie die „Garua" von Peru. Ganz ähnlich liegen die Verhältnisse, jedoch mit weniger starker Nebelbildung, an den Küsten von Südkalifornien, Marokko und an der Südostseite der Somali-Halbinsel. Für das schwüle Dampfwüstenklima Bp kann Massaua, für seine mildere Form Bp' die Küste von Gabes bis Alexandrien, für das Klima der Wüstenküstennebel Bn Swakopmund und für dessen schwächere, seltener zu Nebeln führende Ausbildung Bn' Mogador als Vertreter gelten. Nach dem Binnenlande zu nehmen die Hitze und die Sonnenstrahlung sehr schnell zu.

4. In der Nähe des 40. Breitengrades (etwa 45° in Europa, 39° in Nordamerika, 37° in Australien und 34° in Südafrika), dort, wo sich das Steppenklima mit dem feuchttemperierten oder mit dem mesotherm sommerdürren Klima berührt, finden wir auf kleineren Räumen Klimate, die sich nicht recht in eine der großen Abteilungen einreihen lassen und die trotz ihrer Unbestimmtheit deutliche Verwandtschaftszüge zueinander zeigen. In meiner Klassifikation von 1901 habe ich sie zum Teil als Maisklima zusammengefaßt. In allerlei Variationen zeigen sie Regenmaxima im Frühsommer und Herbst und trocknen, heiteren Spätsommer. Sie zeigen Anschluß einerseits an die Sommerregen der benachbarten polaren Teile des Steppengebiets, anderseits an das Etesienklima, dessen Winterregenzeit sich nach den Rändern zum Teil spaltet, und durch die Abwesenheit einer ausgesprochen trockenen Zeit auch an das feuchttemperierte Klima Cf; auf der Karte sind sie im Kolorit zu letzterem geschlagen. Hierher gehören die Klimate von Kastilien, Mittelfrankreich, die Poebene, Kroatiens, der ungarischen und rumänischen Tiefebene sowie Grusiens, im Kapland das der Südküste und Südkarroo, in Australien das von Viktoria, ferner in einer oder der andern Form dasjenige eines großen Teils des Innern der Vereinigten Staaten. Die jährliche Regenverteilung in den Prärien hat Ähnlichkeit mit derjenigen in den südrussischen Steppen. Den „Missouri-Typus" mit Maximum des Regenfalls im Ausgang des Frühlings und im Frühsommer erklärt Greely für den wichtigsten in den Vereinigten Staaten wegen seiner Bedeutung für den Ackerbau. Er hebt sich scharf ab vom mexikanischen, der starke Regen erst nach der Sommersonnwende und große Trockenheit im Spätfrühling bringt.

Auch in der Temperatur bieten diese Gebiete Übergangsverhältnisse, insofern als die Temperatur in den nordischen im Januar nahe an − 2°

liegt und sie sowohl im Norden als im Süden im wärmsten Monat der Isotherme 22° nahekommt, die wir noch als Grenze zweiter Ordnung kennenlernen werden. Die Wintertemperatur freilich ist am Kap und in Viktoria 12 bis 16° höher.

Nur geringe Anklänge an diesen Klimatypus weist Südamerika auf, hauptsächlich in dem doppelten Regenmaximum in Uruguay. Aber auch das ganze La-Plata-Gebiet stellt der Einordnung in das große Klimaschema ähnliche Schwierigkeiten entgegen; denn als „feuchttemperiert", wie es auf der Karte bezeichnet ist, muß es zwar nach seinen Regenmengen gelten, diese fallen aber in Güssen auf so wenige Tage verteilt, daß an der Baumlosigkeit der Pampas doch wohl Wassermangel stark beteiligt ist; nach der Regenhäufigkeit müßte man ihnen Steppenklima zuschreiben, zumal ihnen eine eigentliche Regenzeit fehlt, bei deren Vorhandensein der Baumwuchs mit viel geringeren Jahresmengen auskommt, besonders, wenn sie in die kühlere Jahreszeit fällt. In der Tat fallen in den Pampas durchschnittlich 15 bis 20 mm an einem Regentag, während in den südrussischen Steppen, für deren Trockenheit gleichfalls dieser Fall des Regens in Güssen öfters verantwortlich gemacht wird, auf einen sommerlichen Regentag nur 7 mm kommen. Eine Ähnlichkeit bietet sich in derselben Breite in Nordamerika, wo in Arkansas und Umgebung 12–15 mm an einem Regentag fallen,[16] bei mäßigem Gesamtregenfall und bei nur 10 Regentagen im Monat.

Auf der Karte sind die Klimate dieser zwei Nebenformen mit x und x′ kenntlich gemacht, und zwar ist das x nicht nur bei C, sondern auch bei den verwandten Formen in B und D vermerkt worden.

Führen wir ferner, um zu einer genaueren Kennzeichnung der Klimate zu gelangen, außer diesen Nebenformen auch Unterabteilungen in den großen elf Hauptgruppen ein, die wir ebenfalls mit Zeichen aus der oben gegebenen Liste Seite 214 belegen, so kommen wir zu Klimaformeln, die Natur und Verwandtschaft der Klimate in ähnlicher Weise kurz ausdrücken wie die chemischen Formeln diejenige der Stoffe. Wie weit man darin gehen will, hängt natürlich in der Klimatologie, wo man überall Mannigfaltigkeit und Übergänge findet, vom Gutdünken und vom Zweck ab, den man verfolgt. Daß es aber wohl der einfachste Weg ist, um sich in dieser verwirrenden Mannigfaltigkeit zu-

---

[16] Met. Zeitschr. 1905, S. 198.

rechtzufinden und Verwandtes zu verknüpfen, steht für mich außer Zweifel. Das folgende Schema mag hier genügen, läßt sich aber nach Bedarf auch weiterbilden. Zum Vergleich setze ich mein altes Schema daneben.

Völlig oder fast völlig übereinstimmend sind folgende Klimate meines alten Schemas mit den jetzigen:

A1 = Af + Am, A2 = Aw + As, B1 = Bn + Bn', B2 = BWh, B3 = BShw, B4 = BShs, B5 = BSk', B6 = BWk, B7 = BSk, C4 = Csa, C5 = Csb, E1 + E2 = E, E3 + E4 = EH, F = F. Dagegen sind C1–3, C6–7 und D1–3 jetzt anders geteilt.

	Neues Schema 1917			Altes Schema 1901	
Karte	Zei-chen	Neben-formen	Unter-abteil.	Zeichen	Klima
1	Af	Am	} s, s', s''	A1	Lianen
2	Aw	As	} w, w', w''	A2	Baobab
3	BS		h, k, k'	B3, B4, B5, B7	Espinal, Tragant, Pata-gonien, Prärien
		} Bn, Bn', Bp			
4	BW	}	(s, w)	B2, B6 (B1)	Samum, Buran (Garua)
6	Cs	–	a, b	C4, C5	Oliven, Eriken
5	Cw	} Cx, Cwi,	a, b (g)	} C1, C2, C3,	Camellien, Hickory, Mais
7	Cf	} Cfi		} C6, C7 und	Hochsavannen, Fuchsien
8	Dw	}		} D1, D2, D3	Eichen, Birken, Antark-
9	Df	} –	a, b, c		tische Buchen
10	E	Ei, EH		E1, E2, E3, E4	Eisfuchs, Pinguin, Yak, Gemsen
11	F	Fi, FH		F	ewiger Frost

In der heiklen Frage der Namengebung will ich mich kurz fassen. Für die Klimagruppen 1–4 der Karte dürfte die Bezeichnung nach den darin vorherrschenden Pflanzengemeinden am ehesten Aussicht auf An-nahme haben: dem tropischen Regenwald (Schimper)[17], der Savanne, der Steppe und der Wüste. Als gemeinsame Bezeichnung der beiden letzteren Gruppen, also der Trockenzone B, scheint das Wort „aride" ziemlich international zu sein; Pencks semiarides Klima dürfte meinem Steppen-, sein vollarides meinem Wüstenklima entsprechen. Für die Gruppe 6 der Karte der Cs braucht Hettner das Wort „Etesienklima". Sind diese sommerlichen Nordwinde auch nicht ein allgemeiner und

[17] Pflanzengeographie auf physiologischer Grundlage, Jena 1911.

entscheidender, so sind sie doch für bedeutende Teile ein recht bezeichnender Zug dieses Klimas. Doch sollte man das Wort jedenfalls nur auf Klimate mit trocknem und heiterem Sommer – xerother mesotherme – anwenden und nicht wie Drude[18] auch auf die feuchten Sommer Neuseelands und der südöstlichen Vereinigten Staaten, die mit Etesien gar nichts zu tun haben. Das Kolorit 7 der Karte mit den Gruppen Cf und Cfi, die auch mein altes Fuchsienklima in sich fassen, können wir, wie Schimper es in seiner ausgezeichneten Pflanzengeographie tut, als feuchttemperierte Klimate bezeichnen.

Diejenigen Klimate, die „endemisch" nur in einem Erdteil vorkommen, können wir unbedenklich nach diesem nennen, so Dwa als mandschurisches, Dwb als Amur-, Dwc als nertschinskisches, Dwd als jakutisches und Dfa etwa als Siouxklima; die ganze Dw-Gruppe, wo nötig, als transbaikalische bezeichnen, und die ganze D-Zone, da sie nur auf der Nordhalbkugel vorkommt, als subarktische.

Wenn wir weiter Cfb als Buchenklima, Dfb als Eichenklima und Dfc als Birkenklima bezeichnen, so schließen sich diese Ausdrücke so ungezwungen an jedermann bekannte Charakterbäume an, daß sie wohl auf Anwendung hoffen dürfen. Auch Dwb ist ein Eichenklima, jedoch mit Strahlungswintern. Um auch für Cfa einen kurzen Namen zu haben, ist „virginische Klimate" vielleicht annehmbar, da diese dort zuerst von den Europäern kennengelernt wurden.

Als Seitenstück zu dem durchaus bezeichnenden Ausdruck „Tundrenklima" für E scheint für diejenigen zwischen Baum- und Schneegrenze in Gebirgen, EH, das Wort „Almenklima" passend, da es zugleich eine damit zusammenfallende sehr verbreitete Wirtschaftsform andeutet. Für die letzte Hauptgruppe, F, hat wohl der von Penck gebrauchte Ausdruck „nivales Klima" Aussicht auf Annahme. Diese Gruppe schließt übrigens auch sein „seminivales Klima" ein.

Die Verwendung der Klimaformel möge durch einige Beispiele näher veranschaulicht sein. Sie lautet für Greytown (Nicaragua) Afw"i, für San José (Cost.) Aw"i. Dies besagt, daß an beiden Orten die mittlere Temperatur aller Monate über 18° liegt und der Temperaturunterschied der extremen Monate kleiner als 5° ist; beide Orte müssen ferner eine doppelte Regenzeit im Frühsommer und Spätherbst haben, mit einem

---

[18] Ökologie der Pflanzen.

zweimaligen Nachlassen der Regen, einem größeren im Winter oder Frühling der Halbkugel, und einem geringeren („veranillo") in deren Sommer oder Herbst. Aber nur in San José ist, wie die Formel sagt, mindestens die größere dieser Regenpausen eine wirkliche Trockenzeit, Greytown dagegen hat heißfeuchtes Regenwaldklima zu allen Jahreszeiten (d. i. in keinem Monat weniger als 6 cm Regen).

Nehmen wir ein anderes Doppelbeispiel. Die Formel für Agra (Indien) lautet Cwag, die für Neapel Cs′a. An beiden Orten liegt also das Temperaturmittel des kältesten Monats zwischen 18° und − 2° und das des wärmsten über 22°. Agra hat eine Trockenzeit im Winter, Neapel eine im Sommer und beide haben ein einfaches Regenmaximum, das in Agra in den Sommer fällt, in Neapel aus dem Winter gegen den Herbst verschoben ist; endlich zeigt der Buchstabe g bei Agra, daß der wärmste Monat noch vor die Sommersonnwende fällt, während das Fehlen eines solchen Buchstaben bei Neapel schließen läßt, daß es hier normal, d. h. etwa ein Monat nach dem höchsten Sonnenstande eintritt.

Ein drittes Doppelbeispiel sei Haparanda = Dfc und Jakutsk = Dwd. Die Formeln sagen, daß an beiden Orten die Temperatur des kältesten Monats unter − 2° und die des wärmsten zwischen 10 und 22° liegt, sowie daß an beiden weniger als vier Monate eine Temperatur über 10° haben; in Jakutsk ist der Winter arm an Niederschlägen und vorwiegend heiter, die Temperatur des kältesten Monats ist deshalb so niedrig, unter − 36° (so niedrig wie nirgends außerhalb Ostsibiriens); in Haparanda bringen dagegen alle Jahreszeiten häufige Niederschläge und ist der Winter nicht so kalt.

Als letztes Beispiel betrachten wir Swakopmund BWkn und Windhuk BShw. Danach hat ersteres kühles Wüstenklima ohne Regen, aber mit häufigem feuchten Nebel, letzteres heißes Steppenklima mit Trockenzeit im Winter. Das Jahresmittel der Temperatur liegt bei ersterem unter, bei letzterem über 18°. In Wirklichkeit ist Swakopmund fast ganz regenlos (2 cm), Windhuk liegt mit 38 cm Sommerregen und 19° jenseits der Wüstengrenze, die hier bei 19 + 10 = 29 cm fallen soll.

Man sieht aus diesen Beispielen, daß die kurzen, nur aus drei oder vier, zudem nur einem ganz kleinen Vorrat entnommenen, Buchstaben bestehenden Formeln immerhin eine Menge wichtiger, für Menschen-, Tier- und Pflanzenleben entscheidender Tatsachen enthalten und sich nach Bedarf weiter bilden lassen.

In der folgenden Liste mögen für jedes der unterschiedenen Klimate Beispiele aus verschiedenen Erdteilen angeführt sein:

1. Afw   = Kamerun, Seychellen, Batavia, Simsonhafen, Samoa.
   Afw' = Mauritius, Südostcelebes, Neuhebriden, Porto Rico, Para.
   Afw'' = Daressalam, Colombo, Nordcelebes, Greytown, Jamaika, Iquitos.
   Afs   = Amboina, Finschhafen, Pernambuco.
   Afs' = Ostceylon.
   Amw   = Bombay, Akyab. – Amw' = Aparri (Philippinen). – Amw'' = Tenasserim.

2. Aw   = Senegal, Mosambik, Kalkutta, Manila, Pt. Darwin, Marquesas, Mazatlan, Veracruz, Cuyaba.
   Aw'   = Madras, Neukaledonien, Matamoros, Guayaquil, Ceara.
   Aw'' = Bangkok, Guatemala, Panama, Pt.-au-Prince.

3. BShw = Timbuktu, Khartum, Karatschi, Phönix (Ar.), Windhuk, Alice Springs, San Luis (Arg.)
   BShs = Gabes, Baku, Tulare (Cal.), Calvinia, Pt. Augusta.
   BSk   = Odessa, Barnaul, Denver (Col.), – BSk' = Chubut.
   Bn   = Swakopmund, Iquique. – Bn' = Agadir. – Bp = Massaua, Buschir. – Bp' = Alexandrien.

4. BWh   = Kairo, Jakobabad, Ft. Yuma, Warmbad, Strangways (Austr.), San Juan (Arg.).
   BWk   = Astrachan, Nukus, Luktschun, El Paso (Tex.), Limay (Arg.).
   BWk' = Santa Cruz (Patag.).

5. Cwag = Delhi, Hongkong, Gondar, Mexiko, Halls Creek (Austr.).
   Cwa   = Tsingtau, Kimberley, Mackay (Austr.), Tatuhy (Bras.).
   Cwb   = Pietermaritzburg, Neufreiburg (Brasilien).
   Cwi   = Addis Abeba, Dodabetta, Baguio (Phil.), Quito.

6. Csa   = Neapel, Smyrna, Sacramento, Clanwilliam, Adelaide.
   Csb   = Porto, San Francisco, Kapstadt, Valparaiso, K. Borda.

7. Cfa   = Nagasaki, Neuorleans, Brisbane [19] (Buenos Aires Cfax').
   Cfb   = Hamburg, Melbourne, Auckland, Valdivia, Curitiba.
   Cfx   = Mailand, Budapest, Bukarest, St. Louis (Mo.), Pt. Elisabeth.
   Cfi   = Chimax (Guat.), Cinchona Plant (Jam.), Bogota.

8. Dfa   = Omaha, Cleveland. – Dfb = Riga, Sitka, Montreal. – Dfc = Haparanda, Tobolsk, Yukon, Ft. York.

9. Dwa   = Peking. – Dwb = Blagowestschensk. – Dwc = Nertschinsk Hwk. – Dwd = Jakutsk.

[19] Genauer Cfwa.

10. E = Nowaja Semlja, Tolstoj Nos, Pt. Barrow, Godthaab, Kerguelen, Kap Hoorn.

   EH = Säntis, Pikes Peak, Mt. Washington.

   EHi = Kamerunpik (ber.), Antisana.

11. F = McMurdo-Sund, Gaußstation, Snow Hill.

   FH (berechnet) = Mt. Blanc, Gaurisankar, Mt. Elias, Orizaba, Aconcagua.

   FHi (berechnet) = Kilimandscharo, Chimborazo.

28. Deutscher Geographentag Frankfurt a. M., 12. bis 18. Mai 1951. Tagungsbericht und wissenschaftliche Abhandlungen im Auftrag des Zentralausschusses des Deutschen Geographentages hrsg. von H. Lehmann, Remagen: Verlag des Amtes für Landeskunde 1952, S. 105–118. (Mit Nachtrag von 1981.)

GRUNDZÜGE DER ATMOSPHÄRISCHEN ZIRKULATION UND KLIMAGÜRTEL

Von Hermann Flohn

Die allgemeine Zirkulation der Atmosphäre – heute wohl das Zentralproblem der Meteorologie – verlangt eine Betrachtung von den verschiedensten Gesichtspunkten her. Die herkömmliche Schau des Klimatologen und Geographen zielt auf eine physikalische Deutung der mittleren Wind-, Niederschlags- und Druckverteilung im Meeresniveau hin, wobei die Verhältnisse in der Höhe deduktiv erschlossen wurden. Die Betrachtungsweise des Praktikers des Wetterdienstes, des Synoptikers, erstrebt eine Erklärung der statistischen Grundzüge des Wetters, z. B. Zugbahnen, Entstehung und Auflösung der Zyklonen und Antizyklonen sowie der mit ihnen verknüpften Luftmassen, Wolken- und Niederschlagsfelder. Der Blickpunkt des Aerologen erfaßt die Atmosphäre in dreidimensionaler Sicht; Ziel war die Kenntnis und Deutung des gesamten Strömungs-, Temperatur- und Feuchtefeldes der Atmosphäre bis (zunächst) etwa 30 km, wo der Druck auf 1 % des Bodenwertes sinkt. Die jüngste Entwicklung verleiht darüber hinaus – ein Problem der Geophysik – der Hochatmosphäre im Zeitalter der Raketenforschung bis zu ihrer äußersten Verdünnungsgrenze (Jonosphäre, Exosphäre) eine hohe Aktualität. Der Geophysiker fragt auch nach den kausalen Zusammenhängen zwischen den Zirkulationen der Atmosphäre, der Ozeane und der von ihnen beeinflußten Rotationsdauer der Erde. Der Astrophysiker sieht die Zirkulation der Erdatmosphäre im Vergleich zu der von Jupiter, Mars und anderen Planeten, sowie der der Sonne, reizvolle Probleme, die in naher Zukunft vielleicht aktuell werden können. Schließlich baut als Krönung des Ganzen der Theoretiker mit mathematischen Hilfsmitteln – ähnlich wie in der Kosmologie – kühn seine Modelle auf und prüft ihre Brauchbarkeit an dem nüchternen Tatsachenmaterial der Klimatologie, Synoptik und Aerologie.

Diese verschiedenen Denkweisen ergänzen einander wechselseitig;

keine allein, erst die Synthese aller kann eine voll befriedigende Lösung liefern. Die Entwicklung der letzten 15–20 Jahre, die sich in der Literatur erst seit Kriegsende abzeichnet, hat zu einer Ablehnung der klassischen Vertikalzirkulationslehre als unvollständig und in der freien Atmosphäre unhaltbar geführt. Andererseits erzwingen die Erfahrungen des Synoptikers und des Aerologen die Entwicklung einer Horizontalaustauschtheorie, die in ihren Grundgedanken auf A. Defant (1921) und T. Bergeron (1930) zurückgeht, ihre neuere Formulierung aber vornehmlich den Arbeiten von C. G. Rossby (1947, 1949), E. Palmén (1950) und Sv. Petterssen (1950) verdankt. Wenn diese auch noch keinesfalls – wegen der großen mathematischen Schwierigkeiten – ihre endgültige quantitative Formulierung gefunden hat, so müssen wir dennoch den Versuch wagen, ihre Grundlagen allgemeinverständlich darzulegen. Die didaktische Schwierigkeit liegt hierbei in der Tatsache, daß die Felder von Strahlung, Temperatur, Druck, Dichte, Wind, Wolken und Niederschlägen in engster wechselseitiger Abhängigkeit voneinander stehen, so daß jede isolierte Betrachtung eines Feldes Stückwerk bleiben muß. Hierbei gehen wir in wichtigen Punkten über die bereits veröffentlichten Studien (Flohn 1950 a, b) hinaus, auf die jedoch in vielen Einzelfragen verwiesen werden muß.[1]

Zwei Gesetze der allgemeinen Meteorologie sind bei dieser Darstellung unumgänglich:

a) Die Diskussion der barometrischen Höhenformel in der Form

$$\frac{dp}{p} = -\frac{g}{RT}\,dz$$

$\frac{(dp}{(dz}$ = Änderung des Druckes p mit der Höhe z, g = Schwerebeschleunigung, R = Gaskonstante, T = absolute Temperatur in °K, genauer: virtuelle Temperatur $T_v = T\,(1 + 0{,}606\,q)$, q = spezifische Feuchtigkeit in g H_2O/g Luft),

---

[1] Auf Grund der eingehenden Diskussion dieser Probleme während einer von C. G. Rossby einberufenen internationalen Konferenz in Stockholm (2.–9. Juni 1951) sollen in Fußnoten einige wichtige Gesichtspunkte zur Ergänzung gebracht werden. An der – hier aus didaktischen Gründen bewußt stark vereinfachten – Grundauffassung braucht jedoch keine Änderung vorgenommen zu werden.

führt auf das aerologische Grundgesetz (Abb. 1): In der Höhe herrscht
– gleicher Luftdruck am Boden vorausgesetzt – über Warmluft hoher,
über Kaltluft tiefer Druck. Zwischen zwei verschieden temperierten
Luftmassen bildet sich also im Übergangsgebiet eine Zone mit der
Höhe zunehmenden Druckgefälles: die Frontalzone.

b) Diskussion der Bewegungsgleichung in der Form

$$\frac{dv}{dt} = -\,G + C_{hor} \pm Z + R_E$$

$\frac{(dv}{(dt}$ = zeitliche Änderung des Windes v, Druckgradientkraft G =

$\frac{1}{\varrho}\frac{dp}{dn}$ = Änderung des Druckes p in der Richtung n senkrecht zu den

Isobaren, $\varrho = \frac{p}{RT_v}$ = Dichte der Luft, Coriolisbeschleunigung bzw.
ablenkende Kraft der Erdrotation in horizontaler Richtung C_{hor} =
$2\,\omega \sin \varphi \cdot v$, v = Windvektor, ω = Winkelgeschwindigkeit der Erde,
φ = geographische Breite, Z = Zentrifugalkraft bei gekrümmten Isobaren, R_E = Reibung am Erdboden)
führt in der freien Atmosphäre (R_E = O) bei gradlinigen Isobaren
(Z = O) und stationärer Bewegung ($\frac{dv}{dt}$ = O) zu dem Begriff des geo-
strophischen Windes, der außerhalb der Äquatorialzone stets in erster
Näherung erfüllt ist. Er weht parallel zu den Isobaren, da bei ihm
Druckgradient G und ablenkende Kraft C_{hor} sich das Gleichgewicht
halten. Noch allgemeiner ist der Begriff des Gradientwindes, bei dem
bei gekrümmten Isobaren Z $\neq$ O sein kann. Bei geostrophischem
Wind ist also – gleiche Dichte bzw. Höhe und gleiche Breite vorausgesetzt – die Windstärke nur abhängig vom Druckgefälle. Je steiler in
einer Frontalzone das Druckgefälle in der Höhe ist (Abb. 1), desto stärker ist der zugehörige Wind, wie jede Höhenwetterkarte zeigt; näheres
bringt jedes moderne (seit 1936) Lehrbuch der Meteorologie. Die
Bodenreibung R_E lenkt den Wind zum tiefen Druck hin ab; diese Ab-
lenkung nimmt gemäß der Ekman-Spirale innerhalb der Grundschicht
mit der Höhe rasch ab.

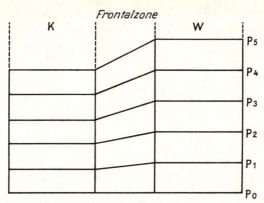

Abb. 1. Vertikale Druckverteilung (p_0–p_5) über Warmluft (W) und Kaltluft (K); Frontalzone im Grenzbereich verschiedener Luftmassen.

Planetarische Zirkulation

Die rechnerisch zu erfassende Einstrahlung der Sonne (Milankowitsch, Baur-Philipps) führt auf dem Wege über die Erwärmung der Erdoberfläche zu einem die gesamte Troposphäre erfassenden Gegensatz zwischen der warmen Tropikluft und der kalten Polarluft. Die horizontalen Temperaturunterschiede längs eines Meridians sind innerhalb der Tropenzone ($< 25°$ Breite) und in der Polarzone ($> 70°$ Breite) recht gering, so daß der thermische Gegensatz Äquator – Pol sich fast ganz auf die mittleren Breiten beschränkt.

Die Heizung vom Erdboden her strebt eine gleichmäßig durchmischte Atmosphäre an, in der auch der Wind mit der Höhe gleichbleibt; die von der Temperatur- und der zugehörigen Druckverteilung in der Höhe erzwungene westliche Strömung konzentriert sich daher auf bandartige Zonen („planetarische Frontalzone") von 500 bis 1000 km Breite, die sich auf allen Höhenkarten wie ein mäandrierender, gelegentlich aufspaltender Strom rund um die Nordhalbkugel ziehen. Diese Düsenströmung (jetstream) der Amerikaner erreicht knapp unterhalb der Tropopause, in 9–11 km Höhe, Geschwindigkeiten von 200–400 km/h (Abb. 2), und in ihrem Bereich – zwischen 25° und 50° Breite – finden wir die stärksten horizontalen Temperaturgegensätze

zwischen Polar- und Tropikluft, als Folge des dauernden Gegenspiels
von senkrechten und seitlichem Austausch (Rossby, Raethjen).[2]

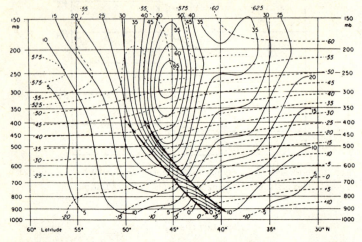

Abb. 2. Temperaturverteilung (Isothermen in ° C gestrichelt) und Windverteilung (Westwind in m/sec) im Mittel über 12 Westlagen über Nordamerika längs
80° W, nach Palmén und Newton, Journ. Meteor. 1948, 221. Druckflächen als
annäherndes Maß der Höhe (500 mb rund 5,5 km, 150 mb = 13,5 − 14 km).

Diese planetarische Frontalzone verläuft auf der wahren, nicht ideali-
sierten Erdoberfläche nie völlig gleichmäßig, sondern sie enthält stets
Konvergenzen und Divergenzen, die jede kleine Störung des Druckfel-
des („Wellenstörung") zu Zyklonen und Antizyklonen anwachsen
lassen. Mit der herrschenden Westdrift wandern diese Zyklonen und
Antizyklonen wie Wirbel in einem Flusse in ständiger Umbildung allgemein von West nach Ost. Sie sind – mit Durchmessern von einigen

---

[2] In der deutschen Literatur wird der Begriff der Frontalzone (Bergeron)
ganz allgemein für eine Zone starken horizontalen Temperaturgefälles gebraucht; er kann auch in den Fällen verwendet werden, wo sich ein extremes
Temperaturgefälle und die damit gesetzmäßig verknüpfte Windzunahme nach
oben auf die obere Troposphäre, knapp unterhalb der Tropopause, beschränkt.
In der Mehrzahl der Fälle existiert im Meridianschnitt mehr als ein Windmaxi-
mum in Tropopausennähe; im planetarischen Mittel über ganze Jahreszeiten
vereinigen sich diese Maxima zu einer breiten Zone hoher Windgeschwindigkeit.

1000 km – die Turbulenzelemente des horizontalen Großaustauschs (Defant 1921). Die Frontalzone selbst ist aber kein stabiles Gebilde, sondern – wenn man die Stabilität in der Senkrechten wie in horizontaler Richtung betrachtet – in s t a b i l : jede kleine Störung neigt, sobald ein kritischer Schwellenwert (Richardsonsche Zahl) überschritten ist, zum Anwachsen in horizontaler und vertikaler Richtung. Dann schlägt die vorwiegend z o n a l e Form der Zirkulation mit ungeordnetem Horizontalaustausch unter besonderen Umständen – nach Rossby abhängig vom Abstand der einzelnen Mäanderwellen und der Intensität der Westdrift – um in eine annähernd stationäre m e r i d i o n a l e Form, bei der die Frontalzone durch blockierende Hochdruckgebiete aufgespalten wird. Dann erfaßt ein geordneter Meridionalaustausch polarer und tropischer Luftmassen in umfangreichen Höhentrögen und mit riesigen Mäandern der Frontalzone beinahe die ganze Halbkugel; diese Form tritt besonders im Frühjahr bei ausgeprägtem Polarhoch häufig auf.

Abb. 3. Höhenlage der 500-mb-Fläche im Jahresmittel 1950 und mittlere 24stündige Zugbahnen der Zyklonen (ausgezogen) und Antizyklonen (gestrichelt). Nach Flohn und Brandtner.

Die im Bereich der Frontalzone gebildeten Zyklonen und Antizyklonen neigen nun erfahrungs- und gesetzmäßig dazu, aus der Zone maximaler Höhenströmung auszuscheren (Abb. 3): die Zyklonen im statistischen Mittel mit einer Komponente polwärts, die Antizyklonen mit einer Komponente äquatorwärts (Rossby, Kuo, Petterssen, van Mieghem). Damit bildet sich unter ständiger Regeneration ein Gürtel von Hochdruckzellen an der warmen Äquatorseite der planetarischen Frontalzone, ein Gürtel von Tiefdruckgebieten an ihrer kalten Polseite, die in ihrer Gesamtheit den subtropischen Hochdruckgürtel und die subpolare Tiefdruckfurche ergeben. Beide werden also erzeugt durch die Energieumsetzungen innerhalb der Westdrift mittlerer Breiten, die wesentlich intensiver sind als im Bereich des Passatkreislaufs.

Die Temperaturverteilung über die Tropenzone kann – bei nahezu gleichbleibenden Strahlungssummen – als von der Breite praktisch unabhängig angesehen werden. Dann prägt die Entwicklung eines subtropischen Gürtels von Hochzellen dieser (quasi barotropen) Schichtung ein äquatorwärts gerichtetes Druckgefälle auf; zu diesem gehört in der freien Atmosphäre die auffallend beständige tropische Ostströmung des Urpassat. Die Bodenreibung erteilt ihr in den untersten Schichten eine Komponente zum tiefen Druck am (meteorologischen) Äquator hin: das sind die eigentlichen Passate der beiden Halbkugeln. Wo sie zusammenfließen, steigt die Luft in der innertropischen Konvergenzzone (ITC) auf; zum Ausgleich sinkt die Luft in der Passat- und Subtropenzone ab und bildet (besonders über See) die Passatinversion, die den vertikalen Austausch in rund 2 km Höhe sperrt. Der Passatkreislauf – in Form einer fortlaufenden Schraubenbewegung von E nach W – wird geschlossen durch eine schwache polwärts gerichtete Komponente, die sich über ungestörten Ozeangebieten bereits oberhalb 1–3 km Höhe, also noch innerhalb der Ostströmung des Urpassats, nachweisen läßt.

Die Grenze zwischen N- und S-Komponente liegt also etwa in der Höhe der Passatinversion, deren große Bedeutung Schneider-Carius im Rahmen seines allgemeinen Begriffs der Grundschicht herausstellt; demgegenüber liegt die Grenze zwischen Urpassat (E) und dem Antipassat (W) in den inneren Tropen rund 10 km hoch, so daß keine Beziehung zwischen beiden Strömungsanteilen besteht (Abb. 4). Mit diesem Befund (Flohn 1951 a, vgl. bereits Kuhlbrodt 1928) fällt die letzte Stütze der klassischen Lehre vom System Passat-Antipassat; der schwache und sehr veränderliche Antipassat ist, auch in seinem jahreszeitlichen und wettermäßigen Verhalten, identisch mit den in der

Tab. 1: Meridionalkomponente der resultierenden Winde in den Tropen (unge-
störter Urpassat).

Höhe in Kilometern	0	1	2	3	
Marshall-Islands 8–11 °N	N	N	?	S	
Swan Island 17,4 °N	N	S	S	S	NE-Passat
„Meteor" 5–20 °N	N	N	S	S	
Belem 1,5 °S	N	N	S	.	
Galapagos 0,5 °S	S	S	N	N	Äquatorial-Region
„Meteor" 5 °N–5 °S	S	S	N	N	
Fernando Noronha 3,8 °S	S	S	S	N	SE-Passat
„Meteor" 5–20 °S	S	S	N	N	

Höhe bis in die Tropen ausgreifenden außertropischen West-
winden.

Thermodynamisch entspricht der Passatkreislauf – im statistischen

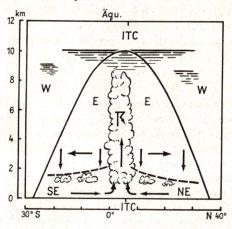

Abb. 4. Schema des ungestörten Passatkreislaufs (ohne äquatoriale Westwindzone). Pfeile – mittlere (ageostrophische) Meridionalkomponente innerhalb des
Urpassats (E), gestrichelt = Passatinversion an der Obergrenze der eigentlichen
Passate (SE und NE). Übergreifende außertropische Westwinde (W), früher Antipassat, mit wechselnder Meridionalkomponente.

Sinne definiert – durchaus den Überlegungen von Fickers (1936). Es handelt sich um einen thermisch – durch Heizung vom Erdboden bei gleichzeitiger Ausstrahlung in der oberen Troposphäre – betriebenen Kreislauf, dessen Richtung durch die von außen aufgeprägten Druckkräfte und die Bodenreibung bestimmt wird. Der meridionale Strömungsanteil quer zu den Isobaren (ageostrophisch) beträgt in ungestörten Gebieten 1–2 m/sec, gegenüber einem zonalen von 6–10 m/sec. Auch in höheren Breiten existiert eine sehr ähnliche reibungsbedingte Vertikalzirkulation quer zu den Isobaren von einem Betrag von 0,5 m/sec im statistischen Mittel, gegenüber 30–50 m/sec (im Einzelfall bis 100 m/sec) der Westdrift im Bereich der planetarischen Frontalzone. Die großräumigen Vertikalbewegungen liegen nur in der Größenordnung von wenigen cm/sec.[3]

Sobald die geographische Anordnung der planetarischen Luftdruckzellen (Subtropenhoch und Subpolartief) nicht mehr symmetrisch zum Äquator ist, und der meteorologische Äquator wesentlich vom mathematischen Äquator abweicht, spaltet sich die ITC entsprechend in zwei Äste (NITC und SITC) auf, wobei der schwächere in Höhe des mathematischen Äquators liegenbleibt. Sobald sich der stärkere Hauptast genügend weit (anscheinend um mindestens 10°) vom Erdäquator entfernt, bildet sich infolge des Druckgefälles vom mathematischen zum meteorologischen Äquator (quasi geostrophisch) eine äquatoriale Westwindzone aus, allseits eingelagert in die tropische Ostströmung. Diese ist mit wechselnder Mächtigkeit (meist nur 0,5 bis 3 km) im Sommer wie im Winter in der Zone von Westafrika über den Indik hinweg bis nach Indonesien einwandfrei gesichert (Abb. 5); hier läßt sie sich in allen Jahreszeiten beiderseits des Äquators nachweisen (bereits Meinar-

---

[3] Man kann diese ageostrophischen Strömungskomponenten als sekundäre, durch die Bodenreibung erzwungene Vertikalzirkulationen ansehen, die die vom Strahlungshaushalt erzeugte potentielle Energie des planetarischen Temperatur- und Druckgefälles zu einem Teil (nach Defant und Ertel höchstens 1 % des Gesamthaushaltes) aufzehren. Man kann sie aber auch (mit Raethjen) primär als energieliefernde Motoren auffassen, die die großen Schwungräder der außertropischen Westdrift und der tropischen Ostströmung in Bewegung halten. Es dürfte nicht leicht sein, bei der wechselseitigen (dualen) Verknüpfung aller Prozesse hier Ursache und Wirkung klar auseinanderzuhalten, wenn auch Verf. mehr dem erstgenannten Standpunkt zuneigt.

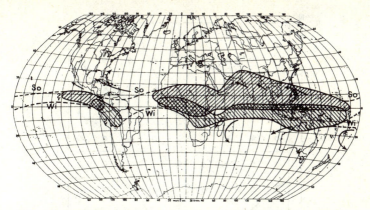

Abb. 5. Lage der innertropischen Konvergenzzonen (ITC) im Sommer und Winter der Nordhalbkugel, Ausdehnung der äquatorialen Westwindzone, nach Flohn (1951a). Pfeile = bevorzugte Zugbahnen voll entwickelter tropischer Orkane.

dus 1893 – vgl. Abb. 6 – und Gallé 1924). Ebenso existiert sie an der Westküste Südamerikas, fehlt aber – von einzelnen Wetterlagen abgesehen – an der Ostküste Südamerikas wie (wahrscheinlich) im zentralen Pazifik, wo sie nur durch eine Abnahme der Ostströmung erkennbar ist. Die klassische Deutung als auf die andere Halbkugel übergetretener und nach W abgelenkter Passat ist unhaltbar; aber auch die Deutung als Gradientwind trifft nicht ihr Vorkommen beiderseits vom Äquator mit relativ hoher Beständigkeit. Aus allgemein dynamischen Gründen (wegen der vertikalen Komponente der ablenkenden Kraft der Erdrotation und der Konvergenz der Meridiane auf dem Erdkörper) ist diese Westströmung meist hochreichend labil, die Ostströmung des Urpassat – von der Passatgrundschicht abgesehen – stabil geschichtet.[4]

[4] Die physikalische Deutung einer solchen Westströmung beiderseits des Äquators, wie sie in den extremen Jahreszeiten für mehr als die Hälfte des Erdumfangs gesichert ist – in den übrigen Gebieten findet sich wenigstens eine starke Abnahme der E-Komponente im Bereich der ITC –, stellt das schwierigste Problem der allgemeinen Zirkulation dar. Welche Kraft kann am Äquator selbst die Luftmassen gegenüber der Erdrotation noch beschleunigen? Wie hängt diese W-Strömung beiderseits des Äquators mit der offenbar existierenden Bedingung eines Mindestabstandes zwischen meteorologischem und mathematischem

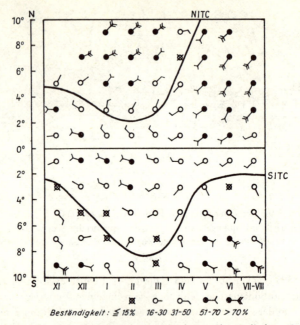

Abb. 6. Resultierende Bodenwinde im Nordosten des Indischen Ozeans (80–96° E), Daten nach W. Meinardus (Arch. Dt. Seewarte 13, Nr. 7, 1893), und Lage der innertropischen Hauptkonvergenzen (NITC, SITC).

Über dem Polargebiet bilden sich infolge Ausstrahlung oder Abkühlung durch Schmelzprozesse variable, meist nur seichte Hochdruckgebiete aus, die in den Schichten unterhalb 1–3 km Höhe veränderliche, vorwiegend östliche Winde erzeugen; darüber erstreckt sich der (asymmetrische) zyklonale Polarwirbel.

Mit dieser Deutung ergibt sich in planetarischer Sicht – als statistisches Ergebnis von horizontalen und vertikalen Austauschvorgängen – die bekannte zonale Anordnung in drei Tiefdruckgürteln mit vorwiegend aufwärts gerichteten Bewegungen, Wolken und Niederschlägen in subpolaren und äquatorialen Breiten, sowie vier Hoch-

Äquator zusammen? Eine befriedigende Antwort auf diese Fragen steht noch aus.

druckgürteln (einschließlich der Polarkappen) mit vorwiegend abwärts gerichteten Bewegungen, Wolkenauflösung und Trockenheit. Als Beleg für diese Anordnung der Vertikalbewegungen sei hier ein kombinierter Meridionalschnitt der relativen Feuchte (Abb. 7) veröffentlicht. Im Bereich der planetarischen Frontalzone driften die Störungen mit der Höhenströmung von W nach E; die sich im Bereich der ITC – ohne wesentliche Luftmassengegensätze – ausbildenden, vielfach nur kurzlebigen tropischen Zyklonen wandern dagegen (ebenfalls mit der Höhenströmung) von E nach W.[5] Diese Tiefdruckgürtel und Hochdruckzonen, sowie die zwischen ihnen liegenden West- und Ostwindgebiete, wandern – wegen der Neigung der Erdachse zur Erdbahnebene – im Jahresrhythmus hin und her und verlagern sich jeweils in

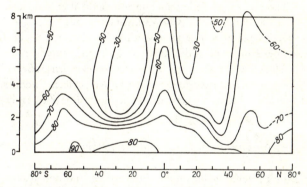

Abb. 7. Meridianschnitt der relativen Feuchte längs der Westküste Amerikas im Nordwinter/Südsommer (nach Flohn 1950 c bzw. 1951 c, kombiniert).

[5] Dieser Punkt ist von ausschlaggebender Bedeutung für die Unterscheidung der (bisher allgemein in irreführender Weise verbundenen) sommerlichen Monsunkonvergenz Indiens (mit E–W wandernden Zyklonen) von der Ostasiens (mit W–E wandernden Wellenstörungen); beide sind aerologisch und genetisch völlig verschiedener Natur. Übrigens neigen auch die an der ITC entstandenen voll entwickelten tropischen Zyklonen – deren vertikalen Aufbau mit warmem Kern (Bergeron, Palmén) als eine über warmem Meer „selbsterzeugende" thermodynamische Maschine eine neue Theorie von E. Kleinschmidt jun. klärt – zum Ausscheren aus der Höhenströmung polwärts. Ihre Umbiegung in die Westdrift höherer Breiten steht in engstem Zusammenhang mit den außertropischen Kaltluft-Höhentrögen (Riehl).

Richtung der Sommerhalbkugel; die Extremstände werden im Februar und August erreicht, also mit etwa zwei Monaten Verspätung gegenüber den Sonnenwenden. Die Wanderung beträgt aber selbst für die ITC-Region im planetarischen Mittel nur etwa 15–20°, ist also wesentlich geringer als die Verlagerung der Zenitstände der Sonne.

Auch im Jahresmittel ist die Verteilung dieser Tiefdruckgürtel und Hochdruckzonen nicht ganz symmetrisch zum Äquator, sondern sie verschiebt sich etwas auf die Nordhalbkugel, so daß der meteorologische Äquator etwa unter 5° N zu suchen ist. Dies ist z. T. auf die unterschiedliche Bestrahlung zurückzuführen, die nach Milankowitsch den „kalorischen" Äquator auf 3° N verlegt, z. T. auf die größere Landbedeckung der Nordhalbkugel; weil die Troposphäre über der Antarktis in allen Jahreszeiten, besonders aber im Sommer, kälter ist als über der Arktis, ist die südhemisphärische Zirkulation ständig intensiver und greift daher im Jahresmittel auf die Nordhalbkugel über. Über die Einzelheiten des jahreszeitlich die Richtung ändernden interhemisphärischen Austausches ist noch wenig bekannt; er scheint sich großenteils in der Reibungsschicht (bis 2 km) in einigen Tropengebieten (Indonesien, Ostafrika) abzuspielen, teilweise wohl aber auch in großen Höhen.

Einfluß der Land- und Meerverteilung

Diese im Einzelfall zellulare, im Mittel zonale Anordnung auf einer homogen gedachten Erdkugel wird nun durch die Land- und Meerverteilung mannigfach umgeformt. Hier müssen wir Einflüsse thermischer und dynamischer Natur unterscheiden.

Die jahreszeitlich wechselnden Strahlungseigenschaften von Land und Meer erzeugen über Land im Sommer, über Meer im Winter eine Temperaturerhöhung und ebenso auch – nur in Bodennähe – eine Druckerniedrigung. Damit werden im Sommer die großen Tiefdruckfurchen in die Kontinente hineingezogen, im Winter von ihnen abgedrängt; so liegt über Asien die subpolare Tiefdruckfurche im Sommer in 55–60°, im Winter jenseits 75° Breite, die ITC im Sommer als Monsunkonvergenz in rund 30° Breite, im Winter jenseits des Äquators. Das ist ein thermischer Vorgang etwa im Sinne der klassischen Monsunvorstellungen; diese thermisch erzeugten oder jedenfalls beeinflußten Druck-

gebilde reichen jedoch nicht allzu hoch hinauf, so daß über der Warmluft des vorderasiatisch-indischen Monsuntiefs ein ungemein kräftiges
Höhenhoch, über dem kalten Ostteil des sibirischen Winterhochs ein
Höhentrog liegt. Immerhin werden durch diese monsunalen Druckgebilde die zonalen Strömungsanteile ausgeweitet oder eingeengt, so daß
im Sommer über Indien die äquatoriale Westwindzone 3500 km Breite
und 6 km Mächtigkeit erreicht, aber doch noch durch östliche Winde
von der Westwindzone höherer Breiten abgegrenzt wird.

Dieser thermische Einfluß sollte nach dem aerologischen Grundgesetz die Höhenströmung über Warmluftgebieten zu einem antizyklonalen Ausbiegen polwärts, über Kaltluftgebieten zu einem zyklonalen
Ausbiegen äquatorwärts veranlassen. Dieser jahreszeitlich sein Vorzei-
chen ändernde Vorgang wird wenigstens im Grundzug auch beobachtet; er wird aber überraschenderweise überlagert von einem ganzjährig
konstanten, erst in den letzten Jahren entdeckten Effekt dynamischer
Natur. In allen Jahreszeiten existiert über dem Osten Nordamerikas,
über der Küste Ostasiens und (schwächer) über Osteuropa ein Höhentrog mit Kaltluft, der sich im statistischen Mittel immer wieder durchsetzt (Abb. 8). Über der Südhalbkugel ist ein entsprechender Höhentrog über dem Südatlantik vor der Ostküste Südamerikas gesichert
– durch den Nachweis einer allgemeinen südlichen Komponente der
Höhenströmung und der Zyklonenzugbahnen an der Ostküste Südamerikas, sowie einer überaus beständigen nördlichen Komponente des
Wolkenzuges auf Tristan da Cunha –, im Raume östlich Neuseeland
durch vorwiegend indirekte Schlüsse immerhin sehr wahrscheinlich,
ähnlich wohl auch östlich Südafrika.

Neuere theoretische Untersuchungen (Charney und Mitarbeiter,
Bolin, Colson) haben aufgezeigt, daß die Westströmung der planetarischen Frontalzone durch die großen Hochgebirge der Erde abgelenkt
wird: offenbar besteht über jedem Gebirge eine Tendenz zur antizyklonalen Auslenkung nach dem Pol, dagegen im Abstand von etwa 1000 bis
2000 km auf der Leeseite eine solche zur zyklonalen Ausbiegung im
Sinne eines äquatorwärts gerichteten Höhentrogs, an die sich wahrscheinlich weitere Wellen anschließen. Hierbei ist allem Anschein nach
nicht nur die direkte Reibungswirkung der Hochgebirge beteiligt, sondern auch die Höhenlage der Heizfläche und die von ihr ausgelösten
lokalen Zirkulationssysteme. Aus diesem Grunde erzwingt die Orogra-

Abb. 8. Lage der Höhentröge im Monatsmittel (1949 und 1950). Man beachte die scharfe Bündelung über Ostamerika sowie an der Küste Ostasiens, weniger deutlich über dem östlichen Europa; die Tröge über Mitteleuropa und der Biskaya entfallen auf die Übergangsjahreszeiten Frühjahr und Herbst.

phie immer wiederholte Vorstöße hochreichender Kaltluftmassen im Raume der Hudsonbai, beiderseits des Urals und über der Mandschurei. Im Bereich dieser ganzjährigen Höhentröge werden die subtropischen Hochdruckgürtel durchbrochen, die Westdrift der planetarischen Frontalzone biegt bis in subtropische Breiten (Südchina, Florida im Winter) aus und die Kaltluftvorstöße erreichen sogar die inneren Tropen, wo sie an der ITC Wellen auslösen. Die bekannte thermische Benachteiligung der Ostküsten höherer Breiten erstreckt sich durch die ganze Troposphäre und findet ihre Begründung in orographischen Faktoren (vgl. jedoch Sutcliffe 1951).

Diese orographisch begründeten Anomalien der Temperatur-, Druck- und Windverteilung in der freien Atmosphäre erstrecken sich

bis in die Polarregionen. Der Kern des nordhemisphärischen Polarwirbels – der Kältepol der freien Atmosphäre – liegt daher nur ganz
selten nahe dem Nordpol; meist löst er sich in mehrere Teilkerne auf,
von denen der stärkste häufig am Ausgangspunkt des ostamerikani-
schen Höhentroges, am Nordrand von Baffinland (in rund 75° N,
80° W), beobachtet wird, mehr als 1500 km vom Nordpol entfernt, aber
in auffallender Nähe zum magnetischen Pol, der heute etwa in 76° N,
102° W liegt, gegenüber früher 71° N, 96° W (Abb. siehe Flohn
1951 c). Diese offensichtliche Übereinstimmung, sowie die zwischen
dem magnetischen Hauptmeridian (Macht 1947) und den troposphärischen Höhentrögen, läßt einen ursächlichen Zusammenhang vermuten.
Im Winterhalbjahr kann der ostsibirische Kältepol (im Raume der unteren Lena) den kanadischen an Intensität übertreffen. Beide verlagern
sich gelegentlich bis 50° Breite, wenn ein hochreichendes warmes Hoch
sich über der Arktis aufbaut, das zugleich die planetarische Frontalzone
äquatorwärts schiebt und eine Periode markanter meridionaler Zirkulationsformen bedingt. Über die teilweise etwas abweichenden Verhältnisse über der Antarktis sind wir erst unvollständig unterrichtet.

Durch die kombinierte Wirkung der thermischen und dynamischen
Effekte der Land- und Meerverteilung sowie der Oberflächenformen
des Landes wird das zonale planetarische Windsystem modifiziert, wobei infolge der Anordnung der großen Hochgebirge, insbesondere der
amerikanischen Kordilleren und Zentralasiens, an den Ostküsten alle
Zonen äquatorwärts verschoben sind, der subtropische Trockengürtel
sogar völlig aussetzt. Hier stehen tropische und außertropische Zirkulation in ständiger Verbindung, hier findet der stärkste Meridionalaustausch statt, hier biegen die an der ITC entstandenen tropischen Zyklonen polwärts um (Abb. 5), bis sie sich entweder auflösen oder den
Charakter außertropischer Westdriftzyklonen annehmen.

Klimagürtel

Wegen der Schrägstellung der Erdachse zur Erdbahnebene wandern
die großen planetarischen Druck- und Windgürtel jahreszeitlich hin
und her, und mit ihnen verlagern sich die Wolken-, Niederschlags- und
Trockengürtel. Der überwiegende Teil der Niederschläge fällt – auch in

den Tropen! – in organisierter Form im Zusammenhang mit wandernden Zyklonen, Fronten und Konvergenzlinien; reine Labilitätsschauer
und Wärmegewitter treten demgegenüber zurück. Alle Konvergenz-
gebiete erzeugen aufsteigende Luftbewegung mit Zunahme der relativen
Feuchte, mit Wolken und endlich mit Niederschlägen.

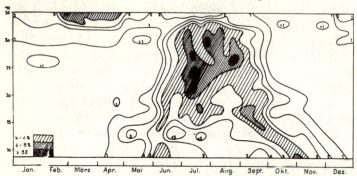

Abb. 9. Jahresgang der Niederschläge (Isoplethen in Prozent der Jahresmenge
pro Woche) in Indien; 40jährige Mittel der Klimaregionen (nach den Daten von
L. A. Ramdas, Ind. Journ. Meteor. Geophys. 1950, 262 f.) im Meridianschnitt.

Die aerologischen Befunde und die synoptische Erfahrung zeigen die
Identität der tropischen Zenitalregen und der tropischen Mon-
sunregen auf: beide sind Folgen der E–W wandernden Störungen im
ITC-Bereich, in Indien, in Südamerika wie im Pazifik. Der jahreszeit-
liche Ablauf der Monsunregen Indiens (Abb. 9) zeigt klar, wie auch in
Indien die Hauptregenfälle an den Durchzug der Monsunkonvergenz
(NITC) gebunden sind und sich bis etwa 15–20° N eine „kleine Trok-
kenzeit" im Hochsommer zwischen den beiden Regenzeiten einschal-
tet; im Norden (ab etwa 30° Breite) greifen noch die mediterranen
Winter- und Frühjahrsregen außertropischer Entstehung ein. Die von
Köppen herausgestellten Homologien – etwa die Gruppe der subtropischen Winterregengebiete, oder die mit den tropischen Orkanen zusammenhängenden Spätsommer- und Herbstregen der Westwindzone –
weisen den Weg zu einer synoptisch-dynamischen Klimatologie, zum Verständnis der Witterungsvorgänge in großräumiger,
dreidimensionaler Sicht. Der entscheidende Klimafaktor in dieser Sicht
ist die jahreszeitliche Verlagerung der großen Zirkulationssysteme;

Wolken und Niederschläge sind ihre Folgen, der Temperaturgang – bedingt durch Strahlung und Vertikalaustausch – steht mit ihr in engsten Kausalbeziehungen. So liegt als Folge des meridionalen Passatkreislaufs im Mittel der Schicht 0–5 km die Temperatur in der ITC-Region mit aufsteigender Luftbewegung eher niedriger als in der Passatregion mit absteigender Bewegung. Daher herrscht über Land nördlich der Äquatorialzone der indische oder der sudanesische Temperaturgang, beide ausgezeichnet durch eine heiße Zeit vor dem Übergreifen der ITC, also im Bereich der absteigenden Luftbewegung des subtropischen Hochdruckgürtels.

Aus diesem Prinzip ergibt sich zwanglos eine sehr allgemeine Einteilung in witterungsklimatische Zonen, die in den Grundzügen – natürlich nicht in den Einzelheiten – mit den bekannten Klimaeinteilungen nach Köppen, Penck, Thornthwaite, von Wißmann übereinstimmt (Tab. 2).

Ihre Anordnung auf dem Idealkontinent (vgl. Flohn 1950 b, Abb. 10) ist einfach und einleuchtend; die Existenz der großen orographisch bedingten Höhentröge der Ostseite führt zu einer Unterbrechung des subtropischen Hochgürtels und damit der Zonen 3 und 4.

Eine kartographische Darstellung dieser witterungsklimatischen Zonen muß zunächst noch verschoben werden: nicht wegen mangelnder Beobachtungen, sondern wegen der Fülle neuerer Klimadaten, die eine skizzenhafte Darstellung auf Grund des unzureichenden älteren Materials heute nicht mehr vertretbar erscheinen läßt.

Daß tatsächlich die Niederschlagshäufigkeit jahreszeitlich so scharfen Schwankungen unterliegt, mag eine Karte des Anteils des Nordsommers an der Jahreshäufigkeit der Niederschläge für Afrika (Abb. 10) belegen; es gibt weite Gebiete der Randtropen, in denen 95–100 % aller Niederschläge im Sommerhalbjahr der jeweiligen Halbkugel fallen, und an beiden Flanken schließen sich noch die subtropischen Winterregen mit etwas geringerer Präzision an. Ein Gebiet, in dem sich die Sommerregen der Randtropen an der ITC und die subtropischen Winterregen der Westdrift überschneiden (vgl. auch Abb. 9), ist Nordwestindien (Abb. 11) mit einigen Nachbargebieten bis hin zum Roten Meer. Die relative Feuchte über Peshawar zeigt in der Schicht unterhalb 4 km deutlich Spätwinter und Hochsommer als Zeiten stärkerer Aufwärtsbewegungen und Niederschläge, Spätfrühjahr und Herbst dagegen als Zeiten

Tab. 2: Klimagürtel und planetarische Windgürtel

Zone	Bezeichnung	Niederschläge	Luftdruck und Windgürtel	Winde So	Winde Wi	Typische Vegetationsformen	Typische Klimate Köppen	Typische Klimate Penck	Mittlere Breitenlage ca.
1	Innere Tropenzone	immer feucht meist Starkregen	äquatoriale Westwindzone[1] (> 8 Monate)	T	T	Tropischer Regenwald, Monsunwald	Af, Am	vollhumid	2°S–10°N
2	äußere Tropenzone (Randtropen)	Sommerregen (Zenitalregen)	äq. Westwindzone[1] < 8 Monate im Wechsel mit Passat	T	P	Savanne mit Galeriewald, Trockenwald	Aw, z. T. Cw	semihumid	Süd: 2°–10° Nord: 10°–20°
3	Subtropische Trockenzone[2]	vorwiegend trocken (selten Gußregen)	Passat oder Subtropenhoch	P	P	Steppe, Wüsten-Steppe, Halbwüste, Kernwüste	BS, BW	arid	Süd: 10°–32° Nord: 20°–35°
4	Subtropische Winterregenzone[2]	Winterregen, z. T. Äquinoktialregen	Sommer Subtropenhoch, Winter außertropische Westwinde	P	W	Hartlaubgehölze	Cs	semihumid	Süd: 32°–38° Nord: 35°–40°
5	Feucht-gemäßigte Zone	Niederschläge in allen Jahreszeiten	außertropische Westwinde	W	W	Laubwald, Mischwald	Cf, z. T. Cw	humid	Süd: 38°–55° Nord: 40°–50°
6 a	Boreale Zone	Niederschläge vorwiegend im Sommer, Winterschneedecke	außertropische Westwinde, z. T. polare Ostwinde	E	W	Nadelwald, Birken	Df, Dw	subnival	Süd: fehlt Nord: 50°–60°
6	Subpolare Zone	geringe Niederschläge, ganzjährig	polare Ostwinde und Westwinde (im Wechsel)	E	W	Tundra	ET	polar	Süd: 55°–70° Nord: 60°–80°
7	Hochpolare Zone	geringe Schneefälle, ganzjährig	polare Ostwinde	E	E	Kältewüste (Eis)	EF	nival	Süd: 70°–90° Nord: 80°–90°

Windbezeichnungen: T = äquatoriale (tropische) Westwinde (Köppen: Ä); P = Passat, tropische Ostwinde; W = außertropische Westwinde (Köppen: V); E = polare Ostwinde (Köppen: J).

[1] oder Mallungen   [2] fehlt im E der Kontinente

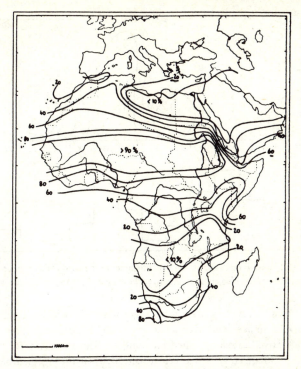

Abb. 10. Niederschlagshäufigkeit im Nordsommer bzw. Südwinter (Summe Mai–Oktober) in Prozent der Jahreshäufigkeit in Afrika.

absinkender Luftbewegung und Trockenheit. Der Höhenwind wird hier orographisch geführt – durch den Khyberpaß, dauernd um NW – und ist daher nicht repräsentativ.

Unsere Gliederung erfüllt die Forderung Hettners nach einer natürlichen, auf den ursächlichen Zusammenhängen basierende Klimaeinteilung. Sie erfüllt aber auch Köppens Gedankengänge über die Rolle der Winde, insbesondere die des Gradientwindes anstelle der lokal gefärbten Bodenwinde. Sie entspricht aber nicht den Forderungen der praktischen Klimatologie, insbesondere der angewandten Klimatologie. Alle Disziplinen, denen die Klimakunde nur ein Hilfsmittel für ihre eigenen Zwecke darstellt – von der Geographie über Botanik, Zoo-

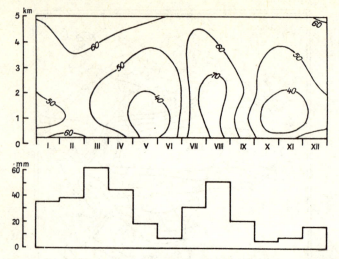

Abb. 11. Jahresgang der relativen Feuchte in der freien Atmosphäre (oben) und
der Niederschlagsmenge (unten) in Peshawar, Nordwestpakistan.

logie, Medizin, Agrarwissenschaft, Hydrologie bis zu vielen Teilgebieten der Technik – benötigen keine genetische Klassifikation, sondern
eine effektive Einteilung, eine Einteilung der Klimate nach ihrer Wirkung auf Pflanzenwelt, Wasserhaushalt, Mensch, auf Ingenieurbauten
oder die Ausbreitung elektrischer Wellen. Wenn auch alle Klimaeinteilungen wenigstens in manchen Zügen übereinstimmen, so gilt dies doch
nie für die Einzelheiten; so muß unsere genetische Klassifikation z. B.
das so wichtige Verhältnis zwischen Niederschlag und Verdunstung,
das Thornthwaite in den Mittelpunkt stellt, vernachlässigen. Die regionalen Unterschiede innerhalb der großen Klimagürtel können nur
Berücksichtigung finden, wenn wir andere Einteilungsprinzipien zugrunde legen; die hier gegebene genetische Klassifikation ist im eigentlichen Sinne keiner Verfeinerung fähig.

Geiger und Schmidt (1934) haben vier Stufen der Klimatologie unterschieden:

Diese Unterscheidung – wenn sie auch von Geiger in den beiden
neueren Auflagen seines Lehrbuches eingeschränkt wurde – ist von
hoher praktischer Bedeutung. Das Mikroklima fordert gegenüber dem

Tab. 3: Stufengliederung des Klimas (nach R. Geiger und W. Schmidt, 1934)

Stufe	Geiger-Schmidt	Größenordnung
Makroklima	Makroklima	$\geqq 10^3$ km
Regionalklima	Großklima	$10°–10^2$ km
Lokalklima	Kleinklima	$10°–10^3$ m
Mikroklima	Mikroklima	$\leqq 1$ m

Lokalklima den Einsatz spezieller, der Feinstruktur angepaßter Instrumente; das Makroklima verlangt gegenüber dem Regionalklima zum Verständnis die Heranziehung des aerologischen Aufbaues. Eine genetische Klimaklassifikation in unserem Sinne gilt nur im Bereich des Makroklimas; sie steht auf gleicher Ebene wie die bekannte Einteilung in Landschaftsgürtel und geht daher auch den Geographen an, selbst wenn sie für regionale oder lokale Studien unverwendbar ist.

Diesem unvermeidlichen Nachteil unserer Einteilung stehen zwei nicht zu unterschätzende Vorteile gegenüber: der unmittelbare Zusammenhang mit dem Wettergeschehen und die leichte Einprägsamkeit in didaktischer Hinsicht. Das Klima ist nicht nur der mittlere Zustand der Atmosphäre, sondern auch der normale Ablauf der Witterung (Hann, Köppen): diese zweite Definition wird von keiner effektiven, nur von einer genetischen Einteilung erfaßt. Für den Studenten war in vielen Fällen die klassische Klimatologie eine Zusammenstellung unverstandener, toter Zahlen: hier können wir die in der Praxis in zunehmendem Maße divergierenden Teilgebiete der Klimatologie und der Meteorologie zu einer Synthese vereinigen. Diese uns manchmal fast revolutionär anmutende Wendung in der Betrachtungsweise bezieht sich nur auf die physikalische Deutung der Tatsachen im Lichte der Erweiterung unserer Erfahrungen auf die freie Atmosphäre. Jede einwandfreie Beobachtung hat dauernden Wert; Deutungen, Hypothesen und Theorien sind zeitgebunden. Wenn sich in den letzten Jahren die zwingende Notwendigkeit einer weitgehenden Revision unseres Lehrgebäudes ergab, dann ändert diese an den nüchternen Zahlen der klassischen Klimatologie nichts; sie bringt nur eine neue, bessere Ordnung in die unübersehbare Fülle der Tatsachen sowie eine Klärung ihrer inneren Zusammenhänge.

In einer Zeit fortschreitender Spezialisierung und Atomisierung der Wissenschaften, wie sie die praktische Anwendung fordert, finden wir auch Entwicklungen, die mehrere Disziplinen angehen und sie zu einer wechselseitigen Zusammenarbeit auf internationaler Basis zwingen. Eine solche Entwicklung ist auf dem Gebiet der allgemeinen Zirkulation der Atmosphäre in vollem Gang. Die eben skizzierte Auffassung führt in der Klimatologie zu einer neuen Klimaeinteilung, aber auch zu einer weiträumigen Synthese der Klimaschwankungen, die über die Jetztzeit hinaus bis in das Mittelalter zurückgeht; diese weltweiten Änderungen dürften bei der Beurteilung kulturgeographischer und historischer Probleme nicht länger vernachlässigt werden. Sie führt auch zu einer neuen Synthese des Eiszeitklimas, ja allgemein der Klimate geologischer Vorzeiten. Die Asymmetrie der großen Inlandvergletscherungen, die Zusammenhänge zwischen Pluvialperioden und Vereisung, die zeitliche Folge von Hauptorogenesen und Eiszeitepochen: diese Probleme, über die auf der Kölner Geologentagung referiert wurde (Flohn 1951 a), erfahren gleichfalls eine neue Beleuchtung. Die Übereinstimmung zwischen troposphärischer Druckverteilung und dem erdmagnetischen Feld gibt Anlaß zur Diskussion einer etwaigen troposphärischen Steuerung der ionosphärischen Winde oberhalb 100 km Höhe, denen wir das äußere Feld des Erdmagnetismus zuschreiben müssen. Die jahreszeitlichen Unterschiede der Intensität der Westdrift auf beiden Halbkugeln führen zu jahreszeitlichen Unterschieden in der Rotationsdauer der Erde, die bei der Tageslänge rund 0,0015 Sekunden betragen. Die großen Ozeanströmungen erweisen sich nach den grundlegenden Arbeiten von Munk und Stommel (USA), Hideka (Japan) und Hansen (Deutschland) als eine Folge der atmosphärischen Zirkulation: denken wir dabei an die Parallelen zwischen äquatorialem Gegenstrom und äquatorialer Westwindzone! Dieselben Grundgleichungen werden aber auch heute – im Sinne des Programmes von V. Bjerknes (1904) – zu ganz ernsthaften Versuchen einer exakten, rechnerischen Wettervorhersage angewandt, über deren Durchführbarkeit in gewissen Grenzen heute kaum mehr Zweifel möglich sind. Und endlich ist jeder Fortschritt auf dem schwierigen Gebiet der langfristigen Wettervorhersage eng gekoppelt mit dem Verständnis des Mechanismus der allgemeinen Zirkulation.

Das alles sind weittragende, manchmal erregende Aspekte, die sich aus diesem Grundphänomen der gesamten Geophysik ableiten. Die Zeit der großen Überraschungen scheint vorbei zu sein; jetzt bedarf es umfangreicher und langwieriger Arbeiten auf statistischer und theoretischer Grundlage, um die Einzelfragen zu klären. Die Geographie aber – zumindest die physische Geographie – kann an diesen Fragen nicht vorbeigehen, die zutiefst in ihr Lehrgebäude eingreifen.

Literaturhinweise

Vollständigere Literaturangaben und umfassende Diskussion finden sich in folgenden Abhandlungen:

Flohn, H.: Studien zur allgemeinen Zirkulation der Atmosphäre. Ber. Dt. Wetterdienst US-Zone 18 (1950a), 50 S.
– Neue Anschauungen über die allgemeine Zirkulation der Atmosphäre und ihre klimatische Bedeutung. Erdkunde 4 (1950 b), 141–162, 256.
– Allgemeine atmosphärische Zirkulation und Paläoklimatologie. Geol. Rundschau 40 (1952), 153–178.
Petterssen, Sv.: Some aspects of the general circulation of the atmosphere. Cent. Proc. Roy. Meteor. Soc. 1950, 120–155.

Außer den dort zitierten Schriften seien erwähnt:

Aubert, E. J./J. S. Winston: Journ. Meteor. 8 (1951), 111–125.
Bolin, B.: Tellus 2 (1950), 184–195.
Colson, D. V.: J. Meteor. 7 (1950), 279–282.
Defant, A.: Geogr. Ann. 3 (1921), 209–261.
Desai, B. N.: Ind. Journ. Meteor. Geophys. 2 (1951), 113–120.
Dungen, F. H. van/J. F. Cox/J. van Mieghem: Bull. Class. Sc., Ac. Roy. Belg. 1949–1951.
Eady, E. T.: Cent. Proc. Roy. Meteor. Soc. 1950, 156–172.
Flohn, H.: Arch. Meteor. Geophys. Bioklim. B 3 (1951a), 3–15.
– Z. f. Meteor. 5 (1951b), 148–152.
– Polarforschung 1951c, 58–64.
Fultz, D.: Geofisica pura e appl. 17 (1950), 88–93.
Gallé, P. H.: Med. Verh. Kon. Med. Met. Inst. 29 a (1924).
Geiger, R.: Lehrbuch der Mikroklimatologie, 3. Aufl. Braunschweig 1950.
Gordon, E. H.: Quart. Journ. Roy. Meteor. Soc. 77 (1951), 302–306.

Kleinschmidt, E.: Arch. Meteor. Geophys. Bioklim. A 4 (1951), 53–72.

Kuhlbrodt, L.: Z. f. Geophysik 1928, 385–386.

Kuo, H. L.: Journ. Meteor. 7 (1950), 247–258; 8 (1951), 307–315.

Meinardus, W.: Arch. Dt. Seewarte 13, 7 (1893); Diss. Berlin 1894.

Mieghem, J. van: Tellus 3 (1951), 75–77.

Munk, W. H.: Tellus 2 (1950), 93–101.

Munk, W. H./R. L. Miller: Journ. Meteor. 7 (1950), 79–93.

Palmén, E.: Comm. Phys. Math. Soc. Scient. Fenn. XV, 4 (1950).

Rossby, C. G.: Journ. Meteor. 6 (1949), 163–180.

Scheibe, A./U. Adelsberger: Z. Physik 127 (1950), 416–428; 129 (1951), 233–245.

Sutcliffe, R. C.: Quart. Journ. Meteor. Soc. 75 (1949), 417–430; 77 (1951), 435–440.

Nachtrag (1981)

In den dreißig Jahren seit Abfassung dieses Vortrages wurden die meisten der hier offengelassenen Fragen der atmosphärischen Zirkulation einer befriedigenden Lösung nahegebracht. Wesentliche Fortschritte verdanken wir dabei neuen technischen Hilfsmitteln (automatische Bojen, driftende Ballone, Satelliten usw.), aber auch den großen internationalen Forschungsunternehmen (Internationales Geophysikalisches Jahr 1958, APEX/ATEX 1969, GATE 1974, First Global Geophysical Experiment 1979) mit Schiffen und Flugzeugen. Inzwischen entstanden (und entstehen noch) zahlreiche Zirkulations- und Klimamodelle auf mathematischer Basis; sie simulieren mit gutem Erfolg alle wesentlichen (großräumigen) Züge der atmosphärischen Zirkulation, während die Wechselwirkung mit Ozean und Eis bisher noch unvollkommen erfaßt wird.

Folgende Lehrbücher und Monographien (soweit nicht rein theoretischer Natur) müssen zur Vertiefung genannt werden:

Palmén, E./C. W. Newton: Atmospheric Circulation System. London, New York (Academic Press) 1969.

Ramage, C. S.: Monsoon Meteorology. London, New York (Academic Press) 1971.

van Loon, H., et al.: Meteorology of the Southern Hemisphere. Amer. Meteor. Soc. Meteor. Monographs No. 35 (1972).

Newell, R. E., et al.: The General Circulation of the Tropical Atmosphere and the Interactions with Extratropical Latitudes. Cambridge, Mass. (Mass. Inst. Techn. Press) 1974 (2 Vol.).

Riehl, H.: Climate and Weather in the Tropics. London, New York, San Francisco (Academic Press) 1979.

Einige regionale Besonderheiten der Zirkulation der Atmosphäre und ihrer (leider oft vernachlässigten) Wechselwirkung mit dem Ozean werden behandelt:

Flohn, H.: Tropische Zirkulationsformen im Lichte der Satellitenaufnahmen. Forschungsberichte des Landes Nordrhein-Westfalen 2448 (1975) sowie Bonner Meteor. Abhandl. 21 (1975).

Studium Generale 8 (1955), S. 713–733.

DER JAHRESZEITLICHE ABLAUF
DES NATURGESCHEHENS
IN DEN VERSCHIEDENEN KLIMAGÜRTELN DER ERDE

Von Carl Troll

Die Kulturmenschen, die in den Ländern der gemäßigten Zone leben, nehmen die wohltuende Abwechslung im Naturablauf des Jahres in diesen Breiten als ein selbstverständliches Geschenk der Schöpfung hin. Der Rhythmus der Jahres- und Tageszeiten, von Winter und Sommer mit den langen Übergangsjahreszeiten dazwischen und die Unterschiede der Tageslänge in diesen Breiten sind nicht nur die Voraussetzungen des bäuerlichen Arbeitsjahres, sondern auch die Grundlage der meisten sozialen Sitten und Gebräuche bis zu den religiösen Kulten. Der Pythagoreer Parmenides, der die Lehre von der Kugelgestalt der Erde zu einer Zonenlehre entwickelte, war denn auch der Ansicht, daß sowohl die niederen Breiten, die er „verbrannte Zone" nannte, als auch die Polarkappen, seine „erfrorene Zone", überhaupt unbewohnbar seien. Dabei ließ er die verbrannte Zone sogar noch weit über die Wendekreise hinaus reichen.

Die irdische Ordnung
im Ablauf der Jahreszeiten und Tageszeiten

Die Zone zwischen den Wendekreisen (κύκλοι τροπικοί), die im deutschen Sprachgebrauch einheitlich als die Tropenzone bezeichnet, im französischen aber in die Äquatorialzone und die beiden Tropenzonen gegliedert wird, sollten wir besser nicht die heiße, sondern die winterlose Zone, d. h. die Zone ohne thermische Jahreszeiten nennen. Denn die höchsten Temperaturen kommen gar nicht in den Tropen vor, und außerdem gibt es in den tropischen Gebirgen und Hochländern auch ausgedehnte kalte Regionen bis zum ewigen Eis, die gleichfalls den

Tropen angehören. Dagegen fehlt den Tropen der Gegensatz einer warmen und kalten Jahreszeit. Dafür werden infolge der starken tageszeitlichen Bestrahlung die Temperaturunterschiede von Tag und Nacht viel mehr fühlbar. Am Äquator selbst haben wir ein reines Tageszeitenklima, bei dem die Temperaturunterschiede der Monate weniger als 2°C betragen. Auch die Unterschiede der Tageszeitenlängen verschwinden am Äquator vollständig. Der Äquator oder Gleicher ist die Äquinoktiallinie, an der Tag und Nacht jahraus, jahrein 12 Stunden betragen, so daß man, am Meeresstrand unter dem Äquator stehend, aus dem Auftauchen und Untertauchen der Sonne am Horizont das ganze Jahr hindurch die Uhr genau auf Ortszeit stellen kann.

Umgekehrt hört im Bereich der Polarkappen jenseits der Polarkreise der Unterschied der thermischen Tageszeiten auf, da an die Stelle von Tag und Nacht der Polartag und die Polarnacht treten, die sich gegen die Pole immer mehr verlängern, bis an den Polen selbst ein halbjähriger „Tag" und eine halbjährige „Nacht" herrschen und der Unterschied des 24stündigen Temperaturrhythmus vollständig geschwunden ist. Das Klima der Pole ist daher ein reines Jahreszeitenklima. In Polnähe verschiebt sich infolge der Ausstrahlung in der Polarnacht die kälteste Zeit des Jahres auf den Spätwinter, auf Februar und März in der Arktis, August und September in der Antarktis.

Die Wendekreise und Polarkreise, bei etwa $23\frac{1}{2}°$ bzw. $66\frac{1}{2}°$ Breite gelegen, ergeben sich aus der Lage der Erdachse zur Erdbahn (Ekliptik). Die Erdachse ist gegen die Erdbahn in einem Winkel von $66\frac{1}{2}°$ geneigt, oder – anders ausgedrückt – die Äquatorebene bildet mit der Erdbahnebene einen Winkel von $23\frac{1}{2}°$ (Schiefe der Ekliptik), ein Winkel, der sich im Laufe der Jahrhunderte um einen kleinen Betrag geändert hat. Dieser Winkel ist die Voraussetzung für die gesamten tageszeitlichen und jahreszeitlichen Wechsel des irdischen Geschehens in den verschiedenen Breitenlagen. Stünde die Erdachse senkrecht zur Erdbahn, so gäbe es auf der Erde keinen Wechsel der Jahreszeiten und alle Punkte der Erdoberfläche hätten das ganze Jahr Tag- und Nachtgleiche. Es gäbe nur eine Abstufung der Wärmegürtel vom Äquator (mit ganzjährigem zenitalem Sonnenstand) zum Pol, wo die Sonne ständig am Horizont kreiste. Umgekehrt extreme Verhältnisse würden herrschen, wenn die Erdachse in der Erdbahnebene läge. Dann würde nicht nur am Äquator, sondern auch an den Polen der Sonnenstand zwischen 0° und

90° wechseln. Zur Zeit der Sommersonnenwende hätten die ganzen
Sommerhalbkugeln 24 Stunden Tag, zur Zeit der Wintersonnenwende
die Winterhalbkugeln ständig Nacht. In der Zeit der Äquinoktien dagegen würde auf der Erde Tag- und Nachtgleiche herrschen. Was solche
Extremlagen für das Leben auf der Erde bedeuteten, kann man sich
leicht vorstellen. Die wirkliche Stellung der Erdachse ist jedenfalls eine
in der kosmischen Ordnung gegebene Tatsache, von der schlechthin
alles abhängig ist, was das Erdendasein im jahreszeitlichen und tageszeitlichen Wechsel des Naturgeschehens so angenehm und in der Variation der irdischen Zonen so vielfältig und interessant macht.

Die genannten Beleuchtungsverhältnisse, die auf astronomische Ursachen zurückgehen, können aber nur die Unterschiede der Jahreszeiten nach den mathematischen Breitengürteln der Erde erklären. Für das
wirkliche Verteilungsbild der Jahreszeiten kommen eine große Zahl tel-
lurischer Voraussetzungen hinzu, die das klimatische Geschehen auf
der Erde mitbestimmen. Dazu gehört vor allem die Verteilung von Wasser und Land, von der in den Mittelgürteln der Erde der jahreszeitliche
Gang der Temperatur entscheidend abhängig ist, was die Klimatologie
in dem Begriff der Ozeanität und Kontinentalität ausdrückt. Eine weitere tellurische Grundvoraussetzung ist die Höhenverteilung der Erdoberfläche. Mit der Meereshöhe nehmen die Temperaturen in einer
ziemlich regelmäßigen Weise ab, was in den Zonen mit thermischen
Jahreszeiten eine Verkürzung der warmen Jahreszeit und der Vegetationszeit, eine Verlängerung des Winters, aber ohne eine wesentliche
Veränderung der Beleuchtungszeiten bedeutet. Die zonale, regionale
und hypsometrische Verteilung der Temperatur und ihre jahreszeitlichen Schwankungen bedingen weiter die großen Luftdruckunter-
schiede und als deren Folge die Luftzirkulation. Die Winde aber regeln
die Verteilung der Niederschläge auf der Erde. Die Niederschlagsjah-
reszeiten oder hygrischen Jahreszeiten sind in einem großen Teil der
Erde ebenso wichtig wie die Beleuchtungs- und Temperaturjahreszeiten
in einem anderen; ja in den Gebieten, wo die thermischen Jahreszeiten
wenig ausgeprägt sind oder ganz fehlen, treten sie als die das Naturgeschehen bestimmenden Jahreszeiten auf. *Beleuchtungsjahreszeiten,
thermische Jahreszeiten und hygrische Jahreszeiten erzeugen drei verschiedene Raumordnungen auf der Erdoberfläche*, die sich gegenseitig
überlagern und ein recht komplexes Bild des klimatischen Ablaufs im

Jahresrhythmus ergeben. Ein Sonderfall hygrischer Jahreszeiten ist dann gegeben, wenn es sich nicht um Perioden des Regenfalles, sondern um solche der Luftfeuchtigkeit handelt, von der die Verdunstung beherrscht wird. Jahreszeitliche Unterschiede auf kleinem Raum können schließlich auch noch durch die Hydrosphäre hervorgerufen werden, etwa im Überschwemmungsbereich von Flüssen, deren Hoch- und Niedrigwasser nicht an Ort und Stelle, sondern in ihren Ursprungsgebieten oder in denen die Nebenflüsse erzeugt werden, wie bei den Fremdlingsflüssen der Wüsten, oder durch die Gletscherschmelzwasser gebirgsbürtiger Flüsse oder auch bei periodischen Seen, die von Fremdlingsflüssen gespeist werden.

Thermische Jahreszeiten- und Tageszeitenklimate

Den vollständigsten Überblick über das thermische Verhalten eines Ortes erhält man bei der Darstellung in sogenannten Thermoisoplethendiagrammen, die die Veränderung der Temperatur eines Ortes im jährlichen und tageszeitlichen Wechsel gleichzeitig veranschaulichen[1] (vgl. Abb. 1). Durch Eintragung der mittleren Stundentemperatur der 24 Tagesstunden für alle 12 Monate in ein Koordinatensystem und durch die Verbindung der Punkte gleicher Temperatur mit Isolinien entsteht ein Bild, aus dem man alle Änderungen der mittleren Temperaturen überblicken und ablesen kann. Man kann das Kurvenbild auch als eine gekrümmte Wärmefläche ähnlich dem Kurvenbild eines Höhenreliefs auffassen, mit Kältetälern und Kältemulden, Wärmegraten und Wärmegipfeln. Die Streckung der Isolinien in der Richtung der Abszisse bedeutet, daß die jahreszeitlichen Schwankungen gering sind, die Streckung in der Richtung der Ordinate dasselbe für die tageszeitlichen Schwankungen. Die Dichte, in der die Isoplethen in einem Feld des Diagramms in der Richtung der x- und y-Achse aufeinanderfolgen, zeigt, entsprechend der Dichte der Isohypsen auf einer Höhenschichtenkarte, den Gradienten der jahreszeitlichen bzw. tageszeitlichen Temperaturänderungen an. Auf den ersten Blick unterscheiden sich dabei polare und äquatoriale Klimate als volle Gegensätze. Bei dem Dia-

---

[1] Troll, C.: Thermische Klimatypen der Erde. Peterm. Geogr. Mitteil. 1943.

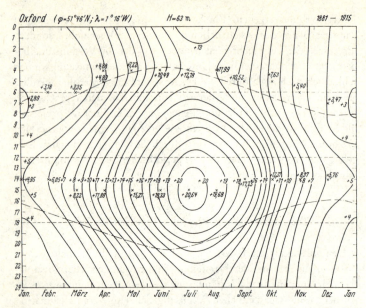

Abb. 1: Die jahreszeitlichen und tageszeitlichen Temperaturänderungen in Oxford, dargestellt in einem Isoplethen-Diagramm. (Die Strich-Punkt-Linie gibt die Stunden des Sonnenauf- und -unterganges an.)

gramm für McMurdo Sound am Ufer des Roßmeeres in der Antarktis bei 77° 42′ s. Br. (vgl. Abb. 2) verlaufen die Isoplethen fast alle in vertikaler Richtung – ein Zeichen dafür, daß die Tagesschwankungen ganz unmerklich sind (0,6° C im Juli, 1,8° C im Dezember), die Jahresschwankungen aber beträchtlich, nämlich 22° in den Monatsmitteln. In horizontaler Richtung lesen wir die vier Temperaturjahreszeiten des polaren Küstenklimas ab, den „kernlosen" Winter der Monate Mai bis September, den raschen Temperaturanstieg des polaren Frühlings von September bis Dezember, den gleichmäßig warmen Sommer der Monate Dezember und Januar und den raschen Temperaturabfall in den Herbstmonaten Februar bis April. Das Klima ist als ausgesprochenes Jahreszeitenklima zu bezeichnen.

Das volle Gegenteil bietet die äquatoriale Station Quito im Hochlande von Ecuador (Abb. 3). Die Isoplethen verlaufen in der Haupt-

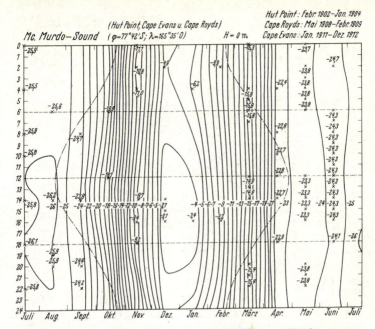

Abb. 2: Thermoisoplethen-Diagramm einer Station des antarktischen Küstenklimas. (Der Zwischenraum zwischen den strichpunktierten Linien gibt die Länge von Polartag und Polarnacht an.)

sache horizontal als Zeichen dafür, daß die jährlichen Temperaturschwankungen ganz gering sind (2,2° C in den Mittagsstunden, 1,8° C bei Sonnenaufgang, aber nur 0,8° C für die Mitteltemperatur der Monate). In der Richtung der Ordinate dagegen lesen wir merkliche Tageszeitenschwankungen ab: Die nächtlichen Stunden der Ausstrahlung und der langsamen Temperaturerniedrigung bis zum Sonnenaufgang, der jahraus, jahrein um 6^h morgens erfolgt; der rasche Temperaturanstieg in den Vormittagsstunden, ganz besonders in den Monaten Juli bis September mit der geringsten Bewölkung, den etwas langsameren Temperaturabstieg am Nachmittag bis Sonnenuntergang. Das Klima ist thermisch als reines Tageszeitenklima anzusprechen.

In den mittleren Breiten haben wir es mit Tages- und Jahreszeitenklimaten mit fühlbaren Schwankungen in beiden Richtungen zu tun.

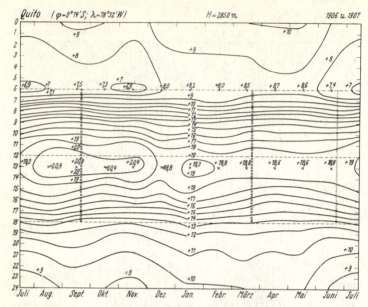

Abb. 3: Thermoisoplethen-Diagramm der äquatorialen Hochlandstation Quito, darunter jahreszeitliche Verteilung der Niederschläge. (Die senkrechten Punkt- und Strichlinien bezeichnen die zenitalen und tiefsten Sonnenstände.)

Dadurch entstehen bei den gewählten Maßstäben ringförmige Kurven- bilder mit dem „Wärmegipfel" in den frühen Nachmittagsstunden des wärmsten Monats und „Kältemulden" im kältesten Monat vor Sonnen- aufgang (Abb. 1). Die verschiedene Tageslänge äußert sich in der Ver- schiebung des Temperaturminimums am Morgen vom Winter zum Sommer (siehe Eintragung des Sonnenauf- und -unterganges). Die ge- ringe Zahl der Kurven ist ein Ausdruck für die Ozeanität des englischen Klimas, das sich in der Jahresschwankung und Tagesschwankung im gleichen Sinne auswirkt. Die Jahresschwankungen sind aber hier außer- halb der Tropen schon viel größer als die Tagesschwankungen. Einer Jahresschwankung der Mittagsstunden von 15,6° C steht eine Tages- schwankung des Juli von 8,4° C gegenüber, der Jahresschwankung der kältesten Morgenstunden von 9,3° C eine Tagesschwankung des Januar von nur 2,0° C. Aus der Darstellung geht eindrucksvoll die Ausgegli-

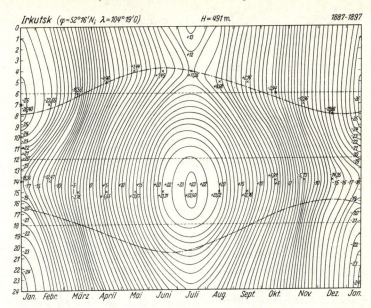

Abb. 4: Thermoisoplethen-Diagramm für Irkutsk, als Beispiel einer hochkontinentalen Station der kühlgemäßigten Breiten.

chenheit des klimatischen Temperaments unserer Mittelgürtel hervor, die sich auf den ausgeglichenen Rhythmus der Schaffenskraft der Menschen so wohltuend auswirkt.

Das hochkontinentale Klima von Irkutsk (Abb. 4) hat viel größere Jahreszeiten- und Tageszeitenschwankungen, aber bei ähnlicher Breite ein ähnliches Verhältnis der beiden und daher ein ähnliches, nur viel dichteres Kurvenbild. Nach Norden und Süden verändern sich die Kurvenbilder in der zu erwartenden Weise. In der warmgemäßigten Zone würden wir eine Streckung der geschlossenen Kurven zu horizontalen Ovalen, in den kaltgemäßigten Breiten eine Streckung zu senkrecht stehenden Ovalen erhalten.

Ein besonderer Vorteil der Darstellung besteht darin, daß uns die Verwandtschaft von Klimatypen auf Grund eines ähnlichen Verhaltens im Ablauf der Jahreszeiten aus dem Kurvenbild unabhängig von der absoluten Höhe der Temperaturen sofort in die Augen springt. Das Klima

von Quito z. B. erscheint nach dem Verhältnis von Tages- und Jahresschwankungen sofort als äquatoriales Klima, trotz der geringen Temperaturen, die durch die Meereshöhe von 2850 m Höhe bedingt sind. Die
absoluten Werte der Temperaturen treten deutlicher in Erscheinung,
wenn wir das Kurvenbild nach Art eines Höhenreliefs kolorieren. Dann
zeigt sich, daß sich die Klimate von Oxford und Quito in den gleichen
Schwankungsbereichen bewegen (Oxford zwischen + 20,6 und
+ 2,9° C, Quito zwischen + 20,8 und + 6,9° C). Trotzdem gehören
sie ganz verschiedenen genetischen Typen an, worauf die Klimatypenlehre bisher zuwenig Rücksicht genommen hat.[2]

Der Wechsel der thermischen Jahreszeiten
als Folge der Land- und Wasserverteilung

Die größte Veränderung erfährt die geschilderte zonale Anordnung
der Wärmejahreszeiten in den Mittelgürteln der Erde durch die verschiedene Verteilung von Wasser und Land. Da das Wasser, ganz besonders das Salzwasser der offenen Meere, durch seine höhere Wärme-
kapazität, seine Durchsichtigkeit, sein Reflexionsvermögen und vor
allem durch die Fähigkeit des konvektiven Austausches zwischen erkal-
teten Oberflächen und wärmerem Tiefenwasser sich im Winter viel
weniger abkühlt und im Sommer viel weniger erhitzt als die feste Erde,
schwächt es die Jahresschwankungen der Temperatur der unteren Luftschichten beträchtlich ab. Dies so erzeugte ozeanische Klima überträgt
sich in den gemäßigten Breiten mit den vorherrschenden westlichen
Winden in abnehmender Stärke auf die Festländer, besonders weit in
Europa, das vom Golfstrom bespült ist und das dem Zutritt ozeanischer
Luftmassen besonders offensteht. Während in Nordamerika der nord-
südliche Verlauf der Kordilleren einen schnellen Sprung vom ozeanischen zum kontinentalen Klima verursacht, spielt sich in Europa und
Nordasien dieser Übergang zu immer kontinentalerem Klima Schritt
für Schritt ab, bis im nordöstlichen Sibirien das kontinentalste Klima
der Erde erreicht wird. Der *Grad der Ozeanität und Kontinentalität*

---

[2] Troll, C.: Tatsachen und Gedanken zur Klimatypenlehre. In: Geographische Studien, Festschrift f. J. Sölch. Wien 1951.

kommt in der Jahresschwankung der Temperatur zum Ausdruck, die in Thornshavn auf den Faer Oern nur 7,6° C (Jahresmitteltemperatur + 6,5° C), in Werchojansk in Nordostsibirien aber etwa 66° C (Mitteltemperatur − 16,3° C) beträgt.

An der *Südwestküste Irlands* sind unter dem Einfluß der atlantischen Warmwasserheizung die Winter so mild (mittleres Jahresminimum − 1,7° C), daß halbnatürliche immergrüne Wälder entstehen mit Stechpalme (Ilex aquifolium), Erdbeerbaum (Arbutus Unedo), Kirschlorbeer (Prunus laurocerasus) und Rhododendron ponticum, in denen Arbutus und Efeu im Spätherbst blühen und im Winter ihre Früchte reifen können. Der Lorbeer wächst zu 10 m hohen Bäumen heran und kann ohne Schutz überwintern. Fremdländische Zierbäume wie Yucca gloriosa, Araucaria imbricata, Magnolien, Myrten, chinesische Camellien, japanischer Bambus und riesige Feigenbäume bieten das Bild einer subtropischen Kulturlandschaft. Auf der anderen Seite aber fehlt die Sommerwärme, und Früchte, die auf diese angewiesen sind, kommen nicht zur Reife, wie Weinrebe, Aprikose und Mandel. Selbst die Kirsche reift nur mit Schwierigkeiten. Eine Eigentümlichkeit des Seeklimas sind die langen Übergangsjahreszeiten, ein kühles Frühjahr und ein langer, warmer Herbst.

Welch ein Gegensatz dazu *im kontinentalsten Nordostsibirien*! Dort sinkt die Mitteltemperatur des Januar unter − 50° C, die tiefsten Temperaturen kommen nahe an − 70° C heran. Die Temperatur des Juli dagegen steigt auf + 15,4° C und entspricht der des westlichen England. Die absoluten Extreme schwanken zwischen − 67,8° und + 33,7° C, also um über 100° C. Dabei herrscht in den tieferen Bodenschichten die ewige Gefrornis, über der allerdings im warmen Sommer ein mehrere Meter tiefer Auftauboden entsteht, auf dem noch Lärchenwälder von Larix dahurica und einige kätzchentragende Bäume wie Birken, Pappeln und Weiden gedeihen können. An bestimmten Stellen wächst das Bodeneis durch Nachfuhr von Wasser aus der Tiefe zu mächtigen Aufblähhügeln (Naledj) empor. Selbst Bäume können unter der Wirkung der Winterkälte mit lautem Krachen zum Bersten kommen. Das Wild zieht sich im Winter in den Schutz dieser Wälder zurück, das Atmen ist erschwert und bringt durch Eisbildung in den Nasenlöchern Erstickungsgefahr. Der eigentliche Winter dauert 9 Monate. Der erste Regen fällt Ende Mai oder Anfang Juni, und erst dann lockert sich das Eis der

Flüsse. Der Juni bringt in schnellem Übergang Wärme, die allerdings noch durch gelegentliche Nachtfröste unterbrochen werden kann. Im Juli sind die Wälder von Mückenschwärmen bevölkert, die das Leben für Mensch und Vieh unerträglich machen und die man sich durch Rauchfeuer fernzuhalten sucht. Schon Mitte August kann wieder Schnee fallen, Ende September beginnen die Schneestürme und die Flüsse frieren wieder zu.

Zwischen diesen extremen Klimaten spielen sich die verschiedenen Übergänge ab, die man je nach dem Standpunkt der Betrachtung als Abnahme der Ozeanität oder Zunahme der Kontinentalität auffassen kann. *Der thermische Ablauf der Jahreszeiten und die Länge der Vegetationsperiode sind in diesen Breiten die für eine natürliche Klimaklassifikation entscheidenden Merkmale.* Auf die euozeanische Zone Westeuropas, in der noch die Stechpalme und andere immergrüne Holzpflanzen gedeihen, folgt etwa entlang der 2°-Isotherme des kältesten Monats die subozeanische Zone Mitteleuropas und des Donauraumes, in der der strengere Winter eine vollkommene Vegetationsruhe erzwingt, wo aber Rotbuche, Edeltanne, Traubeneiche und Efeu noch stark ozeanische Züge erkennen lassen. Man hat die Grenze der Rotbuche mit einer Linie verglichen, längs der eine mittlere Temperatur von über 5° C noch während 210 Tagen des Jahres vorhanden ist.[3] Eine weitere Verkürzung der Vegetationszeit und Verstärkung der Winterkälte führt in die euryozeanische Laubwaldregion Mittelrußlands (mit Stieleiche, Linde und Spitzahorn), die etwa in der Linie von Mittelschweden und Südfinnland zum südlichen Ural an die boreale Nadelwaldregion grenzt. Dort herrscht eine Vegetationsperiode mit einer mittleren Tagestemperatur von 5° C nur an 160 Tagen des Jahres. Alle diese Grenzlinien und schließlich auch die polare Grenze des Wald- und Baumwuchses sind ein Ausdruck der abnehmenden Vegetationsdauer, die aus der mittleren Temperatur der Breitenlage und dem Grad der Ozeanität bzw. der Kontinentalität resultiert. Im Westen überwiegt der Einfluß des Ozeans, und die Grenze der euozeanischen Stechpalmenzone verläuft ungefähr der Küste parallel von NNE nach SSW. Die Grenze der subozeanischen Buchenzone weiter binnenwärts ist von

---

[3] Rubinstein, E.: Beziehungen zwischen dem Klima und dem Pflanzenreich. Meteorol. Ztschr., 41, 1924.

NW nach SE gerichtet, die der euryozeanischen Eichenzone von WNW nach ESE. Alle drei Linien konvergieren gegen das westliche Norwegen und laufen dort zur Küste aus. Die polare Waldgrenze schließlich hat im ganzen einen allgemeinen westöstlichen Verlauf. Man bringt sie mit der 10°-Isotherme des Juli oder einer Vegetationsperiode von 100 Tagen mit über 5° C in Verbindung.[4]

Die kontinentalen Nadelwaldklimate des nördlichen Eurasien und des nördlichen Nordamerika mit ihren im Sommer üppig grünenden, im Winter tief verschneiten Wäldern und den lange gefrorenen Flüssen und Seen haben *kein Gegenstück auf der südlichen Halbkugel*. Anstelle der riesigen Landmassen zwischen 60 und 70° nördlicher Breite dehnt sich auf der südlichen Halbkugel zwischen 55 und 65° Breite der geschlossene, nur von winzigen ozeanischen Eilanden unterbrochene subantarktische Wasserring aus. Die Ozeanität ist dort an der Südspitze von Südamerika, von Neuseeland und auf Tasmanien bereits der der Faer Oer gleich, und auf den subantarktischen Inseln (Südgeorgien, Südsandwich-Inseln, Kerguelen, Macquarie-Inseln etc.) ist sie noch ausgeprägter. Die letztgenannten Inseln bei 54° 3′ s. Br. haben wohl das thermisch ausgeglichenste Klima der Erde, das der Isothermie am nächsten kommt (Abb. 5). Die Tagesschwankung beträgt nur 3,5° C und die 24stündigen Schwankungen sind in den einzelnen Monaten mit 0,5 bis 2° C noch geringer. Die mittleren Stundentemperaturen des Jahres schwanken nur zwischen 2,8° und 7,7° C. Es handelt sich also um den kuriosen Fall eines Klimas ohne ausgeprägte Jahreszeiten und Tageszeiten. Das Klima ist ewig kühl und naß, Schnee fällt häufig, taut aber immer wieder schnell weg. Wenn Fröste auftreten, sind sie von ganz kurzer Dauer und dringen nur wenige Zentimeter in den Boden ein. Winter und Sommer sind wohl noch etwas unterschieden, aber von einem Frühling oder Herbst kann man nicht sprechen. Waldwuchs ist nicht möglich, weil die warme Jahreszeit fehlt. Die Vegetation ist zusammengesetzt aus Büschelgräsern, Hartpolstergewächsen, Zwergspalierrasen und wolligen Kräutern. Bei der Isothermie und Frostarmut ist es aber auch verständlich, daß schon eine allgemeine Temperaturerhöhung um

---

[4] Brockmann-Jerosch, H.: Baumgrenze und Klimacharakter. Pflanzengeograph. Kommission der Schweiz. Naturf. Ges., Beiträge z. Geobotanischen Landesaufnahme, 6. Zürich 1919.

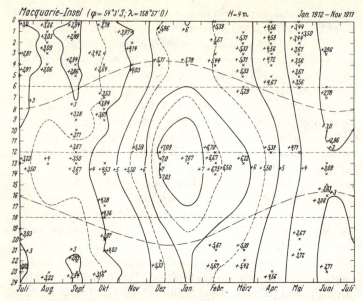

Abb. 5: Thermoisoplethen-Diagramm der Macquarie-Inseln (subantarktische Inseln). Die Station hat das ausgeglichenste Klima der Welt, mit ganz geringen Jahreszeiten- und Tageszeitenunterschieden der Temperatur.

einige Grad ein günstiges Klima schafft, das auch anspruchsvollen Pflanzen das Leben ermöglicht. So finden wir schon auf der Stewartinsel im Süden von Neuseeland nicht nur immergrüne, das ganze Jahr über vegetierende Wälder, sondern darin bereits alle Gattungen der Baumfarne, die uns hier in Europa als Pflanzen der Tropenzone erscheinen. Im Blühen der Pflanzen tritt kein völliger Stillstand ein, so daß in Südneuseeland die vom Nektar der Blumen lebenden Honigvögel als Standvögel leben können, ebenso wie in Westpatagonien und Feuerland die amerikanischen Kolibris. Westpatagonien und Neuseeland sind trotz der ozeanischen Weiten, die sie trennen, nicht nur ökologisch, sondern auch floristisch sehr nahe verwandt. Südbuchen der Gattung Nothofagus, die breitnadeligen Koniferen der Gattung Podocarpus, immergrüne Weinmannia- und Myrtenbäume, Fuchsien, Farne vom baumförmigen Wuchs bis zu den zarten, Stämme und Äste überziehenden

Hautfarnen sind in beiden Gebieten vertreten. Auf den Inseln des neuseeländischen Sektors kommt bei diesen Verhältnissen die Tropenvege-
tation der waldfreien Subpolarzone am nächsten.[5] Solange nämlich die
Temperaturen ganz über dem Gefrierpunkt bleiben, können noch viele
frostempfindliche Tropengewächse, auch Palmen, gedeihen. Wir brauchen aber nur wenig weiter südlich in Gebiete mit einer Mitteltemperatur nahe dem Gefrierpunkt zu gehen, dann nehmen die kurzdauernden
Fröste sehr schnell überhand und können das ganze Jahr über auftreten,
was dem Baum- und Waldwuchs überhaupt ein Ende setzt. Etwas Ähnliches treffen wir nur wieder im äquatorialen Klima Columbiens in der
vertikalen Anordnung der Vegetationsgürtel. Dort gibt es im frostfreien, jahreszeitenlosen Bergwaldklima noch Palmwälder bei 3200 m,
aber schon 400 m höher überhaupt keinen Baumwuchs mehr.

Die Veränderung der Jahreszeiten
mit der Meereshöhe

Wenn auch in Gebirgen bei bestimmten Wetterlagen eine vertikale
Temperaturumkehr (Inversion) durch das Absinken erkalteter Luft in
die Becken und Täler eintreten kann, so gilt im klimatischen Durchschnitt doch überall auf der Erde das Gesetz von der Temperaturabnahme mit der Höhe. Die thermische Höhenstufe (Temperaturabnahme pro 100 m Höhendifferenz) schwankt in normalen Fällen um
den Wert von 0,5° C (0,45–0,67°), wobei auch jahreszeitliche Unterschiede bestehen. In den winterkalten Gebirgen ist die Abnahme im
Winter geringer als im Sommer – eine Folge der möglichen winterlichen
Inversion. Anderenorts, z. B. in Portugal, ist es aber auch umgekehrt.
Ganz abweichende Werte kommen vor, wo man mit dem Anstieg in das
Gebirge auch gleichzeitig in einen anderen Klimagürtel übertritt, wie
z. B. an der Westseite der peruanischen Anden.

In den gemäßigten und polaren Breiten der Erde bedeutet Abnahme
der Temperatur mit der Höhe eine Verlängerung des Winters und auch

---

[5] Troll, C.: Der asymmetrische Aufbau der Vegetationszonen und Vegeta-
tionsstufen auf der Nord- und Südhalbkugel. Jahresber. d. Geobotanischen For-
schungsinstituts Rübel in Zürich f. 1947. Zürich 1948.

eine Verkürzung der Vegetationszeiten. Der Frühling steigt in die Berge, der Herbst steigt vom Gebirge ins Tal. Dasselbe tut der Senne mit seinem Vieh, wenn er es aus den Ställen des Tales über die „Maiensässe" und die Niederleger zum Hochleger treibt. Die vertikalen Vegetationsgürtel der Alpen sind ein Ausdruck für die verkürzte Vegetationszeit, und die hochalpinen Pflanzen in der Nähe der Schneegrenze und die „Schneetälchenrasen" um die Firnflecken müssen ihre Blüten und Früchte in wenigen Wochen des Hochsommers entwickeln. Von der Polarzone gegen die Tropen steigt denn auch die obere Grenze des Waldes an, und dasselbe tut die Schneegrenze, wobei unterhalb der Grenze des ewigen Schnees ein mehr oder weniger breiter Gürtel mit winterlichen Schneedecken gelegen ist.

Dies ist alles ganz anders *in den tropischen Gebirgen*. Das Fehlen der thermischen Jahreszeit zeichnet alle Klimate der inneren Tropen vom Tiefland bis zum Hochgebirge aus. Die heiße Stufe des Tieflandes und der niederen Bergländer hat ewigen Sommer (Tierra caliente der tropischen Kordilleren). In den mittleren Höhen der sog. Tierra templada und auch noch in der Tierra fria, die in Peru und Mexiko bis etwa 4000 m, in Columbien und Ecuador bis etwa 3500 m reicht, herrscht jahraus, jahrein Frühling. In den Städten der äquatorialen Hochländer, wie Bogotá, Medellin, Quito ebenso wie in den Höhenstationen von Java, Ceylon und Ostafrika, stehen die Gärten das ganze Jahr hindurch in Blüte. In den Hochbecken von Südkolumbien sieht man vom Flugzeug aus eine bunt gemusterte Landschaft, da die Getreidefelder gleichzeitig junge Saat, halb herangewachsenes und reifes Korn tragen oder frisch gepflügt sein können. Auch noch höher im Gebirge, in der Tierra helada, gibt es keine Zone mit winterlicher Schneedecke und jahreszeitlicher Kälteruhe. Wenn gelegentlich der Schnee länger liegen bleibt, ist es in den Zeiten des Sonnenhochstandes, der zenitalen Niederschläge und der starken Bewölkung.[6] Es gibt auch Fälle, in denen bis zur Grenze des ewigen Schnees der Schnee nur eine tageszeitliche Erscheinung ist. Auch die Fröste sind dort Erscheinungen des tageszeitlichen Temperaturwechsels. Sie können im Hochgebirge Perus und Boliviens in 4000 bis 5000 m als Nachtfröste, die jeden Morgen wieder der Wärme

---

[6] Troll, C.: Der Büßerschnee (Nieve de los Penitentes) in den Hochgebirgen der Erde. Perterm. Mitteil., Erg. Hefte Nr. 210, Gotha 1942.

weichen, in allen Monaten des Jahres, im Extremfall sogar an allen Tagen des Jahres, auftreten.[7]

Die Pflanzenwelt muß sich diesem eigentümlichen Klima, das ihr keine ununterbrochene Wachstumszeit vergönnt, anpassen und reagiert darauf mit der Ausbildung ganz besonderer Lebensformen, z. B. von Polstergewächsen oder Rosettenkräutern mit rübenartig verdickten Wurzeln. Etwa ein Drittel aller Polstergewächse der Erde gehören der Flora der tropischen Hochanden an. Dadurch bekommt auch die obere *Waldgrenze der Tropengebirge* einen ganz anderen physiognomischen und ökologischen Charakter, als wir ihn von unseren winterkalten Gebirgen kennen. Sie ist nicht von windzerzausten, winterharten Wetterfichten und von Krummholz gebildet, das im Schutz der Schneedecke überwintert, sondern von einem artenreichen immergrünen Laubwald, dessen buschige gewölbte Kronen jahraus, jahrein blühen können, von Blumenvögeln bestäubt werden und wegen der großen Luftfeuchtigkeit von Epiphyten überladen sind. Wie in der Subantarktis in horizontaler Richtung, so folgt in den Tropengebirgen in vertikaler Richtung sehr schnell auf ein frostfreies Klima, das noch üppiges Pflanzen- und Tierleben gestattet, ein von allmonatlichen Nachtfrösten bedrohtes Höhenklima. Jedenfalls dürfte die Stärke und Häufigkeit der Nachfröste für die Lage der tropischen Höhengrenze des Waldes von großer Bedeutung sein.

Mit der Annäherung an die Schneegrenze der Tropen kommen wir infolge der ständigen Frostwechsel auch in eine Zone sehr starker *Bodenabtragung*.[8] In den oberen Bodenschichten bildet sich fast allnächtlich Nadeleis, das die oberen Bodenpartikel emporhebt, aber beim morgendlichen Wegtauen wieder zusammensinken läßt. Dadurch wandert der lockere Oberboden langsam, aber kontinuierlich hangabwärts. Die Bodenabtragung ist durch die tägliche Wiederholung außerordentlich stark, und es wird dadurch im Endeffekt etwas Ähnliches erzielt wie in der Polarregion durch das Bodenfließen des sommerlichen Auftaubodens über der ewigen Gefrornis. Nur der zeitliche Ablauf und der

[7] Troll, C.: Die Frostwechselhäufigkeit in den Luft- und Bodenklimaten der Erde. Meteorol. Zeitschr., 60, 1943.

[8] Troll, C.: Strukturböden, Solifluktion und Frostklimate der Erde. Geol. Rundschau, 34, 1943–1944.

physikalische Vorgang sind verschieden, so daß man eine jahreszeitliche Solifluktion der Polargebiete und eine tageszeitliche Solifluktion
der Tropengebirge unterscheidet.[9] So ist das ganze Naturgeschehen in
den tropischen Gebirgen von diesem tageszeitlichen Klimawechsel beherrscht.

Die hygrischen Jahreszeiten der Tropen

Als die Spanier das tropische Amerika entdeckten und besiedelten,
fanden sie dort ein Klima vor, das den ihnen gewohnten Wechsel eines
kühlen, regenreichen Winters und eines heißen, trockenen Sommers
nicht kannte, wohl aber den Wechsel von Regen- und Trockenzeiten bei
ganz geringen Wärmeunterschieden. Sie nannten daher die nasse Jahreszeit mit den Überschwemmungen der Tieflandströme, den aufge-
weichten Wegen und der erhöhten Gefahr der Infektionskrankheiten
«Invierno» (obwohl sie mit dem astronomischen Sommer zusammenfällt), die trockene Jahreszeit «Verano». Dies ist ein Ausdruck dafür,
daß *in den Tropen ganz allgemein die Jahreszeiten von Niederschlag,
Luftfeuchtigkeit und Wasserhaushalt bestimmt werden.* Die Menge der
Niederschläge fällt dabei durch die tägliche Erwärmung und das konvektive Aufsteigen der Luftschichten in sog. *Zenitalregen*, die gewöhnlich in Form von nachmittäglichen Wärmegewittern niedergehen. Ihr
Name Zenitalregen soll besagen, daß sie an die Jahreszeit des senkrechten Sonnenstandes gebunden sind. Da die Sonne am Äquator zweimal,
zur Zeit der Äquinoktien, im Zenit steht, an den Wendekreisen nur
einmal zur Zeit der Sommersonnenwende, folgt, daß am Äquator zwei
Regenzeiten herrschen, die in gleichen Abständen durch kürzere Trok-
kenzeiten oder wenigstens durch eine Abschwächung der Niederschläge getrennt sind, gegen den Rand der Tropen aber nur eine Regenzeit und eine Trockenzeit. Zwischen Äquator und Wendekreis rücken
die beiden Regenzeiten zusammen, und zwischen ihnen liegt eine längere und eine kürzere Trockenzeit. Die Spanier nannten die kürzere
Trockenzeit, die etwa in die Zeit der Sommersonnenwende fällt, «Veranillo». Auf der Nordhalbkugel gaben sie ihr den Namen «Veranillo

[9] Troll, C.: Die Formen der Solifluktion und die periglaziale Bodenabtragung. Erdkunde, Bd. I, 1947.

des San Juan» (kleine Johannistrockenzeit), auf der Südhalbkugel
«Veranillo del Niño» (kleine Christkindtrockenzeit). Diese Verhältnisse gelten mehr oder weniger auch für das tropische Afrika und Süd-
ostasien.

Nicht alle tropischen Regenwälder liegen im Gebiete der äquatorialen
zenitalen Niederschläge. Es gibt noch einen anderen weit verbreiteten
Klimatyp mit Regen zu allen Jahreszeiten, bei dem aber zwei genetisch
verschiedene Regenzeiten abwechseln, eine sommerliche Zeit der konvektiven Zenitalniederschläge und eine winterliche Zeit mit advektiven
Passatregen. *Passatische Niederschläge* entstehen dort, wo die winterlichen Passate, die in den Nordtropen als Nordostpassate, in den Süd-
tropen als Südostpassate wehen, zum Aufsteigen gezwungen werden,
also vor allem an den Ostabdachungen der Gebirge und an den Ostseiten der Festländer (Ostseite Mittelamerikas, Osthang der Anden von
Peru, Bolivien und Nordwestargentiniens, Ostküste Brasiliens und
Serra do Mar, Ostabdachung Madagaskars, Queenslands usw.). In diesen Fällen wirkt dann die Zeit der winterlichen Steigungsregen meist als
die feuchtere Jahreszeit, da die ständig wehenden Passate hohe Luftfeuchtigkeit, Nebel und Nieselregen erzeugen, während die Zeit der
sommerlichen Zenitalregen mit tageszeitlichen Gewittergüssen zwar
hohe Niederschlagssummen ergibt, dazwischen aber viel heiteres
Wetter mit geringerer Luftfeuchtigkeit hat.

Geographen, Meteorologen, Botaniker und Bodenforscher haben
sich seit langem bemüht, den Wechsel der Klimate verschiedener Feuchtigkeitsgrade für eine natürliche Klimaklassifikation auch zahlenmäßig
zu fassen. Da die gleiche Niederschlagsmenge je nach der Temperatur
und der besonders von der Temperatur abhängigen Verdunstung ganz
verschiedene Wertigkeit für den Haushalt der Landschaft besitzt,
mußte man *hygrothermische Indizes* aufstellen. Zunächst wählte man
sehr einfache Formeln für dieses Verhältnis: Der Regenfaktor von
R. Lang $\frac{N}{T}$, der N/S-Quotient von *A. Meyer*, der Ariditätsindex von
E. de Martonne $\frac{N}{T + 10}$ gehören hierher (wobei N die Jahressumme des
Niederschlags, T die mittlere Jahrestemperatur, S das mittlere Sättigungsdefizit der Luft bedeutet). Für kompliziertere Formeln wurden
auch die Zahl der Regentage, die mittlere Luftfeuchtigkeit, die Wind-

geschwindigkeit usw. herangezogen. Versuche, aus solchen Quotienten entworfene Klimakarten mit der natürlichen Verbreitung der Vege-
tationsformationen in Einklang zu bringen, haben schließlich zu der
Erkenntnis geführt, daß die Jahreswerte von Temperatur, Niederschlag
und Feuchtigkeit viel weniger besagen als die Dauer der ariden und
humiden Jahreszeiten. Für die Vegetationszone des tropischen Afrika
und Südamerika haben sich die folgenden Werte der ombrothermischen
Klimate als geeignet erwiesen [10]:

12	$-9^{1}/_{2}$	humide Monate			
		Gürtel des Regenwaldes			
		und Übergangswaldes	0	$- 2^{1}/_{2}$	aride Monate
$9^{1}/_{2}-7$		humide Monate			
		Feuchtsavannengürtel	$2^{1}/_{2}- 5$		aride Monate
7	$-4^{1}/_{2}$	humide Monate			
		Trockensavannengürtel	5	$- 7^{1}/_{2}$	aride Monate
$4^{1}/_{2}-2$		humide Monate			
		Dornsavannengürtel	$7^{1}/_{2}-10$		aride Monate
2	-1	humide Monate			
		Halbwüstengürtel	10	-11	aride Monate
1	-0	humide Monate			
		Wüstengürtel	11	-12	aride Monate

*Regenzeit und Trockenzeit beherrschen das Natur- und Menschen-
leben in den Tropen wie Winter und Sommer in unseren Breiten.* [11] Der
Jahresrhythmus des Tierlebens nach Brunst und Brutzeit, der Zug der
Vögel und die Wanderungen der Heuschreckenschwärme, das Auftre-
ten parasitärer Krankheiten für Mensch und Vieh, die Wanderungen des
Weideviehs zwischen nassen und trockenen Futterplätzen, alles spielt

---

[10] Lauer, W.: Humide und aride Jahreszeiten in Afrika und Südamerika und
ihre Beziehung zu den Vegetationsgürteln. In: Studien zur Klima- und Vegetationskunde der Tropen. Bonner Geogr. Abhandl., 9, Bonn 1952. – Ders.:
Hygrische Klimate und Vegetationszonen der Tropen mit bes. Berücksichtigung
Ostafrikas. Erdkunde, 5, 1951.

[11] Sapper, K.: Die Tropen. Natur und Mensch zwischen den Wendekreisen.
Stuttgart 1923. – Bates, M.: Where Winter never comes. A Study of man and
nature in the Tropics. New York 1952. – Gourou, P.: The Tropical World.
1st Social and Economic Conditions and its future Status. London/New York/
Toronto 1953.

sich im Wechsel der Regen- und Trockenzeit ab. Die Fallaubwälder der Tropen sind trockenkahl, die Fallaubwälder unserer Breiten winterkahl. Es gibt in Südamerika tropische Tieflandebenen, die in der Regenzeit weithin überschwemmt sind, so daß sich der Verkehr zwischen den auf Erhöhungen liegenden Siedlungen im Boot abspielen muß, während in der Trockenzeit die gleichen Ebenen ausgedörrt daliegen und man über die harten, in Trockenrissen aufklaffenden Tonböden mit Ochsenkarren oder Kraftwagen verkehren kann. Die Besiedlung weiter Landstriche mit schlechten Grundwasserverhältnissen kann lediglich davon abhängen, ob die Menschen die Fähigkeit haben, sich Wasserreserven für die Trockenzeit anzulegen. Auf dem Dekanplateau Indiens haben dies die Menschen, die das Rind als Arbeitstier verwenden, seit alter Zeit durch die Anlage von Stauteichen neben ihren Siedlungen getan, der ostafrikanische Negerhackbauer hat diese Kunst bisher nicht erlernt. Im A. Ä. Sudan benutzen die Neger die dickleibigen Stämme der Affenbrotbäume als Wasserspeicher, indem sie diese von oben her aushöhlen und in der Regenzeit von den Zweigen aus mit Wasser vollaufen lassen. Der Beginn der Regenzeit ist in den wechselfeuchten Tropen das Erwachen der Natur, und so wie bei uns die Knospen der Bäume schon vor Einsetzen der Wärme schwellen, so kündigt sich der Tropenfrühling dadurch an, daß bestimmte trockenkahle Bäume und Sträucher schon vor dem Einsetzen des Regens und vor der Belaubung ihre Blüten entfalten. Und da mit dem Anstieg in die Gebirge im allgemeinen die Menge der Niederschläge und die Dauer der Regenzeit wächst, steigt der Tropenfrühling von den Bergen in die Ebene hinab.

Aride und humide Jahreszeiten beherrschen die *Tropenklimate* auch *in den größeren Meereshöhen,* wo den niedrigen Temperaturen entsprechend schon geringere Niederschläge ausreichen, um eine bestimmte Humidität des Klimas zu erreichen. Für Tropenländer, bei denen die Kernlandschaften sich zu großen Meereshöhen erheben, wie Mexiko, Costa Rica, Kolumbien, Venezuela, Ecuador, Peru, Bolivien und Äthiopien, ist die Aufhellung dieser Zusammenhänge von großer Wichtigkeit. In den Anden unterscheidet schon der Volksmund in den großen Höhen über der Grenze des Waldes zwischen den immerfeuchten tropischen Hochgebirgslandschaften, die mit dem spanischen Wort «Paramo» bezeichnet werden, und den periodisch trockenen bis sehr trockenen Hochregionen, für die sich die indianische Bezeichnung

Tab. 1: *Horizontale und vertikale Anordnung der klimatischen Vegetationsgürtel in den Tropischen Anden*

	Paramo	Feuchte Puna	Trockene Puna	Dornpuna	Wüstenpuna	
Tierra Helada					Wüsten-Sierra	
Tierra Fria	Tropischer Höhen- und Nebelwald	Tropische Feucht-Sierra-Vegetation (Feucht-Sierra-Busch)	Tropische Trocken-Sierra-Vegetation (Trocken-Sierra-Busch)	Tropische Dorn-Sierra-Vegetation (Dorn-Sierra-Busch)		
Tierra Templada	Tropischer Bergwald	Tropische Feucht-Valle-Vegetation (Wald- und Grasland)	Tropische Trocken-Valle-Vegetation (Wald- und Grasland)	Tropische Dorn-Valle-Vegetation (Wald- und Grasland)	Tropische Valle-Halbwüste	Tropische Valle-Wüste
Tierra Caliente	Tropischer immergrüner Tieflands-Regenwald und halbimmergrüner Übergangswald	Tropischer Feucht-Savannen-Gürtel (Wald- und Grasland)	Tropischer Trocken-Savannen-Gürtel (Wald- und Grasland)	Tropischer Dorn-Savannen-Gürtel (Wald- und Grasland)	Tropische Halbwüste	Tropische Wüste
Zahl der humiden Monate (nach *Lauer*)	12–9½	9½–7	7–4½	4½–2	2–1	1–0

« Puna » eingebürgert hat.[12] Vom wissenschaftlichen Standpunkt aus hat man weiter unterschieden zwischen einer feuchten Puna oder Graspuna, einer Trockenpuna, einer Dornpuna und einer Wüstenpuna, entsprechend der Abstufung der Savannengürtel des Tieflandes.[13] In dem geschlossenen Gebirgsgürtel der Anden vom Karibischen Meer bis zur Puna de Atacama von Nordchile und Nordwestargentinien folgen diese Zonen gesetzmäßig aufeinander, wobei sich mit der zunehmenden Trockenheit auch die Tagesschwankungen der Temperatur verstärken. In der Trockenpuna Südboliviens und der Puna de Atacama sind bisher die überhaupt *größten Tagesschwankungen* der Temperatur mit über 50° C gemessen. Der Wechsel der Erscheinungen unter solchen ariden, tropischen Hochgebirgsbedingungen ist kaum vorstellbar. Nachts sinkt das Thermometer bis − 20° C, und die Wasserrinnen und Quellen erstarren in Eis. Der folgende Tag bringt Mittagshitze von 20−30° C mit Fata Morgana, Luftwirbeln und Sandhosen in den Steppen und Salzwüsten zwischen 3500 und 5000 Meter.

Was hier für die großen Meershöhen der Tierra helada dargelegt wurde, gilt entsprechend auch für die Abstufungen der Feuchtigkeit in der Tierra templada und Tierra fria, so daß wir bei einer tabellarischen Zusammenstellung der verschiedenen thermischen Höhenstufen in vertikaler und der hygrothermischen Abstufungen in horizontaler Richtung zu einer vollen jahreszeitlichen Gliederung aller Tropenklimate gelangen [10 u. 13].

In den randlichen Tropen, namentlich im trockenen Innern der Kontinente (Sudan, Kalahari, Nordaustralien, Dekanplateau Vorderindiens) kann auch die tageszeitliche Wärmeschwankung schon Werte erreichen, die dem ozeanischen Westen Europas gleichkommt (im Mittel in Timbuktu 13,6° C, in Nagpur 15,2° C). Bei den dortigen Sommerregenklimaten macht sich dann aber die Bewölkung und der Niederschlag auch im Jahresgang der Temperatur bemerkbar. Die Temperatur steigt im trockenen Frühjahr mit dem Wachsen des Sonnenstandes sehr

[12] Troll, C.: Die Stellung der Indianer-Hochkulturen im Landschaftsaufbau der tropischen Anden. Ztsch. d. Ges. f. Erdkunde z. Berlin, 1943.
[13] Troll, C.: Das Pflanzenkleid der Tropen in seiner Abhängigkeit von Klima, Boden und Mensch. Deutscher Geographentag Frankfurt a. M. 1951. Tagungsbericht u. Abhandl. Remagen 1952.

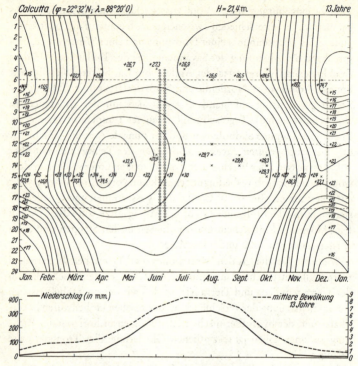

Abb. 6: Thermoisoplethen-Diagramm für Kalkutta als Beispiel des „indischen Typus" der Wärmejahreszeiten. Beachte den verschiedenen jahreszeitlichen Gang der Temperatur in den Tages- und Nachtstunden!

schnell an und erreicht ihren Höhepunkt schon im April oder Mai. Die dann einsetzende Regenzeit läßt die Temperatur der Tagesstunden wieder absinken. Man spricht dann vom *indischen Typ des jährlichen Temperaturgangs* und unterscheidet drei Jahreszeiten: die kühle trockene Winterzeit, die trockene und heiße Frühjahrszeit und die wieder etwas kühlere, aber feuchte und dadurch auch schwülere Sommerzeit. Wie das Beispiel von Kalkutta (Abb. 6) zeigt, ist der Temperaturgang der Nacht ein ganz anderer als der der Mittagsstunden. Die tiefsten Nachttemperaturen entstehen im Winter durch den niedrigen Sonnenstand und die

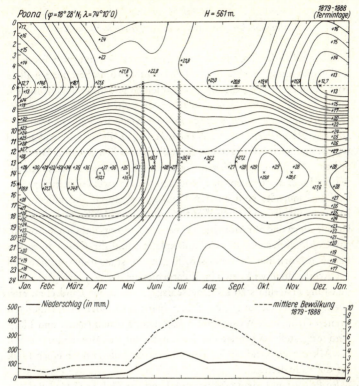

Abb. 7: Thermoisoplethen-Diagramm für Poona (Indien). „Indischer Typus"
des jahreszeitlichen Wärmeganges mit Wiederanstieg der Tagestemperaturen
nach dem sommerlichen Monsunregen.

ungehinderte Ausstrahlung, die höchsten Nachttemperaturen in der
sommerlichen Regenzeit durch die starke Behinderung der Ausstrahlung. Nicht nur Indien, sondern auch der afrikanische Sudan, Mexiko,
die Philippinen und andere randtropische Länder folgen diesem Typus
von drei durch Sonnenstand und Regenzeit bedingten Jahreszeiten.
Wenn die sommerliche Regenzeit nur kurz oder schwach ausgebildet
ist, kann im Herbst ein nochmaliger Anstieg der Temperatur erfolgen,
wie es z. B. bei Poona in Vorderindien (Abb. 7) der Fall ist.

Die Jahreszeiten
in den wechselfeuchten außertropischen Klimaten

Während in den Tropen die Jahreszeiten einseitig hygrisch bestimmt und in den immerfeuchten Gebieten der außertropischen Breiten allein vom Temperaturgang abhängig sind, bleiben in den warmgemäßigten, kühlgemäßigten und polaren Gürteln noch weite *Gebiete, in denen die Schwankungen der Temperaturen und der Niederschläge einen komplizierteren Ablauf des Naturgeschehens bedingen.* Es sind die ariden und wechselfeuchten Klimagebiete der außertropischen Breiten. Die winterkalten Steppen und Wüsten liegen vor allem in den Nordkontinenten, im Inneren Eurasiens und Nordamerikas in zwei Gürteln angeordnet, die einerseits vom unteren Donaugebiet durch Südrußland, das kaspische Gebiet und durch Westturkestan bis zu den zentralasiatischen Hochländern und zur Mongolei reichen, andererseits das Große Becken, das Coloradoplateau, das Columbiaplateau und die Grassteppen der Plains in Nordamerika umfassen. Regenarm ist auch der größere Teil der Arktis, doch wirkt sich im Polargebiet bei der viel geringeren Verdunstung erst eine starke Niederschlagsarmut in der Landschaft aus. Die neueren Forschungen der Dänen haben auch noch in hochpolaren Breiten Grönlands Wüsten mit Salzböden, Wüstenkrusten und Flugsand festgestellt. Wir folgen in der Darstellung den Breitengürteln von der Arktis zum Rand der Tropen und werfen zuletzt noch einen Blick auf die Südhalbkugel.

Im Peary Land, dem nördlichsten Land der Welt bei 82° n. Br., hat *B. Fristrup* eine *echte arktische Wüste* beschrieben.[14] Das Klima ist bei einer mittleren Julitemperatur von + 6,3° C und einer mittleren Januartemperatur von − 31° C ausgesprochen kontinental und dabei vollarid (100 bis 125 mm Niederschlag). Die Tagesschwankungen sind der hohen Breite entsprechend kaum fühlbar. Im Winter fällt nur ganz wenig Schnee, meist in Form feiner, nadelförmiger Schneekristalle, die vom Wind leicht verweht werden, so daß weite Gebiete auch im Winter schneefrei sind und Schlittenverkehr unmöglich ist. Im Sommer gibt es

---

[14] Fristrup, B.: High Arctic Deserts. Congr. Geolog. Intern., Comptes Rend. d. l. XIX-me Session Sect. VII. Alger 1953. – Ders.: Winderosion within the Arctic Deserts. Geografik Tidskrift, 52, 1952–1953.

eine frostfreie Periode von etwa 70 Tagen, die länger ist als in irgendeinem anderen Teile Grönlands. In dieser Zeit fallen Regen- und Graupelniederschläge. Dieser arktische Sommer genügt, um an feuchten Stellen ein reiches Pflanzen- und Tierleben entstehen zu lassen. Der Übergang vom ständig gefrorenen Winter zum kurzen frostfreien Sommer ist so plötzlich, daß es nur wenige Tage dazwischen mit Wechsel von Frost und Tauen gibt. Es handelt sich also um ein höchst eigentümliches Klima ohne Frühling und Herbst, mit einem 10 Monate langen polaren Winter und einem 2 Monate langen Sommer, wobei *Kälteruhe und Trockenruhe völlig zusammenfallen*. In den Steppen, wie sie *T. W. Böcher* (1949) vom Hintergrund des Söndre Strömfjords in Nordwestgrönland bei 77° n. Br. beschrieben hat, ist das Pflanzenleben vorwiegend von Halbsträuchern der Artemisia borealis und verschiedenen Süß- und Sauergräsern gebildet.[15]

Auch in den kontinentalsten Teilen der borealen Waldgürtel des nördlichen Eurasien, wo die Niederschläge periodisch zu werden beginnen (Ostsibirien), fällt die Zeit der Winterruhe mit der Trockenruhe zusammen. Die warmen Sommermonate empfangen den größten Teil des Niederschlags. Anders wird das Bild, wenn wir aus dem Waldgürtel südwärts in die *Steppen Südrußlands und Zentralasiens* gehen. Dann wird sowohl der Winter als auch der Spätsommer trocken und die Hauptregenzeit liegt im Frühling und Frühsommer.

Zwischen dem Feuchtwaldgürtel Nordrußlands und den echten Wüsten Aralokaspiens folgen entsprechend der Abnahme der Niederschläge fünf Zonen des Klimas, der Bodentypen und der Vegetation aufeinander: Die Wald-Wiesensteppe, die Grassteppe mit Schwarzerdeböden, die Halbstrauch- oder Wermutsteppe mit kastanienfarbigen Böden, die Wermut-Wüstensteppe mit grauen Wüsten- und Salzböden und schließlich die Vollwüste.[16] Dieselben Gürtel durchwandern wir in

[15] Böcher, T. W.: Climate, Soil and Lakes in Continental West Greenland in Relation to Plant Life. Meddelelser om Grønland., 147/2, København 1949. – Ders.: Oceanic and Continental Vegetational Complexes in Southwest Greenland. Meddel. om Grønland 148/1, København 1954.

[16] Poletika, W. von: Die geobotanischen und klimatischen Verhältnisse der russischen Steppen. Berichte üb. Landwirtschaft, 67. Sonderheft, Berlin 1932. – Walter, H.: Die Vegetation Osteuropas. 2. Aufl., Berlin 1943.

Nordamerika von Ost nach West vom Mississippi über das Felsengebirge und das Große Becken bis zur Mündung des Coloradoflusses.[17]
    Die jahreszeitlichen Gegensätze verschärfen sich mit dem Fortschrei-
ten in die trockeneren Zonen. Den strengen Wintern mit ihren Schneestürmen (Burane, Blizzards) steht der dürre Hochsommer mit Staub-
stürmen gegenüber. Im Frühjahr und Frühsommer erfährt die Vegetation der Steppen die höchste Entfaltung, gelegentlich im Nachsommer
ein nochmaliges schwächeres Aufleben. In der Grassteppe schildert
H. Walter die Aufeinanderfolge der jahreszeitlichen Aspekte etwa folgendermaßen: Ende April erscheinen die ersten Vorfrühlingsboten zwischen den abgestorbenen Resten der vorjährigen Pflanzen wie Adonis-
röschen, Pulsatilla, Tulpen, Milchstern und Krokus. Mitte Mai ergrünt
der Rasenteppich und auf ihm erscheinen die Vollfrühlingsblüher wie
Anemonen, Fingerkräuter, Paeonien und Iris und an steinigen Hängen
schmücken sich Schlehdorn, Zwergmandeln und Hülsenstrauch mit
Blüten. Ende Mai und Anfang Juni beginnt der Frühsommer. Die Fe-
dergräser sind herangewachsen und ihre Federgrannen wogen zusammen mit den Rispen von Trespe, Schwingel und Koeleria im Winde,
über die sich die blauen Blüten des Salbei erheben. Schon in der zweiten
Hälfte des Juni ist die Blütenpracht vorbei und die Steppe beginnt sich
braun zu färben. Die Zahl der Sommerblüher ist viel geringer. Im
August und Anfang September sind es vor allem Doldenblütler und
Astern. Von September bis zum Schneefall ist die Steppe tot. Auch die
Halbsträucher der noch trockeneren Wermutsteppen, die im Winter
kahl dastehen, treiben im Frühjahr ihre silbergrauen Zweige aus und
machen danach eine relative Sommerruhe durch, während die zahlreichen einjährigen Pflanzen sich auf Frühlings- und Herbstblüher verteilen. *In diesen Steppen der gemäßigten Breiten sind also anders als in der
Arktis Trockenruhe und Kälteruhe jahreszeitlich scharf getrennt.*
    In den *warmgemäßigten Breiten* von etwa 40° Br. bis zum Rand der
Tropen werden die Niederschläge ausgesprochen periodisch, während
die Gegensätze der Temperaturen nachlassen. Daher werden die Jahreszeiten noch stärker vom Gang der Niederschläge beherrscht. An der

---

[17] Shantz, H. L., and Zon, R.: Natural Vegetation. Atlas of American Agri-
culture. Part I, Sect. E. Washington 1924. – Marbut, C. F.: Soils of the United
States. Ebenda, Part III, Washington 1935.

Westseite der Kontinente, im ganzen Umkreis des Mittelmeeres, in Mittelkalifornien, in Mittelchile, in Kapland sowie in Südwest- und Südaustralien wechseln Winterregen und Sommerdürre. Man hat diese Klimate nach den trockenen Sommerwinden der Aegaeis „Etesienklimate" genannt. Umgekehrt sind in der gleichen Breite die Ostseiten der Kontinente von Klimaten mit Sommerregen und Wintertrockenheit eingenommen, vor allem in Asien mit seinen vom tropischen Indien bis Japan reichenden Monsunklimaten. Dazwischen verläuft von Nordafrika bis Zentralasien der Wüstengürtel, der also die subtropischen Winterregen- und Sommerregengebiete trennt.

In den *Sommerregengebieten* herrscht eine klare Periodizität des Wachstums, da jetzt wieder die warme und die feuchte Jahreszeit zusammenfallen. Für die Abgrenzung der tropischen gegen die warmgemäßigte subtropische Zone ist in Ostasien, wie H. v. Wissmann gezeigt hat,[18] die wirksame Frostgrenze (mittleres Minimum + 2° C) entscheidend. Der Anbau von Kokospalme, Kaffee, Ananas, Maniok und anderer Tropenpflanzen erleidet dort ein Ende. Die Grenze fällt auch ungefähr mit der Isotherme des kältesten Monats von 13° C zusammen. Südchina bis über den Sikiangfluß und Formosa gehören damit noch zur Tropenzone. Bis zur Isotherme des kältesten Monats von + 4° C reichen im sommerfeuchten Subtropenklima noch die Zitrusfrüchte, der Teestrauch und die nördlichsten Palmen. Mit der Temperatur des kältesten Monats von + 2° C wird schließlich die Grenze der immergrünen, hartlaubigen und lorbeerblättrigen Bäume erreicht. Winterkahle Laubbäume neben Nadelbäumen treten an ihre Stelle. Dies ist in China nördlich des Yangtse der Fall. Es ergibt sich klar, daß es in Ostasien die *zunehmende Kälte der winterlichen Jahreszeit ist, die dem Naturgeschehen den Stempel aufdrückt,* ganz anders als im hohen Norden, wo gerade die sommerliche Wärme und die Dauer der warmen Jahreszeit entscheidend sind.

Wieder anders liegen die jahreszeitlichen Verhältnisse im *sommertrockenen Mediterrangebiet.* Der Winter bietet hinreichende Feuchtigkeit, ist aber für anspruchsvolle Gewächse zu kühl, der Sommer ist durch hohe Wärme ausgezeichnet, aber durch Dürre behindert. Ent-

[18] Wissmann, H. von: Die Klima- und Vegetationsgebiete Eurasiens. Ztsch. d. Ges. f. Erdkunde z. Berlin, 1939.

scheidende Veränderungen spielen sich auch von Norden nach Süden ab. Die absolute Frostgrenze wird auf dem europäischen Festlande nur an der Südküste Spaniens erreicht, und auf der afrikanischen Gegenküste ist nur der unmittelbare Küstenbereich von Libyen und Ägypten frostfrei.[19] Die frostempfindlichen Kulturen der immergrünen Zitrusarten, des Ölbaumes und die immergrünen Macchien treffen wir erst in der eigentlichen Mediterranregion Mittelitaliens und der dalmatinischen Küste (mit einer mittleren Januartemperatur von über 4° C) an, nicht in der winterkalten Poebene. Auch die Sommertrockenheit stellt sich südwärts erst schrittweise ein.[20] Die Zahl der Trockenmonate mit Niederschlägen von über 20 mm beträgt in Tripolis 6–7, in Malta 4–5, auf Sizilien 3–4, in Rom nur 1. Oberitalien hat Niederschläge zu allen Jahreszeiten und dementsprechend noch laubwerfende Wälder von „submediterranen" Holzarten (Edelkastanie, Flaumeiche, Blumenesche, Hopfenbuche, franz. Ahorn etc.) und auch Kulturen von laubwerfenden Holzarten (Maulbeerbaum, Pfirsich, Mandel, Feige, Weinrebe).

Der Rhythmus der Jahreszeiten ist für die verschiedenen Gewächse je nach ihren Wärmeansprüchen verschieden und die Aufblüh- und Erntezeiten wechseln, wie H. Lautensach im einzelnen für die Iberische Halbinsel gezeigt hat,[21] mit Breitenlage, Höhenlage, vom feuchten, sommerkühlen atlantischen Bereich zum trockeneren, sommerheißen mediterranen Bereich und von den peripheren zu den zentralen Teilen der Halbinsel. Die wärmebedürftigen Feldfrüchte können nur im Sommer gebaut werden, entweder im submediterranen Gebiet auf Grund der sommerlichen Regen (Mais, Reis) oder im Süden mit künstlicher Bewässerung (Zuckerrohr, Reis, Baumwolle). Die Fallaubbäume ruhen im Winter. Edelkastanie, Feige und Weinstock entfalten ihr Laub im zeitigen Frühjahr (März bis April) und fruchten im Herbst; Mandel

[19] Wissmann, H. von: Pflanzenklimatische Grenzen der warmen Tropen. Erdkunde, Bd. II, 1948.

[20] Philippson, A.: Das Mittelmeergebiet. Seine geographische und kulturelle Eigenart. 3. Aufl. Leipzig/Berlin 1914. – Rikli, M.: Das Pflanzenkleid der Mittelmeerländer. I–III. Bern 1942–1948.

[21] Lautensach, H.: Der Rhythmus der Jahreszeiten auf der Iberischen Halbinsel. Geogr. Rundschau. Jg. 7, 1955.

und Pfirsich blühen schon im Januar und Februar und fruchten im Hochsommer. Bei den immergrünen Bäumen verschiebt sich die Ernte in den kühlen Winter, beim Ölbaum, der im Mai und Juni blüht, auf den Dezember, bei den Apfelsinen auf Dezember bis Februar. Die immergrünen Holzarten der Macchie blühen zu ganz verschiedenen Zeiten, Zistrosen, Rosmarin u. a. im Frühjahr, Lavendel und Ginster bis in den Sommer, Oleander im Hochsommer, der Erdbeerbaum von Herbst bis Frühjahr. Unsere europäischen Getreidearten Weizen, Gerste und Hafer werden als Wintergetreide schon zeitig im September gesät und reifen von Mai bis Juli.

Zwischen das feuchte Mediterrangebiet und den saharisch-vorderasiatischen Wüstengürtel schaltet sich der *mediterran-vorderasiatische Steppengürtel* ein, der sich durch seine Sommerdürre scharf von den sommerfeuchten Grasländern auf der tropischen Seite des Wüstengürtels, durch die geringe Winterkälte aber auch von den kontinentalen Steppen Zentralasiens und Nordamerikas unterscheidet. Die milden Winter gestatten bereits Verwandtschaften und Lebensformen der Tropen das Fortkommen (dornige Bäume verschiedener Akazienarten, Christusdorn, Argania; stammsukkulente Euphorbien) neben Halbsträuchern (Artemisia herba alba), Steppengräsern (Halfa-Steppe) und dornigen Kugelsträuchern (Caragana, Astragalus, Acantholimon), die ein Ausdruck des dürren Sommers und kühlen Winters sind. Die künstliche Bewässerung gewinnt nach Süden zunehmend an Bedeutung bis zur reinen Oasenkultur der Wüste.

Auf der *südlichen Halbkugel* fehlen nicht nur die winterkalten Nadelwaldklimate, sondern auch die winterkalten Steppen. Im außertropischen Südamerika, Südafrika und Australien verlaufen die Trockengürtel von Nordwesten nach Südosten quer durch die Erdteile und trennen die winterfeuchten Steppen und Etesienklimate im Südwesten (Mittelchile, Kapland, Südwestaustralien) von den sommerfeuchten Grasländern im Osten. In der *Südafrikanischen Union* kommt dies in einem klaren Gegensatz der landwirtschaftlichen Jahreszeiten zum Ausdruck. Im winterfeuchten Kapland gedeiht der Winterweizen auf Regen und reifen Weintrauben und Fallaubobst im trockenen Sommer. Für den Maisbau ist die winterliche Regenzeit zu kühl. Er gedeiht im Sommer, aber nur, wo man ihn künstlich bewässert. Umgekehrt bieten die Burenhochländer und Natal im feuchten warmen Sommer dem Mais natürliche

Wachstumsmöglichkeiten, das frostfreie Küstenland von Natal auch dem Zuckerrohr, dem Tee und tropischen Früchten (Bananen, Ananas, Mango etc.). Weizen kann dort nur im Winter, dann aber nur mit künstlicher Bewässerung angebaut werden.[22]

Für die winterfeuchten Gebiete Mittelchiles im Hinterland von Concepción haben die ökologischen Forschungen von G. H. Schwabe gezeigt, daß für die Landwirtschaft sowohl der Sommer wegen seiner Trockenheit als auch der Winter durch die niedrigen Temperaturen Schwierigkeiten bietet.[23] Die Winter sind zwar im ganzen viel milder als in Mitteleuropa, aber sie sind durch sehr häufige Nachtfröste ausgezeichnet, die zur Bildung von Kammeis in den obersten Bodenschichten führen, das die Ursache des Auswinterns des Getreides darstellt. Der Frühling ist eine biologische Gunstzeit, da er noch genügend Niederschläge, aber keine Fröste mehr hat, in zweiter Linie auch Spätsommer und Herbst, da dann schon wieder Regen fallen und noch keine Fröste auftreten.

Die Grasländer der Südhalbkugel (Pampa Argentiniens, Uruguays und Brasiliens, Patagonien, Südafrika, Australien, Neuseeland) sind zu Viehzuchtländern geworden und versorgen den Weltmarkt mit Wolle, Häuten, Fleisch und Molkereierzeugnissen. Sie haben den großen Vorzug vor der Nordhalbkugel, daß sie ganzjährigen Weidegang ohne Stallhaltung ermöglichen, da harte, schneereiche Winter fehlen und die abgetrockneten Gräser und Stauden, zum Teil auch das Laub und die Früchte von Bäumen und Sträuchern in der ungünstigen Jahreszeit Futter bieten. In die bis ins letzte Jahrhundert menschenleeren oder – wie in Südafrika – nur dünn besiedelten Räume drang im Zeitalter der Dampfschiffahrt der europäische Siedler ein und konnte eine extensive Weidewirtschaft und zum Teil Getreidewirtschaft für den fernen europäischen Markt entwickeln.

Den Einfluß der Jahreszeiten zeigt am besten ein *Westostprofil durch*

[22] Hafemann, D.: Niederschlag, Regenfeldbau und künstliche Bewässerung in der Südafrikanischen Union. Forschungen zur Kolonialfrage, Bd. 12, Würzburg 1943.

[23] Schwabe, G. H.: Die ökologischen Jahreszeiten im Klima von Mininco (Chile). Chilenische Forschungen. Bonner Geograph. Abhandl., H. 17, Bonn 1956.

die argentinische Pampa. Die östliche Pampa an der La-Plata-Mündung ist hinreichend feucht und erhält Niederschläge in allen Monaten des Jahres. Dort kann die Rindvieh- und Schafzucht mit hochwertigen Fleischrassen auf der Grundlage der natürlichen Weide rasenwüchsiger Gräser (Pasto tierno) betrieben werden. Am Westrand der Pampa herrscht bereits eine ausgesprochene Trockenzeit. Von den 500 bis 700 mm Niederschlag fallen nur 15 % im Winterhalbjahr. Dort wäre das Vieh natürlicherweise auf das harte Pampagras (Pasto duro) angewiesen, weshalb man durch Anlage künstlicher Luzerneweiden im Wechsel mit Weizenbau wertvolle Futterflächen für die hochwertigen Viehrassen schaffen mußte. Weiter westlich im Dorn- und Kakteenbusch der sogenannten Monteformation wird die Grenze des Regenfeldbaues und der unbewässerten Luzerneweiden erreicht. Dieses Land ist dem anspruchslosen Criollo-Vieh und den Ziegen überlassen, der Feldbau ist auf die Bewässerungsoasen beschränkt, die sich am Fuß der Kordilleren und der Pampinen Sierren aufreihen.

Lokale Unterschiede im Ablauf der Jahreszeiten

Die bisher geschilderten Jahreszeitenklimate entsprechen der klimatischen Zonierung von Temperatur und Niederschlag im Gesamtbild der Erde und der gesetzmäßigen Abnahme der Temperatur mit der Meereshöhe. Daneben gibt es viele kleinräumige Differenzierungen, die auf lokale Veränderungen des Klimas durch die Reliefgestaltung zurückgehen.

Im allgemeinen steigt mit dem Anstieg in das Gebirge auch die Menge der Niederschläge und bei periodischem Regenfall im Tiefland verlängert sich dort die Dauer der Regenzeit, da auch durch Steigungswinde Niederschläge entstehen können. So sind im sommertrockenen Mediterrangebiet die höheren Gebirge meist ständig beregnet und die Gebirge, die sich über die tropischen Grasländer erheben, erhalten gewöhnlich in der Winterzeit durch Steigungswinde Regen und Nebelfeuchtigkeit und sind von immergrünen Nebelwäldern eingenommen.

An einigen trockenen Küstenstrichen der Erde können *Küstennebel,* die gegen das Festland und die Gebirge getrieben werden, jahreszeitlich große Luftfeuchtigkeit verursachen, die das Pflanzenkleid verändert.

An der Wüstenküste Perus sind es die winterlichen «Garuas», die die Hügel befeuchten, weshalb man die Nebelzeit «tiempo de lomas» nennt.[24] An der Küste von Ecuador werden die vorspringenden bergigen Halbinseln von denselben winterlichen Garuas befeuchtet. Sie erzeugen zusammen mit den sommerlichen Zenitalregen ganzjährige Feuchtigkeit und infolgedessen Regenwald. Die Nebelzeit ist sogar die feuchtere Jahreszeit, auf die sich die Landwirtschaft einstellt, die erhöhte Seuchengefahr bringt und die Wege schwer passierbar macht. Der Volksmund kehrt daher auch die Jahresbezeichnungen um. Im Binnenland heißt die sommerliche Regenzeit mit Zenitalregen «Invierno», an der Küste umgekehrt die winterliche Nebelzeit.[25]

Im sonst sommertrockenen Mittelkalifornien werden beiderseits der Bucht von San Francisco sommerliche Küstennebel gegen die Westabdachung der Coast Range getrieben. Sie erzeugen ein immerfeuchtes Klima, in dem allein die enorm üppigen Wälder des Coast Red Wood (Sequoia sempervirens) gedeihen.[26] Ein entsprechendes Gegenstück auf der südlichen Halbkugel sind die lokalen Nebelwälder von Aextoxicum punctatum mitten im dürren Nordchile bei Fray Jorge an der Limari-Mündung.[27]

In Gebirgsländern können sich auch *Klimazonen, die normalerweise nebeneinander liegen, vertikal überlagern* und besondere Verteilungen der Jahreszeiten verursachen. In den mittelargentinischen Anden im Bereiche von Mendoza und des Aconcagua z. B. herrscht in den Gebirgslagen bis etwa 3000 m Höhe ein sehr trockenes Klima mit schwachen Niederschlägen im Winter. In den Hochgebirgslagen zwischen 3000 und 5000 m dagegen fallen beträchtliche Mengen von Winterschnee. Sie erzeugen meterhohe Schneedecken, die erst im folgenden Frühjahr und Sommer wieder verschwinden. Der Sommer ist aber so

[24] Koepcke, H.-W. u. M.: Die warmen Feuchtluftwüsten Perus. Bonner Zoolog. Beiträge, IV, 1–2, Bonn 1953.

[25] Troll, C.: Ecuador. In: Handbuch der Geographischen Wissenschaft, hrsg. v. F. Klute. Band Südamerika. Wildpark Potsdam 1930.

[26] Cooper, W. S.: Red Woods, Rainfall and Fog. The Plant World., 20, 1917. – Byers, H. R.: Summer Sea Fogs of the Central California Coast. Univ. of California Publ. in Geography, 3, 1930.

[27] Skottsberg, K.: Apuntes sobre la flora y vegetación de Frai Jorge (Coquimbo, Chile). Meddel. fr. Göteborgs Botan. Trädgård, 18, 1950.

trocken und strahlungsreich, daß der Schnee wegen der hohen Verdunstungskälte weniger schmilzt als direkt verdunstet, was zur Bildung des eigenartigen, oft beschriebenen „Büßerschnees" führt. Wir haben in diesen Gebirgshöhen einen Jahreszeitenablauf, wie er sonst auf der Erde nur noch in der Hochgebirgsregion des Hindukusch in Afghanistan zu finden ist.

Einen besonders interessanten Fall von Veränderung der Jahreszeiten als Folge topographisch bedingter Klimazonierung bietet der *südliche tropische Teil des Rotmeer-Gebietes*. Die Grabensenke des Roten Meeres ist dort in einer Breite von 400 bis 500 km mit steilen Rändern in die beiderseitigen Hochländer von Südarabien (Jemen) und Nordäthiopien (Eritrea) eingesenkt. Das Rote Meer füllt den inneren Teil der Grabensenke aus und ist beiderseits von halbwüstenhaften Tiefländern begleitet, dem sog. Samhar auf der afrikanischen, der sog. Tihamma auf der arabischen Seite. Die Ränder der sanft nach außen abgedachten Hochplateaus liegen in 2000 bis 3000 m Höhe. Die Hochländer selbst haben entsprechend der geographischen Breite tropisches Sommerregenklima mit winterlicher Trockenheit. Ganz abweichend davon aber ist die Anordnung der Klimate in der Sohle und an den Hängen der Grabensenke, eine Folge besonderer Windverhältnisse. Im Sommer, wenn auf den Hochländern zenitale Regen fallen, wehen in der Senke des Roten Meeres nordwestliche Trockenwinde als Fortsetzungen der mediterranen Etesien, die nach dem Austritt in den Golf von Aden in die normalen, von Ostafrika gegen Asien wehenden feuchten Sommermonsune übergehen. Umgekehrt wehen im Winter vom Golf von Aden in die Grabensenke hinein südöstliche Winde, die den beiderseitigen Küsten des Roten Meeres schwache Niederschläge spenden. Den Sommerregen und der Wintertrockenheit der Hochländer stehen somit Winterregen und Sommertrockenheit der Rotmeerküste gegenüber.

Außerdem aber erzeugt der Gegensatz der heißen Grabensenke (Massuaua hat das höchste bekannte Jahresmittel der Temperatur von 30,2°C) und der Hochländer im größten Teil des Jahres einen täglichen Ausgleichswind, der in den Tagesstunden vom Tiefland an den beiderseitigen Hängen aufwärts weht und an den exponierten Hanglagen Nebelkondensation und Wolkenbildung zur Folge hat. Nur die Monate Juni, Juli und August sind frei davon. Die mit Feuchtigkeit beladenen Winde erreichen den Hochlandrand, dem sie noch reichlich Niederschlag spenden, werden aber in dem Augenblick zu trockenen Winden, wo sie auch nur mit leicht absteigender Tendenz über das Plateau wehen. Die tagsüber durch eine Wolkenwand markierte Grenze der Nebel ist zugleich die Grenze der winterlichen Niederschläge. Somit überschneiden sich an den Rändern des Rotmeergrabens die sommerlichen und winterlichen Niederschläge in einer sehr interessanten, gesetzmäßigen Weise. Die geringen Winterniederschläge der Meeresküste nehmen an den Gebirgshängen als Steigungsregen und Nebel beträchtlich zu – in starker Abhängigkeit von der Windexposition –, erreichen aber am Hochlandrand ihr absolutes Ende. Die Sommerregen der Hochländer nehmen umgekehrt am Gebirgshang sehr schnell ab und hören am Fuß des Gebirges, am Rand der Grabensohle, gänzlich auf.

Für den jahreszeitlichen Ablauf des Naturgeschehens, den ich auf der eritreischen Seite studieren konnte, hat dies folgende Wirkungen.[28] Die Wüsten und Halbwüsten am Roten Meer sind wintergrün. Die unteren Teile der Gebirgsabhänge, die in der heißen Stufe der Kolla bleiben (bis 1000 oder 1200 m), haben ziemlich gleichmäßige Winter- und Sommerregen, allerdings in beiden Jahreszeiten so mäßig, daß kein immergrüner Regenwald entstehen kann, sondern nur ein mesophytischer Savannenwald, der weder strenge thermische noch hygrische Jahreszeiten aufweist – was in dieser Form wohl einzigartig auf der Erde ist. In den höheren Lagen, besonders in freier Ostexposition von 1500–2300 m (Woina Dega), überwiegt durchaus die Winterfeuchtigkeit, aber auch die Sommer haben ausreichend Niederschläge. Es ist die Zone des feuchten Bergwaldes, in der bei Frostfreiheit noch Kaffeekultur und Bananenanbau betrieben werden können. In den gegen die östlichen Steigungswinde abgeschirmten Tälern jedoch herrscht bereits ausgesprochenes Sommerregenklima mit Wintertrockenheit wie weiter westlich auf dem Hochlande. Ein nur wenige Kilometer breiter Rand des eritreischen Altopiano empfängt aber noch die Sprühregen der östlichen Steigungswinde, was zur Folge hat, daß *dieselben Pflanzen, die weiter westlich mit ihrer Blüte- und Fruchtzeit auf die Sommerregen eingestellt sind, hier Winterblüher sind.*

[28] Troll, C./R. Schottenloher: Ergebnisse wissenschaftlicher Reisen in Äthiopien. Peterm. Geogr. Mitteil. 1939. – Troll, C.: Die Lokalwinde der Tropengebirge und ihr Einfluß auf Niederschlag und Vegetation. In: Studien zur Klima- und Vegetationskunde der Tropen. Bonner Geogr. Abhandl., 9, 1952.

Dieser Jahreszeitenwechsel hat auch manchen Einfluß auf das Wirtschaftsleben. Während im Hochland die Gerste wie die übrigen Getreide mit den Sommerregen gebaut werden, gibt es am Hochlandrand in Eritrea eine besondere Gerstenkultur in der winterlichen Nebelzeit („Eifó" genannt). Außerdem kann man die Hochlandbauern, wenn sie im Herbst ihre Sommerfelder abgeerntet haben, mit ihren Ochsen und Pflügen nach den winterfeuchten Osthängen absteigen sehen, wo sie Winterfelder anlegen. Für die Hauptstadt Eritreas, Asmara, die 4 km westlich des Hochlandrandes gelegen ist und im täglichen Anblick der Nebelgrenze nur Sommerregen empfängt, hat man die Trinkwassertalsperren am nebelfeuchten Rand des Altopiano angelegt. Sie werden aber auch gleichzeitig für die Wasserkraftwerke benutzt, deren Turbinen 800 bis 1200 m tiefer im Valle Dorfu der Ostabdachung aufgestellt sind. Das ihnen entströmende Wasser kann zusätzlich noch für Bewässerungskulturen von Kaffee, Bananen und Papayas ausgenutzt werden. Somit spielt sich die Wasserwirtschaft Asmaras im Abstand weniger Kilometer in drei Klimagebieten mit verschiedenem Jahreszeitenablauf ab.

Zusammenfassung

Eine Rückschau auf unsere Betrachtung soll auch gleichzeitig als Erläuterung für die Karte der Jahreszeitentypen dienen, die vorläufig nur für die Alte Welt entworfen werden konnte (Abb. 8). Die Typen ergeben sich aus dem Zusammenwirken von drei die Jahreszeiten beherrschenden Klimaelementen: der nach Breitengürteln wechselnden Bestrahlungsverhältnisse, der jährlichen Schwankungen der Temperatur und der jahreszeitlichen Verteilung der Niederschläge.

In den höheren polaren Breiten, wo die tageszeitlichen Temperaturunterschiede ganz verschwinden, beherrscht der Gegensatz von Polarnacht und Polartag mit seinen großen jahreszeitlichen Temperaturunterschieden das Naturgeschehen, wobei sich die Zeit der stärksten Abkühlung gegen die Pole auf den Spätwinter verschiebt. Stärkeres Leben auf dem Festland und eine geschlossene Pflanzendecke (Tundra) kann sich erst dort einstellen, wo eine frostfreie sommerliche Jahreszeit vorhanden ist. Dort gibt es eine kurze Zeit der sommerlichen Blüte und Fruchtbildung und eine reiche Entfaltung des Tierlebens (Mückenschwärme, Lemminge, Vögel) und einen sehr langen, in Schnee und Frost erstarrten Winter. Große Trockenheit des Klimas ändert an diesem Jahreszeitengang nichts, da dann die kalte Zeit auch gleichzeitig die trockene ist.

Auch in den kühlgemäßigten Breiten herrschen die Temperaturjahreszeiten allein, solange wir uns in den Waldgebieten befinden. Die Ozeanität und Kontinentalität des Klimas, die sich in der Jahresschwankung der Temperatur und in der Länge oder Kürze der Vegetationsperiode äußert, ergibt eine Gliederung von den ozeanischen Küsten im Westen mit ihrer winterlichen Warmwasserheizung nach dem Inneren und dem Osten der Kontinente. Auf den euozeanischen Westrand Europas (mit Temperaturen des kältesten Monats noch über 2° C), in dem noch viele immergrüne Laubgehölze überwintern können, folgt die subozeanische Zone mit Mitteltemperaturen des kältesten Monats von + 2 bis − 3° C oder einer Vegetationsdauer von über 210 Tagen und eine euryozeanische Zone mit einer Jahrestemperatur von über 4° C oder einer Vegetationsdauer von 160–210 Tagen. Hier herrscht schon Vegetationsruhe im Winter, aber noch viele edle, winterkahle Laubbäume können diesen Winter überdauern. Bei noch niedrigeren Jahresmitteltemperaturen betreten wir die sehr winterkalten, schneereichen, borealen Klimate, die noch mindestens einen Monat des Jahres mit einer Mitteltemperatur von über 10° C oder eine Vegetationsperiode von 100 bis 160 Tagen aufzuweisen haben. Hier wachsen im allgemeinen nur noch Nadelwälder, aber begleitet von kätzchenblütigen Laubbäumen der Gattungen Salix, Populus, Betula und Alnus. Sie reichen von der Küste Nordnorwegens bis zum Ochotskischen Meer und nordwärts bis zur arktischen Baum- und Waldgrenze. In Ostsibirien östlich des Jenissei (mit Ausnahme der Küsten und Halbinseln Kamtschatka, Sachalin) wird die Kontinentalität so extrem, gleichzeitig die Regenarmut im eisigen Winter so groß, daß der schneearme Winter den Boden in größerer Tiefe zu ewiger Gefrornis erstarren läßt. Aber die Sommer sind so warm, daß ein tiefer Auftauboden entsteht, der noch Waldwuchs ermöglicht und in den zahlreichen Tümpeln über dem Eisboden Schwärme von Mücken brüten läßt, die im Sommer die Wälder bevölkern.

Im winterkalten und sommerheißen Innern der Nordkontinente gehen die verschiedenen Waldgürtel durch die Abnahme der Niederschläge besonders im Sommer in die Steppen und schließlich Wüsten über. Vom Schwarzen Meer bis Sibirien tritt zu der Winterkälte, die eine absolute Vegetationsruhe erzwingt, eine Dürre des Spätsommers, die eine zweite Mangelzeit hervorruft, so daß das Leben sich vor allem im Frühling und Frühsommer entfaltet. Im Monsunbereich der Mandschurei und Nordchinas sind diese winterkalten Steppen aber sommerfeucht, haben also einen klaren einphasigen Rhythmus.

Auf der südlichen Halbkugel sind der südpolare Gürtel jenseits der Waldgrenze und der kühlgemäßigte Gürtel in Patagonien, Südostaustralien und Neuseeland wegen des geringen Landanteils nach den Temperaturverhältnissen stark bis hochgradig ozeanisch zu nennen, meist ozeanischer als selbst die Westküste Europas. Die immerfeuchten Wälder sind mit wenigen Ausnahmen aus immergrünen Holzarten zusammengesetzt, haben keine völlige Winterruhe und können im Bereich der ewigen Westwinde in Westpatagonien, Feuerland und Südneuseeland sogar jahraus, jahrein blühen und fruchten. Der winterkalten, schneereichen Tundra des Nordens entspricht auf den kleinen subantarktischen Inseln zwischen 40 und 60° s. Br. ein ewig kühles, ständig durch kurze Nachtfröste gefährdetes, aber auch nicht winterkaltes Klima. Am stärksten sind die Jahreszeiten noch in den kühlgemäßigten Steppen Ostpatagoniens und des neuseeländischen Otago-Distrikts ausgeprägt. Aber auch dort bleiben die Mitteltemperaturen des kältesten Monats über dem Gefrierpunkt, längere Schneedecken kommen nicht vor, und die Weide kann das ganze Jahr Futter geben.

In den warmgemäßigten Breiten gliedern sich die Jahreszeitentypen ziemlich klar in sommertrockene und sommerfeuchte. Die sommertrockenen sind die mediterranen Klimate der Westseiten der Kontinente mit ihren kühlen Wintern und dürren Sommern. Die laubwerfenden Holzarten sind dort mit ihrer Vegetationsperiode noch ganz auf die warme Jahreszeit eingestellt. Auch die zahlreicheren immergrünen Bäume und Sträucher blühen im Frühjahr, Sommer oder Herbst, können aber im Winter fruchten. Die außertropischen, einjährigen Kulturpflanzen gedeihen als Winterkulturen und fruchten im Frühjahr oder im zeitigen Sommer. Nach Norden geht das sommertrockene Mediterranklima über das immerfeuchte, aber noch sommerwarme Submediterrangebiet in die kühlgemäßigten Klimate über, nach Süden und gegen den Kontinent in die sommerdürren Steppen Nordafrikas und des Orients. Bei den warmgemäßigten Sommerregenklimaten der Ostseiten ist der Jahreszeitenrhythmus einfacher, da die warme Jahreszeit auch die feuchte und die Wachstumszeit ist. Daher bestimmt die nach Süden abnehmende Kälte des Winters das Naturgeschehen. Nordjapan und Nordkorea haben noch kalte Winter (Januar-Mitteltemperatur unter 2° C), Nordchina außerdem noch Wintertrockenheit. Südjapan und Mittelchina haben ganz milde Winter und heiße, regenreiche Sommer, und bis zur Januar-Isotherme von 4° C können Tee, Zitrusfrüchte und einzelne Palmen gedeihen. Südchina und Formosa schließlich, wo die Temperatur des kältesten Monats über 13° C bleibt, hat bereits tropischen Charakter und dementsprechend frostempfindliche tropische Kulturpflanzen.

In den Tropen werden die Jahresunterschiede der Temperatur allgemein so gering, daß die Niederschläge die Jahreszeiten zu beherrschen beginnen. Nur im trockenen Innern der Kontinente am Rand der Tropen gibt es noch Jahresschwankungen der Temperatur beträchtlich über 10° C. Aber auch dann fallen die höchsten Temperaturen nicht mehr in den Sommer, sondern in die Frühjahrsmonate vor Einsetzen der sommerlichen Regen, die die Tagestemperaturen herabdrücken (3 Jahreszeiten des „Indischen Typus"). Im übrigen gliedern sich in den Tropen im Tiefland wie in den Gebirgen die Jahreszeiten nach der Niederschlagshöhe und besonders nach der Dauer der humiden und ariden Jahreszeiten. Zwischen dem immerfeuchten Klima der Regenwälder und dem immertrockenen der tropischen Wüsten und Halbwüsten schalten sich die drei periodisch feuchten Tropengürtel ein, der humide Feuchtsavannengürtel mit 5–7$\frac{1}{2}$ Monaten Trockenzeit, der an der Grenze von humid und arid gelegene Trockensavannengürtel (mit 5–7$\frac{1}{2}$ Monaten Trockenzeit) und der Dornsavannengürtel mit 7$\frac{1}{2}$–10 ariden Monaten. Wenn die Zeit des Sonnentiefstandes durch passatische Steigungsregen ebenfalls feucht und regenreich wird, kommen Klimate mit Regen zu allen Jahreszeiten zustande, wobei aber die sommerliche Zeit der zenitalen Regen die schöne, die winterliche der Steigungsregen die feuchtere und unangenehmere Jahreszeit werden kann. Solche Zonen finden sich an den den östlichen Passatwinden zugekehrten Gebirgshängen aller Tropenkontinente. Im übrigen lassen sich die lokalen, durch das Relief bestimmten Veränderungen des Jahreszeitenablaufes auf einer kleinen Übersichtskarte nicht mehr zur Darstellung bringen.

42. Deutscher Geographentag Göttingen, 5. bis 10. Juni 1979. Tagungsbericht und wissenschaftliche Abhandlungen, im Auftrag des Zentralverbandes der Deutschen Geographen hrsg. von G. Sandner/H. Nuhn, Wiesbaden: Franz Steiner 1980, S. 313–315.

ÖKOKLIMATISCHE ÜBERLEGUNGEN ZUM PROBLEM DER HUMIDITÄT/ARIDITÄT

Ein Beitrag zur Klassifikation der Klimate

Von WILHELM LAUER und PETER FRANKENBERG

Problemstellung

Fragen des Wasserhaushaltes der Erde bedürfen angesichts der geringer werdenden Wasserreserven zunehmender wissenschaftlicher Erforschung. Die exakte Bilanz N–V von Landschaftsräumen zu ermitteln, ist nach wie vor sehr schwierig. Berechnungen über die potentielle Evapotranspiration (pET) als Verdunstungsterm basieren auf der Voraussetzung einer „gleich dichten Vegetation", unbeschadet der differenzierenden Wirkung der Erdoberfläche, wie z. B. in Wüstenräumen oder in Regenwaldgebieten. Sie ermangeln bisher einer Berücksichtigung der wirklichen Vegetationsbedeckung. Zudem bedürfen die physikalisch exakten Berechnungen der pET (z. B. nach Penman) zu vieler Klimaparameter, die an der Mehrzahl der Klimastationen, vor allem in den Entwicklungsländern, nicht oder nur unzureichend ermittelt werden.

Ein Lösungsversuch liegt darin, statt pET eine „potentielle Landschaftsverdunstung" (pLV) zu berechnen, die den realen Gegebenheiten der Vegetationsbedeckung nahekommt. Diese muß aus einer Verdunstungsgleichung für E_o (Verdunstung freier Wasserflächen) abgeleitet werden, die eng mit den Werten nach Penman oder von Class-a-pan korreliert. Sie muß überdies der Forderung einer einfachen Berechnung genügen.

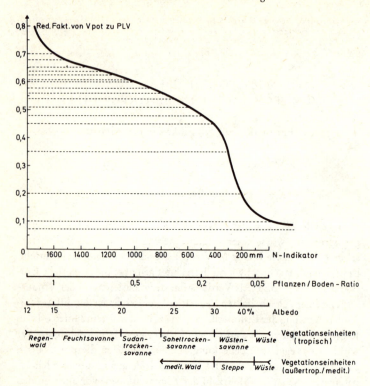

Die Ableitung der potentiellen Landschaftsverdunstung

Die potentielle Landschaftsverdunstung (pLV) ist definiert als die potentielle Verdunstung eines gegebenen Landschaftsausschnittes unter der Annahme stets optimaler Wasserversorgung des Bodens, einer „realen Landschaft" mit ihrer wirklichen Vegetationsbedeckung und den gegebenen ökophysiologischen Reaktionstypen der Pflanzenwelt; pLV unterscheidet sich also von pET vor allem dadurch, daß der abstrakte Term „gleich dichte Vegetation" durch die „reale Vegetationsbedeckung der Landschaft" ersetzt wird. So kann die potentielle Verdunstung wirklichkeitsnäher ermittelt werden und damit auch der Wasserbilanzierung gegebener Landschaftsräume näherkommen – pLV wird über

gleitende Reduktionsfaktoren aus E_o ermittelt, wobei die Vegetationsbedeckung des Bodens und die Albedo entscheidende Einflußgrößen
sind (vgl. Abb.).

Die Ableitung der „Verdunstung freier Wasserflächen"

E_o ist im Prinzip eine Funktion von für die Verdunstung verfügbarer
Energie und dem Sättigungsdefizit. Die Schwierigkeit der Ermittlung
dieser Verdunstungsgröße besteht vor allem darin, den Energieterm zu
fassen. Dies geschieht über die „Äquivalenttemperatur" (T_{ae}) als Maß
des Gesamtwärmeinhalts der Luftschicht, die über dem verdunstenden
Körper liegt. Das Produkt aus Äquivalenttemperatur und relativem Sättigungsdefizit $[T_{ae} \cdot S]$ stellt sich als ein guter Ausdruck der Jahressumme
der Verdunstung freier Wasserflächen heraus, wie Vergleiche mit Werten nach Penman und Class-a-pan zeigen. Als Ausgangswert zur Berechnung dieser Größe benötigt man nur die Temperatur, die relative
Feuchte und den Luftdruck, Meßgrößen, die fast jede Station liefert.
Monatswerte der Verdunstung freier Wasserflächen – ermittelt über das
Produkt von Äquivalenttemperatur und relativem Sättigungsdefizit –
zeigen die besten Übereinstimmungen mit gemessenen Werten (Class-
a-pan), wenn die Werte von S mit dem Faktor 0,98 potenziert wurden:

$$pLV = \frac{T_{ae} \cdot S^{0,98}}{12}$$

Anwendungsbeispiel Afrika

In der konkreten Anwendung der abgeleiteten Größen pLV und E_o
ist die Wasserbilanz von Afrika errechnet worden: einerseits auf der
Basis $N–E_o$, andererseits auf der Basis N-pLV. Für Ostafrika wurden
humide Monate mit Trockengrenzschwellenwerten bei $N = E_o$ und
$N = pLV$ berechnet und vergleichend kartographisch verdeutlicht. Der
Ansatz über den Trockengrenzschwellenwert $N = pLV$ führt zu ähnlichen Ergebnissen, wie sie Lauer auf der Basis des De Martonneschen
Index 1951 und 1952 bereits vorgestellt hatte, was zeigt, daß nicht die
„klimatische Wasserbilanz" zur Erfassung des Verdunstungsvorganges

von Landschaften genügt, sondern die Vegetation in ihrem Verdunstungsverhalten berücksichtigt werden muß. Die über pLV ermittelte Anzahl der humiden Monate kann die Grundlage einer „landschaftsrealistischen" Klimaklassifikation sein (vgl. Lauer/Frankenberg 1978). Mit der Ableitung einer „potentiellen Landschaftsverdunstung" (pLV) glauben die Verfasser, einen Weg gewiesen zu haben, der zu einer realistischeren Abschätzung der Wasserbilanz in verschiedenen Räumen führen kann. Die über die Größe pLV ermittelte Wasserbilanz wird als landschaftsökologische Wasserbilanz bezeichnet, da zugleich E_o durch eine einfache Berechnungsformel mit Hilfe der Äquivalenttemperatur und dem relativen Sättigungsdefizit überdies noch physikalisch abgesichert ist, wird eine Möglichkeit geboten, mit wenigen Ausgangsdaten eine möglichst realistische Abschätzung einer klimatischen Wasserbilanz zu erreichen als Basis zur Ermittlung der potentiellen Landschaftsverdunstung.

Literatur

Lauer, W. (1951): Hygrische Klimate und Vegetationszonen der Tropen mit besonderer Berücksichtigung Ostafrikas. In: Erdkunde, 5, S. 284–293.
– (1952): Humide und aride Jahreszeiten in Afrika und Südamerika und ihre Beziehungen zu den Vegetationsgürteln. Bonner Geogr. Abh., 9, S. 15–98.
– /P. Frankenberg (1978): Untersuchungen zur Ökoklimatologie des östlichen Mexiko. – Erläuterungen zu einer Klimakarte 1 : 500 000. Colloquium Geographicum, 13, S. 1–134.
Penman, H. L. (1948): Natural Evaporation from Open Water, Bare Soil and Grass. Proceedings Roy. Soc. A., 193, S. 120–145.

III

BEITRÄGE ZUR REGIONALEN KLIMAGEOGRAPHIE

Geographische Zeitschrift 48 (1942), S. 21–46.

KALTLUFTEINBRÜCHE IM WINTER
DES ATLANTISCHEN EUROPA

Von Joachim Blüthgen

Vor kurzem erschien die Arbeit „Geographie der winterlichen Kaltlufteinbrüche in Europa"[1] des Verfassers, die sich ausführlich einem Problem widmete, welches bisher in dieser Form nicht behandelt worden ist, weder von geographischer noch klimatologischer Seite; auch ist mir keine meteorologisch eingestellte Arbeit mit dieser Zielsetzung bekanntgeworden. Die an sich umfangreiche Einzelliteratur zu diesen Fragen ist ausführlich in der genannten Arbeit angeführt, so daß ich hier darauf verweisen kann. Es erscheint mir aber aus praktischen Erwägungen heraus angebracht, die wesentlichen Ergebnisse dieser Arbeit hier noch einmal in kürzerer Form zur Diskussion zu stellen.

Die Behandlung von Witterungsvorgängen kann erfolgen a) von seiten der Meteorologie, indem die physikalischen Eigenschaften Gegenstand der Forschung sind; b) von seiten der Klimatologie, indem der Anteil dieser Vorgänge am mittleren Ablauf oder mittleren Zustand des Wettergeschehens erfaßt wird; hierbei wird der Begriff des in Rede stehenden Vorganges bereits als definiert vorausgesetzt; c) von seiten der Geographie, indem die Witterungsvorgänge als charakteristischer Bestandteil eines Raumes betrachtet werden; hierbei wird bereits die Definition des Begriffes diesem Ziele angepaßt werden müssen.

Zu diesen drei Methoden ist erläuternd noch folgendes festzuhalten. Die meteorologische Behandlung eines Witterungsvorganges, also im angezogenen Falle eines Kaltlufteinbruches, untersucht mit exakten naturwissenschaftlichen Verfahren den gesetzmäßigen Ablauf dieses Vorganges in alleiniger Rücksicht auf seine physikalischen Eigenschaften. Dabei werden gerade diejeni-

[1] Archiv der Dt. Seewarte usw. Bd. 60, H. 6/7. Hamburg 1940. 182 S., 101 Abb.

gen Einflüsse, die zusätzliche Abänderungen bedingen, etwa die Erwärmung am Erdboden in ihrer Abhängigkeit wiederum von Jahreszeit und Breitenlage sowie von der Gestaltung der Erdoberfläche, nach Maßgabe mathematisch-physikalischer Elimination möglichst ausgeschaltet.

Die klimatologische Behandlung eines Kaltlufteinbruches wird dessen durchschnittliches Auftreten, seinen Anteil am mittleren Witterungsablauf, seinen jahreszeitlichen Gang und seine verschiedenen Erscheinungsformen zum Gegenstande der Forschung haben. Eine solche klimatologische Behandlung kann bereits geographisch eingestellt sein, braucht es aber nicht. Man kann nämlich einen Kaltlufteinbruch, wie ihn der Meteorologe sieht und mißt, zum Ausgangspunkt klimatologischer Verallgemeinerung und Beziehung zur Gesamtwitterung wählen; dann ist diese klimatologische Verarbeitung eines rein meteorologisch definierten Vorganges immer noch außerhalb der Geographie. Sie liegt dann eben, nach Lautensachs Definition, im Bereich der Klimatologie im engeren Sinne, und zwar im Bereich der meteorologisch orientierten Klimatologie. Andererseits kann aber auch, wie das die Alternative nahelegt, die klimatologische Behandlung eines Kaltlufteinbruches mit geographischem Akzent erfolgen. Dabei wird man Wert auf diejenigen Eigenschaften des Kaltluftvorstoßes legen, die für sein Erscheinungsbild in der Landschaft und für seine Auswirkung in einem gegebenen Raume entscheidend sind. Solange aber nach wie vor der Vorgang als solcher Ziel der Untersuchung bleibt, und sei es auch unter noch so betonter Heranziehung seiner kausalen Zusammenhänge mit der Erdoberfläche, ist die Untersuchung noch keine geographische.

Die geographische Behandlung endlich hat als Ziel nicht den Kaltlufteinbruch an sich, sondern die Charakterisierung und forschende Erklärung von Räumen der Erdoberfläche, in denen eine ganz bestimmte Folge von Kaltlufteinbrüchen, ganz bestimmte Typen von solchen, ganz spezifische äußere Bedingungen usw. herrschen. Um dieses oberste Ziel zu erreichen, ist eine geographisch ausgerichtete klimatologische Grundlage Voraussetzung. Das geographische Gebäude kann sozusagen mit bereits geographisch zugerichteten Bausteinen errichtet werden, um einen anschaulichen Vergleich zu wählen. Diese geographisch zugerichteten Bausteine müssen der Klimatologie entnommen werden, und zwar der geographisch orientierten. Das bedeutet, daß schon der Begriff eines Kaltlufteinbruches unter dem Gesichtswinkel seiner Verwendung für länderkundliche Zwecke definiert werden muß. Daher ist das landschaftliche Erscheinungsbild, das „Erlebnis", eines Kaltlufteinbruches für den Geographen ebenso wie für den geographisch eingestellten Klimatologen u. U. wichtiger als die Verkettung physikalischer Gesetzmäßigkeiten, die vielfach mit dem visuell erfaßbaren Bilde oder der fühlbaren Wirklichkeit nichts mehr zu tun zu haben brauchen. Dieses landschaftliche Erscheinungsbild ist die unmittelbare Ausgangsbasis, gibt den dinglichen Rahmen ab, soll aber, um jedes Mißverständnis von vornherein auszuschließen, in keiner Weise bei der Erklärung die Heranziehung auch jener Eigenschaften verhindern, die nicht direkt wirksam sind, wie z. B. der Luftdruck, die aber zur Aufdeckung physiognomisch wichtiger Zusammenhänge mittelbar bedeutungsvoll sind.

Es sei aber ausdrücklich betont, daß mit dieser physiognomischen Begriffsfassung noch nicht das A und O einer geographischen Behandlung erschöpft ist. Ich sehe mit Lautensach vielmehr erst in der Kennzeichnung spezifischer Räume mit einem besonderen Gange, Häufigkeit und Typ von Kaltluftvorstößen das geographische, landeskundlich verwertbare Arbeitsziel. Man spricht in der Wirtschaftsgeographie von Wirtschaftslandschaften als den eigentlichen, komplexen geographischen Forschungsobjekten, analog könnte man in der Klimageographie von Klimaräumen als den eigentlichen Untersuchungsgegenständen gleicher Ordnung sprechen. Es wäre überspitzt, beim Klima von Landschaften zu reden, die Begriffseinheit „Raum" paßt hier besser. In beiden Fällen, bei der Wirtschaftsgeographie sowohl wie bei der Klimageographie, ist ein Bestandteil des gesamten Raumes Gegenstand geographischer Erfassung.

Auf diesen methodischen Gedankengängen baut sich die Untersuchung der Kaltlufteinbrüche auf. Als Kaltlufteinbruch wurde ein Vorgang verstanden, der Luftmassen mit Temperaturen um bzw. unter 0° transportierte. Diese thermische Begrenzung wird dem Meteorologen willkürlich erscheinen, da auf diese Weise Luftströmungen zerrissen werden können, bei denen im Verlaufe der Fortbewegung die Temperatur durch irgendwelche Einflüsse über den Nullpunkt steigt. Dieser Einwand ist mir durchaus zuvor gegenwärtig gewesen, trotzdem habe ich es im Interesse einer geographisch orientierten Begriffsfassung für wichtiger gehalten, diejenige Abgrenzung vorzunehmen, die mit der Trennung der beiden Aggregatzustände des Wassers zusammenfällt. Der Winter ist bei uns nun einmal geographisch gekennzeichnet durch Erscheinungen, welche an Frostgrade geknüpft sind: Eisbildungen im stehenden und fließenden Wasser, feste Formen des Niederschlags. Diese Trennung ist also physiognomisch, geht von landschaftsgestaltenden Wirkungen der Frosttemperaturen aus.

Das Untersuchungsgebiet deckt sich mit jenem Bereich, welcher auf den Wetterkarten dargestellt ist. Das Gebiet reicht also praktisch vom Eismeer bis zum Mittelmeer, aber der Schwerpunkt der Untersuchung liegt naturgemäß im

N des Kontinents, der in bezug auf die Gestaltung des Winters eine Schlüsselstellung einnimmt. Infolge der festen thermischen Begrenzung des Begriffs Kaltlufteinbruch fällt diejenige Periode des Jahres, in der Kaltlufteinbrüche vorkommen, für die einzelnen Teile des Untersuchungsgebietes ganz verschieden lang aus. Am längsten ist sie im höchsten Norden, in Island und in Lappland.

Der Anteil von Kaltluftvorstößen an der Gestaltung des Winters (im atlantischen Europa) ist durchaus wechselnd, nicht nur in bezug auf die auftretenden Typen. Eine Darstellung des gesamten Winters würde daher eine Behandlung auch der Warmluftvorstöße nötig machen. Es ist nur aus Gründen der Arbeitsbeschränkung zunächst auf ihre Behandlung verzichtet worden. Außerdem erfordern die Wärmevorstöße ganz andere Methoden der Erfassung und Bearbeitung, weil sie anderen Naturgesetzen gehorchen, und sie spielen auch nicht die unmittelbare physiognomische Rolle wie die Kaltlufteinbrüche. Sie sind synoptisch weit schwieriger zu erfassen, da ihre Fortpflanzung nicht einfach in der Hauptwindrichtung vor sich geht und wenigstens die vorderen Teile sich in größeren Höhen verschieben, wo sie nur indirekt belegt werden können.

Auf Grund einer Durchsicht der Wetterkarten und auf Grund der Erlebnismöglichkeit der verschiedenen Typen von Kaltlufteinbrüchen ergab sich die Aufstellung von sechs verschiedenen Typen von Kaltluftvorstößen, die nachstehend ganz kurz umrissen seien.

a) Nordwestluftvorstöße (abgekürzt NW-KE)
Herkunftsgebiet Island und die polaren Bereiche nördlich davon. Reichweite bis Mitteleuropa. Advektivfrost geringfügig. Temperatursprung meist sehr fühlbar. Wechselnde Himmelsbedeckung und Schauerniederschläge. Rasche Verlagerung. Vorkommen vorzugsweise in den Übergangsjahreszeiten, im Nordwestatlantik auch während des ganzen Winters. Abhängig von der Zyklonentätigkeit im atlantischen Raum. Oft gestaffelt, Andauer meist kurz. Bringen auch höheren Gebirgslagen heftige Abkühlung und Schneefälle.

b) Der nordeuropäische Kaltluftblock (abgekürzt Sk-KE)
Sitz Innerschweden, Ausbreitung radial, maximal bis Finnland und der südlichen Ostsee. Geringe Luftbewegung, tiefe Strahlungsfröste möglich. Vorzugsweise mit flachem Zwischenhoch über Schweden verknüpft. Auftreten in den Mittwintermonaten. Selten. Geht meist in Nordostluftvorstöße über.

c) Skandinavische Nordluftvorstöße (abgekürzt Nsk-KE)

Herkunftsgebiet nördliches Eismeer (Barentssee), Reichweite bis Mitteleuropa und wahrscheinlich sogar Süd-Rußland. Stoßrichtung NW–SO, seltener
mit Nordostkomponente. Einheitliche Luftströmung vom Eismeer über
Nord-Europa hinweg. Teilweise merkliche Instabilität, die sich zu regelrechtem
Schauerwetter bei Nordostwinden steigern kann. Stärkere Luftbewegung.
Mäßiger Advektivfrost, Gelegenheit zu tiefen Strahlungsfrösten aber relativ beschränkt. Niederschläge von meist kurzer Dauer, oft als ergiebige Schneestürme
eingeschaltet. In den bis nach Mitteleuropa reichenden Ausläufern meist bereits
stärker aufgeheitert und dementsprechend nahezu ebenso kalt wie Nordostluftvorstöße. Die Abkühlung reicht bis in größere Höhen hinauf. Hierher gehören
fast stets die Kälterückfälle des Frühjahrs in Nord-Deutschland. Gehäuftes Auftreten im Frühjahr, nur zögernd durch Einstrahlung verändert.

d) Nordostluftvorstöße (abgekürzt NO-KE)

Herkunft Nord-Rußland bis Ostseegebiet, gehen oft auf vorangegangenen
Zufluß von Eismeerkaltluft in die genannten Gebiete zurück. Mit hohem Luftdruck in Nord-Europa verbunden. Stetiges, aber nicht stürmisches Vordringen,
gleichmäßige anhaltende Temperatursenkung um mehrere Grade. Vorwiegend
Stratusbewölkung, im Verlaufe zunehmend aufreißend. Nur relativ selten mit
Mischungsschneefällen vor der Stirn. Eintreffen oft überraschend, verbunden
mit unvermitteltem Windsprung. Reichweite außergewöhnlich groß, bis nach
Spanien, Irland und dem Mittelmeer; in diesen Fällen meist im Herkunftsgebiet
bereits abgeschnürt. Trotzdem lange Dauer, jedoch zunehmende Veränderung
mit dem Altern. Tiefsttemperaturen erst nach Einsetzen stärkerer Aufheiterung.
Stehen in engem Zusammenhang mit den Nsk-KE. Nur anfangs hochreichend,
danach bald abflachend. Gehen vorzugsweise in SO-KE oder C-KE über.

e) Die mitteleuropäische Kaltluft (abgekürzt C-KE)

Herkunft gebirgiges Mitteleuropa. Geht meist auf vorangegangene Kaltluftzufuhr durch anderen KE-Typ zurück, z. B. NW-KE oder NO-KE, daraus re-
sultieren verschiedene Varianten. Beschränkt auf die Mittwintermonate. Flache
Kaltluftschicht, nebelreich, Rauhreifbildungen häufig, geringe Luftbewegung.
In SW- und S-Europa von NO-KE kaum zu unterscheiden. Stetiges Absinken
der Temperatur, extreme Tieftemperaturen in Beckenlagen beim Aufklaren
möglich. Vorhandensein einer Schneedecke für die weitere Gestaltung des KE
entscheidend. Schneefälle treten bei C-KE so gut wie nicht ein, nur in seltenen
Fällen beim Vorhandensein angehobener Warmluftreste. Reichweite radial
ausstrahlend bis Südost-England, Südliche Ostsee, Polen, Balkan, Italien,
Spanien.

f) Südostluftvorstöße (abgekürzt SO-KE)

Herkunft kontinentales Mitteleuropa, Rußland. Wird durch westeuropä-
isches Tiefdrucksystem angesaugt, Eintreten daher oft gleichzeitig über weiten
Gebieten Zwischeneuropas. Beschränkt auf die Monate vorwiegender Ausstrahlung. Je nach dem Kräfteverhältnis zwischen andrängendem Tief und osteuropä-
ischem Hoch ergibt sich eine rasch vorbeiziehende, kurzlebige Variante und eine
lang anhaltende, quasistationäre Variante. Erstere ist auf den Wetterkarten synoptisch oft nur unsicher nachweisbar, letztere sehr gut. In beiden Fällen bringen
Südostwinde nach vorangegangenen anderen KE-Typen advektive Temperatursenkung, bei Windzunahme und föhniger Aufheiterung. Meist mit leichten Cir-
russchleiern verbunden. Nachttemperaturen dagegen etwas höher. Starke Aus-
winterungsgefahren, bei der quasistationären Variante verbunden mit tiefen
Extremtemperaturen über einer Schneedecke. Sehr trockene Luft, intensive Ver-
eisungserscheinungen bei längerem Anhalten. Heftige Witterungsvariabilität mit
Übergangsstreifen zwischen Hoch und Tief mit zum Teil schweren Schneestürmen, häufigem Temperaturwechsel, Glatteisbildung und Eisregenfällen. Die
kurzlebige Variante ist häufiger, aber weniger ausgeprägt.

Beim Zustandekommen von Kaltlufteinbrüchen sprechen zwei große
Faktorengruppen mit, einmal die meteorologische Konstellation, also die durch den Luftdruck hervorgerufene Bereitschaft, und
zum andern die von Breite, Jahreszeit, Unterlage und vorheriger Strömungsgeschichte abhängigen Einflüsse.

In diesem erklärenden Zusammenhange gewinnt also auch der Luftdruck seine
Bedeutung. Bei einigen KE-Typen überwiegen antizyklonale Einflüsse, was jede
synoptische, mit Isobaren versehene Wetterkarte ebenso wie jede Deutung der
beobachteten Eigenschaften verrät; hierzu sind vor allem die NO-KE und die
C-KE zu rechnen, zum Teil auch die Sk-KE. Eine Übergangsstellung nehmen
die Nsk-KE ein, bei denen sich Hochdruckeinfluß von Norden her und Tief-
druckstörungen über dem europäischen Festlande kombinieren. Bei den SO-KE
ist zwischen den beiden Varianten in diesem Zusammenhange wohl zu scheiden;
denn die kurzlebige ist weit stärker tiefdruckbedingt als die stationäre, bei der die
zyklonalen Einflüsse den antizyklonalen ungefähr die Waage halten. Die
NW-KE können wir zu den fast ganz zyklonal bedingten Typen zählen; denn
ihre Ausbreitung und ihr Verlauf hängen ganz und gar von der Bewegung des zugehörigen atlantischen Tiefs ab. Auch die Nsk-KE können vielfach durch ein
Kolatief ausgelöst werden. Ja, es ist sogar so, daß NW-KE über Island, die einem
Tief zwischen Norwegen und den Färöern tributär sind, parallellaufen mit
Nsk-KE über Lappland, die zu einem Kolatief gehören. Das besagt nämlich eine
gewisse rhythmische Folge der Tiefdruckkerne auf ihrem Wege vom Atlantik um
das Nordkap herum. Ebenso ist auch das gleichzeitige Vorkommen von NW-KE

über Island und von SO-KE über Mitteleuropa aus beider Abhängigkeit von dem gemeinsamen Strömungsendziel, dem atlantischen Tief, erklärlich.

Was nun die zweite Faktorengruppe betrifft, so kann kurz festgehalten werden: Die Breitenlage bestimmt die Zeitspanne, während der vorwiegende Ausstrahlung einen KE begünstigen kann. Ausstrahlungsbegünstigte KE-Typen sind die NO-KE, SO-KE, C-KE, Sk-KE. Ihre jahreszeitliche Periode ist demnach in Nord-Europa größer als in Mitteleuropa. Wenn also NO-KE von Ende September bis Mitte April auftreten können, so bedeutet dies, daß die ersten bzw. letzten beobachteten Fälle nur im hohen Norden mit seinen verlängerten Ausstrahlungsbedingungen liegen können. Für Mitteleuropa kommt für den gleichen KE-Typ nur mehr die Spanne Ende Oktober–Mitte März in Betracht. Damit ist gleichzeitig auch der Einfluß der Jahreszeit berührt. Die Jahreszeit reguliert nicht nur das Temperaturgebaren irgendeines Kaltluftvorstoßes gleichen Typs, sondern sie reguliert sogar in einigen Fällen das Auftreten überhaupt. Nsk-KE z. B. fehlen in den Mittwintermonaten nahezu ganz, und zwar mit ganz ausgesprochener Pünktlichkeit, während sie im Herbst und vor allem im Frühjahr (Ende Februar bis Juni, wenn die steigende Erwärmung zum Abbruch der Statistik zwingt) oft überstürzt häufig auftreten. Das liegt daran, daß die mittwinterliche intensive Ausstrahlung in Lappland eine Barre, ein „Kältegebirge" vor die Zufuhr vom Eismeer schiebt, das erst im Frühjahr weicht. Und zwar weicht es aus zweierlei Gründen. 1. verstärkt sich der Kaltluftandrang von Norden infolge der zunehmenden Abkühlung des inneren Polargebietes, und 2. lockert die Insolation über dem europäischen Festlande die dort im Winter gebildeten Kaltluftmassen intensiv auf. Das ist ein klimatologisch für Nord-Europa außerordentlich wichtiger Gesichtspunkt.

Den wichtigsten, außermeteorologischen Faktor bei der Gestaltung eines KE-Typs (und entsprechend auch schon des KE-Einzelfalles!) stellt die Unterlage dar, über welcher der KE sich bewegt. Der Hauptgegensatz ist der zwischen Wasser und Land, wobei Eis ohne größere offene Stellen praktisch in diesem Zusammenhange wie festes Land betrachtet werden kann. Die feineren Unterschiede in der Zusammensetzung der Landoberfläche lassen wir hier beiseite, ihr Einfluß ist noch nicht genügend erforscht (etwa der Einfluß von Wald, Feld, barem Land, ebenem oder kuppigem Gelände auf die darüber hinweg wehende Luftmasse). Beim Wasser spielt sein verschieden hoher Wärmegehalt die wichtigste Rolle. So stehen sich der zum Teil eisführende Ostgrönlandstrom und der entgegengesetzte Warmwasserstrom des Nordatlantik und Skandik (d. h. des Europäischen Nordmeeres) in ihren Wirkungen auf die Kaltluftströmungen diametral gegenüber. Die Wärmeaufnahme aus dem Wasser geht nämlich erstaunlich rasch vonstatten, so daß nach vielfachen Untersuchungen sowohl in Amerika, Nordwest-Europa wie Japan schon eine kurze, wenige 100 km breite Meeresfläche ganz fühlbare Heraufsetzungen der Lufttemperatur auch bei rascher Luftbewegung herbeiführt, von den dritten damit verbundenen anderweitigen Änderungen der Physiognomie der Luftmasse ganz abgesehen (Änderungen der Feuchtigkeit und der Schichtung).

Ein paar Worte müssen aber bei den Einwirkungen der festländischen Unterlage besonders dem großen R e l i e f gewidmet werden. Schon relativ niedrige Gebirge können erhebliche Sperrwirkung entfalten, wie z. B. die im Durchschnitt nur um 1000–1200 m hohen skandinavischen Gebirgszüge des Kjöl. In ihrem Schutze entwickelt sich vielfach im Winter ein Kaltluftreservoir. Das beste Beispiel liefert das amerikanische Felsengebirge, aber der Kjöl ist ihm nicht unähnlich. Ja, sogar die Alpen vermögen bei einer bestimmten, allerdings ziemlich seltenen Luftströmungskonstellation eine ähnliche Schutzwirkung auszuüben. Aber selbst wenn das Sperrgebirge überweht wird, ist seine für die Leeseite kaltluftfördernde Wirkung nicht aufgehoben. Die überwehenden Luftmassen kondensieren nämlich auf der Luvseite und steigen unter Wolkenauflösungserscheinungen im Lee ab. In den hohen Breiten überwiegt dann die nächtliche Ausstrahlung im wolkenlosen Lee die an sich geringfügige adiabatische Erwärmung bei weitem. Also auch bei ausgeprägter Westwindlage mit milden Advektivtemperaturen zeichnet sich z. B. das Innere Schwedens aus diesem eben geschilderten Grunde durch die Tendenz zur Kältebildung aus. Etwas anders wirken vielgegliederte Gebirgsländer, wie z. B. Mitteldeutschland und Südosteuropa. Hier bewirkt die Auflösung in kaltluftfördernde Becken eine Tendenz zur Beharrung der Kaltluft, die von der darüber hinstreichenden Warmluft viel schwerer weggeräumt werden kann. In Südost-Europa kommt noch ein weiteres hinzu: die kaltluftförderliche Tendenz im Bereich der sogenannten Woeikofschen „Kontinentalachse", also jener häufig ausgebildeten Hochdruckzone, die das Azorenhoch mit einem russischen Hoch im Winter verbindet.

Schließlich wurde als letzter Faktor noch die Strömungsgeschichte erwähnt. Es ist nämlich nicht gleichgültig, was für eine Erbschaft ein bestimmter Kaltluftvorstoß antrifft. Das wird am deutlichsten bei der Entwicklung der mitteleuropäischen C-KE. Sie können auf vorher zugeflossene kalte festländische Luft aus NO zurückgehen, oder aber auch auf maritime Polarluft aus NW, im ersteren Falle kann eine Schneedecke mit übernommen worden sein, im zweiten Falle meistens nicht. Die ersten Stadien des resultierenden C-KE werden daher sehr stark differieren, je nachdem welche Ausgangslage gegeben ist. Im Lauf der weiteren Entwicklung verschwimmen allerdings diese anfänglichen Unterschiede.

Mit den genannten „äußeren" und meteorologischen Faktoren hängt es zusammen, wenn wir von einer Degeneration bzw. Regeneration eines KE gesprochen haben. Ein fast verlaufener NO-KE, der zerfällt und keinen Schwung mehr besitzt, wird durch einen erneuten Hochdruckimpuls aus dem NO reaktiviert, ebenso ein NW-KE durch eine erneute Verschärfung des Tiefdruckgradienten im atlantischen Raume. Ein NW-KE verliert über dem Festlande rasch seine ursprünglichen Eigenschaften durch Absinken und Ausstrahlung, er degeneriert also als NW-KE.

In besonderen Abschnitten ist versucht worden, die Kaltluftvorstöße auch unter dem Gesichtspunkt ihrer kalendermäßigen Bindung zu betrachten. Zwar ist von vornherein nur ein Teil der bisher untersuchten Wetterwendepunkte mit Kaltlufteinbrüchen in unserem Sinne in Beziehung zu bringen, und es wäre unfruchtbar, die KE für sich aus dem Gesamtwitterungsgeschehen innerhalb eines kalendermäßigen, komplexen Ablaufs herauszureißen, immerhin kann unter Wahrung des gesamten Geschehens manche Erklärung gewonnen werden.

In erster Linie haben die Eisheiligen seit jeher eine hervorragende Rolle bei der Einteilung des Jahres in besonders markante Witterungsverläufe gespielt. Sie müssen unbedingt nahezu ausschließlich mit Nsk-KE unserer Definition in Beziehung gebracht werden, nicht mit NW-KE, auch wenn sie manchmal mit NW-Winden in Deutschland einhergehen. Diese NW-Winde sind aber meistens synoptisch gar nicht etwa bis Island zu verfolgen, sondern gehen schon an der Nordseeküste sehr bald in aus Skandinavien kommende NO-Winde über. Zum Problem der Eisheiligen gibt es eine schier unübersehbare Literatur. Meist handelt es sich dabei um den Nachweis einer mehr oder weniger ausgesprochenen Pünktlichkeit dieses Witterungsabschnittes auf Grund des jeweils herangezogenen Beobachtungsmateriales. Die vorliegende Arbeit kann aber in diesem Punkte nichts beweisen, da sie nur acht Winter verwendet hat, sie kann aber wahrscheinlich machen, daß die die Eisheiligen auslösenden Kälteeinbrüche stets vorhanden sind, nur daß ihre Reichweite verschieden ausfällt. Wenn sie deshalb in Nord-Deutschland z. B. nicht im Temperaturgang auftreten, dann besagt das nicht, daß sie darum ihrer synoptischen Konstellation nach überhaupt fehlen. Meist sind sie dann auf einen nördlicheren Bereich beschränkt, d. h. die betreffenden Nsk-KE erreichen nur Schweden bzw. Finnland. Bei der relativ großen Häufigkeit der Nsk-KE im späten Frühjahr ist auch schwer zu entscheiden, welche Gruppe von Nsk-KE nun gerade mit den Eisheiligen zu identifizieren wäre. Es ist auf Grund dieses für größere Bereiche gewonnenen statistischen Materials daher müßig, die Frage der kalendermäßigen Bindung jetzt schon aufzuwerfen.

Andere spezifische Witterungserscheinungen, wie z. B. das Weihnachtstauwetter, oder die vorweihnachtlichen Kälteeinbrüche aus NO oder die Hauptkälteperioden Mitte Januar und Anfang Februar, die ersten herbstlichen Kaltluftvorstöße oder die degenerierenden märzlichen NO-KE können aus dem Material belegt und ihrer Herkunft und ihrem Verlauf nach gedeutet werden.

Ein paar besondere Bemerkungen verdient die sog. Schafkälte Anfang Juni. Sie hat strukturell und genetisch mit den Eisheiligen gar nichts zu tun. Sie stellt den ersten bis Mitteleuropa vordringenden monsunähnlichen Einbruch maritimer Luftmassen aus W und NW dar. Es kommt hierbei vor, daß mitunter auch noch so kühle Luftmassen daran beteiligt sind, daß Bodenfröste auch bei uns noch eintreten. In Island tritt dementsprechend noch öfter winterliches Wetter im Gefolge dieser Vorstöße ein. Aber sie stellen im Grunde genommen den Beginn der sommerlichen Zirkulation dar; es ist lediglich eine Folge unserer thermischen Begrenzung des Begriffs Kaltlufteinbruch, wenn einige wenige KE noch bis in diese neue Zirkulationsperiode hineinreichen. Schmauß läßt mit dieser großzügigen Umschaltung des Witterungsgeschehens

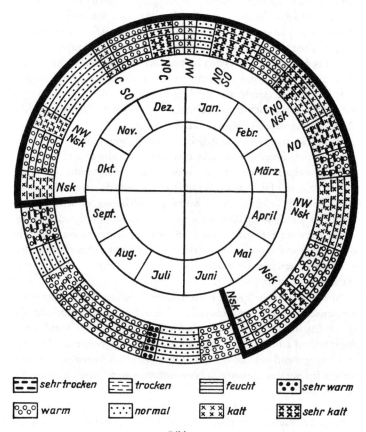

Bild 1.

Idealschema der Gliederung des Jahres in natürliche Witterungsabschnitte. Außenring: Witterungsabschnitte; davon der stark umrandete Teil: Zeitspanne mit Auftreten von KE unserer Definition in Europa; Mittelring: KE-Typen, die die betreffenden Abschnitte des Außenringes kennzeichnen; Innenring: Monate. Ausgesprochen wechselhafte Tendenz ist durch Verwendung zweier Signaturen angedeutet, z. B. im April: Feucht-Trocken.

seinen meteorologischen Sommer beginnen, der durch das Zurückbleiben der mittleren Temperatur gegenüber dem nach dem bisherigenVerlauf der Kurve zu erwartenden „Soll" gekennzeichnet ist und mit diesem
Kennzeichen bis zum Ende September währt, jenem Zeitpunkt, um den
herum bereits wieder die ersten herbstlichen Kaltlufteinbrüche unserer
Definition auftauchen. Diese zeitlich übereinstimmende Begrenzung ist
aber im Grunde genommen zufällig, denn es ist für meteorologische
Zirkulationsuntersuchungen belanglos, in welchem Niveau sich die
absolut gemessene Temperatur dabei bewegt.

Schmauß hat in mehreren Arbeiten einen Witterungskalender für das
ganze Jahr entworfen und darin besonders auffallende und kalendermäßig gebundene Erscheinungen, seine Wetterwendepunkte, behandelt.
Innerhalb dieser Jahreszeitenuhr spielen genetisch naturgemäß auch die
Kaltlufteinbrüche eine gewisse Rolle. In Anlehnung an Schmauß, jedoch im Grundprinzip bereits vor Kenntnis seiner jüngsten diesbezüglichen Arbeiten entworfen, wurde ein Witterungsrad aufgestellt, in
dem die Ereignisse nach ihrer mittleren Fälligkeit und spezifischen Ausprägung hintereinander aufgereiht sind. Diese Figur gebe ich vorstehend noch einmal wieder.

Aus dem aufgestellten und im klimatologischen Teil zunächst systematisch verarbeiteten Material (777 einzelne Kaltlufteinbrüche, die
durch Statistikformblätter und je zwei Kärtchen erfaßt wurden) sei
nachstehend zum besseren Verständnis der KE-Typen je ein Muster
wiedergegeben, welches den jeweiligen Typ gut kennzeichnet, und
zwar wird nur das Kärtchen mit den eingetragenen Grenzlinien des KE
wiedergegeben.

Im Original sind dann auf einem zweiten Kärtchen noch die wichtigsten Luftdruckgebilde Tag für Tag vermerkt, über die Eigenschaften unterrichtet ein ausführliches Formblatt, dem auch für jeden Tag eine kurze synoptische Zusammenfassung beigegeben wurde. In der Beschreibung der nachfolgenden Muster
wurde das zum Verständnis Wesentliche zusammengezogen.

Hinter einem im Nordseeraum befindlichen Tief stößt aus NW über
Island der KE rasch vor und dringt bereits am ersten Tage mit Frosttemperaturen bis Schottland herab vor. Schneefälle werden aus Island
gemeldet, dort ist auch die Windstärke ziemlich hoch. Der Temperaturrückgang beträgt in Island zum Vortage durchschnittlich 5°. In Schottland hat zwar die Luftströmung noch eine stärker westliche Komponen

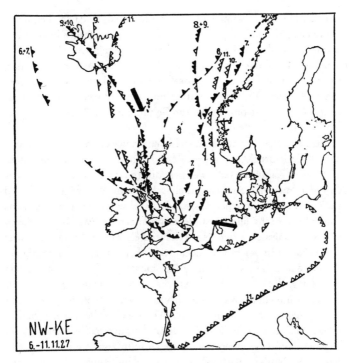

Karte 2: NW-KE vom 6. 11. bis 11. 11. 1927.

te, aber im vordersten Bereich des NW-KE beträgt hier der Temperatursprung bis zu 10°; der Gefrierpunkt wird auch hier unterschritten. Die nächsten Tage bringen ein Stagnieren, weil die Tiefdruckkerne in Südwest-Skandinavien verharren. Weitere Temperatursenkung findet in dem betroffenen Bereich nicht mehr statt, in Island tritt stärkere Aufheiterung ein, und der Kaltluftstrom wird hier vom SW her langsam eingedrückt. Erst am 10. November treten die Zyklone auf das Festland über, so daß die Kaltluft nunmehr rasch nach Mitteleuropa eindringt, zwar nur mit Temperaturen um 0°, aber mit fühlbarem Temperatursprung. Währenddessen wird die weitere Zufuhr über Island unterbunden, denn Hochdruckkerne rücken von Island her südostwärts vor. Sie schieben die Kaltluft kräftig nach Mitteleuropa vor, wo sie jedoch dege-

neriert, während aufkommende Windstille in Island das Nahen neuer
Fronten aus SW ankündigt. Die Temperaturen unterliegen in Island zu
diesem Zeitpunkt lokalen Einflüssen der Strahlung usw. Ebenso wird
die bis Süd-Frankreich und Polen zugeflossene nahezu frostkalte Polarluft rasch durch örtliche Einflüsse verändert. Nächtliches Absinken
führt zu Frösten, aber bald kommen mildere Luftmassen in dem allgemeinen Westwindstrom wieder zur Geltung: der NW-KE hat sich auf
dem Festland verlaufen.

Über Schweden befindet sich zwischen einem westnorwegischen und
einem Kolatiefdruckkern in dem Bereich eines flachen Zwischenhochs
ein breites Kaltluftkissen, welches divergiert: Finnland und Ost-
Schweden melden verschiedentlich schwachen Westwind, Jämtland
und Norwegen schwachen Ostwind, dazwischen herrscht vielerorts
Windstille mit scharfem Frost, dem sich in den nächsten beiden Tagen
noch Strahlungsnebel zugesellt. Dieser labile Zustand dauert nur drei
Tage an; dann ist der Hochdruckanstieg über Schweden so kräftig geworden, daß sich diese Strömungslage nicht mehr halten läßt: an dem
Südosthang des schwedischen Hochs entwickelt sich ein kräftiger
Ausfluß kontinentaler Kaltluft nach Südwesten. Der Sk-KE wird damit
zur Wurzelzone des folgenden NO-KE, welcher die bisher gebildete
und schwach divergierende Kaltluft nunmehr in sein Strömungssystem
einbezieht. Für die innerschwedische Kaltluftzone und für das Abfließen über Norwegen nach W ändert sich damit zunächst noch nichts.

Ein über Lappland befindliches Tief saugt vom Eismeer her frische
Kaltluft heran, die soeben die lappländische Eismeerküste berührt. Die
Temperatur sinkt nicht! Sie steigt sogar um mehrere Grade an. Das ist
im Küstenbereich durchaus normal, weil abländige Winde zuvor noch
kalte Festlandsluft heranbringen, gegen die die Eismeerluft weniger kalt
erscheint, wenn auch mit Frosttemperaturen. Vom Lofot bis zum
Nordkap herrscht nördliche Luftströmung, östlich davon dringt die
Kaltluft mit östlicher Komponente ein. Dichte Bewölkung und Schneefälle werden gemeldet. Die Kaltluft dringt sehr rasch vor und gewinnt
südwärts an Raum. Es herrschen im Ostseebereich Nordwinde, an-
schließend bis Mitteleuropa Nordwestwinde. Während der Frost in
Lappland, im Gegensatz zu den echten NO-KE, dabei abgeflaut ist,
bricht im südlichen Ostseegebiet rauhes, kaltes Wetter ein mit Temperaturen zunächst um 0°. Schon am dritten Tage hat die Strömung etwas

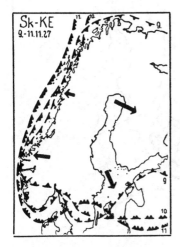

Karte 3: Sk-KE
vom 9. 11. bis 11. 11. 1927.

Karte 4: Nsk-KE
vom 20. 3. bis 22. 3. 1933.

nachgelassen, und die Umwandlung der zugeflossenen Kaltluft ist im Gange, vor allem bewirkt durch das sich kräftigende zentraleuropäische Hoch, welches einen Keil nach Schweden hinauf entwickelt. Damit ist die ursprüngliche Kaltluftströmung vom Eismeer her ostwärts abgeschoben worden, nach Rußland hin. Dies entspricht auch der durchschnittlichen Stoßrichtung. In Innerschweden ist die dort ruhende Kaltluft einbezogen worden, und erst zum Abschluß beginnt dort der Frost sich wieder unter Hochdruckeinfluß zu verschärfen.

Durch ein kräftiges Tief über Dänemark wird die in Lappland gebildete kontinentale Kaltluft nach SW in Bewegung gesetzt. In Lappland herrschen anfangs noch mäßige Fröste, die sich aber rasch verschärfen und auch in ganz Finnland Werte unter —20° erreichen. Der plötzliche starke Druckanstieg in Lappland baut dort ein Hoch auf, das jede

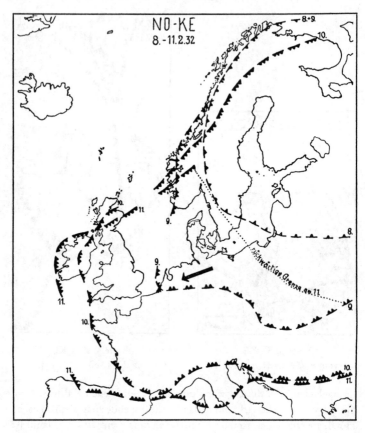

Karte 5: NO-KE vom 8. 2. bis 11. 2. 1932.

Zufuhr von Eismeerkaltluft abschnürt. Die Kältewelle quillt daher im wesentlichen aus dem finnisch-lappländischen Reservoir hervor. In Nord-Europa beträgt die Temperatursenkung am ersten Tage fast 10°, auch am zweiten ist sie weiterhin noch beträchtlich. Die Stirn des KE bewegt sich von NO nach SW über das Ostseebecken nach Mittel-europa und erreicht bereits am dritten Tage Süd-Frankreich. Am vierten Tage werden die Pyrenäen überschritten und Nord-Italien überflutet. Die Temperatursenkung ist in Mitteleuropa nicht ganz so hoch wie in

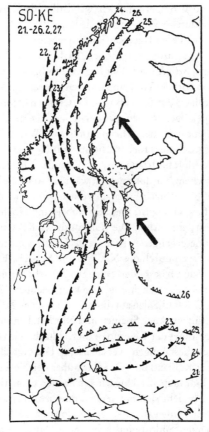

Karte 6:
SO-KE vom 21. 2. bis 26. 2. 1927.

Nord-Europa, da hier zuvor ebenfalls relativ kaltes Wetter herrschte. Immerhin liegen die absoluten Temperaturen dieser Kältewelle generell zwischen —10° und —20°. Selbst Tours meldet am vierten Tage —9°. England ist am dritten Tage überflutet und Irland am vierten Tage, wenn auch mit geringem Frost. Die Windstärke ist gering, Schnee wird kaum gemeldet. Bereits am vierten Tage ist die Verbindung des bis zum Mittelmeer vorgedrungenen KE mit Nordost-Europa abgerissen. Ber-

lin, Dresden und Bromberg melden Windstille, die Abwandlung der
zugeführten Kaltluft ist im Gange (vgl. Karte 7).

Das bisher über Polen lagernde Kaltluftzentrum hat sich am ersten
Tage bis nach Mitteleuropa verschoben, so daß von hier aus jetzt Kaltluft nach O transportiert wird. Der Frost selbst hat sich nur wenig ver-
schärft, da schon vorher tiefe Temperaturen herrschten. Mitteldeutschland hat windstilles, zum Teil nebliges Wetter, nach O hin ist schwacher
westlicher Wind aufgekommen, der bei dieser Lage tiefe Temperaturen
aus dem mitteleuropäischen Vorrat bringt. Im W herrschen östliche
Winde. Ein ausgedehntes Hoch hat sich bis zur Nordsee hin entwickelt,
es schiebt die Kaltluft bis Irland vor, wo Valentia an beiden Tagen sogar
—10° bei schwachem Nordost meldet, während sonst die Britischen Inseln schwachen bis mäßigen Frost aufweisen. Schnee wird nirgends beobachtet. Die Bewölkung ist, von den Nebel- und Hochnebelgebieten
abgesehen, meist sehr gering. Die Kaltluft dieses KE stammt von dem
Zufluß eines vorangegangenen kräftigen NO-KE, sie wird abgebaut in
den folgenden Tagen durch die Nsk-KE und SO-KE. Es handelt sich
also nur um eine durch besondere, charakteristische Strömungsverhältnisse und Witterungserscheinungen gekennzeichnete Zwischenlage.
Das gilt für alle C-KE, die sich auf die vorangegangene Zufuhr festländischer Kaltluft stützen. Auch Spanien und Nord-Italien sind zufolge des
weiten NO-Vorstoßes der Tage zuvor im Kaltluftbereich (vgl. Karte 6).

Infolge eines beständigen verschärften Druckgefälles zwischen
Hochdruck über Rußland und Tiefdruck über der Nordsee entwickelt
sich ein vom Nordkap bis Ungarn reichender einheitlicher Südost-
strom. Das Hoch zieht sich mit seinem mitteleuropäischen Ausläufer
vor den sich vertiefenden atlantischen Zyklonen zurück. Der erste Tag
des aufkommenden Südostwindes bringt in Mitteleuropa fühlbaren
Temperatursturz. Der verschärfte, zwischen —10° und —20° liegende
Frost mildert sich erst vom zweiten Tage an, am stärksten über Schweden. Die Vordergrenze des KE verschiebt sich im Durchschnitt nur
wenig, sie findet im Alpenvorland eine Stütze, während die Hauptein-
buchtung über der Ostsee erfolgt. Am 26. Tage verdrängt ein Warm-
luftschwall die Kaltluft endgültig aus Mitteleuropa, während sie sich in
Nord-Europa zu halten vermag und Anlaß zu später eingeleiteten neuen
KE gibt. Verschiedentlich wird Schneefall gemeldet, auch die Windstärke und Bewölkung ist uneinheitlich. Der auffallend meridionale

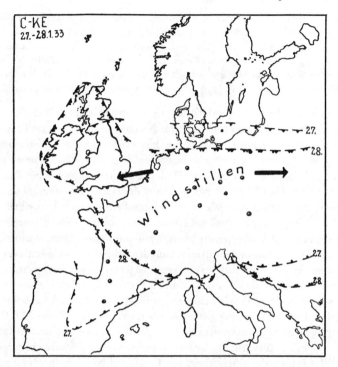

Karte 7: C-KE vom 27. 1. bis 28. 1. 1933.

Verlauf der KE-Stirn hatte sich mehrere Tage hindurch sehr konstant erhalten.

Das atlantische Europa wird zwar nicht auschließlich durch Einflüsse des Atlantik klimatisch bestimmt, jedoch bringen diese dem Winter jene ausgeprägte Vielfalt, die in dieser Form nirgends sonst, auch nicht in Nordamerika oder West-Sibirien, ausgebildet wird. Schon das analytische Verfahren der Verbreitungskarten der einzelnen KE-Typen legte die Einteilung bestimmter kaltluftklimatischer Räume nahe, die sich in Zusammenschau des Ganzen wie folgt gliedern:

a) Der Nordwestraum, der ganz Nordwest-Europa einschließlich der äußersten südwestnorwegischen Außenküste und der Bretagne und Normandie umfaßt;
b) Skandinavien, das unter Einbeziehung von Finnisch-Lappland bis Schonen

und Jütland herabreicht; c) der Nordostraum, der Ost-Europa einschließlich des übrigen Finnland, des Baltikums und Ost-Polens umfaßt und im Süden auch noch bis Nord-Bulgarien zu rechnen ist; d) Mitteleuropa, das den verbleibenden Teil zwischen den vorgenannten Bereichen umschließt und sich südwärts bis zu den Pyrenäen, Alpen und den serbischen Gebirgen erstreckt. Dieser Klimabereich verläuft sich noch in die Nordteile der mediterranen Halbinseln hinein.

Der Nordwestraum stellt das Herrschaftsgebiet der NW-KE dar, die den dortigen Winter nahezu restlos gestalten, soweit es sich um Frosterscheinungen handelt. Aber gerade hier macht sich das Fehlen einer Ergänzung durch die diesem Raum ebenfalls eigentümlichen Warmluftvorstöße bemerkbar; denn der isländische Winter ist trotz seiner Rauheit und der nördlichen Breite und trotz der Nähe zu Kaltluftquellgebieten durch stürmische Wärmewellen so außerordentlich wechselhaft. Die Kältevorstöße müssen von Island aus ein relativ breites Meeresgebiet mit hoher Wasserwärme überqueren und treffen daher, wenn sie überhaupt bis England vordringen, auf den Britischen Inseln stark verändert ein. Die Britischen Inseln vermögen ihnen jedoch eine Art Stützpunkt zu bieten, da sich die Kaltluft im Lee der englischen Gebirge bis zu einem gewissen Grade wieder regenerieren kann. Es spielt hierbei erklärend auch die Lage der großen Aktionszentren, wie z. B. des irländischen Azorenhochausläufers und dergleichen, eine nicht unwichtige Rolle. In England tritt zu der bisher unbestrittenen Vorherrschaft der NW-KE noch die Möglichkeit, von C-KE und NO-KE überflutet zu werden. Hierbei kann es sogar zu richtigen Kältewellen kommen, die durch die Nordsee allerdings gemildert werden. Auf die wirtschaftliche Bedeutung dieser Erscheinung kommen wir noch zurück. Randlich wird auch noch Norwegen von NW-KE häufig berührt, jedoch dringen diese nicht nennenswert ins Innere ein und lassen Norwegen im übrigen beiseite.

Der lebhafte Wechsel kennzeichnet diesen ganzen Raum klimatisch sehr markant. Das liegt nicht nur daran, daß Warmluftwellen die Kälteeinbrüche oft ablösen, sondern es liegt dies auch an der Wechselhaftigkeit und zyklonalen Veränderlichkeit der NW-KE selbst. Auf den Einbruch folgt das Kentern und Absinken der Kaltluft und vor der nächsten Warmfront sogar ein präfrontales Rückfluten der Kaltluft mit Südostwinden. Jeder dieser Phasen sind besondere Witterungserscheinungen eigen. Am ausgeprägtesten vollzieht sich dieser Wechsel in Island, wäh-

rend er in England bereits abgeschwächt auftritt. Die NW-KE unterliegen im Laufe des Winters gewissen mehr oder weniger kalenderge-
bundenen Häufungen und Senkungen, und damit wechselt auch der
durchschnittliche Ablauf des Winters in diesem Gebiet. Auf den ersten
zahlenmäßig bedeutenden Vorstoß im Oktober folgt eine Ruhepause im
November, während der der Warmlufttransport in die Arktis auflebt.
Im Dezember setzen die NW-KE ein und erreichen, wenigstens im
Nordwestraum, im Januar ihre größte Häufigkeit. Das hängt mit der
lebhaften Zyklonaltätigkeit dieses Monats im Nordatlantik zusammen.
Es gilt diese Eigenart aber nur für den Nordwestraum, denn schon auf
dem Festlande ist diese Januarhäufung gekappt durch die Einflüsse anderer KE-Typen, welche im eigentlichen Nordwestraum nicht zur Geltung kommen können. Hier treten weitreichende C-KE oder NO-KE
nur relativ selten auf, wenn sie auch zufolge ihrer noch bewahrten kontinentalen Eigenschaften recht spürbare Kältebringer sind. Es ist in
diesem Zusammenhange noch die Merkwürdigkeit zu erwähnen, daß
Irland trotz seiner stark nach SW vorgeschobenen Position und trotz
vieler temperaturmildernder Umstände relativ viel stärker durch
NO-KE betroffen wird als England. Das liegt daran, daß NW-KE
Irland nicht mit Frostgraden zu erreichen pflegen, weil die Kaltluft in
diesen äußeren Bereichen eines NW-KE einen ungleich viel weiteren
Meeresweg hinter sich hat und weil der nahe Hochausläufer von den
Azoren her den Transport milderer Meeresluft bei NW-Lagen über Irland begünstigt. Demgegenüber finden NO-KE in Irland, ohne vorher
wesentlich durch die schmale Nordsee erwärmt zu sein, Landflächen
vor, über denen sich die Kaltluft kräftigen kann. Im Frühjahr treten gelegentlich auch die Ausläufer von Nsk-KE hinzu, die bis nach England
vordringen können und sich oft dort mit den Ausläufern eines gleichzeitigen NW-KE vereinen. In Island hält die Kaltluftzufuhr naturgemäß
am längsten an, wenn auch die NW-KE im Mai und Juni mit Frost nicht
mehr über die Insel hinaus vordringen können.

In Skandinavien kombinieren sich maritime und kontinentale
Einflüsse. Die Nsk-KE stellen denjenigen Typ von Kaltluftvorstößen
dar, der in seiner polaren und maritimen Herkunft den NW-KE über
Island gleichzusetzen wäre. Er erleidet jedoch bei seinem Übertritt auf
nordeuropäisches Festland charakteristische Abwandlungen, die kurz
als Kontinentalisierung bezeichnet werden können. Skandinavien reicht

mit seiner breiten Landmasse im Schutze eines abschirmenden Küsten-
gebirges weit in die mathematische Polarzone hinein. Damit sind die
wichtigsten Faktoren bereits genannt, die für das Kaltluftklima in Frage
kommen. Der Kjöl zieht sich nahe der norwegischen Küste als effekti-
ves Sperrgebirge bis zum Nordkap, wenn auch hier allmählich niedriger
werdend. Die norwegischen Steilküsten hemmen die im Gefolge des
Nordatlantik nordostwärts vordringenden Fronten am Übertritt auf
das nordeuropäische Hinterland. Dieses unterliegt daher ziemlich un-
gestört kräftiger winterlicher Abkühlung. Zwar dehnt sich das Festland
ohne nennenswerte Unterbrechungen mit seinem flachen Charakter bis
nach Ost-Europa hin aus. Das besagt aber noch nicht, daß das russisch-
sibirische Kältereservoir des Winters deswegen ebenfalls einfach sich bis
zum Fuße des Kjöl erstreckt. Zumindest ist Kaltluft z u f u h r aus dem O
nach Nord-Europa hin selten, vielmehr stellt Nord-Europa einen eigenen, sehr ergiebigen Kaltluftherd dar, dessen Kältemassen selbst aktiv
an dem Entstehen von KE beteiligt sind. Vor allem pflegen sich NO-KE
aus Finnland heraus zu entwickeln, ebenso wird die Eismeerkaltluft der
Nsk-KE über Nord-Europa stark abgekühlt, so daß sie weiter südwärts
manchmal von NO-KE nicht mehr deutlich zu unterscheiden ist. Vielfach wird die Kaltluft, die zähe über dem flachen Lande im Schutze des
Kjöl verharrt, von feuchterer Meeresluft überweht, die dann in abgeho-
bener Form Modifikationen mit sich bringt.

Die Kaltluftbildung ist im Hochwinter naturgemäß am intensivsten.
Dann ist der Widerstand der örtlich gebildeten Kaltluft so groß, daß sie
von andrängenden anderen Luftmassen nur mehr schwer weggeräumt
werden kann, und zwar weder von polarer Eismeerkaltluft noch von
festländischer Südostluft. Nsk-KE beschränken sich daher über Lappland vorzugsweise auf die Übergangsjahreszeiten, wenn sich stärkere
Kaltluftbildung in Lappland noch nicht bzw. nicht mehr vorfindet.
Auch bei SO-KE, die oft in breiter Front von Mitteleuropa bis zum
Nordkap entwickelt sind, neigt das Innere Lapplands zu Stagnation.
Diese Stagnation findet sich noch weiterhin ausgeprägt entlang dem
Gebirgsostfuß des Kjöl bis herab nach Südost-Norwegen. Ich habe da-
für den Terminus der „Kaltluftachse" vorgeschlagen und viele Belege
ausführlich besprochen. Genetisch ausgedrückt handelt es sich bei der
Kaltluftachse vielfach um die Wurzelzone eines KE, im Luftdruckbild
durch Hochdruck gekennzeichnet. Diese Kaltluftachse stellt ein von

zahlreichen Umweltfaktoren begünstigtes Element einer dynamischen Klimatologie des Winters Nord-Europas dar. Sie gewinnt für den Ablauf verschiedener Vorgänge, nicht allein der Kaltluftvorstöße, sondern auch bei der Modifikation von Wärmewellen, grundlegende Bedeutung. Ihr kommt daher wesentliche landeskundliche Bedeutung zu.

In Lappland vollzieht sich entlang der Eismeerküste meistens ein Abfließen oder Absaugen der festländischen Kaltluft, sofern nicht ausgesprochen auflandige Winde sich durchsetzen können. Da im allgemeinen die Zyklonen ihre Bahn um das Nordkap herum legen, wird durch den nach N gerichteten barischen Gradienten die Kaltluft Lapplands stetig angezapft und vermag ihrerseits Okklusionen zu beschleunigen. Aber noch eine weitere Zyklonenbahn ist ausschlaggebend, nämlich die über die Kolahalbinsel zum Weißen Meer. Die Tiefdruckgebiete bzw. -ausläufer ziehen auf ihr in nordwest-südöstlicher Richtung, ihnen folgt die Rückseitenkaltluft aus dem hohen Norden geradenwegs auf Nord-Europa zu, wo sie mit nördlichem oder nordöstlichem Winde, seltener direkt mit nordwestlichen Winden, ziemlich heftig hereinbricht. Aber erst im Frühjahr sind die Voraussetzungen geschaffen für ihr ungehindertes Einströmen. Erst im Frühjahr, gegen Ende der polaren Winternacht mit ihrer ununterbrochenen Ausstrahlungspotenz, erreicht die polare Kaltluftkalotte ihre maximale Ausbreitung nach S. Das bedeutet, daß Kaltluftvorstöße aus diesem gewaltigen Reservoir häufiger und mit größerer Intensität im Frühjahr Nord-Europa erreichen. Andererseits vermag aber die Insolation über dem europäischen Festlande in entsprechend südlicherer Lage bereits fühlbar die Luftmassen aufzulockern und die Hindernisse zu beseitigen, welche während des Winters hier im N den andrängenden Luftströmungen in den Weg gelegt wurden. Beide Gründe kombinieren sich daher in Lappland. Sie sind streng auseinanderzuhalten. Schon Vettin hat diese Sachlage vor fast 100 Jahren richtig gedeutet, worauf ich an anderer Stelle hingewiesen habe. So erscheint Nord-Europa als winterlicher Angelpunkt für weite Bereiche des übrigen Europa, weil NO-KE von hier aus über den südlichen Ostseebereich nach Mitteleuropa einschwenken.

Wenn wir uns dem Nordostraum zuwenden, so können wir uns kurz fassen; denn nur die westlichsten Teile sind noch im Untersuchungsbereich vertreten. Hier fehlt jenes Wechselspiel zwischen Temperaturschwankungen von jener Intensität und in jenem absoluten

Niveau, wie es im atlantischen Europa im Winter herrscht. Zwar gibt es auch in Rußland kräftige winterliche Erwärmungen und Kältewellen, die v. Ficker eingehend meteorologisch erforscht hat, aber im ganzen neigt Ost-Europa zu einer Angleichung an ein strahlungsbedingtes mittleres Niveau. Man kann mit den KE-Typen, die für den europäischen Untersuchungsbereich aufgestellt wurden, in Rußland nicht mehr gut arbeiten. Man müßte dort eine neue Begriffsnomenklatur schaffen. Nur zwei KE-Typen berühren sich eng mit Nordost-Europa, die Nsk-KE und die NO-KE. Erstere folgen den Kolazyklonen und stoßen vorzugsweise nach SO vor. Sie sind, auch nach russischen Forschungen, für Rußland sicher sehr kennzeichnend und klimatologisch wichtig, aber ihren weiteren Verlauf und ihr Schicksal zu erforschen fällt außerhalb des Rahmens dieser Arbeit. Andererseits gewinnen die NO-KE, sofern sie in Nord-Rußland ihren Sitz haben, für weite Teile ganz Europas, vielfach bis nach Spanien hin, große klimatologische und wirtschaftliche Bedeutung. Sie sind daher in einer klimatologisch-landeskundlichen Betrachtung nicht unwichtig. Es ist aber nun so, daß ein direkter NO-Strom aus Nord-Rußland bis nach Mitteleuropa oder gar West-Europa hin sehr selten ist. Meist entspringen die NO-KE in Finnland, dem Baltikum oder West-Rußland, weil sie durch ein nordeuropäisches Hochdruckgebiet erst nach Mitteleuropa verfrachtet werden. Es kann aber sein, daß kurz zuvor mit einem vorangegangenen Schwall Eismeerkaltluft in Nord-Rußland erst ein Kältereservoir aufgebaut worden ist, aus dem dann mit Impulsen von Nord-Europa her der für Mitteleuropa in Betracht kommende NO-KE in die Wege geleitet wird. Schließlich kommt noch die südrussische Kaltluft in Betracht, wenn ein SO-KE bei längerem Anhalten kältere Luftmassen aus Süd-Rußland nach Mitteleuropa und dem Ostseegebiet schafft. Von einem ununterbrochenen Kaltluftstrom von Sibirien her, wie es vielfach unzutreffend heißt, kann aber auch dabei nicht die Rede sein. Es handelt sich vielmehr dabei immer um eine Art „Stafettenlauf", die Kaltluft wird nacheinander von verschiedenen Strömungssystemen erfaßt.

Der Winter Mitteleuropas ist, bereits nach dem Gesagten, im wesentlichen als allochthon zu bezeichnen. Ihm eignet zwar ein besonderer KE-Typ, nämlich der C-KE, jedoch entwickelt sich dieser meistens aus vorangegangener Kaltluftzufuhr. Im Herbst erfolgt diese Zufuhr oft aus NW, durch NW-KE. Mit zunächst unwesentlichem Frost dringt die polarmaritime Luft auf das mitteleuropäische Festland vor, wo sie rasch absinkt und kontinental verändert wird. Hier greift nun die mittwinterliche Ausstrahlung aktiv ein und schafft die Voraussetzungen dafür, daß die derart umgewandelte Kaltluft als neuer KE fungiert. Im Mittwinter und Spätwinter wird dann vorzugsweise die aus NO hereingebrochene Kaltluft Ausgangspunkt für C-KE werden. Diese sind dann auch entsprechend kälter. Das Wegräumen der Kaltluft aus der vielgegliederten gebirgigen Zone Mitteleuropas erfolgt oft unter auffälligen Verzögerungserscheinungen, d. h. die andrängende Warmluft überflutet zuerst das mitteleuropäische Flachland, das sich ja ungehindert nach W öffnet, und leckt dann allmählich die in Kesseln und Becken, im Lee von Gebirgen usw. befindliche Restkaltluft auf, welche hinhaltend verteidigt wird durch sich zurückziehende SO-Ströme. Diese bringen nur vorübergehend vor der Front noch einen Temperaturfall. Zu der Neigung zur Bildung von C-KE über Mitteleuropa kommt noch als begünstigendes Moment hinzu, daß die Hochdruckverbindung zwischen dem Azorenhoch und dem russischen Hoch, sofern sie zustande kommt, vielfach über Süd-Deutschland zieht und daher hier die Kaltluftbildung meteorologisch begünstigt.

Mitteleuropa ist der Treffpunkt ziemlich aller KE-Typen, lediglich die selten ausgebildeten skandinavischen Kaltluftkissen mit allseitigem Auseinanderfließen, die Sk-KE, berühren es nur im südlichen Ostseegebiet randlich. Mitteleuropa hat teil an der atlantischen Zirkulation durch Vorstoß von NW-KE auf der Rückseite atlantischer Zyklonen, ferner hat es teil an der nordeuropäischen Zirkulation, indem von hier aus Nsk-KE und NO-KE mit entgegengesetzter Ausbreitungstendenz nach SW geleitet werden. Es hat schließlich seine eigene Zirkulationstendenz durch Aufbau der C-KE im Bereich mitteleuropäischer Hochdruckgebiete. Die SO-KE gehören teils der atlantischen, teils der innerrussischen Zirkulation an, je nachdem, ob das nordwestatlantische Tief oder das russische Hoch maßgebend ist. Der schon für Nord-Europa betonte Einfluß der Arktis im Frühjahr ist auch in Mitteleuropa noch mittelbar spürbar; denn die gefürchteten Kälterückfälle der ersten Vegetationswochen sind in der Mehrzahl auf weitreichende Nsk-KE zurückzuführen, welche über der noch winterkalten Ostsee südwärts an Raum gewinnen und in Deutschland mit Nordostwinden eintreffen. Die Fröste selbst, die auf den Wetterkarten oft nicht direkt abzulesen

sind, entwickeln sich dann meist durch nächtliche Ausstrahlung innerhalb der diathermanen polaren Luft.

Spanien und Oberitalien werden im Winter ebenfalls von Kältewellen
erreicht. Meist sind es NO-KE oder C-KE, wobei der Unterschied zwischen
beiden für diese südeuropäischen Übergangsbereiche nicht wesentlich ist. Besondere lokale Voraussetzungen wie die Beckenlage der Poebene oder der spanischen Hochebenen kommen hinzu.

Wenn wir den Versuch machen, den Untersuchungsraum in bezug
auf seine Kaltlufttransporte zusammenfassend zu überschauen, so
ergibt sich das in Karte 8 dargestellte Bild. In ihm ist die Zahl der KE
sowie ihre typenmäßige Zuordnung in einem Diagramm für einige ausgewählte Gegenden festgehalten worden. Sie stützen sich auf die in der
Hauptarbeit in den Abb. 14, 15, 18, 20, 23 und 25 wiedergegebenen
Verbreitungskärtchen der einzelnen KE-Typen. Die regionalen Eigenarten des Winters in Europa kommen auch durch die hier geübte Zusammenfassung auf sekundärer Basis bereits mit aller wünschenswerten
Deutlichkeit heraus.

Im NW überwiegen in den Diagrammen die NW-KE, wie zu erwarten. Schon in der Bretagne treten sie zurück. Auffällig ist die große Verbreitung der NO-KE, welche sogar in Nord-Schottland vorkommen
und im gegenüberliegenden West-Norwegen sogar den Hauptanteil der
dort angetroffenen KE bilden. Dieser auffällige Gegensatz verrät, daß
West-Norwegen einerseits den südwestlichen Eckpfeiler des nordeuropäischen Kaltluftregimes darstellt und andererseits, diesmal im Gegensatz zu Schweden, noch zahlreiche NW-KE zählt. Um diesen Eckpfeiler ordnen sich gewissermaßen die übrigen Diagrammbilder in
langsamer Veränderung von NO nach SW an. Am weitesten holen die
NO-KE aus, sie bewahren sich noch am SW-Rande des Unter-
suchungsbereichs einen Anteil von über 25%. Dagegen fallen die
Nsk-KE, welche in Nord-Europa sogar das Übergewicht besitzen,
rascher ab und dringen kaum über Mitteleuropa hinaus vor. Ganz auf
den Norden beschränkt bleiben die Sk-KE. Ihnen stehen in Mitteleuropa die C-KE zur Seite, die in Süd-Deutschland ihren Sitz haben. Ein
ganz anderes Gefälle weisen die SO-KE auf. Verbindet man die Dia-
gramme, in denen ihre äußersten Vorkommen auftreten, so ergibt sich
eine ziemlich gerade südwest-nordöstliche Linie von der Bretagne zum

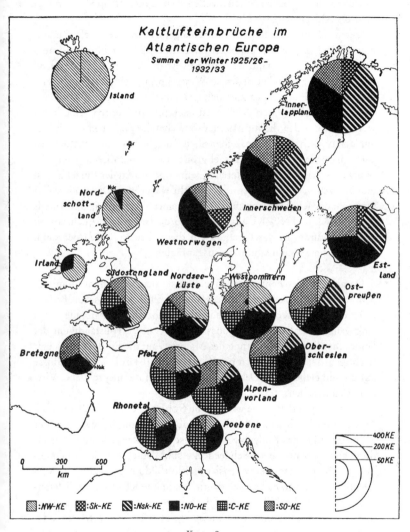

Karte 8

Nordkap, den stärksten Anteil machen sie naturgemäß im SO, von Estland bis Süd-Deutschland, aus.

So tritt für die jeweiligen Räume eine ganz charakteristische Zusammensetzung hervor oder ein bezeichnendes Gefälle: im Nordwestraum das beherrschende Gefälle der NW-KE. Aber schon in Südost-England macht sich der mitteleuropäische Winteryp mit seiner größeren Gesamtzahl an KE und seiner ziemlich gleichmäßig aufgeteilten Vielfalt an Typen bemerkbar. Diese Vielfalt ist auch in Nordeuropa bemerkenswert groß, nur daß die für Mitteleuropa charakteristischen C-KE hier von den typisch nordeuropäischen Sk-KE abgelöst werden und daß vor allem die Gesamtzahl der KE viel größer ist. Durch diese höhere Gesamtzahl sowie durch die tieferen Eigentemperaturen der Einzelfälle ist hier im N die „Winterintensität" sehr viel größer. Die größere Gesamtzahl der KE im N kommt vor allem einer Vermehrung des Anteils von Nsk-KE und NO-KE zugute. Im Nordostraum schließlich, soweit er erfaßt wurde, ist das Übergewicht dieser beiden Typen bei kaum verminderter Gesamtzahl noch ausgeprägter.

Damit sind die wichtigsten Züge, wie sie sich aus dem Studium der Kältevorstöße zunächst einmal ergeben, in ihrer klimatischen Bedeutung für einzelne Räume besprochen. Auf Einzelheiten kann hier nicht eingegangen werden. Es bleibt uns nun noch, zur Vervollständigung der landeskundlichen Auswertung des Materials auf die für die Landschaft wichtigen Auswirkungen der Kaltlufteinbrüche, ihre Einflüsse auf die unbelebte und belebte Natur sowie auf die menschliche Wirtschaft einzugehen.

Nordeuropa erhält seine winterliche Schneedecke vor allem durch Nsk-KE im Herbst und durch abgehobene Warmluft, welche in der Höhe sich über das Kjölgebirge hinwegschieben kann. Mit der Ausbildung einer geschlossenen Schneedecke sind dann auch die Voraussetzungen für eine besonders intensive Kaltluftbildung geschaffen. In Mitteleuropa kann man nicht so eindeutig bestimmte KE als Schneelieferanten ansprechen. Bei NW-KE sind die Schneefälle nicht ergiebig und nur in Schauerform, dazu fallen sie meist noch bei Temperaturen um oder wenig über 0°, während der Frost erst eintritt, wenn die Niederschlagstätigkeit bereits nachgelassen hat. Als Folge kennen wir dann das Bild verkrusteten Schnees an den Windseiten von Bäumen und Zäunen, ohne geschlossene Decke, wenn nach einem schneeschauerreichen Tage der Abend und die Nacht Aufklaren mit Frost bringen. Daher kann sich nach derartigen NW-KE auch unmittelbar keine kräftige Kälte einstellen. Vor der Front von NO-KE kommt es in manchen Fällen zu Mischungsschneefällen, die dann oft recht ergiebig sind, aber generell kann man diese Eigenschaft den NO-KE nicht nachsagen. Es ist gar nicht so selten, daß sich der Frost mit NO-KE ohne eine Schneeflocke ganz überraschend über das vorher regengetränkte Land ausbreitet und es zu ganz plötzlichem Erstarren bringt. Man erkennt das leicht an der rasch vor sich gegangenen Eisbildung auf Pfützen oder an dem Festfrieren von Tropfen an den Zweigen. Die mit NO-KE verbundene Trockenheit hat dann meist nur die weniger stark durchnäßten Stellen, wie z. B. Pflaster usw., abtrocknen können. Fast stets mit Schneefall verbunden sind die SO-KE, aber der Schneefall beschränkt sich hierbei auf die frontnächsten Teile, wo das Aufgleiten der Warmluft über die Kaltluft zu Niederschlägen führt. Das bedeutet daher in den meisten Fällen Schneefall mit Übergang in Tauwetter, nur in den stationär verbleibenden SO-KE verschiebt sich die Schneefallzone nicht so rasch, pendelt aber auch auf einem schmalen Bereich hin und her. Sie bringt dem betroffenen Gebiet, welches sich vorzugsweise von Schlesien bis nach Jütland erstreckt, die Gefahr kräftiger Verkehrsstörungen durch Verwehungen und Vereisungen. Außerhalb des Schneefallstreifens wirkt die advektive Kälte bei SO-KE sehr nachteilig, denn sie ist in den meisten Fällen hier mit dem Fehlen einer Schneedecke verbunden und bringt die Saat daher oft zum Auswintern. Intensiv ist die Durchkühlung der Gewässer, so daß es zu kräftiger Vereisung kommt, die infolge der Windstärke dann zu Eisblockaden an Luvseiten führt. Hierzu sind manche Eisblockaden von Saßnitz zu rechnen. Bei NO-KE ist die Eisbildung weit weniger stürmisch, denn die Teile, welche z. B. als NO-KE Vorpommern erreichen, haben die Ostsee in ihrer größten Längserstreckung überquert und sind daher erheblich gemildert. Die damit verbundene Stratusdecke verhindert zunächst auch kräftige Strahlungsfröste. Anders ist es natürlich weiter im Binnenlande, das bei NO-KE diesen Vorteil der Ostseemilderung nicht genießen kann.

Die schwedische Ostseeküste ist durch KE ungünstig beeinflußt, denn die kräftigsten Kältewellen gehen hier mit östlichen Winden einher und bringen Kälte aus Finnland. Infolgedessen kommt es dann häufig zu Eisblockierungen der schwedischen Küste, die rasch fortschreiten können, wie ich an einem Beispiel für die Gävlebucht ausführlich an anderer Stelle geschildert habe. Handelt es sich dabei noch um schneefallreiche Nsk-KE, so ist damit die Gefahr rascher Eisbildung besonders groß, denn Schneefall sorgt bei gleichzeitigem Frost für die rasche und ausgedehnte Bildung von porösem Schnee-Eis, besonders in Meeresteilen, die an sich sonst eine viel größere Kältesumme zur Vereisung benötigen. Für die Schiffahrt ist daher der Charakter eines KE ganz entscheidend, und zwar nicht nur in bezug auf Richtung und Intensität des Kältetransportes, sondern auch in bezug auf den Schneefall. Bei SO-KE erfährt die schwedische Küste eine Milderung des Advektivfrostes, weil die festländische Kaltluft aus SO dann erst die mittlere Ostsee überqueren muß. Die Ostsee stellt aber im Winter allemal einen sehr fühlbaren Milderungsfaktor dar, gleichgültig, woher der Kaltlufttransport kommt.

Im Frühjahr ändert sich dieser Einfluß aber sehr nachhaltig. Denn dann ist nicht nur das Eismeer ausgekühlt, sondern die Ostsee ist in gleicher Weise allmählich immer mehr abgekühlt, in ihren randlichen Buchten und Golfen auch intensiv vereist. Daher ist es leicht verständlich, wenn heftige Luftströmungen vom Eismeer her über Skandinavien ohne wünschenswerte Erwärmung unterwegs entlang der winterkalten Ostsee auf die deutsche Ostseeküste auftreffen und es hier zu jenem rauhen, windigen, zu Schneeschauern gelegentlich bis in den Mai hinein neigenden Frühling kommt. Schon wenige Zehner von Kilometern landeinwärts ist dieser rauhe Charakter gemildert, wie jede phänologische Beobachtung lehrt. Der verzögernde Einfluß von Meeresteilen, im Herbst mildernd, im Frühjahr erkältend, ist naturgemäß nur dann spürbar, wenn Luftmassen auflandig am Beobachtungsort eintreffen. Da aber im Herbst in Mitteleuropa vorzugsweise südwestliche Winde herrschen, kann dann in Mitteleuropa von einem wesentlichen erwärmenden Einfluß der Ostsee nur in Ausnahmefällen gesprochen werden. Die Erwärmung, die ja tatsächlich in einer Verzögerung des Wintereintritts auch besteht, ist aber weniger eine Folge der unmittelbar benachbarten Ostsee, sondern der etwas weiter westlich gelegenen Meere, also der Nordsee und letzten Endes des Atlantik. Im Frühjahr aber wirkt sich die Ostsee wegen der Umschaltung der Windrichtung auf N bis NO für Nord-Deutschlands Küstenbereich ganz unmittelbar aus, hier summieren sich also bei den Kälteeinbrüchen die ursprünglichen arktischen Eigenschaften mit denjenigen der Ostsee. Das bedeutet daher eine Wirtschaftsinstabilität, mit der Landwirtschaft und Gartenbau entlang der Ostseeküste rechnen müssen.

Für die direkten Einwirkungen mancher Kälteeinbrüche sprechen jene Vorkehrungen, die entlang der V e r k e h r s w e g e getroffen werden müssen. Es ist in Nord-Europa weit verbreitet, und zwar nicht allein oberhalb der Baumgrenze, sondern auch im Waldland, an Moorlichtungen usw., daß Straßen und Eisenbahnen durch S c h n e e z ä u n e eingefaßt werden. Diese begleiten die Verkehrswege in einem Abstande von 5–10 m. Es handelt sich meist um luftige Holzzäune, die naturgemäß eine gewisse Stabilität gegen den Druck von Schneestürmen aushalten müssen. Sie erfüllen aber trotz ihrer Luftigkeit ihren Zweck vollständig, denn sie bilden für den treibenden Schnee ein Hindernis, welches zu örtlichen Wirbeln zwingt, also lokale Anhäufung von Schnee bewirkt, und damit ist der Zweck vollständig erreicht. Auch in Mitteleuropa wird dieses Verfahren neuerdings angewandt. Es ist aber in unserem Kulturlandschaftsbild ästhetisch nicht besonders ansprechend, wenn jetzt im Winter die Eisenbahnen an den Ackerrändern durch einfache Lattenstakete vor Schneeverwehungen geschützt werden sollen. Die schon früher üblichen Heckenpflanzungen entlang von Bahneinschnitten erfüllten diesen Zweck vielleicht noch besser. Man kann dies z. B. jeden Winter nach Schneestürmen entlang der Strecke Bergen-(Rügen)–Saßnitz beobachten. Die besonders schneesturmreich abgelaufenen Winter 1939/40 und 1940/41 haben vielleicht diese Maßnahme besonders vordringlich gemacht, aber für die weitere Zukunft sind sowohl vom praktischen wie vom landschaftsgestaltenden Standpunkt aus die in manchen Teilen Deutschlands bereits zum festen Kulturlandschaftsinventar gehörigen Schutzhecken vorzuziehen. Sie sind auch hier also ein Kennzeichen für eine gewisse durch die KE bedingte Verkehrsinstabilität.

Gesteigert müssen die vorbeugenden Maßnahmen dort werden, wo auch Schneezäune nicht mehr ausreichen, vor Verwehungen zu schützen. So führen hochgelegene Bahnen in Nordeuropa auf lange Strecken zum Schutze vor winterlichen Verwehungen durch oberirdisch angelegte H o l z t u n n e l, die während des Sommers zwecks besserer Aussicht seitlich aufgeklappt werden können. Sie sind sowohl entlang der

Bergenbahn wie entlang der Erzbahn Kiruna–Narvik häufig vertreten. Sie haben nichts mit den durch das Gelände erzwungenen Tunnelbauten in festem Gestein zu tun, die sich dort ebenfalls finden.

Weitere wirtschaftliche Einwirkungen von Kältewellen entstehen im Transportwesen von B r e n n s t o f f e n. Nord-Deutschland erhält seinen Kohlenbedarf vorwiegend auf den Binnenwasserstraßen. Mit dem Eintritt von Vereisung wird die Befahrungsmöglichkeit der Flüsse und vor allem der gefällsfreien Kanalstrecken zunehmend beschränkt bzw. unterbunden. Im gleichen Maße steigert sich aber der Kohlenbedarf. Beide Ursachen bewirken daher eine ziemlich plötzliche Belastung der Bahn für Kohlentransporte. Diese wird bei Eintritt milderen Wetters lediglich insofern gemindert, als dann der Heizungsbedarf geringer wird, eine Enteisung der Binnenwasserstraßen ist aber damit noch lange nicht verbunden, so daß wenigstens in Ost-Deutschland der Kohlentransport für den Rest des Winters in der teuren Bahnfracht erfolgen muß. Durch sommerliche Stapelung und Vorratshaltung kann dieser Instabilität vorbeugend in gewissem Umfang begegnet werden.

Für Länder, die überhaupt Frost nur in bescheidenem Maße kennen, bedeutet eine Kältewelle außerdem ganz besondere Schwierigkeiten. So sind die englischen W o h n h ä u s e r in vielen Fällen hinsichtlich Abdichtung und Heizungsmöglichkeit für mehrtägige Frostperioden, wie sie immerhin durch weitreichende NO-KE eintreten können, nicht eingerichtet. Das gilt noch viel stärker von den überhaupt nicht beheizbaren Wohnhäusern Süd-Europas.

Landwirtschaftlich entscheidend sind diejenigen KE, welche zu Beginn oder zum Schluß der V e g e t a t i o n s p e r i o d e störend in den Gang der pflanzlichen Entwicklung eingreifen. In den Fällen, wo es sich um frostunempfindliche Gewächse handelt, wie z. B. viele Kohlarten, spielt das keine Rolle. Andere Gemüse dagegen, wie z. B. Tomaten, Gurken, Bohnen u. a., ertragen keinen Frost. Sie können daher auch noch so warmes Wetter im Frühjahr so lange nicht gebrauchen, wie noch die Wahrscheinlichkeit von Spätfrösten besteht. Umgekehrt wird die Tomatenernte, die stoßartig in großer Menge einzusetzen pflegt, durch Frühfröste in unerwünschter Weise abgekürzt. Indirekt wird durch diese Einengung das Bestreben, die Ernte in Konservenform über einen größeren Zeitraum zu verteilen, als dies in Form von Frischangebot möglich ist, sehr gefördert. Auch die Anlage von Treibhäusern ist dem Wunsche entsprungen, die Einwirkung von Frösten im Frühjahr oder Herbst auszuschalten und nur die Insolation sowie Wärmeperioden auszunutzen. Schließlich ist auch die Abstimmung des Gemüsebaus in Italien auf die saisonmäßig variierenden Bedürfnisse des deutschen Marktes bedingt durch die von den entscheidenden Frostperioden begrenzte Vegetationsperiode im deutschen Anbaugebiet.

Maßnahmen zur Frostverhütung im Freien, also außerhalb der Gewächshäuser und Frühbeete unter Glasschutz, sind schwierig. In den amerikanischen Agrumenplantagen, die durch Northers besonders heftig heimgesucht werden können, wird eine Beräucherung und direkte Ölheizung als wirtschaftlich tragbarste Sicherung allgemein durchgeführt. Hier ist auch ein besonderer Frostwarndienst eingerichtet, der auf einem wissenschaftlich eingehend fundierten Meldenetz beruht. In Deutschland sind vor allem die normalerweise wärmebegünstigten Gebiete im W und SW betroffen, in denen die Vegetation bei Frosteinbrüchen bereits weiter gediehen ist. Im Weinbau sind daher ebenfalls Methoden zur Frostverhütung erprobt, wenn auch stets kostspielig. Kessler hat in letzter Zeit ausführlich darüber berichtet. Die Schneefälle, welche im Frühjahr vielfach noch bei schwach positiven Temperaturen im Gefolge von KE niedergehen, sind nicht einmal das Schlimmste, denn sie tauen rasch ab, bringen dem Boden die im Frühjahr ohnehin dringend nötige Feuchtigkeit und können allenfalls durch Schneebruch auf jung belaubten Gewächsen Schaden anrichten, weil dieser Schnee natürlich feucht, meist großflockig und dicht ist. Viel wichtiger ist die nächtliche Strahlungskälte, welche im Gefolge solcher Luftmassen bei nächtlichem Aufklaren in kurzer Zeit bewerkstelligt werden kann.

Die direkte Frosteinwirkung im Winter selbst kann in Schädigungen des Gewebes bestehen, besonders wenn plötzlich scharfer Frost auf vorher regnerisches, mildes Wetter folgt. Dieser dringt dann auch im Boden tiefer ein, da nasser Boden weniger gut isoliert ist als trockener. Im extremen lappländischen Klima kombiniert sich die direkte Frosteinwirkung im Spätwinter mit der beginnenden Sonneneinstrahlung. So wird im Bereich der polaren Baumgrenze das Wachstum unmittelbar über der Schneedecke des Frühjahres durch den außerordentlich heftigen Unterschied zwischen advektivem und Strahlungsfrost des Nachts und der mittäglichen Sonneneinstrahlung über der Schneedecke an den dunkleren Stämmchen oft zerstört, so daß es zur Ausbildung der sog. Tischbirken kommt. Auch bei uns kommt diese Einwirkung abgeschwächt vor. Darum werden die Obstbäume im März, wenn noch kräftiger Frost mit wärmender Mittagssonne eintreten kann, weiß gekalkt, damit die hellen Stämme weniger Wärme aufnehmen als die dunklen.

So besitzen die Kaltluftvorstöße nicht nur selbst, als Erscheinung der Landschaft, eine geographisch wesentliche Bedeutung, sondern sie rufen auch direkt oder indirekt Einwirkungen in einem Raume hervor, die ganz bestimmte Eigenarten bedingen. Diese Eigenarten treten besonders im Bereich des Verkehrswesens, und zwar auf dem festen Lande, auf dem Wasser wie besonders auch in der Luft hervor. Ferner gestalten sie den Ablauf der landschaftlichen Produktion in vieler Hinsicht und greifen dadurch auch indirekt in benachbarte Bereiche der Wirtschaft über. Schließlich lassen sich auch bei menschlichen Siedlungen Einflüsse der Kaltluftvorstöße spüren, wobei es nicht möglich ist, einen Unterschied zwischen Kälte an sich und Kaltluftvorstoß zu machen. Die nordeuropäischen Holzhäuser mit ihrer Sägespänefüllung zwischen den Doppelwänden oder, wie in Island oder auf der Fischerhalbinsel, mit ihren durch Grasplaggen geschützten Wetteraußenwänden spiegeln nicht nur das zur Verfügung stehende Baumaterial wider, sondern sind auch zugleich Ausdruck des Kälteeinflusses. Aber abgesehen von diesen mehr oder weniger direkten Folgen der Kältevorstöße spielt die Physiognomie der KE-Typen selbst die geographisch wichtigste Rolle, wenn man diese klimatischen Vorgänge für einen landeskundlichen Zweck erfassen, darstellen und erklären will. „Seien es die heftigen Schneeschauer aus NW, die mit dräuenden Wolkenpfropfen heranziehen, mit ihren grauen, schleppenden Niederschlagsschwaden den weichenden hellen Himmelsstreif verhängen, bis schließlich im dämmrigen Tageslicht die Schnee- und Graupelmassen in schrägen Stößen dahinfegen und in oft kürzester Zeit Bäume vom Stamme bis zur kleinsten Astspitze auf der Wetterseite weiß überkleiden; – oder seien es die fast unmerklich sich vorschiebenden Kältewellen aus dem eisigen NO, deren durchdringender, beharrlicher Frost ohne Schneefall das regengetränkte Land zum plötzlichen Erstarren bringt oder den Tauschnee auf den Ästen wie zu ebener Erde hart verkrustet, während die Luft unter grauen Schichtwolken unwirklich klar und splittertrocken in gleichmäßigem, eisigem Winde das Land überweht; –" (S. 5). Mit dieser Erlebnisschilderung sind wir zum Ausgangspunkt zurückgekehrt; denn wie überall in der Geographie muß auch dieser Gegenstand, wenn er überhaupt in den Bereich der Geographie fallen kann, der Beobachtung und dem Erlebnis zugänglich sein.

Regio Basiliensis, H. IX/1. 1968. S. 170–189.

DIE THERMISCHE UNGUNST
DER SÜDHEMISPHÄRISCHEN HOHEN MITTELBREITEN
IM SOMMER IM LICHTE NEUER
DYNAMISCH-KLIMATOLOGISCHER UNTERSUCHUNGEN

Von WOLFGANG WEISCHET

Die zu erklärenden Klimaeffekte

Die – flächenmäßig zwar geringen – Festlandsgebiete der hohen Mittelbreiten (45–55° S) der Südhalbkugel zeichnen sich durch Wachstumsbedingungen für die natürlichen und kultivierten Pflanzen aus, die wesentlich ungünstiger als in vergleichbaren Breiten der Nordhemisphäre sind. Troll (1948, 1955, 1957) hat in verschiedenen Aufsätzen den dadurch bedingten asymmetrischen Aufbau der Vegetationszonen auf der Nord- und Südhalbkugel behandelt. Die relativ äquatornahe Lage der polaren Baumgrenze ist dafür ebenso kennzeichnend wie die Polargrenze der Getreidekultur.

In Südamerika verläuft die Anbaugrenze für Weizen auf der Westseite der Anden bei 42° ungefähr in der Mitte der Insel Chiloë. Das bedeutet, daß sie in einer geographischen Breite liegt, die man auf der Nordhalbkugel noch zu den Subtropen rechnet und die auch in Chile unter fiktiven solaren Klimabedingungen zu den Subtropen gehört.

Unmittelbar am Ostfuß der nur noch lokal 3500 m überschreitenden Cordillere springt die genannte Grenze um rund drei Breitengrade weiter nach Süden vor. Weiter polwärts können selbst auf der Leeseite der Cordillere nur noch unter ganz besonders günstigen lokalklimatischen Bedingungen wenige Parzellen Hafer oder Kartoffeln angebaut werden, wenngleich es sich um geographische Breiten handelt, die denjenigen von Südengland oder von Holland entsprechen. Auf der dem Pazifischen Ozean zugekehrten Seite der Cordillere ist auch an den anspruchslosesten Anbau gar nicht zu denken. Hier erreichen die Gletscherzungen des Inlandeises der Patagonischen Cordillere in 48° Breite bereits das Meeresniveau, zehn Breitengrade weiter äquatorwärts als an der nordamerikanischen Westküste.

Trotz des geographisch-landeskundlich entscheidend wichtigen Unterschiedes wird in fast allen Übersichtskarten über die Klimate der Erde das Gebiet von Chiloë und Westpatagonien mit dem gleichen Klimatyp ausgezeichnet wie beispielsweise Südengland oder Westfrankreich [1]. Die fiktiven thermischen und hygrischen Mittelwerte, auf welchen ja die Klimaklassifikationen basieren, lassen also die Repräsentation ökologisch sehr unterschiedlicher klimatischer Realitäten zu. In solchem Fall kann man sich aber für geographische Analysen nicht mit der Typisierung nach der klassisch-klimatologischen Methode zufriedengeben. Man muß sich vielmehr bemühen, erstens die Besonderheiten des Klimas wenigstens qualitativ herauszuarbeiten und zweitens die Ursachen für die sehr verschiedenen ökologischen Effekte in dem vermeintlich gleichen Klimatyp aufzuzeigen. Dazu werden dem Geographen entsprechende Beobachtungen im Gelände in vielen Fällen entscheidende Hinweise liefern.

Die für die folgende Abteilung wichtigen Feststellungen stammen aus der Region um den Seno de Ultima Esperanza. Auf der Farm Puerto Consuelo, in einer Breite von 52° etwas nördlich von Puerto Natales auf der Ostabdachung der Patagonischen Cordillere gelegen, lassen sich auf der windabgekehrten Seite eines ungefähr 25 m hohen Hügels in einem kleinen Hausgarten alle möglichen Beerensträucher wie Erd-, Johannis- und Stachelbeeren sowie auch etwas anspruchsloses Gemüse kultivieren. Auf der exponierten Wetterseite gedeihen dagegen neben einigen stark windgeformten niedrigen Büschen nur Stipagras-Büschel. Wo die Vegetationsdecke zerstört worden ist, beginnt die Bodendeflation.

Oder ein anderes Beispiel: An der Estancia Borries, ebenfalls nahe Puerto Natales gelegen, hat man eine Spindelobstplantage angelegt. Die freistehenden, windgeformten, sehr klein gebliebenen Bäumchen blühen aber nur ausnahmsweise und fruchten nie. Nur ein Apfelbaum, der unmittelbar am Haus und auf der windabgekehrten Seite eines hohen Bretterzaunes steht, blüht und trägt Früchte.

---

[1] Eine bemerkenswerte Ausnahme macht die Karte der Jahreszeitenklimate von Troll und Paffen (1964), in welcher für die Typenbildung vom ökologisch bedingten Habitus der Vegetation ausgegangen wird.

Außer den beiden geschilderten Beobachtungen gibt es noch viele andere, die alle darin übereinstimmen, daß sich überall dort für den Anbau von Kulturpflanzen noch zureichende klimatische Bedingungen ausbilden, wo durch natürliche Gegebenheiten oder künstliche Einrichtungen ein begrenzter Luftraum der Einwirkung des freien, ungehinderten Austausches entzogen wird. Dann kann unter dem Einfluß der relativ kräftigen Strahlung noch ein Lokalklima entstehen, welches die für Fruchten und Reifen notwendigen thermischen Bedingungen erfüllt.

Wenn man diese Beobachtungstatsachen hinsichtlich ihrer klimatologischen Konsequenzen auswertet, so besagen sie doch eindeutig, daß die Klimabedingungen in Ultima Esperanza wenigstens während der Wachstumszeit der Pflanzen wesentlich günstiger wären, wenn sich ganz allgemein, und nicht nur an lokal eng begrenzten Stellen, die aufgrund des sommerlichen Wärmehaushaltes am Ort selbst entstandenen, autochthonen thermischen Bedingungen entwickeln könnten. Da das nicht der Fall ist, muß dem Gebiet die klimatische Wirklichkeit permanent von allochthonen, fremdbürtigen Einflüssen aufgezwungen werden.

Die thermischen Bedingungen der „Wasserhalbkugel"

Bei der Untersuchung der Ursachen für die relative Ungunst ist der Hinweis auf den Einfluß des Humboldtstromes, den man gelegentlich finden kann, abwegig, wie sich daraus ergibt, daß dieser als küstennaher Kaltwasserkörper normalerweise erst äquatorwärts 40° an der Oberfläche erscheint und er außerdem auch so schmal ist, daß er gar nicht die notwendige erhebliche Transformation der über ihn hinweggeführten Luftmassen bewirken kann.

Die Berücksichtigung der thermischen Bedingungen, die sich für die gesamte Südhalbkugel als Folge ihres Charakters als sog. „Wasserhalbkugel" und des Einflusses des antarktischen Kontinentes ergeben, führt bei der Betrachtung der Ursachen schon einen bedeutenden Schritt weiter. Aus den Breitenkreismitteln der Lufttemperatur am Boden (Burdecki, 1955; van Loon, 1955; Blüthgen, 1966) ergibt sich, daß im Sommer die gesamte Südhalbkugel wesentlich kälter ist als die Nordhalbkugel, wobei der Differenzbetrag zirka 8°C (24,0 zu 15,6) in 40°, 10° (18,1 zu 8,1) in 50° und 12° (14,1 zu 2,1) in 60° Breite ausmacht.

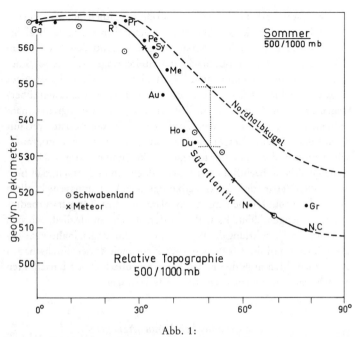

Abb. 1:
Meridionalschnitt der mittleren relativen Topographie 500/1000 mb für den Sommer der Nord- und Südhalbkugel im Vergleich (nach Flohn, 1950). Der Unterschied von 16 Dekametern in 50° Breite entspricht einem Unterschied der Mitteltemperatur von ungefähr 8° C.

Durch die wachsenden aerologischen Beobachtungen konnte dieses Ergebnis inzwischen auf die Gesamttroposphäre ausgedehnt werden (Burdecki, 1955, vgl. Abb. 7 und 8). Eine entsprechende Darstellung von Flohn (1950) zeigt (Abb. 1), daß der Unterschied in der relativen Topographie der Schicht 500/1000 mb im Sommermittel bei 50 °S um 16 Dekameter beträgt, was einer um zirka 8° geringeren Mitteltemperatur zwischen dem Boden und ungefähr 5000 m entspricht. Im Winter ist der Unterschied in den Mittelbreiten unerheblich.

Aus diesen Feststellungen ergibt sich zwar schon, daß der in Frage stehende Raum von Chiloë bis Ultima Esperanza gemäß seiner geographischen Lage eingebettet ist in planetarische Temperaturbedingungen, die für die sommerliche Vegetationsperiode wesentlich ungünstiger sind als auf der Nordhalbkugel. Aber die planetarischen Werte der Breitenkreismittel sind wegen des äußerst geringen prozentualen Anteiles von Festland an der Gesamtoberfläche des Breitenringes 40° bis 60°S berechnet und repräsentativ für die Luft über dem Meer. Es ist nicht selbstverständlich, daß man sie auf die vorhandenen Festlandsteile übertragen kann. Im Gegenteil, die Tatsache, daß die Anbaugrenze nicht breitenparallel, sondern an der Westküste näher zum Äquator verläuft als auf der Ostseite Patagoniens, daß sie großräumig dem orographischen Einfluß der Anden unterliegt und kleinräumig von der lokalen Reliefgliederung beeinflußt wird, zeigt doch schon deutlich, daß man zum vollen Verständnis der klimaökologischen Verhältnisse nicht allein durch die sommerlichen mittleren planetarischen Temperaturbedingungen gelangen kann. Es fehlt das dynamische Bindeglied, um den Vorgang der Vermittlung der thermischen Bedingungen in ihrem zeitlichen Ablauf und ihrer örtlichen Verschiedenheit besser durchschauen zu können. Man muß den Faden bei den beobachteten Klimaeffekten aufnehmen und systematisch rückwärts verfolgen.

Die dynamischen Voraussetzungen für den permanenten allochthonen Klimaeinfluß auf dem Festland

Um es noch einmal festzustellen: Zu erklären ist, wie es kommt, daß dem Gebiet in Ultima Esperanza z. B. auf der Ostseite der Patagonischen Cordillere permanent thermische Klimabedingungen aufgezwungen werden, die im Hinblick auf das Wachstum der Kulturpflanzen ungünstiger sind, als die autochthonen, am Ort selbst entstandenen, es sein würden.

Nun, fremdbürtiger Einfluß setzt Herantransport allochthoner Luftmassen voraus. Der Transportmechanismus ist bei klimatologischer Betrachtungsweise die allgemeine Zirkulation der Atmosphäre. Es müssen also die für die in Frage stehende Region klimatisch wirksamen Zirkulationsvorgänge analysiert werden. Nun hat zwar Lamb (1959) vor einigen Jahren noch festgestellt, daß die größte Lücke in der Kenntnis der allgemeinen Zirkulation der Atmosphäre auf der Südhemisphäre, und dort speziell über dem Pazifischen Ozean, klafft, indessen haben die Anstrengungen seit dem ersten Geophysikalischen Jahr doch zu einer Reihe von genügend gesicherten Aussagen geführt, von denen viele der letzten zehn Jahre auf den in diesem Zusammenhang besonders zu erwähnenden täglichen Wetteranalysen beruhen, die vom South-African-Weather-Bureau durchgeführt und in den Bänden der Zeitschrift „Notos" veröffentlicht werden.

Das zuständige Zirkulationssystem ist die südhemisphärische Westwinddrift. Das ist allgemein bekannt, ergibt sich aus der geographischen Lage des Gebietes, und man kann es in Ultima Esperanza auch allenthalben an den Windeffekten ablesen. Allgemein bekannt ist auch, daß diese Westwinddrift auf der Südhalbkugel besonders heftig und energiereich ist, haben doch die entsprechenden Breiten als "roaring forties" oder "roaring fifties" schon seit der Zeit der Segelschiffahrt entsprechende Eigennamen. Gleichwohl können diese Kenntnisse für das Verständnis des Phänomens noch nicht hinreichend sein.

Inzwischen erlauben nun die Untersuchungen der beiden letzten Jahrzehnte genauere Aussagen über die speziellen Bedingungen der südhemisphärischen Westwinddrift. Zunächst läßt sich aus einer theoretischen Modellrechnung von Smagorinsky (1963) verstehen, daß die außertropische zyklonale Westwindzirkulation (Ferrel- oder Rossby-Typ der allgemeinen Zirkulation) auf der Südhalbkugel weiter äquatorwärts reicht als auf der Nordhalbkugel. Smagorinsky (1963) hat nämlich gezeigt, daß die Breitenlage der Achse des Subtropenhochs eine Funktion des mittleren meridionalen und vertikalen Temperaturgradienten ist (Abb. 2).

Je größer die beiden Parameter sind, in um so geringerer Breite liegt das Subtropenhoch als Grenze zwischen dem Hadley-Typ der tropischen und dem Ferrel-Typ der außertropischen Zirkulation. Da vor allem der meridionale Temperaturgradient wegen der fast permanenten Wärmesenke der Antarktis auf der Südhalbkugel größer ist als auf der Nordhalbkugel (vgl. die Werte von Burdecki in Abb. 7 und 8), weitet sich die außertropische Westwindzirkulation äquatorwärts aus. Nach Auswertungen von Vowinckel (1955) liegt die Achse des südpazifischen Hochs im Sommer bei 29°S, im Winter bei 25°S (Nordhalbkugel: 44° im Sommer, 31° im Winter; nach Flohn 1950).

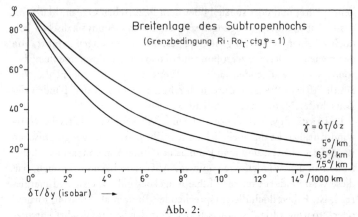

Abb. 2:

Die Abhängigkeit der Breitenlage der subtropisch-randtropischen Hochdruck-
achse vom meridionalen und vertikalen Temperaturgradienten. Nach einer
Modellrechnung von Smagorinsky (1963), entnommen aus Flohn (1964).

Aus der Modellrechnung ergibt sich für unseren Zusammenhang erstens die Tatsache, daß der ganze in Frage stehende Bereich von Mittel-
chiloë (42°) bis Ultima Esperanza (52°) ganzjährig innerhalb der Westwindzirkulation liegt. Wenn sich das auch aus anderen Beobachtungen
ableiten ließe, so liefert zweitens die Ableitung Smagorinskys aber erst
die exakte Begründung für die von der Nordhalbkugel abweichenden
Verhältnisse.

Zur größeren Breitenausdehnung der südhemisphärischen Westwindzirkulation kommt nun noch die größere Zirkulationsenergie mit
ihren Konsequenzen. Entsprechend dem stärkeren meridionalen Temperaturgradienten wird die Südhalbkugel von sehr viel kräftigeren Luft-
druckgegensätzen beherrscht. Nach der Darstellung von Assur (1949,
entnommen aus Raethjen, 1953, siehe Abb. 3) sind die meridionalen
Luftdruckgradienten zwischen dem Subtropenhoch und der subpolaren
Tiefdruckrinne (bei 65°S) im Winter zirka dreieinhalbmal, im Sommer
gar zirka fünfmal größer als auf der Nordhalbkugel.

Mit Hilfe der Luftdruckgradienten lassen sich die Strömungsgrößen
der Westdrift berechnen. Aus fünfjährigen Breitenkreismitteln des
Luftdruckes (1949–1953) kommt Vowinckel (1955) zu folgenden Wer-

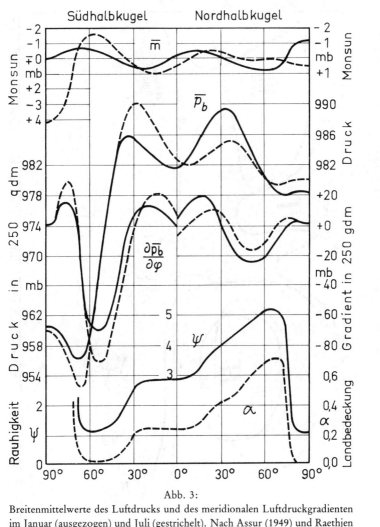

Abb. 3:

Breitenmittelwerte des Luftdrucks und des meridionalen Luftdruckgradienten
im Januar (ausgezogen) und Juli (gestrichelt). Nach Assur (1949) und Raethjen
(1953).

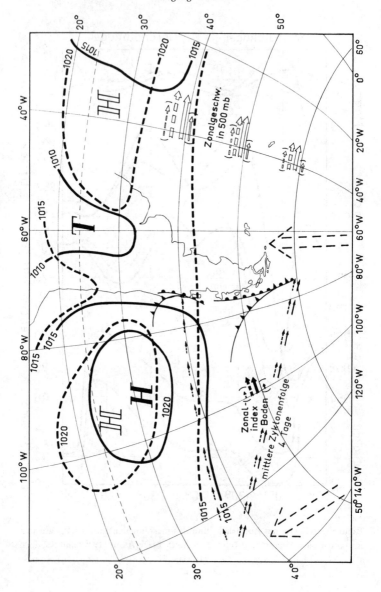

ten des mittleren monatlichen Zonalindex der Zirkulation zwischen 35°
und 55° bzw. 30° und 65°S:

	J	F	M	A	M	J	J	A	S	O	N	D	
35/55 S Hemisphäre	7,1	6,4	7,1	7,4	7,5	7,7	8,0	7,3	7,7	8,3	8,3	8,1	m/sec
35/55 S Indischer Ozean	7,9	7,2	7,4	7,2	7,2	8,0	8,5	8,5	8,9	7,9	8,0	8,4	m/sec
35/55 S Atlant. Ozean	8,0	7,5	6,5	5,8	6,7	6,5	7,5	6,8	5,9	6,2	6,6	7,3	m/sec
30/65 S Hemisphäre	5,0	6,1	6,5	6,6	6,5	6,5	6,6	6,8	7,4	7,6	6,7	5,5	m/sec
Max/Min Hemisphäre	5,4	6,5	7,0	6,6	6,5	6,5	6,6	6,8	7,4	7,6	6,7	6,6	m/sec

Daraus ergeben sich folgende wichtige Feststellungen:

1. Nahe der Erdoberfläche beträgt im Breitenring zwischen 30° und 65° die
mittlere West-Ost-Komponente des Windes nicht weniger als 5,0 bis 7,6 m/sec,
entsprechend rund 18 bzw. 27 km/st.

2. Die Zonalgeschwindigkeit ist zwar in den Sommermonaten mit 5 m/sec
relativ am schwächsten, doch ist der Wert nur 25 % geringer als im Hochwinter
und 33 % kleiner als der maximale in den Frühjahrsmonaten.

3. Wenn auch für den im Ableitungszusammenhang besonders interessierenden Pazifischen Ozean keine eigenen Werte errechnet sind, so läßt sich doch aus
dem Vergleich derjenigen für den Indischen und den Atlantischen Ozean mit

Abb. 4:
Zusammenschau der wesentlichsten Merkmale der Westwindzirkulation in den
hohen Mittelbreiten beiderseits des südamerikanischen Kontinentes. Die eingetragenen Isobaren für Januar (ausgezogen) und Juli (gestrichelt) verdeutlichen
für den Sommer und Winter die relativ äquatornahe Lage der subtropischen Antizyklonen als mittlere Begrenzung der Westwinddrift (nach Vowinckel, 1955).
Die nicht ausgefüllten breitenparallelen Pfeile über dem Südatlantik geben die
mittlere Zonalgeschwindigkeit des Höhenwindes im 500-mb-Niveau der jeweiligen Breite für den Sommer (ausgezogene Pfeile) und denWinter (gestrichelte
Pfeile) an. Die Vergleichswerte für die Nordhalbkugel sind als schmale Pfeile in
Klammern hinzugefügt. (Alle Werte nach Flohn, 1950.) Die ausgefüllten Pfeile
über dem Südpazifik charakterisieren die mittleren West-Ost-Komponenten des
Bodenwindes zwischen 35° und 65°S in den beiden Jahreszeiten (nach Vowinckel, 1955). Zum Vergleich mit den Verhältnissen auf der Nordhalbkugel sind in
Klammern die entsprechenden Werte (nach Flohn, 1950) mit angegeben. Außerdem sind die häufigsten Zyklonenbahnen (ausgezogene Pfeile für den Sommer,
gestrichelte für den Winter) eingezeichnet (nach Vowinckel, 1953). Die breiten
Pfeile mit gerissener Umrandung deuten die Regionen an, in welchen am
häufigsten Ausflüsse antarktischer Kaltluft äquatorwärts verfrachtet werden.

dem der Gesamthemisphäre ersehen, daß auf dem Pazifik keine vom Mittel grundsätzlich abweichenden Zustände herrschen können.

Für die höheren Atmosphärenschichten und den besonders interessierenden Vergleich mit der Nordhalbkugel können zunächst Berechnungen von Flohn (1950), welche für den Südatlantik aus der Auswertung des aerologischen Materials der „Schwabenland"-Expedition gewonnen wurden (zum Vergleich eingetragen in der Abb. 4), herangezogen werden. Danach beträgt die mittlere Zonalkomponente des Windes in 5000 m Höhe zwischen 35° und 65°S in den Wintermonaten 60, im Sommer 65 km/st. Das Maximum der zonalen Windgeschwindigkeit ergibt sich in beiden Jahreszeiten in der Zone 40–50°S mit Werten über 90 km/st. Das stimmt quantitativ gut überein mit den Berechnungen von van Loon (1955) für den Meridionalausschnitt des südlichen Indischen Ozeans, wo sich für 45° in 5000 m auch 90 km/st im Winter und 83 km/st im Sommer ergeben.

Die Vergleichswerte für die Nordhalbkugel sind für den gesamten Breitenausschnitt 35° bis 65°N 50 bzw. 27 km/st bei Maximalwerten von 70 bzw. 37 km/st, die allerdings um fünf Breitengrade weiter äquatorwärts beobachtet werden als auf der Südhemisphäre.

Zieht man die Konsequenzen, so kann festgestellt werden, daß man für die hohen Mittelbreiten der Südhalbkugel mit einer mittleren Zonalkomponente der westlichen Höhenwinde rechnen muß, die im Winter, wenngleich auch etwas größer (zirka 20%) als die in vergleichbaren Breiten der Nordhalbkugel, so doch mit der nördlichen Halbkugel annähernd übereinstimmt, die aber im Sommer ungefähr zweieinhalbmal so stark ist.

Für das Strömungsfeld nahe der Erdoberfläche ist der Unterschied wegen der geringeren Reibung auf der Wasserhalbkugel noch krasser. Dort ist die Zonalkomponente nach den Werten von Vowinckel (1955) und Flohn (1950) im Winter fast viermal, im Sommer sogar sechs- bis siebenmal größer als auf der Nordhalbkugel.

Der entscheidende, für die klimatischen Verhältnisse der außertropischen Westwindzone Südamerikas wie der ganzen Südhemisphäre ausschlaggebende *Tatbestand ist also, daß im Sommer im Mittel kein nennenswertes Nachlassen der Westwinddrift, keine Beruhigung des zyklonalen Westwetters stattfindet und daß die Sommerwerte des Zonalindex sogar noch etwas höher liegen als die Winterwerte der Nordhalbkugel.*

Das gilt für die Monats- bzw. Jahreszeitenmittelwerte. Nun weiß man aber von der Nordhalbkugel, daß auch bei der relativ intensiven Zonalzirkulation im Winter der wahre zeitliche Ablauf aus einer zyklischen Aufeinanderfolge von zwei grundsätzlich verschiedenen Zirkulationsanordnungen besteht. Rossby und Willett (1948) sowie Namias (1950) haben das näher untersucht und dargestellt. Beim sog. „High-Index-Typ", für den man in der französischen Terminologie den bezeichnenden Ausdruck «circulation vite» gewählt hat, zeigen die Drucksysteme zircumpolar im wesentlichen einen zonalen Isobarenverlauf mit flachen Mäanderbögen der Höhenströmung. Dementsprechend herrscht im großräumigen Mittel eine starke Westwindströmung bei großer Zyklonenaktivität in den höheren Breiten vor. Beim anderen Extrem, dem „Low-Index-Typ" («circulation lente») beherrschen ausgeprägte Tiefdrucktröge und Hochdruckrücken mit abgeschnittenen kalten Zyklonen in niederen und warmen Antizyklonen in höheren Breiten das zircumpolare Luftdruckfeld. Die Druckgebilde zeigen eine im wesentlichen meridionale Anordnung, die durchgehende zonale Westwinddrift ist „blockiert" (Blocksituation) und abgelöst von meridionalem Transport von Warmluft polwärts und Kaltluft äquatorwärts. Im Einflußbereich der nach N vorstoßenden subtropischen warmen Antizyklone (Vorstoß des äquatorialen Systems wurde es in den zwanziger Jahren von A. Schmauss genannt) tritt die entscheidende Wetterberuhigung mit der Möglichkeit autochthoner Witterungsgestaltung ein.

Namias (1950) hat das Abwechseln dieser zwei Zirkulationstypen für die Zeit allgemein hoher Zonalzirkulation auf der Nordhalbkugel am Beispiel der Wintermonate 1943/44 bis 1948/49 dargestellt (vgl. Abb. 5). Bei aller Unregelmäßigkeit sieht man doch, daß die jeweiligen Zeitabschnitte die Größenordnung von zwei Wochen haben. Eine Auswertung von 82 klimatologisch wirksamen Block-Situationen („Low-Index-Typ") über dem Nordatlantik aus den Jahren 1932–1950 durch Rex (1950) ergab eine mittlere Andauer von 12 bis 16 Tagen mit einem Maximum bei 14 Tagen und einer Streubreite von wenigstens 10 bis höchstens 41 Tagen Dauer[2].

[2] Die entsprechenden Auswirkungen von Blocksituationen auf die Witterungsgestaltung über Europa in hygrischer und thermischer Hinsicht werden in der Arbeit dargelegt.

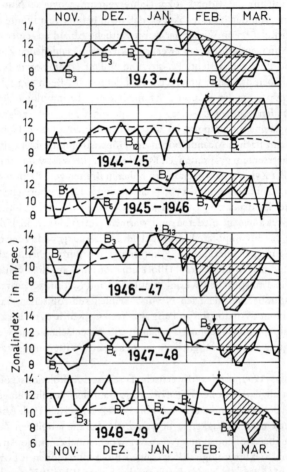

Abb. 5:

High-Index-Typ (starke Westwindströmung mit hoher Zyklonenfrequenz) und
Low-Index-Typ (Blockierung der Westwinddrift, meridionaler Luftmassen-
transport, Nachlassen der Zyklonentätigkeit) in ihrer zeitlichen Aufeinanderfolge über dem atlantischen Sektor der Nordhalbkugel am Beispiel der Wintermonate 1943/1944 bis 1948/1949. Nach Namias (1950).

Wenn Entsprechendes nun auch für die Südhalbkugel gilt, wo der mittlere Zonalindex im Sommer ungefähr die Größenordnung wie im Winter der Nordhalbkugel hat, so wäre immer noch eine gewisse Möglichkeit für die Ausbildung von Perioden mit autochthoner Witterungsgestaltung, besonders auf den Landmassen des außertropischen Südamerika gegeben.

Nun hat aber Vowinckel (1955) zunächst an einigen extremen Beispielen (21. und 26. Dezember 1952) im Vergleich zur Nordhalbkugel (9. Januar und 1. März 1949) gezeigt, daß beim Low-Index-Typ auf der Südhemisphäre lediglich eine Verringerung der Westdrift gegenüber dem High-Index-Typ eintritt, hingegen keine fundamentale Veränderung der Massen- und Strömungsverteilung. Polwärts 35°S bleibt auch beim Low-Index-Typ die zusammenhängende Westdrift erhalten, wie sich aus dem durchgehend gleichsinnigen Druckgradienten (im Gegensatz zur Nordhalbkugel) aus der Abb. 6 ergibt. Von echter Blockierung der Westdrift kann nach Vowinckel auf der Südhalbkugel nicht gesprochen werden, weil – und das hervorzuheben ist wichtig – „die mehr zellenförmige Zirkulationsverteilung von tiefen Trögen zwischen den Hochdruckgebieten und nicht von der Verlagerung warmer Antizyklonen polwärts in die Westwindregion verursacht wird" (Vowinckel 1955, S. 213).

Repräsentative Werte für die Beständigkeit der Westwindzirkulation auf der Südhalbkugel liefert die prozentuale Häufigkeitsaufschlüsselung der Zonal-Indices für den Breitenausschnitt 35–55°S für die Sommermonate Dezember, Januar, Februar und März, die im Rahmen der

Häufigkeit der Werte des Zonal-Index
für die Sommermonate der Südhalbkugel (1949–1953)
in Prozent

	10,0 9,6	9,5 9,1	9,0 8,6	8,5 8,1	8,0 7,6	7,5 7,1	7,0 6,6	6,5 6,1	6,0 5,6	5,5 5,1	5,0 4,6	4,5 4,1	4,0 3,6	3,5 3,1 m/sec
Dezember	1	2	5	7	12	22	14	12	10	4	7	2	1	1
Januar	1	1	5	10	10	10	13	13	8	11	10	5	2	1
Februar		1	1	5	11	9	23	12	19	11	4	3	1	
März		1	6	3	7	8	15	17	15	15	6	4	3	

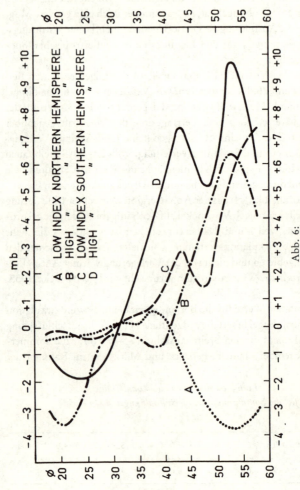

Abb. 6:

Druckdifferenz für 5°-Breitenintervalle bei unterschiedlichen Index-Typen für die Süd- im Vergleich zur Nordhalbkugel. Auch beim Low-Index-Typ bleibt auf der Südhemisphäre polwärts 35° die durchgehende Westwinddrift erhalten. Nach Vowinckel (1955).

bereits zitierten Arbeit ebenfalls von Vowinckel (1955) durchgeführt wurde.

In den Hochsommermonaten Dezember und Januar streut zwar der Indexwert relativ stark, im Dezember ist sogar neben dem Hauptmaximum auf 7,1 bis 7,5 m/sec noch ein sekundäres bei dem relativ niedrigen Wert von 4,6 bis 5,0 m/sec vorhanden; jedoch machen alle Werte unter 5 m/sec insgesamt nur 10 % aus, und mit nur 1 % sind jeweils Indexwerte von 3,1 bis 3,5 m/sec als die überhaupt niedrigsten vertreten. Damit ist aber der kleinste Wert noch dreimal größer als der von Flohn (1950) für die Nordhalbkugel als Mittelwert errechnete. Negative Zonalindices, also Situationen, bei denen im Bodenwindfeld zwischen 35° und 55° die östlichen Komponenten überwiegen, wie das in der in Abb. 6 unter A verwerteten Lage vom 1. März 1947 auf der Nordhalbkugel z. B. der Fall ist, kommen auf der Südhalbkugel auch im Sommer nicht vor.

Damit ist aus den numerischen Unterlagen eindeutig bewiesen, daß auch im Sommer in der südhemisphärischen Westwinddrift in den Mittelbreiten um 50° keine Blockierungssituationen durch hochreichende warme Hochdruckgebiete in der Art wie auf der Nordhalbkugel eintreten. Unterbrechungen der Westwindzirkulation sind relativ seltene Ausnahmen, die jeweils nur über so begrenzten Bereichen auftreten können, daß sie im planetarischen Mittel nur eine gewisse Verminderung der zonalen Westwindgeschwindigkeit bewirken können. Van Loon (1956) hat unter Verwendung von Bodenluftdruck-Karten die blockähnlichen Zirkulationsbedingungen näher analysiert und kommt zu folgenden Ergebnissen:

1. Das Auftreten von „blockierenden" Hochdruckgebieten am Boden wenigstens 10° polwärts von der normalen Lage der subtropischen Antizyklone ist weitgehend beschränkt auf drei klar begrenzte Bereiche: Ostaustralien–Westpazifik (170–180° W), Südwestatlantik (40–60° W) und Indischen Ozean von 40–60° E.

2. Die häufigste Erhaltungsdauer dieser Hochdruckgebiete liegt zwischen sechs und zehn Tagen; je einmal in fünf Jahren betrug sie 15, 19 bzw. 26 Tage. Sie sind also wesentlich kurzlebiger als auf der Nordhalbkugel.

3. Während im Frühjahr mit 30 % aller Tage ein relatives Maximum für Blocksituationen im Südwestpazifik und Südatlantik verzeichnet wird, fällt auf die Sommermonate Dezember bis Februar das Minimum der Häufigkeit mit unter 10 % aller Tage.

Wenn unter dem bereits sehr großzügig angesetzten Kriterium für Blocksituationen – 10° polwärts von der normalen Lage des Subtropenhochs entspricht einer Breite von ungefähr 45°S – für den Sommer trotzdem nur weniger als 10 % aller Tage die Bedingung in eng begrenzten Gebieten erfüllen, so kommt darin ganz deutlich zum Ausdruck, daß die *zyklonale Westwinddrift in den in Frage stehenden hohen Mittelbreiten der Südhalbkugel während der Wachstumszeit der Pflanzen praktisch permanent fortbesteht. Es ist über den Festlandteilen keine Möglichkeit für Wetterberuhigung und großräumige Ausbildung autochthoner Witterungsbedingungen gegeben.*

Damit ist die an die Interpretation der Geländebeobachtungen geknüpfte Frage so weit beantwortet, daß die Permanenz der allochthonen Klimaprägung in Ultima Esperanza aus den speziellen Eigenschaften der südhemisphärischen Westwindzirkulation für den Sommer nachgewiesen ist.

Mit diesen numerisch belegbaren Bedingungen sind nun alle jene synoptisch-klimatologischen Charakteristika verbunden, die für die südhemisphärische Westwindzone schon z. T. lange bekannt sind. Angeführt seien die hohe Zyklonenfrequenz sowie die damit zusammenhängenden Luftdruckwellen von knapp vier Tagen Dauer (Barkow, 1924), die hohe Fortpflanzungsgeschwindigkeit der Depressionen im Winter wie im Sommer, auf die Meinardus (1928) besonders hingewiesen hat, die großen mittleren Bodenwindgeschwindigkeiten und das relativ häufige Auftreten von Stürmen während des Hoch- und Nachsommers im Bereich der Magellanstraße, welche sich aus den Auswertungen der Stationsbeobachtungen von Punta Arenas ergeben (Re 1945).

Ozeanischer und antarktischer Temperatureinfluß

Nach dem Beweis der Permanenz der allochthonen thermischen Beeinflussung der Festlandgebiete in den hohen Mittelbreiten der Südhemisphäre muß nun noch einmal die Frage gestellt werden, ob die tieferen Lufttemperaturen wirklich vorwiegend die Folge der geringen Landmassen oder hauptsächlich auf die Fernwirkung des antarktischen Kontinentes zurückzuführen sind. Während es sehr schwierig ist, die beiden Einflüsse genau auseinanderzuhalten, so läßt sich die folgende

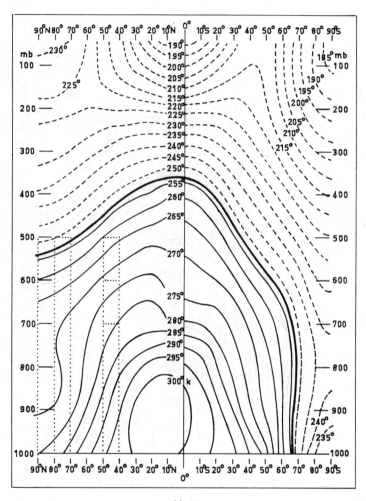

Abb. 7:
Mittlere Temperaturverteilung im Juli (in ° Kelvin) im Meridionalschnitt (nach Burdecki, 1955).

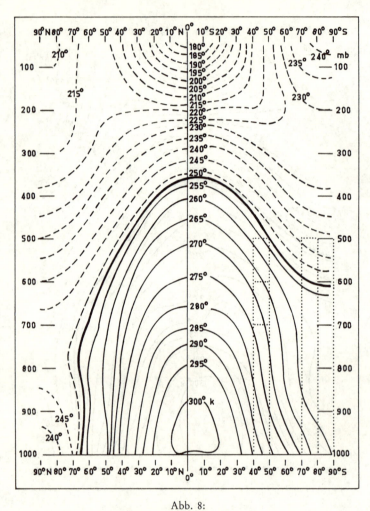

Abb. 8:
Mittlere Temperaturverteilung im Januar (in ° Kelvin) im Meridionalschnitt
(nach Burdecki, 1955).

qualitative Abschätzung schnell überschauen. Aus Meridionalschnitten
der mittleren Temperaturverteilung für den Sommer (siehe Abb. 7 und 8
nach Burdecki, 1955) ergibt sich in den unteren Schichten der Troposphäre ein isobarer Temperaturunterschied der Halbkugeln, der für die
Polarzonen (70–90°) 12–13°C[3], für die hohen Mittelbreiten aber nur
7–9°C beträgt. Das thermische Defizit der Südhalbkugel verstärkt sich
also im Sommer ganz deutlich polwärts.

Temperatur (in ° Kelvin) im Sommer (Januar bzw. Juli)

Niveau	in 40–50° Breite				in 70–80° Breite				in 80–90° Breite			
	1000	700	600	500 mb	1000	700	600	500 mb	1000	700	600	500 mb
N-Halbkugel	297	277	272	260	282	269	262	250	278	266	260	248
S-Halbkugel	290	268	264	252	270	256	253	242	[263]	254	252	241
isobare Temperatur-Differenz	7	9	8	8	12	13	9	8	[15]	12	8	7

Der relative Temperaturunterschied zwischen der Kalotte polarer
Kaltluft und der äquatorwärts anschließenden Westwindzirkulation ist
auf der Südhalbkugel um 4–5° größer als auf der Nordhemisphäre. Da
dafür bei einer Wasserhalbkugel kein geophysikalischer Grund vorhanden ist, kann dies nur auf die Wirkung des ungünstigeren Wärmehaushaltes des antarktischen Eisschildes zurückgeführt werden. Die Luftmassen über diesem stehen aber im permanenten Wärmeaustausch mit
den niederen Breiten, so daß einerseits die angegebenen Werte von 4–5°
Minimalwerte der Auswirkung der antarktischen geographischen Bedingungen sind und andererseits von den 7–9°, welche die südhemisphärischen Mittelbreiten kälter als die nordhemisphärischen sind, ein
wesentlicher Teil auf die Fernwirkung der Antarktis zurückgeht.

Um sich ein richtiges modellmäßiges Bild von der Situation zu
machen, muß man noch berücksichtigen, daß im Sommer auf der Südhalbkugel die Luftkalotte mit Temperaturen unter dem Gefrierpunkt
bis zu einer mittleren Breite von 64°, d. h. bis auf acht Breitengrade an

---

[3] Die Werte für 1000 mb sind für die zentrale Antarktis unsicher, da die starke
Bodeninversion keine verläßliche Reduktion der in 2680 m NN beobachteten
wahren Temperaturen auf den Meeresspiegel gestattet.

die Südspitze Südamerikas heranreicht. Und außerdem hat die antarktische Kaltluft wegen der mittleren Höhe von 2000 m des Kontinentes eine erhebliche Lageenergie, wodurch sie mit den bekannten katabatischen Schwerewinden vom Kontinent herabdrängt. Damit hängt sicher auch die synoptische Erfahrung des South-African-Weather Bureaus zusammen, daß der Abfluß der polaren Kaltluft nicht, wie auf der Nordhalbkugel, in Form markanter Ausbrüche großen Stils in gewissem zeitlichem Abstand vor sich geht, sondern sich mehr als permanentes radiales Ausfließen vollzieht, wobei allerdings gewisse Sektoren ostwärts Neuseeland und im Südatlantik bevorzugt sind. Mit dem pulsierenden Ausbrechen der Polarluft in die Westwinddrift fällt auch einer der wesentlichen Gründe für die zeitweise Blockierung der Zonalzirkulation aus.

Zusammenfassung

Die Ungunst der sommerlichen thermischen Bedingungen auf den Festlandteilen in den hohen Mittelbreiten der Südhalbkugel ist nur ganz zu verstehen als Konsequenz des Zusammenwirkens von:

1. geringem Anteil der Landmassen (ozeanischer Akzent)
2. thermischer Fernwirkung des antarktischen Kontinentes (antarktischer Akzent) und
3. Permanenz der zyklonalen Westwindzirkulation, die auch im Sommer nicht die für die Nordhalbkugel typischen Unterbrechungen durch Blockierungen erfährt und so keine Möglichkeit läßt für das Wirksamwerden autochthoner Strahlungstemperaturen über größeren Gebieten des Festlandes.

Literatur

Barkow, E. (1924): Die Ergebnisse der meteorologischen Beobachtungen der deutschen antarktischen Expedition 1911/12, Abh. Preuß. Meteorol. Inst. VII, 6

Boffi, J. A. (1949): Effect of the Andes Mountains on the general circulation over the southern part of South America. Bull. of Americ. Meteorol. Soc. 30. S. 242–247

Borchert, J. R. (1953): Regional Differences in the World Atmospheric Circulation. Annals of the Ass. of American Geograph. Vol. XLIII. S. 14–26

Brezowsky, H./H. Flohn/P. Hess (1951): Some Remarks on the Climatology of Blocking Action. Tellus. Vol. 3, Nr. 3. S. 191–194

Britton, G.P./H. H. Lamb (1956): A Study of the General Circulation of the Atmosphere over the far South. Weather 11. S. 281–291

Burdecki, F. (1955): A Study of Temperature Distributions in the Atmosphere. Notos Vol. 4. S. 192–203

Defant, F. (1958): Die allgemeine atmosphärische Zirkulation in neuerer Betrachtungsweise. Geophysica 6, Nr. 314. – Meteorology –. Helsinki. S. 189–217

Flohn, H. (1944): Die Intensität der zonalen Zirkulation in der freien Atmosphäre außertropischer Breiten. Gerlands Beitr. Geophys. 60. S. 196 bis 209

– (1950): Studien zur allgemeinen Zirkulation der Atmosphäre. Berichte des Deutschen Wetterdienstes in der US-Zone Nr. 18. Bad Kissingen

– (1950): Grundzüge der allgemeinen atmosphärischen Zirkulation auf der Südhalbkugel. Archiv für Meteorologie, Geophysik und Bioklimatologie, Serie A: Meteorologie und Geophysik, Bd. II. S. 17–64. Wien

– (1964): Grundfragen der Paläoklimatologie im Lichte einer theoretischen Klimatologie. Geologische Rundschau, Bd. 54, S. 504–515

Gentilli, J. (1949): Air Masses of the Southern Hemisphere. Weather, Vol. 4. S. 258–297

– (1952): Climatology of the Central Pacific. Seventh Pacific Science Congress, Vol. III

– (1958): A Geography of Climate. The University of Western Australia Press

James, P. E. (1939): Air masses and fronts in South America. Geogr. Review 29. S. 132–134

Karelsky, S. (1960): The Surface Circulation over the Southern Oceans, Southern Indian Ocean, Australasia and Southern Pacific Ocean regions during 1957 and 1958. Australia, Bureau of Antarctic Meteorology, Oxford. S. 293–309

Lamb, H. H. (1952): South Polar Atmospheric Circulation and the Nourishment of the Antarctic ice-cap. Met. Magazine 81. S. 33–42

– (1959): The Southern Westerlies: a preliminary survey; main characteristics and apparent associations. Quarterly Journal of the Royal Meteorol. Society, London, 85. S. 1–23

Loon, H. van (1955): Mean Air-Temperature over the Southern Oceans. Notos Vol. 4. S. 292–294

– (1955): A Note on Meridional Atmospheric Cross Sections in the Southern Hemisphere. Notos Vol. 4. S. 127–129

– (1956): Blocking Action in the Southern Hemisphere. Part. I. Notos Vol. 5. S. 171–178

Loon, H. van (1961): Charts of average 500 mb absolute topography and sealevel pressure in the Southern Hemisphere in January, April, July and Octobre. Notos Vol. 10. S. 105–112

Mecking, L. (1928): Die Luftdruckverhältnisse und ihre klimatischen Folgen in der atlantisch-pazifischen Zone südlich von 30° S. Br. – Deutsche Südpolarexpedition 1901 bis 1903. III. Band, Meteorologie I. Band, II. Hälfte, 2. Teil. Berlin

Meinardus, W. (1928): Die Luftdruckverhältnisse und ihre Wandlungen südlich von 30° S. Br. – Deutsche Südpolarexpedition 1901–1903. III. Band, Meteorologie I. Band, II. Hälfte, 3. Teil. Berlin

– (1929): Die Luftdruckverhältnisse und ihre Wandlungen südlich von 30° Breite. Meteorol. Z. S. 41–49, S. 86–96

– (1940): Die interdiurne Veränderlichkeit der Temperatur und verwandte Erscheinungen auf der südlichen Halbkugel. Meteorol. Z. S. 165–175, S. 219–233

Namias, J. (1950): The Index Cycle and its Role in the General Circulation. Journal of Meteorology Vol. 7. S. 130–139

Pfeiffer, H. (1958): Calculations of „Austausch"-coefficients for the Southern Hemisphere and remarks on the suitability of some circulation indices. Notos Vol. 7. S. 159–169

Raethjen, P. (1953): Dynamik der Zyklonen. Leipzig

Re, J. (1945): El clima de Punta Arenas (21 años de observaciones meteorológicas. 1919 bis 1940). Observatorio Meteorológico „Jose Fagnano", Punta Arenas, Magallanes (Chile)

Reuter, F. (1932): Die Witterungsverhältnisse auf der Kerguelenstation. Veröff. Geophys. Inst. Leipzig V. S. 211–329

Rex, D. F. (1950): Blocking action in the middle troposphere and its effect upon regional climate. Tellus 2. S. 196–211, S. 275–301

Rossby, C. G. (1939): Relations between variations in the intensity of the zonal circulation and the displacements of the semipermanent centers of action. Journal of Marine Res. 2. S. 38–55

– /H. C. Willett (1948): The circulation of the upper troposphere and lower stratosphere. Science 108. S. 643–652

Rubin, M. J. (1955): An Analysis of Pressure Anomalies in the Southern Hemisphere. Notos Vol. 4. S. 11–16

– /H. van Loon (1954): Aspects of the circulation of the Southern Hemisphere. Journal of Meteorology 11. S. 68–76

Smagorinsky, J. (1963): General circulation experiments with the primitive equations: I. The basic experiment. Monthly weather Rev., 91, S. 99–165

Troll, C. (1948): Der asymmetrische Vegetations- und Landschaftsaufbau der Nord- und Südhalbkugel. Gött. Geogr. Abh., Heft 1. S. 11–27

– (1955): Der jahreszeitliche Ablauf des Naturgeschehens in den verschiedenen Klimagürteln der Erde. Studium Generale, Jg. 8. S. 113–133
– (1957): Der Klima- und Vegetationsaufbau der Erde im Lichte neuer Forschungen. Jahrbuch 1956 der Akad. d. Wiss. u. d. Literatur, Mainz, 1957. S. 216–229
– /K. H. Paffen (1964): Karte der Jahreszeitenklimate. Erdkunde 18. S. 5–28
Vowinckel, E. (1953): Zyklonenbahnen und zyklogenetische Gebiete auf der Südhalbkugel. Notos Vol. 2. S. 28–36
– (1955): Southern Hemisphere Weather Map Analysis: Five-Year Mean Pressures. Notos Vol. 4. S. 17–26
– (1955): Southern Hemisphere Weather Map Analysis: Five-Year Mean Pressures (Part II). Notos Vol. 4. S. 204–216
– (1956): Das Klima des antarktischen Ozeans. I. Nord-Süd-Schnitt zwischen 20 und 40°E. Archiv für Meteorologie, Geophysik und Bioklimatologie Band 7. S. 316–341
– (1956): Das Klima des antarktischen Ozeans. II. West-Ost-Schnitt zwischen 50°W und 150°E. Archiv für Meteorologie, Geophysik und Bioklimatologie Band 7. S. 342–369
– /H. van Loon (1958): Das Klima des antarktischen Ozeans. III. Die Verteilung der Klimaelemente und ihr Zusammenhang mit der allgemeinen Zirkulation. Arch. f. Met. Geoph. Bioklim. Bd. 8. S. 75–102

Tübinger Geographische Studien 34 (1970), S. 57–69.

EIN BEITRAG ZUR KLASSIFIKATION DES AGRARKLIMAS DER TROPEN

Mit Beispielen aus Ostafrika

Von RALPH JÄTZOLD

Nach den Arbeiten von Lauer (1951, 1952) und Troll (1952, 1956, zusammen mit K. H. Paffen 1964) wird das tropische Klima in bezug auf die natürliche Vegetation vor allem durch die Dauer der ariden und humiden Zeiten des Jahres gegliedert. Auch die landwirtschaftliche Nutzung richtet sich neben der thermischen Zonierung vorwiegend nach diesem Klimafaktor, da die Anzahl der humiden Monate die Hauptvegetationszeit für annuelle Kulturen angibt und bestimmte Anzahlen arider Monate die Trockengrenzen für die verschiedenen Dauerkulturen bilden. Damit lassen sich die potentiellen Verbreitungsgebiete der Kulturpflanzen in den Tropen hygroklimatisch besser umgrenzen als mit den in der agarwissenschaftlichen Literatur (z. B. Esdorn 1961) bisher üblichen Niederschlagsangaben.

Für die hygrische Differenzierung des Agrarklimas genügt die Zählung der ariden und humiden Monate allein jedoch nicht, sondern auch die *Intensität,* die *Verteilung* auf das Jahr und die *Jahresbilanz* von Niederschlag und Verdunstung müssen berücksichtigt werden. Zum Beispiel können in einem Gebiet mit nur fünf humiden Monaten normalerweise als Dauerkultur lediglich xerophytische Pflanzen wie Sisal angebaut werden; trotzdem kann es sogar für den sonst mindestens sieben humide Monate benötigenden Arabica-Kaffee geeignet sein, wenn die Monate überwiegend vollhumid sind, sich auf zwei Regenzeiten verteilen und der Jahresniederschlag die jährliche „Normalverdunstung" eines Kaffeebestandes übersteigt, wie die in dem großen Kaffeepflanzungsgebiet nordöstlich von Nairobi gelegene Station *Ruiru Kahawa Estate* (Fig. 1) beweist. Dort ist für die zwei kurzen Trockenzeiten genügend Wasser im Boden gespeichert.

Die Normalverdunstung erfaßt die zum Gedeihen der Pflanzen erforderliche Wassermenge. Sie ist für agrargeographische Untersuchungen das richtige Kriterium zur Unterscheidung von ariden und humiden Verhältnissen (Fig. 1–4, gerissene Linie). Für *Coffea arabica* beträgt sie nach den Untersuchungen von Pereira und McCulloch ca. 50 % der Verdunstung einer freien Wasserfläche (McCulloch 1965, Tab. 1). Ist mehr Wasser verfügbar, steigt der Verbrauch an, bis die „Maximalverdunstung" erreicht ist, die etwa 80 % der Wasserflächenverdunstung ausmacht (Fig. 1–4, gepunktete Linie)[1]. Bis dieser Wert vom Niederschlag überschritten wird, ist das Kaffeeklima *sub*humid, darüber *voll*-humid, denn erst dann treten speicherbare Überschüsse auf, die wiederum nachfolgende Trockenzeiten ausgleichen können (Fig. 1–4)[2].

Die Verdunstung einer freien Wasserfläche ($= E_o$) ist die verläßlichste Bezugsgröße, um den Verdunstungsanspruch eines Klimas herauszuarbeiten, da sie am wenigsten von uns noch nicht faßbaren Faktoren beeinflußt wird. Auf Landoberflächen kommen zu viele Einflüsse durch die Bodenart, die Vegetationsbedeckung, die Geländegestalt usw. hinzu, die nur für ökologische Aussagen über einen bestimmten Ökotop zusätzlich berücksichtigt werden müssen. Das Problem der Verdunstungsmessung hat H. Wilhelmy (1944) ausführlich diskutiert und auf die Fehlerquellen hingewiesen. Die genauesten Ergebnisse liefert noch die Berechnung der E_o mit Hilfe einer fast alle klimatischen Faktoren einbeziehenden Formel wie der von Penman (1948), falls die dafür erforderlichen Strahlungs-, Taupunkt- und Windmessungen vorliegen[3]. Diese physikalisch gut fundierte Formel bezeichnet auch van Eimern (1964, S. 9) als diejenige, die vielleicht für eine weltweite Agrarklimatologie Verwendung finden könnte. Die durchschnittliche Fehler-

---

[1] Der große Unterschied zwischen Normal- und Maximalverdunstung kommt durch die Fähigkeit der Pflanzen zustande, mit Hilfe ihrer verschließbaren Spaltöffnungen die Verdunstung zu regulieren.

[2] Die Abgabe des gespeicherten Wassers ist nach den Retentionstabellen von Thornthwaite und Mather (1955, Tab. I, 3) beurteilbar. Trägt man diese Wassermengen in ein Klimadiagramm ein (Fig. 1–4), so wird deutlich, wie mit ihrer Hilfe tiefwurzelnde Pflanzen mehrere aride Monate überbrücken können, vorausgesetzt, der speicherfähige Boden ist mehr als einen Meter mächtig und der Abfluß wird weitgehend verhindert.

[3] McCulloch (1965) hat die Formel von Penman etwas abgeändert, um den

[Forts. Anm. 3 u. S. 360.]

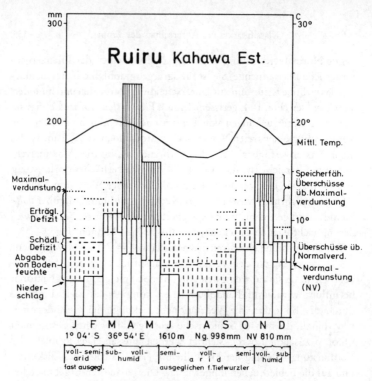

Fig. 1: Das Agrarklima von Ruiru (Kenia)

Die erstaunliche Tatsache, daß hier bei nur 5 humiden Monaten noch Kaffee angebaut werden kann (Kahawa bedeutet im Kisuaheli Kaffee), läßt sich erklären, wenn man die Intensität der humiden Monate berücksichtigt: Die über die „Maximalverdunstung" hinausgehenden Niederschläge werden als Speicherwasser addiert, und mit Hilfe einer Retentionstabelle wie der von Thornthwaite und Mather (1955, Tab. 1, 3) wird festgestellt, wieviel davon in der Trockenzeit vom Boden wieder abgegeben wird. Dabei zeigt sich, daß fast in jedem ariden Monat der Normalbedarf der Kaffeesträucher gedeckt werden kann. Das geringe Defizit im Januar und Februar können die Pflanzen durch eine Einschränkung ihres Wachstums überdauern. Ähnliche Ausgleichsmöglichkeiten bestehen in allen Klimaten dieses Typs $h_{1.3}$*. Außerdem zeigt das Diagramm, wie wichtig die Erhaltung einer lockeren Bodenstruktur und die Verhinderung des Abflusses durch Konturdämme oder ähnliche Maßnahmen sind, damit der Niederschlagsüberschuß möglichst voll gespeichert wird. Auf erodierten Hangböden wäre in diesem Klima der Kaffeeanbau unmöglich.

*$h_{1.3}$ = Überwiegend humides Klima (nach der Jahresbilanz) mit zwei meist vollhumiden und zwei meist vollariden Jahreszeiten.

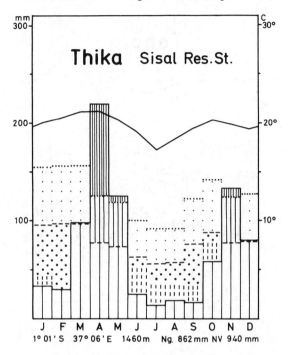

Fig. 2: Das Agrarklima von Thika

Wenn die Überschüsse der humiden Jahreszeiten gering sind und das Defizit der ariden groß ist, dann genügen fünf humide Monate nicht mehr für den Kaffeeanbau. Das kann auch die hier zutreffende Klimaformal $a_{1.3}$ aussagen*. Für keinen der sieben ariden Monate reicht das gespeicherte Wasser aus, um das schädliche Wasserdefizit auszugleichen. Im Durchschnitt der Jahre bleiben 220 mm des Bedarfes ungedeckt. Von den Dauerkulturen können nur dürreresistente wie Sisal gut gedeihen, und von den annuellen Kulturen kommen lediglich raschwüchsige in Frage, die ihr Wachstum nach 3 Monaten (März bis Mai) beendet haben und nur noch ausreifen müssen. Der Mais gibt keine guten Erträge mehr, und das Dürrerisiko ist groß. Daher lag das Gebiet ursprünglich außerhalb der Siedlungszone der Kikuyu-Hackbauern.

* Überwiegend arides Klima mit zwei kurzen humiden und zwei meist vollariden Jahreszeiten.

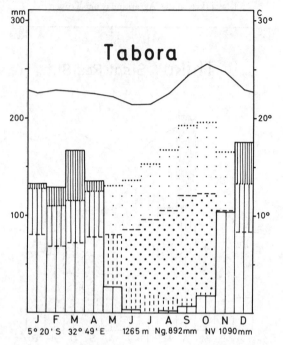

Fig. 3: Das Agrarklima von Tabora

Auch fünf vollhumide Monate reichen für den Kaffeeanbau nicht aus, wenn sie nicht auf zwei Jahreszeiten verteilt sind, sondern ihnen wie hier eine siebenmonatige ausgeprägt aride Jahreszeit gegenübersteht. Dieser Klimatyp wäre hygrisch mit der Formel $a_{2.3}$ gekennzeichnet*. Die gespeicherten Überschüsse würden nur noch im Mai reichen, um den Wasserbedarf einer Pflanze wie C o f - f e a a r a b i c a zu decken. Von den Dauerkulturen würde der Sisal zwar die Dürre mit Hilfe seiner Sukkulenz überstehen, aber die Erträge wären zu gering. Deshalb gibt es in Tabora trotz seiner Lage an der ostafrikanischen Zentralbahn keine Sisalplantagen. Dagegen ist das Klima günstig für annuelle Kulturen mit bis zu halbjähriger Vegetationszeit wie Tabak, dessen Reifezeit in den an Sonnenschein reichen und noch genügend Bodenfeuchte aufweisenden Mai fällt. Außerdem ist das Mißernterisiko gering, denn sogar um 40% niedrigere Niederschläge würden noch ausreichen, wie aus dem Diagramm ersichtlich ist.

*$a_{2.3}$ = Überwiegend arides Klima mit einer langen, meist vollhumiden und einer sehr langen, meist vollariden Jahreszeit.

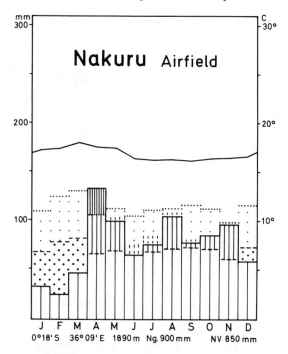

Fig. 4: Das Agrarklima von Nakuru

Sogar bei 7–8 humiden Monaten (nach den üblichen Trockengrenzformeln wären es sogar neun) kann das Klima noch nicht für Dauerkulturen wie Kaffee geeignet sein, wenn die Monate nur subhumid sind, denn in ihnen fallen fast keine speicherfähigen Überschüsse an. Das ist bei dem Klimatyp $h_{3.1}$ charakteristisch*. In der viermonatigen ariden Jahreszeit würden die Kaffeesträucher vertrocknen, weil der durchschnittliche Fehlbetrag von 137 mm in der vorhergehenden subhumiden Jahreszeit nicht gespeichert werden konnte. Für Weizen und Mais reichen dagegen die Niederschläge im Normaljahr aus, aber bereits eine geringe negative Abweichung würde eine deutliche Ertragsverringerung verursachen.

*$h_{3.1}$ = Überwiegend subhumides Klima mit einer kurzen, aber meist vollariden Jahreszeit.

grenze beträgt z. B. in Ostafrika nur 9 % (ermittelt aus den Angaben von Woodhead 1968).

Sind lediglich Temperaturwerte vorhanden, bietet auch die Bestimmung der „potentiellen Evapotranspiration" nach Thornthwaite (1948 u. w.), die etwa der Maximalverdunstung eines Feuchtwaldes entspricht, verwendbare Annäherungswerte, obwohl sie in den wechselfeuchten Tropen wegen der jahreszeitlich stark variierenden Luftfeuchtewerte und Windgeschwindigkeiten in der Trockenzeit zu niedrig und in der Regenzeit zu hoch sind. Außerdem muß man einkalku-

---

(Forts. d. Anm. 3 von S. 355)
starken Einfluß der verschiedenen Höhenlagen in Ostafrika zu berücksichtigen. Sie lautet danach:

$$E_0 = \frac{\Delta}{\Delta + \gamma}[Ra\,(1-r)\,(0,29\cos\varphi + 0,52\,n/N)]$$

$$-\frac{\Delta}{\Delta + \gamma}[\sigma Ta^4\,(0,10-0,90\,n/N)\,(0,56-0,08\,\sqrt{e_1})]$$

$$+\frac{\gamma}{\Delta + \gamma}[0,26\,(1 + \frac{h}{20\,000})\,(e-e_1)\,(1 + \frac{u}{100})]$$

E_0 = Verdunstung einer größeren Wasserfläche in mm pro Tag

Ra = Einstrahlung in cal/cm² pro Tag

r = Reflexionskoeffizient des Wassers (= 0,05)

n/N = Verhältnis der tatsächlichen zur möglichen Sonnenscheindauer

Δ = Neigung der Dampfdruck/Temperatur-Kurve in mb/°C

γ = $\dfrac{Cp\,P}{\varepsilon L}$ Cp = Spez. Wärme von trock. Luft bei konst. Druck

    P = Luftdruck

    L = Latente Verdunstungswärme von Wasser

    ε = Verhältnis der Dichte von Wasserdampf zu der von trock. Luft bei gleichem Druck und gleicher Temperatur

σTa^4 = Schwarzkörperstrahlung (σ = Stephan-Boltzman-Konstante, Ta = mittl. Lufttemp.)

e = Dampfdruck

e_1 = Dampfdruck zum Taupunkt

h = Höhe üb. d. Meer in Metern

u = Mittl. tägl. Windstrecke (engl. Meilen) in 2 m Höhe

Die Tabellen von McCulloch (1965) ermöglichen eine relativ rasche Berechnung. Sind Strahlungsmessungen nicht verfügbar, ergeben Schätzungen der Einstrahlungsmenge aus der Sonnenscheindauer oder sogar noch aus dem Bewölkungsgrad hinreichende Werte (n. Woodhead 1968, S. 8 ff.).

lieren, daß sogar hydrophile Pflanzen ohne Schwierigkeit eine negative Wasserbilanz bis zu der Grenze ihrer Normalverdunstung ertragen können, die für Kaffee um rund 40 % unter der potentiellen Evapotranspiration liegt. Diese Untergrenze der Humidität für immergrüne Holzgewächse vom *Coffea arabica*-Typ wird von den bekannten Trockengrenzindizes (DE MARTONNE 1926, WANG 1941) nur mit einer mittleren negativen Abweichung von reichlich 30 % getroffen. Will man den monatlichen Ariditätsindex von DE MARTONNE $i = \dfrac{12\,n}{t + 10}$ für die Beurteilung des Agrarklimas von Kaffeegebieten verwenden, muß man daher nicht den Index 20, sondern 30 als Grenzwert zwischen ariden und humiden Verhältnissen nehmen (die jahreszeitliche Ungenauigkeit läßt sich jedoch wie bei der Formel von THORNTHWAITE damit nicht beseitigen). Auch die Tankverdunstungs- oder Lysimetermessungen sind für die Intensitätsbestimmungen hygrischer Jahreszeiten brauchbar, wenn zum Ausgleich des Oaseneffektes während der Trockenzeit Beträge in der Größenordnung von 20 % abgezogen werden.

Wie entscheidend der Intensitätsgrad der Humidität und Aridität gegenüber der Zahl der Monate ist, kann durch einen Vergleich der Station *Ruiru Kahawa Estate* mit der benachbarten, ebenfalls fünf humide Monate in zwei Regenzeiten aufweisenden *Thika Sisal Research Station* deutlich gemacht werden (Fig. 2). Diese ist wegen der geringeren Intensität ihrer humiden Monate und stärkeren der ariden bereits zu trocken für den Kaffeeanbau. Die speicherbaren Überschüsse reichen nicht aus, um den erforderlichen Wasserbedarf (= Normalverdunstung) der Kaffeesträucher in den Trockenmonaten aus der Bodenfeuchte zu decken. In trockenen Jahren wird sogar die unbedingt lebensnotwendige Wassermenge (= Mindestverdunstung) unterschritten. Das Gebiet ist daher klimatisch nur noch für dürreresistente Dauerkulturen wie Sisalagaven geeignet. Bodenart, Geländegestalt und Abflußverhältnisse sind bei beiden Stationen ungefähr gleich, so daß diese Faktoren für den Unterschied in der Landnutzung wegfallen.

Sind die fünf humiden Monate auf eine Jahreszeit konzentriert, wie in *Tabora* (Fig. 3), dann besteht sogar bei Vollhumidität keine Möglichkeit, daß genügend Wasser für die lange, ununterbrochene Trockenzeit gespeichert wird. Für Dauerkulturen wie Kaffee kommen solche Klimagebiete überhaupt nicht in Frage, während von den annuellen Kulturen, die weniger als ein halbes Jahr Vegetationszeit benötigen, auch feuchtigkeitsliebende wie Tabak gut gedeihen.

Sogar Gebiete mit sieben bis acht humiden Monaten können für Kaffee zu trocken sein, wenn diese Monate nur subhumid sind und daher im Mittel keine speicherbaren Überschüsse anfallen. Das kommt in Regenschattenlage auch in Äquatornähe vor, wie die im Ostafrikanischen Graben gelegene Station *Nakuru Airfield* (Fig. 4) zeigt: Die kurze aride Zeit von vier Monaten ist nicht mit Bodenfeuchte überbrückbar, weil in der vorhergehenden subhumiden Jahreszeit keine Feuchtigkeit im Boden angereichert werden konnte, obwohl die edaphischen Faktoren dafür günstiger als bei den obengenannten Stationen sind (ebenes Gelände, große Speicherfähigkeit). Nur Mais, Weizen und Gerste werden dort angebaut, die nach Ende der humiden Jahreszeit geerntet werden können.

Diese für den Anbau so wichtigen Wasserbilanzverhältnisse sind zwar in den Klimadiagrammen gut erkennbar, aber für den Entwurf entsprechender Klimakarten muß daraus ein klassifizierbares *System* entwickelt werden. Das wäre mit einer *Dezimal-Klimaklassifikation* möglich, in der die erste Dezimale die Dauer und Verteilung der humiden bzw. ariden Jahreszeiten angibt und die zweite deren Intensität. Ein vorangestelltes a oder h kennzeichnet, ob es sich nach der Jahresbilanz um ein überwiegend arides bzw. humides Klima handelt.

Mit Hilfe dieser Vereinfachung läßt sich folgende hygrische Dezimal-Klassifikation aufstellen, in der steigende Zahlen Steigerung der durch den kleinen Buchstaben gekennzeichneten Eigenschaft bedeuten:

h_1 = *Überwiegend humides Klima mit zwei ariden Jahreszeiten*
(ca. 5–7 aride Monate, durch mind. 2 humide Mte. getrennt)

Für die Unterteilung der tropisch wechselfeuchten Klimate nach der Intensität gibt es vier Grundtypen:

1. Die humiden Jahreszeiten sind schwach ausgeprägt, die ariden stark.
2. Beide sind schwach ausgeprägt.
3. Beide sind stark ausgeprägt.
4. Die humiden sind stark, die ariden schwach ausgeprägt.

Im humiden Bereich bedeutet schwach = subhumid, stark = vollhumid. Der aride Bereich wird in der Mitte geteilt, um zwischen stark

= vollarid und schwach = semiarid zu unterscheiden (s. Jätzold 1961, Abb. 2). Demnach wäre zu untergliedern:

$h_{1.1}$ = hum. Mte. vorw. subhumid, aride vorw. vollarid
$h_{1.2}$ = hum. Mte. vorw. subhumid, aride vorw. semiarid
$h_{1.3}$ = hum. Mte. vorw. vollhumid, aride vorw. vollarid
$h_{1.4}$ = hum. Mte. vorw. vollhumid, aride vorw. semiarid

h_2 = *Überwiegend humides Klima mit einer l a n g e n ariden Jahreszeit*
(5–6 aride Monate)
$h_{2.1}$ = hum. Mte. vorw. subhumid, aride vorw. vollarid
$h_{2.2}$ = hum. Mte. vorw. subhumid, aride vorw. semiarid
$h_{2.3}$ = hum. Mte. vorw. vollhumid, aride vorw. vollarid
$h_{2.4}$ = hum. Mte. vorw. vollhumid, aride vorw. semiarid

h_3 = *Überwiegend humides Klima mit einer k u r z e n ariden Jahreszeit*
(3–4 aride Monate)
$h_{3.1}$ = hum. Mte. vorw. subhumid, aride vorw. vollarid
$h_{3.2}$ = hum. Mte. vorw. subhumid, aride vorw. semiarid
$h_{3.3}$ = hum. Mte. vorw. vollhumid, aride vorw. vollarid
$h_{3.4}$ = hum. Mte. vorw. vollhumid, aride vorw. semiarid

h_4 = *Überwiegend humides Klima mit einer s e h r k u r z e n ariden Jahreszeit*
(1–2 aride Monate)
$h_{4.1}$ = hum. Mte. vorw. subhumid, aride vorw. vollarid
$h_{4.2}$ = hum. Mte. vorw. subhumid, aride vorw. semiarid
$h_{4.3}$ = hum. Mte. vorw. vollhumid, aride vorw. vollarid
$h_{4.4}$ = hum. Mte. vorw. vollhumid, aride vorw. semiarid

h_5 = *Humides Klima o h n e aride Jahreszeit*

Normalerweise gibt es nur aride Tage. Es können jedoch relativ niederschlagsarme Jahreszeiten auftreten, die nur semihumid sind. Die Untergliederung wird demnach abgewandelt:

$h_{5.1}$ = nahezu ganzjährig humid mit 2 semihumiden Jahreszeiten
$h_{5.2}$ = nahezu ganzjährig humid mit 1 langen semihumiden Jahreszeit
$h_{5.3}$ = nahezu ganzjährig humid mit 1 kurzen semihumiden Jahreszeit
$h_{5.4}$ = nahezu ganzjährig vollhumid

Die ariden Klimatypen gliedern sich analog den humiden:

a_1 = *Überwiegend arides Klima mit z w e i humiden Jahreszeiten*

4–6 humide Monate, durch mindestens zwei aride Monate getrennt. Seltener Klimatyp, der kleinräumig in äquatorialen Leelagen vorkommt (z. B. in Ostafrika).

$a_{1.1}$ = aride Mte. vorw. semiarid, humide vorw. vollhumid
$a_{1.2}$ = aride Mte. vorw. semiarid, humide vorw. subhumid
$a_{1.3}$ = aride Mte. vorw. vollarid, humide vorw. vollhumid
$a_{1.4}$ = aride Mte. vorw. vollarid, humide vorw. subhumid

a_2 = *Überwiegend arides Klima mit einer l a n g e n humiden Jahreszeit*
(5–6 humide Monate)

$a_{2.1}$ = aride Mte. vorw. semiarid, humide vorw. vollhumid
$a_{2.2}$ = aride Mte. vorw. semiarid, humide vorw. subhumid
$a_{2.3}$ = aride Mte. vorw. vollarid, humide vorw. vollhumid
$a_{2.4}$ = aride Mte. vorw. vollarid, humide vorw. subhumid

a_3 = *Überwiegend arides Klima mit einer k u r z e n humiden Jahreszeit*
(3–4 humide Monate)

$a_{3.1}$ = aride Mte. vorw. semiarid, humide vorw. vollhumid
$a_{3.2}$ = aride Mte. vorw. semiarid, humide vorw. subhumid
$a_{3.3}$ = aride Mte. vorw. vollarid, humide vorw. vollhumid
$a_{3.4}$ = aride Mte. vorw. vollarid, humide vorw. subhumid

a_4 = *Überwiegend arides Klima mit einer s e h r k u r z e n humiden Jahreszeit*
(1–2 humide Monate)

$a_{4.1}$ = aride Mte. vorw. semiarid, humide vorw. vollhumid
$a_{4.2}$ = aride Mte. vorw. semiarid, humide vorw. subhumid
$a_{4.3}$ = aride Mte. vorw. vollarid, humide vorw. vollhumid
$a_{4.4}$ = aride Mte. vorw. vollarid, humide vorw. subhumid

a_5 = *Arides Klima o h n e humide Jahreszeit*

Es gibt nur noch humide Tage. Es können jedoch relativ niederschlagsreichere Jahreszeiten auftreten, die nur semiarid sind, was für manche Halbwüsten-pflanzen ausreicht, so daß sich ein periodischer Weideteppich bildet. Die Untergliederung wird demnach abgewandelt:

$a_{5.1}$ = nahezu ganzjährig arid mit 2 semiariden Jahreszeiten[a])
$a_{5.2}$ = nahezu ganzjährig arid mit 1 langen semiariden Jahreszeit[b])
$a_{5.3}$ = nahezu ganzjährig arid mit 1 kurzen semiariden Jahreszeit[c])
$a_{5.4}$ = nahezu ganzjährig vollarid

a) Sehr seltenes Klima in extremer Regenschattenlage in äquatorialen Breiten, z. B. Wajir in Kenya (1°45'N, 40°04' E).
b) Die Milderung der Trockenheit wird häufig durch Nebel hervorgerufen (z. B. mittlere Zone des peruan. Küstenklimas).
c) Einschl. des ganzjährig ariden Klimas mit einer sehr kurzen semiariden Jahreszeit.

Für den Kaffeeanbau läßt sich mit dieser hygroklimatischen Einteilung aussagen: Die Typen $h_{1.1}$, $h_{1.2}$, $h_{2.1}$, $h_{2.2}$, $h_{3.1}$ und $h_{3.2}$ sind für ihn meistens zu trocken. Bei $h_{1.3}$, $h_{1.4}$, $h_{2.3}$, $h_{2.4}$, $h_{3.3}$ und $h_{4.1}$ ist der Anbau von *Coffea arabica* möglich, bei $h_{1.4}$ und $h_{3.3}$ auch der von *C. canephora (robusta)*, wenn eine ausreichende „Humiditätssicherheit" gegeben ist, d. h. wenn mit mindestens 70 % Wahrscheinlichkeit die im Klimatyp angegebenen humiden Verhältnisse eintreten (= mindestens zwei gute Jahre auf ein schlechtes). Außerdem muß die Wahrscheinlichkeit extremer Aridität (einer die Pflanzen zum Absterben bringenden Trockenheit) geringer als 15 % sein, sonst wäre der Betrieb ebenfalls unrentabel. Beim Typ $h_{2.3}$ muß zudem der Boden ein gutes Speichervermögen aufweisen (mindestens 300 mm), und der Abfluß darf nur gering sein; dafür besteht dort die Möglichkeit, dank der guten Ausreifung in den vorwiegend vollariden sechs Trockenmonaten zu einer besonders hervorragenden Qualität zu kommen, wie die Pflanzer auf dem Mbosiplateau in Ostafrika beweisen; die Ertragsmengen sind andererseits nur mäßig (durchschn. 7 dz/ha). Optimal für den Kaffeeanbau sind $h_{3.4}$, $h_{4.2}$, $h_{4.3}$ und $h_{4.4}$, da reichlich Feuchtigkeit für das Wachstum vorhanden ist und einige an Sonnenstrahlung reiche aride Monate für den erforderlichen Reifegrad sorgen. Das kolumbianische Anbaugebiet, dessen jüngste Entwicklung H. J. Tanner (1968) mitteilt, hat hauptsächlich ein $h_{4.4}$-Klima. Im brasilianischen, bereits von P. E. James (1932) ausführlich beschriebenen Kaffeegebiet herrschte der Typ $h_{3.4}$ vor, besonders in den jüngsten in Kultur genommenen Bereichen. Für Robusta-Kaffee ist auch der feuchte Typ $h_{5.1}$ noch gut geeignet, was sich z. B. im Anbaugebiet auf der Westseite des Viktoriasees erkennen läßt (östlich Kampala). Bei *C. arabica* läßt dagegen im Klimatyp $h_{5.1}$ die Qualität deutlich nach, und bereits bei $h_{4.4}$ kann die hohe Feuchtigkeit die Ausbreitung von Krankheiten begünstigen, wie das Schicksal der deutschen Kaffeepflanzer um Tukuyu zeigte (Nowack 1937, Jätzold 1968). Die Typen $h_{5.3}$ und $h_{5.4}$ sind für *C. arabica* allgemein zu feucht, für *C. canephora* und *C. liberica* sind $h_{5.2}$ und $h_{5.3}$ noch geeignet.

Die überwiegend ariden Klimate sind vom wirtschaftlichen Standpunkt aus für den Kaffeeanbau ungeeignet. Sind jedoch keine anderen Möglichkeiten des Erwerbs vorhanden, so kann in einheimischen Kleinbauernbetrieben eventuell auch im nur schwach semiariden Klima

$a_{1.1}$ und $a_{2.1}$ noch *Coffea arabica* angebaut werden[4], wenn geringe Erträge und das Absterben vieler Pflanzen in trockenen Jahren in Kauf genommen werden. Mit zusätzlicher Bewässerung ist der Anbau in der entsprechenden Höhenstufe auch in ariden Klimaten möglich, wenn für leichte Beschattung gesorgt wird.

Die Festlegung der Höhenstufe wirft die Frage nach einer thermischen Gliederung auf, mit der man die hygrische Klassifikation kombinieren könnte, um Formeln der „Gunstklimate" für den Kaffeeanbau aufzustellen. Da Kaffee absolute Frostfreiheit benötigt, ist in bezug auf ihn und viele andere tropische Pflanzen dieses Kriterium zur Abgrenzung der Tropen bis zur Tierra fria verwendbar (v. Wissmann 1948), solange noch eine jährliche Mitteltemperatur von mehr als 17° das Wärmebedürfnis des Kaffees befriedigt. Setzt man für tropisch t, so können die bekannten thermischen Höhenstufen Tierra caliente, Tierra templada, Tierra fria und Tierra helada durch t_1, t_2, t_3 und t_4 gekennzeichnet werden. Für agrargeographische Zwecke ist eine weitere Unterteilung dieser Höhenstufen in je einen oberen und unteren Sektor empfehlenswert ($t_{1.1}$, $t_{1.2}$; $t_{2.1}$, $t_{2.2}$; $t_{3.1}$ usw.), sonst lassen sich viele der thermischen Kulturpflanzenbereiche nicht genau genug fassen. Extrem wärmeliebende Arten, wie *Hevea brasiliensis*, Gewürznelken und Muskat sind in Gebieten mit über 500 m Höhenlage nicht mehr rentabel zu kultivieren, und auch um 1500 m herum liegt eine Höhengrenze, die z. B. anspruchsvolle Tabaksorten, Sisal und Ananas nicht überschreiten. Außerdem liegt dort die Untergrenze für viele Kulturpflanzen der gemäßigten Zone (z. B. Erbsen, Pfirsiche, Pyrethrum). Über 2500m gedeihen Fingerhirse und Sorghum nicht mehr. Von den Kaffeearten z. B. liebt *Coffea excelsa* das Tiefland bis 500 m Höhe ($t_{1.1}$), *Robusta*-Kaffee gedeiht dagegen besonders in der oberen Hälfte der Tierra caliente und unteren Hälfte der Tierra templada, also in $t_{1.2}$ und $t_{2.1}$. Der günstigste Bereich von *C. arabica* wird vor allem durch $t_{2.2}$ umrissen, aber auch bei $t_{2.1}$ werden noch zufriedenstellende Erträge erzielt, z. B. in den bäuerlichen Pflanzungen an den Hängen des ostafrikanischen Riesenvulkans Mt. Rungwe oder auf den Fincas in Ecuador (s. Sick 1965).

[4] Z. B. in Teilen des Hochlandes von Yemen, obgleich die Bestimmung des Klimatyps sehr unsicher ist, da dort keine Verdunstungsmessungen oder -berechnungen vorliegen und auch die Niederschlagswerte nur durch Extrapolierung geschätzt werden können (aus den Angaben in Walter/Lieth 1960).

Gunstklimate erster Ordnung für *Coffea arabica* wären nach der Kombination dieser günstigsten Höhenstufe mit den optimalen hygrischen Bereichen (s. S. 365): $t_{2.2}h_{3.4}$, $t_{2.2}h_{4.2-4}$ und bei mehr als 80 % Humiditätssicherheit auch $t_{2.2}h_{1.4}$. Als Gunstklimate zweiter Ordnung können diejenigen bezeichnet werden, die sich entweder aus der Kombination des weniger günstigen thermischen Typs $t_{2.1}$ mit den genannten optimalen hygrischen Bereichen oder aus den weniger günstigen hygrischen Typen $h_{1.3}$, $h_{1.4}$, $h_{2.3}$, $h_{2.4}$, $h_{3.3}$ und $h_{4.1}$ mit dem optimalen thermischen Typ $t_{2.2}$ ergeben. Die Kombination des weniger günstigen thermischen Typs $t_{2.1}$ mit den obengenannten, ebenfalls weniger günstigen hygrischen Typen ergibt schließlich die Gunstklimate dritter Ordnung.

Dieser Weg der Gliederung des Agrarklimas über eine Dezimal-Klimaklassifikation hat auch den Vorteil, bei Bedarf beliebig weiterführbar zu sein. Es brauchen nur die interessierenden Klimafaktoren, wie Zahl der Regentage, Humiditätssicherheit, Extremtemperaturen usw. in Zehnergruppen eingeteilt und als dritte oder weitere Dezimale an die Grundeigenschaftsbuchstaben angefügt zu werden.

Diese Klimaklassifikation wurde hier vorerst nur am Beispiel des Kaffees durchgeführt. Auf weitere Kulturpflanzen läßt sie sich ausdehnen, wenn auf empirischem Wege festgestellt wird, wie die klimatischen Grenzen der einzelnen Arten in des Schema hineinpassen. Nach Auswertung des weit verstreuten Materials der Wasserbedarfsuntersuchungen können die gefundenen klimatischen Grenzen dann hygrisch begründet und erklärt werden, wenn man für einzelne Kulturpflanzen in Klimadiagramme einträgt, ob

1. das tatsächliche Wasserangebot die Normalverdunstung für das Gedeihen der Pflanzen sichert,
2. in besonders trockenen Jahren oder Jahreszeiten die Mindestverdunstung für das Überleben noch garantiert ist,
3. in feuchten Jahreszeiten genügend Wasser für die ein rasches Wachstum ermöglichende Maximalverdunstung vorhanden ist.

Dann können vielleicht auch repräsentativere Kulturpflanzen als der Kaffee als Anzeiger für agrarisch gesehen aride und humide Verhältnisse genommen werden. Das letzte Ziel dieses Weges wäre, aus den Gunstklimaten der einzelnen Pflanzenarten die „Kulturpflanzenpotentiale" der einzelnen Klimatypen zusammenzustellen.

Literatur

Blüthgen, J.: Allgemeine Klimageographie. 2. Aufl. (Lehrbuch d. Allgem. Geogr., hrsg. v. E. Obst, Bd. 2) Berlin 1966.

East Afr. Met. Dept.: Summary of Rainfall in Kenya. Nairobi 1968.

–: Summary of Rainfall in Tanzania. Nairobi 1968.

Eimern, J. van: Zum Begriff und zur Messung der potentiellen Evapotranspiration. – Meteorol. Rundschau 17, 1964, S. 33–42.

Esdorn, I.: Die Nutzpflanzen der Tropen und Subtropen in der Weltwirtschaft. Stuttgart 1961.

James, P. E.: The Coffee Lands of Southeastern Brazil. Geogr. Review 22, 1932, S. 225–244.

Jätzold, R.: Aride und humide Jahreszeiten in Nordamerika. Stuttgarter Geogr. Studien Bd. 71, 1961.

–: Die Dauer der ariden und humiden Zeiten des Jahres als Kriterium für Klimaklassifikationen. In: H. v. Wissmann-Festschrift (Tübinger Geogr. Studien, Sonderbd. 1) 1962, S. 89–108.

–: Wandlungen oder Verfall der ehemals deutschen Siedlungsgebiete in den südlichen Hochländern Tanzanias. In: Ostafr. Studien, Festschr. f. E. Weigt, Nürnberger Wirtschafts- u. Sozialgeogr. Arbeiten, Bd. 8, 1968, S. 279–296.

Lauer, W.: Hygrische Klimate und Vegetationszonen der Tropen mit besonderer Berücksichtigung Ostafrikas. – Erdkunde 5, 1951, S. 284–293.

–: Humide und aride Jahreszeiten in Afrika und Südamerika und ihre Beziehungen zu den Vegetationsgürteln. – Bonner Geogr. Abh., H. 9, 1952, S. 15–98.

Martonne, E. de: Une nouvelle fonction climatologique: L'indice d'aridité. – La Météorologie 2, 1926, S. 449–458.

McCulloch, J. S. G.: Tables for the rapid computation of the Penman estimate of evaporation. – East Afr. Agric. and Forestry Journal 30, 1965, S. 286 bis 295.

Nowack, E.: Der deutsche Pflanzungsbezirk Tukuyu im südlichen Deutsch-Ostafrika. – Kol. Rundschau 28, Jg. 1937, S. 393–424.

Penman, H. J.: Natural evaporation from open water, bare soil and grass. – Proc. Roy. Soc. (A) 193, 1948, S. 120.

–: Evaporation: An introductory survey. – Neth. Journ. Agr. Science 4, 1956, S. 9–29.

Sick, W. D.: Wirtschaftsgeographie von Ecuador. Stuttgarter Geogr. Studien, Bd. 73, 1963.

Tanner, J. J.: Der kolumbianische Kaffee. – Geographica Helvetica 23, 1968, S. 180–186.

Thornthwaite, C. W.: An approach toward a rational classification of climate. – Geogr. Review 38, 1948, S. 55–94.

Thornthwaite, C. W., u. J. R. Mather: The water balance. Publ. in Climatology VIII/1, Drexel Inst. of Technology, Centerton, N.J., 1955.

Troll, C.: Das Pflanzenkleid der Tropen in seiner Abhängigkeit von Klima, Boden und Mensch. – Verh. Dt. Geographentag, Bd. 28 (Frankfurt 1951), Remagen 1952, S. 35–66.

–: Die Jahreszeitenklimate der Alten Welt. Geogr. Taschenbuch, 1956/7, Remagen 1956, S. 268–269.

Troll, C., K. H. Paffen: Karte der Jahreszeiten-Klimate der Erde. – Erdkunde 18, 1964, S. 5–28, Karte 1:45 Mill.

Walter, H., H. Lieth: Klimadiagramm-Weltatlas, Jena 1960.

Wang, T. Ch.: Die Dauer der ariden, humiden und nivalen Zeiten des Jahres in China. – Tübinger geogr. u. geolog. Abh., R. II, H. 7, 1941.

Wilhelmy, H.: Methoden der Verdunstungsmessung und der Bestimmung des Trockengrenzwertes, dargestellt am Beispiel der Südukraine. – Peterm. Geogr. Mitt. 90, 1944, S. 113–123.

Wissmann, H. von: Pflanzenklimatische Grenzen der warmen Tropen. – Erdkunde 2, 1948, S. 81–92.

Woodhead, T.: Studies of potential evaporation in Kenya. Nairobi: East Afr. Agr. and For. Res. Organization, 1968.

Erdkunde XXV (1971), S. 163–178.

DIE HÄUFIGKEIT
METEOROLOGISCHER FRONTEN ÜBER EUROPA
UND IHRE BEDEUTUNG
FÜR DIE KLIMATISCHE GLIEDERUNG DES KONTINENTS

Ein Beitrag zur synoptischen Klimageographie

Von WOLFGANG ERIKSEN

Die Anzahl der Versuche, den europäischen Kontinent klimatisch zu gliedern, ist – unter Einschluß von Klimakarten der ganzen Erde – außerordentlich groß und kaum noch zu überblicken. Die Tatsache, daß es immer wieder zu neuen Analysen und Klassifikationsansätzen gekommen ist, die fast stets zu unterschiedlichen Raumgliederungen führten (vgl. besonders die Kartenbeispiele bei Knoch/Schulze 1952), hat seine tieferen Ursachen nicht zuletzt in der sachlichen und methodischen Problematik des Themas. Zu komplex sind die den regionalen Klimadifferenzierungen zugrundeliegenden atmosphärisch-physikalischen Prozesse und Zusammenhänge, die täglich auf den amtlichen Wetterkarten nur in erster Annäherung zur Darstellung gebracht werden können und die in ihrer klimatischen Relevanz zugleich durch vielfältige Wechselbeziehungen mit der Gliederung und den Formen der Erdoberfläche modifiziert werden. Schon geringfügige, subjektiv begründete Veränderungen der elementaren Schwellenwerte führen bei den einzelnen Autoren zu teilweise völlig unterschiedlichen Begrenzungen der Klimaregionen, deren Realität man durch den Vergleich mit der Vegetation, den Abflußregimen o. ä. nachzuweisen versucht.

Ein noch weitgehend ungelöstes Kernproblem blieb stets die Frage nach den genetischen Ursachen der räumlichen Vielfalt der Klimate. Trotz aller Geschlossenheit einer Klimaregion aufgrund von Schwellenwerten der Temperatur und/oder der Niederschläge stößt man beispielsweise immer wieder auf das Problem, wie man die zu einer bestimmten Zeit regional völlig unterschiedlichen Witterungsverhältnisse innerhalb dieser Zone erklären soll. Oder man fragt sich, wie es zu begründen sei, daß kleinräumige benachbarte Gebiete ohne größere Reliefunterschiede durch zeitlich absolut divergierende Niederschlagsregime (Jahreszeitenmaxima) geprägt werden. Oder – um nur noch ein Problem zu nennen – es bleibt ungeklärt, aus welchem Grunde die großräumige Verteilung von Sonnenscheindauer bzw. Wolkenbedeckung teilweise weder eine direkte Beziehung zur Breitenlage noch zur Land-Meer-Verteilung oder Reliefgestaltung der Kontinente aufweist.

Nun handelt es sich bei allen hier nur kurz angedeuteten Problemen und Fakten eindeutig um Phänomene, die in einem mehr oder weniger engen direkten Zusammenhang mit dem Wetter- und Witterungsgeschehen der einzelnen Erdräume stehen. Es liegt also nahe, die Frage zu stellen, inwieweit eventuell diese zeitlich-räumlichen Differenzen der Klimaregionen durch regelhaft auftretende wetter- und witterungswirksame dynamische Prozesse bedingt sind. Da diese Wetterwirksamkeit – bezogen auf die meisten Klimaelemente – letztlich in hohem Maße durch das Frontalgeschehen (differenziert nach Arten und Häufigkeiten der Fronten) begründet und gesteuert wird, soll hier die Hypothese aufgestellt werden, daß eine Analyse der den amtlichen Wetterkarten zu entnehmenden Frontenhäufigkeit in ihrem zeitlichen und räumlichen Wechsel neue und tiefere Einblicke in die genetischen Zusammenhänge der Klimate in den verschiedenen Erdräumen zu geben vermag.

Zur Beantwortung der oben skizzierten offenen Fragen sollen im folgenden am Beispiel Europas mit den Methoden der synoptisch-dynamischen Klimatologie (vgl. Schirmer 1955, Dammann 1960/1963, Blüthgen 1965, Weischet 1969) klimatologische Zusammenhänge aufgedeckt werden, die zwar in den allgemeinen Grundzügen als Fakten bekannt sind (Abhängigkeit der Klimate von der Gliederung der Erdoberfläche und von der jahreszeitlichen Verlagerung der Frontalzone, vgl. z. B. Flohn 1951), die jedoch noch nicht ausreichend begründet und quantitativ erfaßt werden konnten[1].

---

[1] Erste Ergebnisse einer derartigen synoptisch-klimatologischen Untersuchung wurden vom Verf. auf dem Geographentag in Kiel 1969 vorgetragen (vgl. Eriksen 1970).

Zur Methode und Problematik der Untersuchung

Für einen Zeitraum von 5 Jahren (1958–1962) wurden sämtliche Fronten (gesondert nach Okklusionen, Kalt- und Warmfronten) der Wetterkarte des Seewetteramtes Hamburg ausgezählt und nach monatlichen und jahreszeitlichen Häufigkeiten aufgeschlüsselt. Um erforderliche Umrechnungen zu vermeiden, wurde im Gegensatz zu ähnlichen Untersuchungen (vgl. z. B. Dammann 1960) nicht nach Gradfeldern, sondern nach einem auf die Wetterkarte gelegten Quadratgitternetz ausgezählt. Wenn sich auch Gitternetz und Gradnetz in verschiedenen Winkeln schneiden, so zeigen die Auszählungen doch, daß der im Durchschnitt breitenkreisparallele Verlauf der „Isofronten" (Linien gleicher Frontenhäufigkeit) nicht durch den starren Zählrahmen beeinflußt wird.

Insgesamt wurden die Frontendurchgänge von 1825 Tagen ausgezählt, d. h., es wurden bei durchschnittlich mehr als 10 Einzelfronten je Tageskarte rd. 19 000–20 000 Fronten erfaßt. Wenn auch prinzipiell ein längerer Untersuchungszeitraum wünschenswert wäre (vgl. dazu Scultetus 1969), so wird dieses Gesamtkollektiv doch als ausreichend groß angesehen, um zu statistisch signifikanten Ergebnissen in der Aussage zu gelangen. Für einen Einzelbearbeiter ist eine Ausweitung des Untersuchungszeitraumes auf Grund der Fülle des Materials kaum möglich. Auch eine detailliertere Frontenanalyse – etwa in Anlehnung an die von Faust (1951) klassifizierten Untertypen der Kaltfronten – muß einer Spezialuntersuchung überlassen bleiben, da die verwendete Wetterkarte zwar für die Zwecke der Auszählung sehr übersichtlich gestaltet ist, eine weitergehende Frontenklassifizierung jedoch nicht zuläßt.

Ein viel gewichtigeres Problem könnte die Frage aufwerfen, inwieweit die auf der Wetterkarte erfaßten Fronten überhaupt reale und damit einer Analyse zugängliche Gebilde sind. Nachdem man in der Meteorologie erkannt hatte, daß eine klare, d. h. objektive Bestimmung und Begrenzung von Luftkörpern und Luftmassen kaum möglich ist und daß die atmosphärischen Prozesse in größeren Höhen (Strahlströme!) die eigentlichen wetterbestimmenden und -steuernden Faktoren sind, hat man auch an der meteorologischen Relevanz der Fronten und an der Auffassung, die diskontinuierlichen Grenzflächen zwischen den Luftmassen räumlich exakt fixieren zu können, wesentliche Abstriche vornehmen müssen (vgl. Flohn 1958). Zu dieser kritischeren Einstellung gelangte man sowohl durch neuere aerologische Messungen und vielfältige Untersuchungen über den Aufbau und die Typen von Fronten (vgl. z. B. Schwerdtfeger 1948, Faust 1951) wie auch auf Grund der Erkenntnis, daß das vorhandene Stationsnetz insbesondere auf den Ozeanen und in den Hochgebirgen generell zu weitmaschig ist, um zu einer präzisen und an meßbaren Daten orientierten objektiven Fixierung von Fronten zu gelangen.

Trotz dieser grundlegenden und sehr ernst zu nehmenden Bedenken und Einschränkungen hat nun allerdings die Front als wichtigstes atmosphärisches Strukturelement im Rahmen der Synoptik noch keineswegs ihre Bedeutung verloren. Die in neuester Zeit vorliegenden Satellitenfotos beweisen vielmehr in sehr eindringlicher Weise, wie richtig die Grundzüge des Zyklonen- und Frontenschemas bisher von der Erdoberfläche aus erkannt worden sind (vgl. Buschner 1967, Scherhag 1968), wenn auch im einzelnen aufgrund der Wolkenfotografien Korrekturen an den früheren Auffassungen vorgenommen werden müssen. Die Wolkenfelder veranschaulichen die Wetterwirksamkeit der Fronten sehr einprägsam, ohne jedoch exakte Daten (z. B. zur Niederschlagsmenge oder Sonnenscheindauer) liefern zu können und ohne die wirklich exakte Lage der Diskontinuitätsfläche zu markieren. Die daraus auch weiterhin resultierenden Schwierigkeiten der räumlichen Fixierung werden bei der vorliegenden Untersuchung durch die Größe der Zählrahmen (Seitenlänge 1,5 cm) weitgehend ausgeglichen.

Wenn auch für die Praxis der – bezogen auf Kontinente – großräumigen Wetteranalyse und -vorhersage die Höhenströmungen inzwischen eine größere Bedeutung erlangt haben, so bleiben doch die Fronten für kleinräumige Analysen – bezogen auf Länder und Landesteile – nach wie vor die wichtigsten Strukturelemente der Wetterkarten. Daß ihrer Verwendung als Arbeitsgrundlage der vorliegenden Untersuchung keine prinzipiellen Einschränkungen entgegenstehen (insbesondere im Hinblick auf die unten genauer zu analysierenden Niederschlags- und Bewölkungsverhältnisse), bestätigen schließlich auch klar Flohns Bemerkungen in der schon oben zitierten Arbeit (1958, S. 12):

Auf der anderen Seite dürfen wir gerade für die Vorhersage des Wetters die diskontinuierliche Struktur der Atmosphäre (mindestens in mittelräumigem Maßstab: Mesometeorologie) nicht immer vernachlässigen, auch wenn sie für die großräumigen Entwicklungsvorgänge in erster Näherung ohne Bedeutung sind. Die Windsprünge im Bereich einer Strahlströmung sind für ihre Aufrechterhaltung ebenso wichtig wie die auf relativ schmale Frontbereiche innerhalb der baroklinen Frontalzonen beschränkten Hebungsvorgänge, die den größten Teil der atmosphärischen Niederschläge wie der mächtigen und hochreichenden Wolkensysteme verursachen.

Untersuchungsergebnisse

Die jährliche Frontenhäufigkeit über Europa

Als wichtigstes Ergebnis einer Auszählung der jährlichen Frontenhäufigkeit über Europa muß die Tatsache herausgestellt werden, daß sich eine Maximumzone mit über 110 Frontdurchgängen bogenförmig von den nördlichen Britischen Inseln über Dänemark, Norddeutschland und die nord-westliche Sowjetunion bis in den Bereich des Weißen Meeres erstreckt (Abb. 1). Von einem absoluten Kernraum über der östlichen Nordsee, Dänemark und der deutschen Nord- und Ostseeküste (mit über 120 Durchgängen) verringert sich die Frontenzahl relativ kontinuierlich nach Norden und Süden bis zu Werten unter 20 über der Sahara und unter 10 über dem zentralen und nördlichen Grönland.

Diese Frontenverteilung steht in einem bemerkenswerten Kontrast zur mittleren Druck- und Zyklonenverteilung über Europa. Dammann (1960 u. 1963) konnte nachweisen, daß das atmosphärische Druckfeld ebenso wie die Tiefdruckzentren in ihrer mittleren Verteilung umfassenden terrestrischen Einflüssen ausgesetzt sind (vgl. auch Maede 1954), so daß z. B. die maximalen Häufigkeiten von Zyklonenzentren über den Randmeeren des Kontinents (Nord- und Ostsee, Ligurisches und Adriatisches Meer) auftreten. Minimalwerte wurden für die räumlich dazwischen liegenden Kontinentalbereiche ermittelt. Die Maximumzone der Frontenhäufigkeit auf der einen Seite und der Zyklonenzentren auf der anderen Seite schließen sich also in gewisser Weise gegenseitig aus – ein Kontrast, der durch den Aufbau einer außertropischen Zyklone im Grunde leicht verständlich ist (die Störungsausläufer erstrecken sich meist über viele 100 km südlich der Depressionszentren), der aber auch nachhaltig davor warnen muß, die Häufungs-

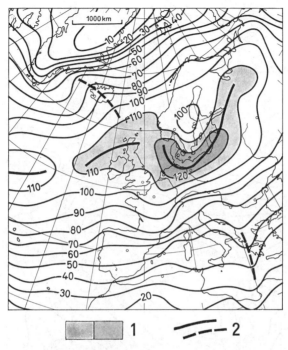

Abb. 1

Mittlere Anzahl der Fronten im Jahr (Okklusionen, Kalt- und Warmfronten)
1 Gebiete mit maximaler Frontenhäufigkeit; 2 Primäre und sekundäre Kammlinie der Frontenhäufigkeit.

gebiete der Zyklonenzentren und die von bevorzugten Zugstraßen der
Zyklonen berührten Gebiete als solche Teilräume des Kontinents her-
auszustellen, in denen die zyklonale Beeinflussung des Wettergeschehens (ablesbar etwa an der Wechselhaftigkeit des Wetters) besonders
stark oder sogar am intensivsten sei. Das Beispiel des nördlichen
Mittelmeergebietes mit Maximalwerten atmosphärischer Störungen
widerspricht dieser Auffassung unmittelbar.

Andererseits bestehen natürlich auch echte strukturelle Beziehungen
und genetische Zusammenhänge. So ist etwa die mitteleuropäische
Maximumzone der Frontenhäufigkeit in ihrem geschwungenen Verlauf

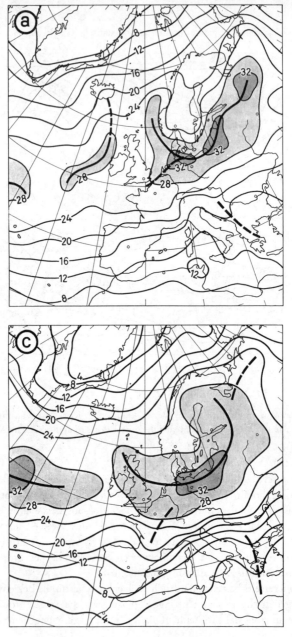

Abb. 2. Anzahl der Fronten a) im Winter (Dez.–Febr.); b) im Frühjahr (März–Mai); c) im Sommer (Juni–Aug.); d) im Herbst (Sept.–Nov.).

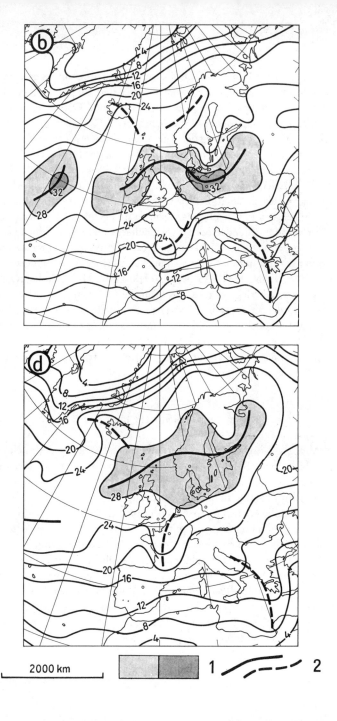

2000 km

um die südliche Nord- und Ostsee herum eindeutig mit als eine Fernwirkung der Häufung von Zyklonenzentren und -zugstraßen über dem
südlichen Skandinavien und über der Nord- und Ostsee zu erklären
(vgl. Köppen 1882, Bebber 1891, Schröder 1929, Müller-Annen 1950,
Klein 1957). Eine Deutung der regionalen Klimaverhältnisse allein unter Berücksichtigung der mittleren Verteilung der Druckgebilde (einschließlich der Antizyklonen, vgl. Reinel 1960) ist also auf der Basis
dieser Überlegungen nicht möglich. Ebenso genügt jedoch für diesen
Zweck natürlich auch keine Auszählung der mittleren jährlichen
Häufigkeit von Frontendurchgängen, da sie alle bekannten Mängel der
Mittelwertdarstellung aufweist (vgl. Scultetus 1969), gehen doch Daten
recht gegensätzlicher Jahreszeiten und strukturell differenzierter
Frontarten mit bekanntlich sehr unterschiedlicher Wetterwirksamkeit
(vgl. z. B. Flohn 1954 u. Scherhag 1948) in das Gesamtkollektiv ein.
Aus diesen Überlegungen resultiert für die vorliegende Untersuchung
eindeutig der Zwang zur Auflösung des Mittelwertes in sinnvoll gewählte Teilkollektive, wobei im Hinblick auf die später zu analy-
sierende klimageographische Relevanz der Frontendurchgänge eine
Aufgliederung der Jahressumme nach den vier Jahreszeiten unmittelbar naheliegend ist.

Frontenhäufigkeit nach Jahreszeiten

Abb. 2 veranschaulicht die mittlere Frontenhäufigkeit in den einzelnen Jahreszeiten. Bei mehr oder weniger starken Abweichungen im
einzelnen treten doch in allen vier Jahreszeiten auffällige Übereinstimmungen der räumlichen Verteilung auf.

Die jeweiligen Maximumzonen liegen fast durchgängig in jener Breitenlage, die schon für die mittlere Jahresverteilung herausgestellt
wurde, d. h. in jenem Bereiche, der sich leicht bogenförmig von den
nördlichen Britischen Inseln über den südlichen Küstenraum von
Nord- und Ostsee bis in den westrussischen Raum hinein erstreckt.
Dabei werden mit rd. 30 Frontendurchgängen in fast allen Jahreszeiten
ähnliche Gipfelwerte erreicht, so daß die jahreszeitliche Variabilität der
Werte hier außerordentlich gering ist (vgl. Tab. 1). Die mittlere Abweichung (mean deviation, bezogen auf den Jahreszeitendurchschnitt)

bzw. die Spannweite (range, bezogen auf die Jahreszeiten mit extremen Werten) der einzelnen Jahreszeitenwerte betragen für die nördlichen Britischen Inseln 1,75 (bzw. 5), für Nord- und Mitteldeutschland 2,0 (bzw. 6), dagegen für Nordschweden 3,5 (bzw. 10) und für Mittelitalien 3,75 (bzw. 11). Das bedeutet, daß mit abnehmender Gesamtfrontenzahl in nördlicher und südlicher Richtung von der Maximumzone aus die Unterschiede zwischen den einzelnen Jahreszeiten durchschnittlich zunehmen. Dabei ist es bemerkenswert, daß die Variabilität nicht so sehr durch starke Abweichungen aller Jahreszeiten untereinander oder einer Jahreszeit mit herausragendem Maximum hervorgerufen wird, als vielmehr durch die Jahreszeit mit minimaler Frontenhäufigkeit (im Mittelmeerbereich insbesondere der Sommer, in Skandinavien der Winter). Sie prägt daher durch die auffällig reduzierte Zahl von Störungsausläufern das regional-typische Witterungsgeschehen dieser Teilräume im Jahresgang viel stärker als die anderen Jahreszeiten. –

Tabelle 1: *Mittlere Anzahl der Frontendurchgänge in ausgewählten Teilräumen Europas (nach Jahreszeiten)* (Maxima unterstrichen)

	Frühjahr	Sommer	Herbst	Winter	Jahr
Spitzbergen	6	9	<u>10</u>	6	31
Nordschweden	24	<u>29</u>	<u>28</u>	19	100
Südnorwegen	26	25	<u>31</u>	22	104
Südisland	26	21	<u>28</u>	21	96
Schottland/ Nordirland	<u>30</u>	<u>30</u>	28	25	113
Nord- und Mitteldeutschland	<u>34</u>	<u>33</u>	28	31	126
Süddeutschland	27	<u>29</u>	20	27	103
Mittelitalien	14	5	<u>16</u>	14	49
Südfrankreich/ Pyrenäen	<u>25</u>	20	20	16	81
Griechenland	<u>17</u>	7	13	<u>16</u>	53
Südspanien/ Nordmarokko	<u>13</u>	8	10	<u>12</u>	43
Sizilien	<u>14</u>	3	<u>14</u>	12	43
Kreta	11	3	7	<u>14</u>	35

Die Kammlinien der Maximumzonen liegen in den einzelnen Jahreszeiten durchgängig in einer Breitenlage von 50–60°, wobei sie sich nach Osten über dem Kontinent leicht auffächern, während sie nach Westen – mit räumlicher Unterbrechung – ihre unmittelbare Fortsetzung in einem „stationären" Häufungsgebiet über dem Atlantischen Ozean (in 40–50° ndl. Breite) haben. Dies entspricht in sehr starker Annäherung der jahreszeitlichen Lage der nach Chromow (1950) als „klimatische Front" (= Hauptluftmassengrenze) bezeichneten Polarfront über dem Atlantik und westlichen Europa. Man gewinnt hieraus die klimatologisch wichtige Erkenntnis, daß es trotz der durch den Sonnengang bedingten jahreszeitlichen Verschiebungen innerhalb der atmosphärischen Zirkulation *zu keiner grundsätzlichen oder auch nur auffälligen saisonalen Verlagerung der zentralen Frontenhäufungsgebiete über Europa kommt.* Selbst sekundäre Häufungszonen in den Bereichen Griechenland/Adria, Island oder Südfrankreich behalten ihre Lage im Verlaufe des Jahres bei. Ähnliches gilt für die Minimumgebiete, die in jedem Falle ihren tiefsten Wert über dem Kern und der östlichen Hälfte Grönlands haben. Südlich der Hochgebirgsachse von Pyrenäen und Alpen nimmt die Zahl der Fronten meist sprunghaft ab, um über Nordafrika Minimalwerte zu erreichen.

Wie sehen nun die Verhältnisse in den einzelnen Jahreszeiten aus und welche Ursachen lassen sich für die regionalen und zeitlichen Differenzierungen erkennen?

Auffälligstes Phänomen während des Winters (Dez.–Febr.) ist das weite zungenförmige Ausbuchten einer Minimumzone über der Skandinavischen Halbinsel, die halbkreisförmig von einer Kammlinie umschlossen wird (vgl. Abb. 2a). Es liegt nahe, diese Verteilung als eine Auswirkung der langanhaltenden Schneebedeckung und der Ausbildung einer stationären Hochdruckkalotte über der Halbinsel zu deuten. Nach dem Katalog der Großwetterlagen (vgl. Hess/Brezowsky 1969) erreichen tatsächlich die Großwetterlagen „Hoch Fennoskandien" (HFA, HFZ) in den Wintermonaten Maximalwerte (vgl. auch Klinker 1970). Damit wäre für Skandinavien eine ähnliche Erklärung gegeben, wie sie auch für die ganzjährige Frontenarmut über Grönland mit der häufigen Ausbildung einer flachen glazialen Antizyklone über der Eiskappe der Insel angenommen werden muß (vgl. Dammann 1952, Walden 1959). Das fennoskandische Hoch blockiert die in der Westdrift

wandernden Zyklonen und steuert sie südlich um die Halbinsel herum,
so daß sich hier die Isofronten auffällig verdichten und in der schon
mehrfach zitierten Zone am südlichen Ostseerand ihre Gipfelwerte erreichen. Diese Extremwerte (mit regional bis zu 35 Frontendurchgängen), die höher liegen als die Vergleichswerte des Sommers, scheinen
sogar eher durch die auf dem thermischen Land-Meer-Gegensatz beru-
hende Zusammendrängung aus nördlicher Richtung verursacht zu werden als durch die winterliche Lage der Frontalzone. Somit stellt sich die
große winterliche Frontenhäufigkeit über dem nördlichen Mitteleuropa
als eine Auswirkung der Depressions- und Frontensperrung über Skandinavien dar.

Nach den allgemeinen Kenntnissen über die Verlagerung der planetarischen Frontalzone muß über dem südlichen Europa mit winterlichen
Maximalwerten der Frontenhäufigkeit gerechnet werden. In der Tat
werden diese Höchstwerte an manchen Stellen erreicht (z. B. über der
westlichen Iberischen Halbinsel, an der nordafrikanischen Küste und
im Bereich der Ägäis). Sie liegen jedoch nicht wesentlich über den Werten von Herbst und Frühjahr, so daß auch in diesen Übergangsjahreszeiten regional Jahresmaxima der absoluten Frontenhäufigkeit möglich
sind (vgl. u.).

Auffälligste Erscheinung im mediterranen Bereich ist ohne Frage die
auch im Winter – wie letztlich in allen Jahreszeiten – deutlich erkennbare sperrende Wirkung der großen, zumeist zonal verlaufenden Mas-
senerhebungen von Pyrenäen und Alpen, die sich als markante Schran-
ken erweisen, auf deren Südseite die Frontenhäufigkeit teilweise bis
50 % reduziert ist. Nur das regionale Zyklonenmaximum über der
Adria (vgl. Dammann 1960) bedingt eine schwach ausgebildete sekundäre Maximumzone der Fronten entlang der Westküste der Balkanhalbinsel. Aber auch hier lassen die – absolut gesehen – relativ geringen
Frontenzahlen deutlich die abschirmende Wirkung der Hochgebirge
erkennen, die sich auf den gesamten europäischen Mittelmeerraum
erstreckt! Umgekehrt führt der Stau auf der Vorderseite, d. h. Nord-
abdachung der Hochgebirge, zu einer beträchtlichen Verdichtung der
Isofronten, so daß die hohe Frontenhäufigkeit über dem mitteleuropäischen Raum offenbar durch eine *orographisch induzierte Zusammendrängung der Frontenbahnen* sowohl aus Norden (Skandinavien) wie
aus Süden (alpine Hochgebirge) verursacht wird.

Die Tatsache, daß sich H o c h g e b i r g e a l s S p e r r e n oder zumindest
verzögernde Hemmnisse für Luftmassentransporte und damit auch für
Fronten auswirken können, ist durch zahlreiche Untersuchungen erwiesen (vgl. z. B. Ficker 1906, Scherhag 1948, Petkovsek 1958, Kletter
1965, Reuter 1965). Immer noch hat folgende Formulierung Fickers
(1906) Gültigkeit: „Die Alpen sind nicht nur eine geologische, sondern
auch eine überaus wichtige meteorologische Störungslinie. Nie wird
dies deutlicher offenbar, als wenn wir eine in den Nordalpen einbrechende kalte Luftmasse auf ihrem Wege über die Alpen begleiten..."
(zit. nach Kletter 1965).

Die stauende Wirkung der Gebirge, die sich unabhängig von der An-
strömrichtung der Luftmassen stets in einer antizyklonalen Krümmung
im Grundfeld und nicht selten in einer Deformation (Rückbiegung) des
Frontenverlaufs auf den Wetterkarten ausdrückt, wird in ihrer klimatischen Bedeutung in keiner Weise dadurch abgeschwächt, daß es im L e e
der Hochgebirge vielfach erneut zu einem starken Druckfall und damit
zur Neubildung oder Regeneration von Zyklonen kommt (vgl. z. B.
Ficker 1920, Dinies 1938, Scherhag 1948, Roediger 1962, Kletter 1965
u. Reuter 1965). Ihre Fronten sind jedoch in der Regel weniger markant
ausgebildet und verlagern sich relativ rasch. –

Die Frontenhäufigkeit im F r ü h j a h r (März–Mai) unterscheidet sich
prinzipiell nur wenig von derjenigen des Winters (Abb. 2b). Immerhin
ist als Folge der Abnahme des antizyklonalen Einflusses bereits deutlich
ein Anstieg der Frontenzahlen über Skandinavien sowie über den Britischen Inseln zu konstatieren, so daß das nördliche Mitteleuropa geringfügig „entlastet" wird, obwohl die Sperrung durch das skandinavische
Gebirge immer noch durch eine sekundäre Maximumzone an der
Westflanke der Halbinsel erkennbar ist. Die absolute Maximumzone
bleibt auch in dieser Zeit über dem Raum Dänemark, Norddeutschland
und Polen liegen.

Im südeuropäischen Raum erreichen einzelne Teilgebiete erst im
Frühjahr ihr Jahresmaximum (östliche und nördliche Iberische Halbinsel, Norditalien und Balkanhalbinsel).

Was sich im Frühjahr bereits anbahnte, setzt sich im S o m m e r
(Juni–Aug.) verstärkt fort: der blockierende Hochdruckeinfluß über
Skandinavien und den Britischen Inseln wird weiter abgebaut, so daß in
diesen Bereichen die Frontenzahlen erneut ansteigen (Abb. 2c).

In ihrem westlichen Teil biegt die Maximumzone auffällig nach Nordwesten um, so daß die Verbindung mit der westlich Irlands über dem Atlantik gelegenen Kernzone abreißt. Diese NW-Biegung kennzeichnet sehr anschaulich die „monsunale" Beeinflussung des mitteleuropäischen Raumes, der im Sommer wellenartig vordringenden Kaltlufteinbrüchen aus nordwestlicher Richtung ausgesetzt ist (Voigts 1951), so daß die absolute Frontenzahl über Mitteleuropa auch im Sommer nur unwesentlich von der Zahl in anderen Jahreszeiten unterschieden ist. Im süddeutschen Raum werden sogar Jahresmaximalwerte der Frontendurchgänge erreicht! Die starke zyklonale Beeinflussung übergreift in dieser Jahreszeit selbst den sperrenden Wall der Alpen, so daß auch unmittelbar am Südrand des Hochgebirges Maximalwerte im Jahresgang registriert werden. Verstärkt wird diese Erscheinung vermutlich durch die oben erwähnte Tatsache, daß Kaltluftvorstöße aus nördlicher Richtung häufig die Bildung neuer Zyklonenkerne südlich der Gebirge zur Folge haben („Genuazyklone"). Da diese im Lee der Alpen entstehenden sekundären Depressionen jedoch nur selten ausgeprägte Frontensysteme entwickeln, nimmt die Frontenzahl rasch in südlicher Richtung ab, so daß schon über dem mittleren Italien und Balkan sommerliche Minimumwerte im Jahresgang erreicht werden.

Ein ähnlicher Lee-Effekt scheint im Sommer über dem skandinavischen Raum vorzuliegen, wo die Höchstwerte – in Verlängerung der Achse über dem nördlichen Mitteleuropa – am östlichen Rande der Ostsee gezählt werden. Zyklogenetische Prozesse und die geringere Reibung über den Wasserflächen der Ostsee lassen dieses Binnenmeer im Sommer als bevorzugte Zyklonenstraße hervortreten (Schröder 1929).

Der Herbst (Sept.–Nov.) unterscheidet sich von allen anderen Jahreszeiten insbesondere durch die relativ weite Verlagerung der Maximumzone nach Norden (Abb. 2d). Die Kammlinie verläuft erstmals nicht mehr über dem nördlichen Mitteleuropa, so daß hier im Jahresgang Minimalwerte erreicht werden, sondern in einem leicht geschwungenen Bogen von den nördlichen Britischen Inseln quer über Skandinavien bis in das nordwestliche Rußland. Der noch im Sommer deutlich zu erkennende monsunale Einfluß über Mitteleuropa wird abgebaut. Dafür werden die Frontensysteme offenbar durch stärkeren Hochdruckeinfluß über Mitteleuropa (insbesondere im September) weit nach Norden abgedrängt (vgl. Eriksen 1970, Karte 4).

Auffällige Deformationen erleiden die Isofronten im Herbst nur noch vor dem Westrand des oben erwähnten Gebirgswalles sowie im Raume Island (Zyklonenzentrum) und südlich der Adria, wo sich das Depressionszentrum über dem nördlichen Mittelmeer durch die zugehörigen Frontensysteme bis in den nordafrikanischen Raum hinein auswirkt.

Zusammenfassend gilt es festzustellen, daß die jahreszeitliche räumliche Verlagerung der Frontenhäufigkeit und hier insbesondere der Maximumzone – abgesehen vom Herbst – nur relativ gering ist. Unmittelbare Einflüsse der Orographie (insbesondere sperrende Gebirgswälle) und die Land-Wasser-Verteilung verhindern offenbar eine großräumige Verschiebung der Frontensysteme, wie sie aufgrund des Sonnenganges zu erwarten wäre. Unter dem Einfluß der Erdoberfläche sind die Deformationen der Isofronten teilweise beträchtlich, so daß *regionale Besonderheiten der Frontenhäufigkeit als Auswirkung von Stau- oder Auflösungserscheinungen in weit entfernt gelegenen Gebieten zu deuten sind.*

Häufigkeit der Frontarten im jahreszeitlichen Wechsel

Die bisherige Analyse bezog sich stets auf die Gesamtheit der Frontendurchgänge, ohne Unterscheidung von Okklusionen, Kalt- und Warmfronten. Für die Bewertung der Frontenhäufigkeit im Hinblick auf ihre klimatische Bedeutung ist diese weitergehende Differenzierung unerläßlich.

Die Auszählung ergibt, daß alle drei Frontarten jeweils ihre eigene Maximumzone haben, die sich mehr oder weniger stark von der Kammlinie der Gesamtfronten entfernt (vgl. Abb. 3). Generell ist eine Nord-Süd-Abfolge der Kammlinien von Okklusionen, Warm- und Kaltfronten zu beobachten. Nur über dem nordwestlichen Balkan liegt noch isoliert ein Warmfrontgipfel. Während die Kammlinien über dem Atlantik und dem westlichen Europa räumlich weit voneinander getrennt liegen, drängen sie sich östlich der Nordsee stärker zusammen und verlaufen relativ parallel zur Gesamtkurve. Auch hierin ist ohne Frage ein Einfluß der Erdoberfläche zu sehen. Sowohl von Norden wie von Süden werden die Frontensysteme in einer Zone über dem nördlichen Mitteleuropa zusammengedrängt, so daß sie hier ihre größte Häufigkeit erreichen.

Die nach absoluten Werten ermittelten Kammlinien besagen nun

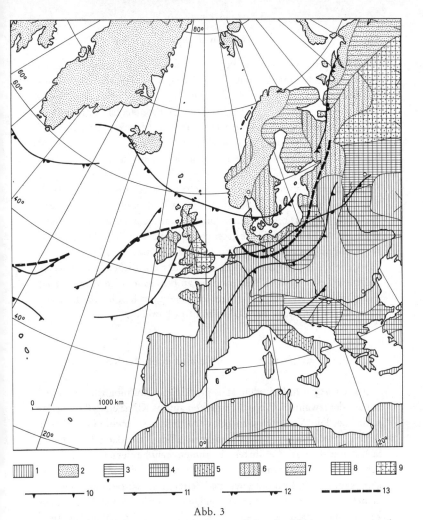

Abb. 3

Häufigste Frontart in den Jahreszeiten und Kammlinien der Maximumzonen einzelner Frontarten im Jahr

Häufigste Frontart: 1 Kaltfront in allen Jahreszeiten; 2 Okklusion in allen Jahreszeiten; 3 Warmfront in allen Jahreszeiten; 4 Kaltfront mit Warmfront in mind. einer Jahreszeit; 5 Kaltfront mit Okklusion in mind. einer Jahreszeit; 6 Okklusion mit Kaltfront in mind. einer Jahreszeit; 7 Okklusion mit Warmfront in mind. einer Jahreszeit; 8 Warmfront mit Kaltfront in mind. einer Jahreszeit; 9 gemischt: Kalt-, Warmfront u. Okklusion in verschiedenen Jahreszeiten.

Kammlinien der Maximumzonen: 10 Kaltfront; 11 Warmfront; 12 Okklusion; 13 alle Fronten.

allerdings nicht, daß die entsprechende Frontart in allen vier Jahreszeiten
zahlenmäßig dominieren muß. Abb. 3 zeigt vielmehr, daß nach relativen Werten z. T. beträchtliche Abweichungen von der Maximumzone
möglich sind. Flächenmäßig beherrschende Frontart ist die Kaltfront,
die der Zahl nach in allen Jahreszeiten über Nordafrika, Süditalien und
-griechenland, über der Iberischen Halbinsel, Frankreich, Deutschland
bis in den osteuropäischen Raum hinein dominiert (zu den Relativwer-
ten vgl. Eriksen, 1970, Karte 5). Eine ähnliche, über das gesamte Jahr
hin bewahrte Dominanz weist nur noch die Okklusion über Grönland,
Island und großen Teilen Skandinaviens auf. Bemerkenswert ist, daß
der starke Okklusionseinfluß bis in den norddeutschen Raum hinein
wirksam ist. Ein reines Warmfrontgebiet gibt es nur über dem jugosla-
wischen Raum, über dem in allen Jahreszeiten die nach Nordosten ab-
gebogenen Warmfronten der Zyklonen des nördlichen Mittelmeeres
liegen, wie es auf vielen Wetterkarten zu beobachten ist. Alle anderen
Teilräume sind eindeutig Mischgebiete, meist mit Dominanz der Kaltfront (im Süden) oder der Okklusion (im Norden).

Frontenhäufigkeit und regionale klimatische Differenzierung

Aus einsichtigen Gründen ist es prinzipiell nicht möglich, unmittelbar aus der jeweiligen Frontenhäufigkeit auf das Klima eines Raumes zu
schließen. Die Wetterwirksamkeit der Fronten ist sowohl in zeitlicher
Abfolge an einem Ort wie in räumlicher Hinsicht entlang der von den
Störungsausläufern berührten Regionen sehr unterschiedlich (vgl.
Scherhag 1948). Es kommt hinzu, daß das nicht an einen Frontendurch-
gang gebundene, luftmasseneigene Wetter- und Witterungsgeschehen
keineswegs in den Zusammenhang eingehen würde. Dennoch kann kein
Zweifel daran bestehen, daß der nach Zahl und Art außerordentlich
starke Wechsel der Frontendurchgänge eine direkte und nachhaltige
Rückwirkung auf das Klima eines Raumes haben muß, da die Mehrzahl
aller Fronten mit stets wiederkehrenden, charakteristischen Wettererscheinungen verbunden ist.
Der allgemeinste Zusammenhang, in den zugleich die außerordentliche Komplexität des jeweiligen Klimas eingeht, ist sicherlich derjenige
zwischen der Frontenhäufigkeit einerseits und der allgemeinen Witte-

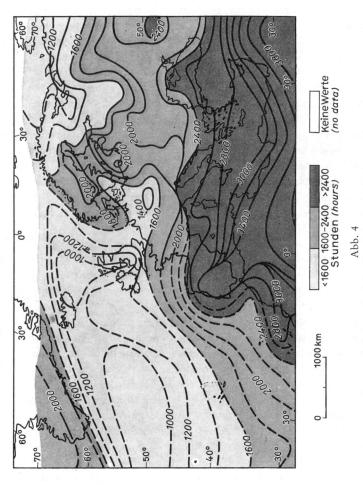

Abb. 4

Sonnenscheindauer im Jahr (Stunden), nach H. E. Landsberg 1963

Die unterbrochenen Isohel-Linien basieren auf Berechnungen aus Mittelwerten der Bewölkung.

r u n g s v e r ä n d e r l i c h k e i t eines Klimas andererseits (vgl. Hendl 1963,
S. 33). Daß der in der Maximumzone der Frontendurchgänge gelegene
Norden Mitteleuropas mit „Regen in allen Jahreszeiten" im Gegensatz
zu südlicheren und auch nördlicheren Breiten durch sehr häufigen Wet-
terwechsel und damit nur relativ kurzfristige Schönwetterlagen geprägt
ist, wird besonders im modernen Erholungs- und Reiseverkehr als
nachteilig empfunden. Verregnete Sommer und unsichere Schneever-
hältnisse im Winter kennzeichnen diese nördliche mitteleuropäische
Zone, innerhalb der allerdings schon in dem vergleichsweise kleinen
Teilraum der Bundesrepublik in der Mehrzahl der Jahre – entsprechend
der quantitativen Abnahme der Frontendurchgänge – die Stabilität der
Witterungen nach Süden zunimmt. Immer wieder begegnet man in den
Vorhersagen des Deutschen Wetterdienstes der Prognose, daß der
Norden Deutschlands noch von den Schlechtwettergebieten nördlich
vorbeiziehender Störungsausläufer berührt werde, während schon der
Mittelgebirgsraum unter stärkerem Hochdruckeinfluß stehe (vgl. Erik-
sen 1964, S. 20).

Daß auch das allgemeine Witterungsgeschehen im Mittelmeergebiet
wesentlich durch die zunehmende Frontenhäufigkeit in den kühleren
Jahreszeiten geprägt wird, bedarf kaum besonderer Erwähnung (vgl.
Hendls „Kernpassat – Wechselklima mit winterlicher Zyklonalwitte-
rung" [1963, S. 30]).

Zwei Klimaelemente sind es im wesentlichen, die die relativ vage zu
umschreibende Wechselhaftigkeit eines Klimas quantitativ erfassen lassen: die Bewölkung (und damit in Annäherung auch die Sonnenscheindauer) sowie der Niederschlag. Beide sind in ihrer Erscheinung und Intensität meist unmittelbar an das Frontalgeschehen gebunden, wenn
auch z. T. als „Fernwirkungen" der Störungsausläufer (z. B. durch
weiträumige Aufgleitvorgänge oder postfrontale Aufheiterung). Eine
Gleichsetzung von großer Wechselhaftigkeit einerseits und starker Bewölkung bzw. hohen Niederschlagsmengen andererseits ist aus einsichtigen Gründen selbstverständlich nicht zulässig. Dennoch ist der atmo-
sphärisch-physikalische Zusammenhang zwischen den beiden Klimaelementen und dem Frontalgeschehen eng genug, um ihn im folgenden
einer genaueren Analyse unterziehen zu können und um eine Beantwortung der einleitend aufgeworfenen Fragen zu versuchen.

Frontenhäufigkeit und Bewölkung
(resp. Sonnenscheindauer)

Vergleicht man die mittlere jährliche Verteilung der (z. T. aus der Bewölkung errechneten) Sonnenscheindauer über dem europäischen Raum (Abb. 4) mit der Karte der mittleren Frontenhäufigkeit im Jahr (Abb. 1), so zeigen sich verblüffende Übereinstimmungen. Gebiete mit minimaler Sonnenscheindauer auf einer von Landsberg (1963) entworfenen Karte der „Sonnenscheindauer im Jahr" entsprechen sehr exakt jenen Bereichen, für die die größten Frontendurchgangszahlen ermittelt wurden. Gleiches gilt für den umgekehrten Zusammenhang – und das selbst in so kleinen, scheinbar herausfallenden Sondergebieten wie etwa im sonnenreicheren Mittelschweden. Südlich der Pyrenäen und der Alpen nimmt die Sonnenscheindauer besonders stark zu – eine Erscheinung, die vollkommen der erheblich verminderten Frontenzahl südlich der Gebirgswälle entspricht. –

Eine einsichtige Begründung für die regional z. T. stark differenzierte Verteilung der Bewölkung bzw. des Sonnenscheins hat es – mit Ausnahme der Minimumzone nördlich des Polarkreises – bisher nicht gegeben. Auch Landsberg (1963) erwähnt nur den groben Zusammenhang mit dem jahreszeitlich wechselnden Sonnenstand und den zirkulationsbedingten Hauptbewölkungszentren.

Es soll nun hier die These vertreten werden, daß diese für den Strahlungs- und Wärmehaushalt Europas so entscheidende regionale Verteilung des Klimaelementes im wesentlichen durch die unterschiedliche Frontenhäufigkeit bedingt ist. Zwar gehen bekanntlich auch regionale Besonderheiten wie häufige Nebellagen an der Küste oder Luv- und Lee-Effekte in den Bergländern in die Bewölkungs- und Sonnenscheinwerte ein, doch treten sie nach Ausdehnung, Häufigkeit und Gewicht weit hinter den frontgebundenen Wolkenaufzug zurück. Die täglichen Satellitenaufnahmen zeigen in Verbindung mit den zugehörigen Wetterkarten immer wieder sehr eindrucksvoll, daß der Zusammenhang zwischen dem Verlauf der Fronten und der Verbreitung der großen wetterbestimmenden Wolkensysteme trotz regionaler Differenzierungen außerordentlich eng ist. Dabei gilt es zu berücksichtigen, daß die Grundzüge der Wetterkarten wie schon seit Jahren vorwiegend aufgrund terrestrischer und aerologischer Messungen fest-

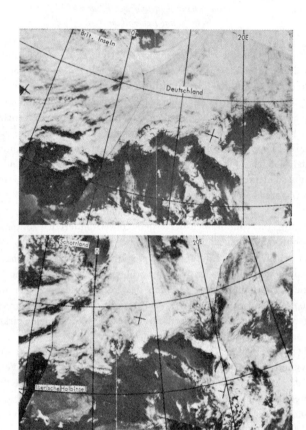

Luftbilder 1 a und b
Satellitenaufnahmen vom 17. und 20. 3. 70
(nach „Das europäische Wetterbild"
Inst. f. Met. u. Geophys. d. FU Berlin)
Während eines Zeitraumes von mehreren Tagen wirken Pyrenäen
und Alpen als markante Sperrmauern für die Wolkenfelder
nördlich vorbeiziehender Fronten.

gelegt werden und durch das Satellitenbild nur eine Bestätigung oder geringe Modifikation erfahren.

Im Zusammenhang dieser Studie verdienen besonders jene Satellitenaufnahmen Beachtung, die durch die Wolkenverteilung die sperrende Wirkung der Pyrenäen und Alpen in sehr eindrucksvoller Weise belegen (z. B. Aufnahmen vom 17. 3., 18. 3. u. 20. 3. 1970; vgl. Luftbilder 1a + b) und die somit nochmals mit Nachdruck jene für das Klima der Mittelmeerländer außerordentlich bedeutsame Stauwirkung des großen alpinen Gebirgssystems demonstrieren, die bereits durch die Frontenauszählung nachgewiesen werden konnte (vgl. oben). Ähnliches gilt für den skandinavischen Gebirgswall.

Wenn auf den Satellitenfotos auch über Nordafrika nicht selten große Wolkenfelder erscheinen, so widerspricht diese Tatsache durchaus nicht dem Befund einer relativen Frontenarmut über diesem Gebiet. Ebenso wie etwa Grönland wird auch Nordafrika von Zyklonen oder ihren Ausläufern gestreift, übers Jahr gesehen jedoch in viel geringerer Häufigkeit als die übrigen auf der Karte erfaßten Gebiete. Erstaunlich und neu sind die Erkenntnisse in bezug auf den nordafrikanischen Raum nur insofern, als die Satellitenbilder durch die Wolkenverteilung immer wieder auf den unmittelbaren Zusammenhang des Wettergeschehens in diesem Raume mit der innertropischen Zirkulation hinweisen, so daß gelegentlich, wie etwa bei dem katastrophalen Unwetter über Tunesien im Herbst 1969 (vgl. Mensching u. a. 1970), selbst Zyklonen des tropischen Typs (mit starker Verwirbelung und wolkenlosem „Auge") im Mittelmeerraum beobachtet werden können.

Aufgrund der bisherigen Ausführungen muß der Versuch, einen mathematisch-statistischen Zusammenhang zwischen der Zahl der Frontendurchgänge und der Sonnenscheindauer zu ermitteln, durchaus als sinnvoll erscheinen. Für einen N-S-Profilschnitt von Spitzbergen über Mitteleuropa bis Tunesien werden in Tab. 2 jeweils die entsprechenden Werte einander gegenübergestellt. Es zeigt sich dabei, wie vermutet, daß südlich des Polarkreises (Nordschweden) eine numerische Abhängigkeit der Sonnenscheindauer von der Zahl der Frontendurchgänge unbestreitbar ist: höhere Werte auf der einen Seite stehen niedrigeren auf der anderen Seite gegenüber. Dies gilt sowohl für das Gesamtkollektiv aller Fronten wie für die Warmfronten im speziellen. Tab. 2 scheint dabei sogar anzudeuten, daß der *statistische Zusammen-*

*hang zwischen der Sonnenscheindauer einerseits und der Warmfront-
häufigkeit andererseits besonders eng ist* und daß Okklusionen und
Kaltfronten trotz absolut größerer Werte nur eine modifizierende Rolle
spielen.

Tabelle 2: *Sonnenscheindauer und mittlere jährliche Anzahl der Okklusionen,
Kalt- und Warmfronten auf einem N-S-Profil durch Europa*

Sonnenscheindauer im Jahr (Std.)[1]		Okklu-sionen	Kalt-fronten	Warm-fronten	Fronten insges.
Spitzbergen	1200	24	3	4	31
Bäreninsel	1300	37	11	15	63
Nordnorwegen	1400	38	24	29	91
Nordschweden	1600	36	31	33	100
Mittelschweden	1800	42	31	30	103
Raum					
Stockholm/Oslo	2000	39	33	27	99
Schonen/					
Dän. Inseln	1600	42	41	33	116
Nord- und					
Mitteldeutschland	1400	32	57	37	126
Süddeutschland	1600	21	53	29	103
Norditalien	2200	18	35	26	79
Korsika	2600	17	28	13	58
Sardinien	2700	7	26	11	44
Tunesien/					
Nordostalgerien	3200	3	23	11	37

[1] Nach LANDSBERG 1963.

Eine Regressionsanalyse der Beziehung zwischen mittlerer jährlicher
Sonnenscheindauer (in Std.) und mittlerer Zahl der Gesamtfronten (a)
bzw. der Warmfronten (b) ergibt für den Profilschnitt Nordschweden–Sardinien (vgl. Tab. 2) folgende Gleichungen:

$$\text{(a)} \quad \text{So} = 3471 - 17\,F_g$$
$$\text{(b)} \quad \text{So} = 3297 - 51\,F_w$$

wobei „So" für die Sonnenscheindauer im Jahr (Std.), „F_g" für die Gesamtzahl aller Fronten, „F_w" für die Anzahl der Warmfronten stehen.

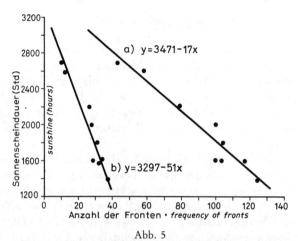

Abb. 5

Die Sonnenscheindauer als Funktion der Frontenhäufigkeit
Mittlere Jahreswerte für den Profilschnitt Nordschweden–Sardinien (vgl. Tab. 2)
Regressionsgeraden: a) Fronten insgesamt; b) Warmfronten.

Abb. 5 zeigt, daß die Abweichung der Sonnenscheindaten von der
Regressions-Geraden im Falle (b) besonders gering ist, so daß hier tatsächlich ein enger Zusammenhang zwischen den Variablen zu bestehen
scheint. Dies ist verständlich, wenn man etwa an die sehr ausgedehnte
Aufzugsbewölkung an den Warmfronten denkt. Die Wolkenfelder an
den Kaltfronten und – außerhalb des inneren Spiralbereiches – an den
Okklusionen sind wesentlich schmaler und verlagern sich schneller, so
daß die Sonnenscheindauer durch sie weniger eingeschränkt wird. Entlang dem Profilschnitt steht einem Plus von 10 Warmfrontdurchgängen
im Jahr ein Minus von etwa 500 Stunden Sonnenschein gegenüber.

Wenn der statistische Zusammenhang zwischen Bewölkung und
Frontenhäufigkeit über Nordafrika in Tab. 2 weniger deutlich zu sein
scheint, so beruht dies nicht zuletzt auf der relativ geringen Wetterwirksamkeit der südlichsten Ausläufer aller Fronten. Die folgende Analyse
der Niederschlagsregime beweist jedoch, daß auch hier die regionale
Differenzierung der Frontenhäufigkeit eine entscheidende klimageographische Bedeutung hat.

Frontenhäufigkeit und Niederschlagsregime

Die Verteilung der Niederschläge in ihrem jahreszeitlichen Gang ist bei fast allen Versuchen einer Klimaklassifikation größerer Erdräume eines der wichtigsten Kriterien zur Abgrenzung von Teilbereichen. Dies gilt sowohl für die „genetischen" wie für die „effektiven" Klassifikationen. Gerade für die letztere Gruppe spielt der Jahresgang der Niederschläge im Hinblick auf die Vegetationsentwicklung eine entscheidende Rolle.

Der methodische Ansatz zu dieser Art klimatischer Raumgliederung basiert auf der Beobachtung, daß die Niederschlagsverteilung im Jahresgang nicht einmal für einen relativ so kleinen Raum wie Europa einheitlich ist. Vielmehr ergeben die langjährigen Meßreihen ein außerordentlich differenziertes Bild der saisonalen Verteilung, wie es in vielen Spezialkarten zum Ausdruck gebracht wird. Die im Agro-climatic Atlas of Europe (1965) wiedergegebene Karte der "main rainy seasons" (Karte 503) gliedert z. B. für Frankreich 6 Untergebiete aus, in denen die Niederschlagsmaxima in unterschiedlichen Jahreszeiten fallen (Abb. 6). Ähnliches gilt für die Britischen Inseln oder für die Iberische Halbinsel. Eine ganz Europa erfassende Regelhaftigkeit ist nur in dem Sinne gegeben, daß sich die Zeit des Maximums vom Winter im südlichen Mittelmeergebiet, über Frühjahr und Herbst im nördlichen mediterranen Bereich, über den Sommer im mittel- und osteuropäischen Raum bis zum Spätsommer, Herbst und z. T. auch Winter über Skandinavien und Westeuropa verschiebt.

Eine genetische Erklärung für die großräumige Verteilung wird schon seit langem in der jahreszeitlichen Verschiebung der Zirkulationsgürtel, insbesondere der Westwindzone, gesehen. Vor allem der Winterregen im Mittelmeergebiet findet durch den Tatbestand einer Südverlagerung der Zyklonenbahnen in der kalten Jahreszeit eine relativ einfache Deutung. Im Rahmen der vorliegenden Studie wird diese Erklärung durch die Auszählung der Fronten durchaus gestützt, indem für die kühleren Jahreszeiten, regional auch allein für den Winter, Maximalwerte der Frontendurchgänge im mediterranen Raum ermittelt werden.

Schwieriger als die Deutung der oben skizzierten großräumigen Gliederung des europäischen Raumes in Gebiete mit jahreszeitlichen Niederschlagsmaxima ist allerdings die Erklärung der kleinräumigen

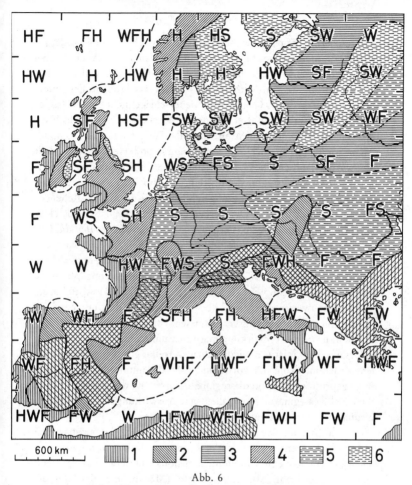

Abb. 6

Niederschlagsregime und Frontenhäufigkeit über Europa

Die Niederschlagsregime (schraffiert, z. T. Mischung) werden bestimmt durch die Jahreszeit bzw. den Monat mit maximaler Niederschlagsmenge im Jahresgang (nach Agro-climatic Atlas of Europe, 1965). Die Angabe der Jahreszeit mit maximaler Frontenhäufigkeit (W = Winter, F = Frühjahr, S = Sommer, H = Herbst) basiert auf der Gitternetzauszählung der Fronten für die 5 Untersuchungsjahre. Bei Angabe mehrerer Buchstaben in einem Gitterquadrat überwiegt die zuerst genannte Jahreszeit (z. B. das Frühjahr bei FH)

Jahreszeit bzw. Monat im Niederschlagsmaximum: 1 Winter; 2 Frühjahr; 3 Sommer; 4 Herbst; 5 Juni; 6 Spätsommer.

Differenzierung, wie sie etwa schon für Frankreich erwähnt wurde, jedoch mehr oder weniger für alle Teilräume Europas gilt. Auch Reichel (1948) geht in seiner Studie über die Faktoren der Niederschlagsverteilung in Europa und im Mittelmeergebiet auf das Problem des unterschiedlichen jährlichen Ganges der Niederschläge nicht ein. So läßt er etwa die Frage unbeantwortet, warum die Westküste Frankreichs Winterregen, ein zentraler N-S-Streifen und der Südosten Herbstregen, der Osten Sommerregen, der Süden Frühjahrs- und Herbstregen erhält oder warum die Iberische Halbinsel allein in 8 Gebiete mit unterschiedlichen Niederschlagsregimen aufgeteilt ist (Abb. 7). Es wäre zunächst zu vermuten, daß diese Gliederung möglicherweise durch das Relief der Gebiete vorgezeichnet ist. Der Verlauf der Grenzlinien läßt jedoch keinerlei Beziehungen dieser Art erkennen. *Vielmehr übergreifen die Gebiete mit einheitlichem Regenregime die ihrer Reliefgestaltung nach unterschiedlichsten Teilräume.* Die regionale Differenzierung muß also im wesentlichen durch großräumige, reliefübergreifende atmosphärische Einflüsse bedingt sein, wie es schon Huttary (1950) für das Mittelmeergebiet nachzuweisen versuchte. Abgesehen von den dort untersuchten Temperatur- und Strömungsverhältnissen, von den Zugstraßen der Zyklonen und von der Einwirkung maritimer und kontinentaler Faktoren als Ursachen der relativen Niederschlagsverteilung, soll hier die sich aus dem Zusammenhang der vorliegenden Studie unmittelbar ergebende Frage geprüft werden, ob die regionale Verteilung der jahreszeitlichen Niederschlagsregime nicht vor allem eine Auswirkung der wechselnden saisonalen Frontenhäufigkeit ist!

Tatsächlich zeigt eine schematische Aufgliederung des europäischen Raumes in Gebiete mit maximaler Frontenhäufigkeit in unterschiedlichen Jahreszeiten eine sehr ähnliche regionale Differenzierung, wenn auch insgesamt mehr „Mischungsgebiete" (Maxima in 2 oder 3 Jahreszeiten) auftreten (Abb. 7, vgl. Eriksen 1970, Karte 5). Die oben erwähnte großräumige N-S-Gliederung Europas in Gebiete mit Winter-, Frühjahrs- bzw. Herbst-, Sommer- und wieder Herbstregen findet ihr unmittelbares Spiegelbild und damit in erster Annäherung ihre Erklärung in der jahreszeitlichen Frontenhäufigkeit. Viel interessanter ist jedoch die Feststellung, daß auch die oben hervorgehobene und noch kaum ausreichend begründete kleinräumige Differenzierung der Niederschlagsregime in der Regel eine außerordentlich starke Übereinstimmung mit der saisonalen Häufung von Frontendurchgängen aufweist. Besonders eindrucksvoll läßt sich die weitgehende Deckungsgleichheit an den bereits hervorgehobenen Bereichen Frankreichs und der Iberischen Halbinsel ablesen. Für diesen Raum vermag die Frontenauszählung die regionale Differenzierung der Niederschlagsregime in ähnlicher Weise zu begründen, wie sie etwa eine Deutungsmöglichkeit für den anders kaum verständlichen Herbstregen Skandinaviens oder für den „Regen in allen Jahreszeiten mit schwachem Sommermaximum" in Mitteleuropa bietet. Gerade für das letztere Gebiet muß aufgrund dieser Sachlage von der einfachen Erklärung abgegangen werden, daß das bekannte Sommermaximum im Jahresgang der Niederschläge allein oder vor allem durch nichtfrontgebundene Konvektionsregen zustande käme. –

Natürlich gibt es auch große Gebiete, für die eine Übereinstimmung des Niederschlagsregimes mit der Frontenhäufigkeit nicht unmittelbar gegeben ist. Dies ist einmal dadurch begründet, daß im Gegensatz zur Niederschlagskarte bei der Frontenauszählung notgedrungen nur eine relativ kurze zeitliche Periode erfaßt werden konnte; zum anderen sind durchaus starke regional modifizierende Einflüsse auf die Niederschlagsmenge (z. B. häufige sommerliche Gewitterregen über Beckenlagen, Luv- und Lee-Erscheinungen an den Hoch- und Mittelgebirgen) in die Betrachtung einzubeziehen. Es kommt hinzu, daß für die extremen nördlichen und südlichen Gebiete des untersuchten Raumes meist nur sehr kleine Frontenkollektive vorliegen. Sowohl Warm- wie Kaltfronten werden zudem in südlichen Bereichen zunehmend diffus und machen sich oft nur noch im Durchzug höherer Wolkenfelder bemerkbar (Reichel 1948).

Auch die Häufigkeit der einzelnen Frontarten ist örtlich jahreszeitlichen Schwankungen unterlegen (Abb. 3), so daß das Maximum der (Gesamt-)Frontenhäufigkeit wegen der unterschiedlichen Niederschlagsergiebigkeit der einzelnen Frontarten modifiziert zu bewerten ist. Die engste Relation zwischen Niederschlagsregime und Frontenhäufigkeit scheint in jedem Falle in jenen Gebieten zu bestehen, in denen die regenintensiven Kaltfronten in allen Jahreszeiten der Häufigkeit nach dominieren.

Trotz der hier vorgetragenen Einschränkungen bleibt die generelle Übereinstimmung von Frontenhäufigkeit und Niederschlagsregime

(orientiert an der Jahreszeit mit größter Regenmenge) erstaunlich groß,
und es liegt nahe, hier einen Kausalzusammenhang anzunehmen, der
allerdings durch die von Huttary (1950) analysierten Faktoren ergänzt
und regional modifiziert werden kann. Offen bleibt damit jedoch zunächst noch die einen Schritt weiter zurückgreifende Frage, wie es denn
zu der kleinräumigen Differenzierung der Frontenhäufigkeit kommt,
die hier als Ursache der unterschiedlichen jahreszeitlichen Niederschlagsverteilung angesehen wird. Um diese Kernfrage zu beantworten,
müssen nunmehr die vorangehenden allgemeinen Ausführungen zur
Häufigkeit der Fronten in den einzelnen Jahreszeiten wieder aufgegriffen werden. Wurde oben noch behauptet, daß die regionale Gliederung der Frontenhäufigkeit (und damit auch der Niederschlagsregime)
keinerlei Beziehungen zum Relief erkennen ließe, so muß diese Feststellung mit Blick auf die allgemeine Gesetzmäßigkeit der Frontenhäufigkeit über Europa entscheidend modifiziert werden. Es ist zwar
richtig, daß offenbar keine kleinräumige Beeinflussung durch das Relief
oder allgemein durch die Erdoberfläche vorliegt, über Gesamteuropa
gesehen haben jedoch – wie oben gezeigt werden konnte – die Verteilung von Land und Meer und die großen sperrenden Hochgebirge eine
grundlegende Bedeutung für die z. T. sehr unterschiedliche Frontenhäufigkeit in den einzelnen Jahreszeiten. So konnten die Daten einzelner Regionen nur durch die „Fernwirkung" bestimmter Stau- oder
Regenerationsgebiete gedeutet werden. Alle ausgezählten Daten sind also
in ihrer Größe mehr oder weniger abhängig von den Großformen der
Erdoberfläche, und *die gegebenen kleinräumigen Differenzierungen
können nur als das Ergebnis einer regional sehr unterschiedlichen inte-
gralen Überlagerung der Frontenhäufigkeiten aller vier Jahreszeiten
verstanden werden.* Das räumliche Nebeneinander von Gebieten mit
unterschiedlichen Niederschlagsregimen erweist sich somit weniger als
eine Auswirkung örtlicher Reliefunterschiede, als vielmehr ebenfalls als
das Resultat großräumiger, durch das Makrorelief „ferngesteuerter"
atmosphärischer Prozesse.

Zusammenfassung und Ausblick

Als wichtigstes Ergebnis der Untersuchung kann zusammenfassend die Tatsache herausgestellt werden, daß die Analyse der Häufigkeitsverteilung von meteorologischen Fronten im europäischen Bereich zwar nicht zu einer eigenen klimatischen Gliederung des Raumes führen kann, daß jedoch mit ihrer Hilfe für allgemeine, bisher noch nicht ausreichend begründete klimatische Erscheinungen, wie etwa für die regionale Verteilung von Bewölkung und Sonnenscheindauer oder für die z. T. auf engem Raum stark voneinander abweichenden Niederschlagsregime, eine befriedigende Erklärung gegeben werden kann. Die durch das Großrelief des Kontinents, insbesondere durch sperrende Hochgebirgswälle, beeinflußte Frontenhäufigkeit erweist sich hier in ihrem zeitlich-räumlichen Wechsel als überaus klimawirksam. Die Analyse könnte somit dazu beitragen, bereits existierende Klimaklassifikationen (insbesondere Gliederungen nach den Jahreszeiten-Klimaten der Erde, vgl. Troll/Paffen 1964) genetisch zu begründen und Anregungen für eine weitergehende Differenzierung der bei fast allen Klassifikationen z. T. sehr großen klimatischen Teilräume zu geben. Grundlage einer derartigen Untergliederung würden dabei die regional und jahreszeitlich sehr unterschiedlichen Häufigkeiten der Fronten (insgesamt und aufgegliedert nach ihren Arten) sein können.

Literatur

Bebber, J. v.: Die Zugstraßen der barometrischen Minima. In: Met. Zschr. 1891, 361–366.

Blüthgen, J.: Synoptische Klimageographie. In: Geogr. Zschr. 53. 1965, 10–51.

Buschner, W.: TIROS-Aufnahmen und Frontenanalyse. Ann. d. Met., NF. 3. 1967, 32–36.

Chromow, S. P.: Die geographische Anordnung der klimatischen Fronten. In: Sowjetwissensch., Naturwiss. Abt. 1950, H. 2, 29–43.

Dammann, W.: Klimatologie der Tiefdruckgebiete und Fronten. In: Ann. d. Met., 5. Jg., 1952, 395–402.

–: Klimatologie der atmosphärischen Störungen über Europa. In: Erdkunde XIV, 1960, 204–221.

–: Terrestrische Einflüsse auf das atmosphärische Druckfeld über Europa. In: Erdkunde XVII, 1963, 129–148.

Dinies, E.: Die Entstehung der Genuazyklone am 11. Febr. 1938. In: Ann. Hydr., 66, 1938.

Eriksen, W.: Beiträge zum Stadtklima von Kiel. Schr. d. Geogr. Inst. d. Univ. Kiel. XXII. 1. 1964.

–: Zur Klimageographie der Fronten über Europa. Verh. Dt. Geogr.-tag, Kiel 1969, Bd. 37. Wiesbaden 1970, 248–261.

Faust, H.: Über Kaltfronten und ihre Einteilung. Ber. d. Dt. Wett. in der US-Zone, 24. 1951, 3–24.

Ficker, H. v.: Der Transport kalter Luftmassen über die Alpen. Denkschr. d. k. Akad. d. Wiss., Math.-Nat. Kl. Wien 1906.

–: Der Einfluß der Alpen auf die Fallgebiete des Luftdruckes und die Entstehung von Depressionen über dem Mittelmeer. In: Met. Zschr. 1920.

Flohn, H.: Grundzüge der atmosphärischen Zirkulation und Klimagürtel. In: Wiss. Abh. Dt. Geogr.-tag Frankfurt 1951, 105–118.

–: Witterung und Klima in Mitteleuropa. Forsch. dt. Ldk. 78. 1954.

–: Luftmassen, Fronten und Strahlströme. In: Met. Rdsch. 11. Jg. H. 1. 1958, S. 7–13.

Gensler, G. A.: Die Klassifikation der Fronten. In: Météorologie. 1957, 301–303.

Hendl, M.: Systematische Klimatologie. Berlin 1963.

Hess, P., H. Brezowsky: Katalog der Großwetterlagen Europas. 2. Aufl. Ber. d. Dt. Wetterdienstes Nr. 113. Bd. 15, 1969.

Huttary, J.: Die Verteilung der Niederschläge auf die Jahreszeiten im Mittelmeergebiet. In: Met. Rdsch. 1950, 111–119.

Klein, W. H.: Principal tracks and mean frequencies of cyclones and anticyclones in the Northern Hemisphere. US-Weather-Bureau. Res. Paper 40. Washington DC. 1957.

Kletter, L.: Der Transport kalter Luftmassen über die Alpen – beobachtet durch TIROS IV. In: CARINTHIA II. 24. Sonderheft. Wien 1965, 67–77.

Klinker, E.: Skandinavische Antizyklonen im Winter. Beil. z. Berliner Wetterkarte 49/70. v. 4. 3. 1970.

Knoch, K., A. Schulze: Methoden der Klimaklassifikation. Pet. Mitt. Erg.-H. 249, 1952.

Köppen, W.: Erläuterungen zur Karte der Häufigkeit und der mittleren Zugstraßen barometrischer Minima zwischen Felsengebirge und Ural. In: Zschr. Österr. Ges. Met., 17, 1882, 257–267.

Landsberg, H. E.: Die Verteilung der Sonnen- und Himmelsstrahlung auf der Erde. In: Weltkarten zur Klimakunde. Berlin, Göttingen, Heidelberg 1963, 5–6.

Maede, H.: Der Einfluß der Land-Meer-Verteilung in Mitteleuropa auf das Verhalten von Tiefdruckgebieten verschiedener Typen. Z. f. Met. 8, 1954, 161–174.

Mensching, H., K. Giessner u. G. Stuckmann: Die Hochwasserkatastrophe in Tunesien im Herbst 1969. In: Geogr. Zschr. 1970, 81–94.

Müller-Annen, H.: Zur Prognose der Zugbahnen von Tiefdruckgebieten. Ann. d. Met., 3. Jg., 1950, 341–351.

Petkovsek, Z.: Verspätung der Kaltfront an orographischen Hindernissen. In: Met. Rdsch., 11. Jg., 1958, 123–127.

Reichel, E.: Über die Faktoren der Niederschlagsverteilung in Europa und im Mittelmeergebiet. In: Met. Rdsch. 1948, 414–416.

Reinel, H.: Die Zugbahnen der Hochdruckgebiete über Europa als klimatologisches Problem. Erlanger Geogr. Arb. 10. 1960.

Reuter, H.: Probleme der alpinen Synoptik. In: CARINTHIA II. 24. Sonderheft. 1965, 1–6.

Roediger, G.: Schlechtwetterhoch und Schönwettertief. In: Wetterkarte d. Seewetteramtes v. 28. Juli 1962.

Scherhag, R.: Neue Methoden der Wetteranalyse und Wetterprognose. Berlin, Göttingen, Heidelberg 1948.

–: Luftbild: Wettersatellitenbild Atlantischer Ozean – Europa. In: Die Erde, 99. Jg., 1968, 109–114.

Schirmer, H.: Die räumliche Struktur der Niederschlagsverteilung in Mittelfranken. Forsch. z. dt. Ldk. 81. 1955.

Schröder, R.: Die Regeneration einer Zyklone über Nord- und Ostsee. Veröff. d. Geophys. Inst. d. Univ. Leipz., 2. Ser. IV. 2. 1929.

Schwerdtfeger, W.: Untersuchungen über den Aufbau von Fronten und Kaltlufttropfen. Ber. d. Dt. Wett. in der US-Zone, 3. 1948.

Scultetus, H. R.: Klimatologie. Praktische Arbeitsweisen. Das Geogr. Seminar. Braunschweig 1969.

Thran-Broekhuizen: Agro-climatic Atlas of Europe. Wageningen-Amsterdam 1965.

Troll, C., K. H. Paffen: Karte der Jahreszeiten-Klimate der Erde. In: Erdkunde Bd. XVIII. 1964, 5–28.

Voigts, H.: Der europäische Sommermonsun und seine Auswirkung in Mitteleuropa. In: Pet. Mitt. 95, 1951, 231–238.

Walden, H.: Statistisch-synoptische Untersuchung über das Verhalten von Tiefdruckgebieten im Bereich von Grönland. Dt. Wett., Seewetteramt, Einzelveröff. 20. Heidelberg 1959.

Weischet, W.: Kann und soll noch klimatologische Forschung im Rahmen der Geographie betrieben werden? Verh. Dt. Geogr.-tag. Bd. 36. Wiesbaden 1969, 428–440.

40. Deutscher Geographentag Innsbruck, 19. bis 25. Mai 1975. Tagungsbericht und wissenschaftliche Abhandlungen, im Auftrag des Zentralverbandes der Deutschen Geographen hrsg. von H. Uhlig/E. Ehlers,
Wiesbaden: Franz Steiner 1976, S. 76–90.

KLIMATISCHE GRUNDZÜGE
DER HÖHENSTUFUNG TROPISCHER GEBIRGE

Von Wilhelm Lauer

Carl Troll hat uns die Tropengebirge in ihrer klimatischen und vege-
tationskundlichen Struktur im speziellen wie in der vergleichenden
Überschau in zahlreichen Publikationen vorgestellt. Was gibt es also
noch zu sagen über dieses Thema?

Den Hinweis liefert Carl Troll selbst. Er fordert seit Jahren ein groß-
angelegtes Projekt, ausgeführt von einer Expedition, die auf Profilrou-
ten im tropischen und randtropischen Andenbereich den experimen-
tellen Nachweis für bestehende, durch Beobachtungen und Vergleich
gewonnene Auffassungen liefern könnte. Bislang fehlte es an einem hin-
reichenden Stationsnetz in aussagefähigen Höhenregionen und ebenso
auch an systematisch geplanten interdisziplinären Forschungsansätzen
in den kritischen Gebirgszonen und -stufen.

Wenngleich sich die Idealexpedition noch nicht verwirklichen ließ, so
haben doch in den letzten 10 bis 20 Jahren Forschungen durchgeführt
werden können, die zum fraglichen Thema beitragen konnten, sowohl
von geobotanischer als auch von geographischer Seite. Mir selbst war es
zusammen mit Mitarbeitern und Schülern möglich, im Rahmen des
Mexiko-Projektes und des Afrikakartenwerkes solche Studien durchzuführen, wofür ich der Deutschen Forschungsgemeinschaft herzlich danke.

Ein zusammenfassendes Referat kann dies allerdings kaum werden,
da wir eben erst in eine neue Phase von Studien eingetreten sind, die eine
Zusammenschau über das bisher vorhandene durchaus geschlossene,
wenn auch qualitativ gewonnene Bild hinaus noch keineswegs erlauben.
Ich möchte in meinen – zwangsweise kurz zu haltenden – Ausführungen zu folgenden Punkten Stellung nehmen und anhand eigener Studien
vorwiegend in den randlichen Tropen einige Gesichtspunkte zum
Thema „Klimatische Grundzüge der tropischen Hochgebirgsgliede-
rung" herausarbeiten und einleitend folgende Fragen stellen:

1. Wie verhalten sich die Temperaturhöhenstufen in den randlichen Tropen im Vergleich zu den inneren, feuchten Tropen?
2. Welche klimaökologischen Parameter beeinflussen die Waldgrenze in den nordhemisphärischen Randtropen im Vergleich zu den inneren Tropen?
3. Welche neueren Erkenntnisse gibt es über die hygrische Höhenstufung der Tropengebirge?

Als Ausgangspunkt kann das vor 25 Jahren entworfene synoptische Schema zur horizontalen und vertikalen Gliederung der Vegetation in Abhängigkeit von Temperatur und Humiditätsverhältnissen dienen (vgl. Troll 1975, S. 187).

I. Der Temperatur kann man bei der Höhengliederung der tropischen Gebirge den Haupteinfluß zumessen. Die Temperaturhöhenstufen sind dort deswegen so klassisch ausgebildet, weil die Mitteltemperaturen des Jahres fast isotherm verlaufen und nur Tagesschwankungen wirksam werden (Tageszeitenklima). Die klassische Höhengliederung der tropischen Lebensräume, wie sie durch den kolumbianischen Naturforscher Caldas zuerst, dann aber durch Humboldt der wissenschaftlichen Öffentlichkeit bekannt gemacht wurde, ist nicht nur für die tropischen Anden gültig, sondern findet sich auch in anderen Tropengebirgen der Erde unter gleichen Bedingungen wieder.

Im allgemeinen verhält sich der Höhengradient der Temperatur in den immerfeuchten Tropen feuchtadiabatisch und beträgt im Mittel um 0,56°C pro 100 m. Dort aber, wo trockene Binnentäler und Hochflächen oder trockene Jahreszeiten eingeschaltet sind, nimmt der Gradient in verschiedenen Stockwerken und in den einzelnen Jahreszeiten andere Werte an. Daraus ergeben sich Konsequenzen für die Temperaturhöhengliederung. Die meist trockenen äußeren bzw. randlichen Tropen sind besonders davon betroffen. Ich zeige dies und die daraus resultierenden ökologischen Folgen am Beispiel Mexiko.

Das Vegetationsprofil (vgl. Lauer 1973, S. 195) läßt eine semihumide Küstenzone, ein semiarides Küstenhinterland mit Trockensavannenvegetation, einen steilen Gebirgsrand in der tierra templada zwischen 900 und ca. 2500 m mit feuchten Berg- und Höhenwäldern, in deren oberen Stufen sich bereits boreale Vegetationselemente – vorwiegend Eichen – einmischen, erkennen. Ab 2700 m dominieren Kiefern und Eichen, oberhalb 3300 m gibt es schließlich einen geschlossenen, sehr einförmigen Kiefernwald von *Pinus hartwegii*. Dazwischen aber sind trockene Durchbruchstäler in ca. 1200 bis 1800 m und trockene Hochflächen zwischen 2000 und 2500 m eingeschaltet. An dem Binnenlandvulkan Popocatépetl kann der Feuchtigkeitsgrad des Ostabfalls der Sierra Madre Oriental nicht mehr erreicht werden.

Das Diagramm (Abb. 1a) zeigt das differenzierte thermische Verhalten der Küste, des Abhangs und der Hochfläche. Der mittlere Gradient, charakterisiert durch die Regressionsgerade, beträgt 0,47° pro 100 m für Januar und 0,49° für Juli. Es läßt sich aber deutlich erkennen, daß die Stationswerte des trockenen Küstenlandes und der trockenen Hochflächen bis zu mehreren Graden positiv vom mittleren Gradienten abweichen, die des feuchten Hanges negativ. Trägt man alle positiven und negativen Residuen in eine Karte ein (Abb. 1), so wird das Bild auch räumlich voll bestätigt. Die Abhänge sind zu kühl, die trockenen Hochflächen zu warm. Eine plausible Erklärung für die negativen Abweichungen am Abhang bietet sich besonders im Winter (Januar), den ich hier als Beispiel wähle, an. Häufige Kaltlufteinbrüche – sogenannte Nortes – verursachen an den luvseitigen Abhängen tagelang nebel- und wolkenreiche Witterung mit Niederschlägen in den sonst trockenen Wintermonaten zwischen November und April (Lauer 1973, S. 200).

Die Temperaturstürze können in Extremfällen mehr als 5°C betragen. Die Hänge sind von diesem Temperatursturz viel stärker betroffen. Die regenbürtigen Nortes verlängern die Regenzeit am NE- und E-Abhang um 3 bis 5 Monate. Die Vegetation entspricht einem üppigen Regenwald in den Niederungen und Regenbergwäldern mit Nebelwaldcharakter in den höheren Bereichen zwischen ca. 1800 und 2700 m.

Die starke Bewölkung an der NE- und E-Abdachung verhindert eine direkte Einstrahlung der Sonne. Die freiwerdende Kondensationswärme wird für die ständige Verdunstung wieder aufgebracht. Ein Teil der freigesetzten Energie aus der Kondensationswärme wird aber auch abgegeben für die Erzeugung enorm hoher Windgeschwindigkeiten am Rande der Hochfläche.

Der obere Rand der Ceja de la montaña geht in 2500 bis 2700 m sehr abrupt in eine völlig trockene Hochfläche über unter sofortiger Auflösung des Nebels und mit Windgeschwindigkeiten von bis zu 80 km/h. Diese hohen Geschwindigkeiten gehen aber schon nach 20 bis 30 km

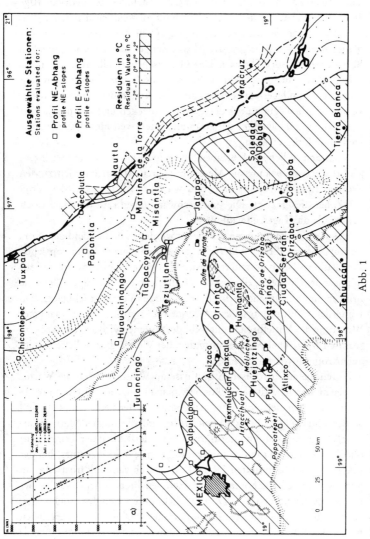

Abb. 1

Positive und negative Residuen des Temperaturgradienten im Januar im Bereich des Ostabfalls der mexikanischen Meseta.
a) Temperaturgradient im Januar und Juli am Ostabhang.

landeinwärts wieder auf normale Stärken zurück. Sie stellen orkanartige Staubstürme dar, die dem Ackerbau stark zu schaffen machen.

Auf der Hochfläche schlagen die negativen Residuen (Abb. 1) der Hangpartien spontan in positive Abweichungen um, ganz besonders im Becken von Puebla-Tlaxcala. Das überrascht deshalb nicht, weil die „Nortes" wie auch die sonst vorherrschende Passatströmung nur sehr seicht zu sein pflegen und eine winterliche Wolkendecke infolge absinkender Luftbewegung über den zentralen Becken und Flächen höchst selten ist. Der Heizeffekt der strahlungsintensiven Hochfläche verursacht eine Überwärmung.

Nach den üblichen Maßstäben, die wir an ein Tropenklima legen, gehört die ostmexikanische Meseta mit ihren Abhängen noch zu den Tropen. Ein Thermoisoplethenbild würde das klar ausweisen. Troll (1957) hat dies gezeigt. Die Jahresschwankungen sind durchaus noch kleiner als die Tagesschwankungen.

Es kann aber kaum daran gezweifelt werden, daß die ständigen Norteeinbrüche mit ihren Niederschlägen, die von einem außertropischen Zirkulationssystem gesteuert werden, ein außertropisches Muster zumindest dem mittelmexikanischen Winterhalbjahr aufprägen, denn sie bringen einen deutlichen Akzent interdiurner Veränderlichkeit in den winterlichen Witterungsablauf, der sonst als typisches Merkmal einer Witterung der Mittelbreiten gilt. Nur der Sommer wird als Regenzeit im tropisch-hygrischen Sinne empfunden, der Winter aber als kalte Zeit im außertropisch-thermischen Sinn.

Durch die außertropischen Einflüsse im Winter werden die Warmtropen im Bereich Mittelmexikos bereits stark eingeengt auf die unterste Höhenstufe der tierra caliente, denn bereits in der tierra templada sind an den unterkühlten Hangpartien Fröste und allgemeiner Wärmemangel als Folge der starken interdiurnen Veränderlichkeit der Temperatur ökologisch wirksam und weniger die thermische Höhenstufe, bei der oberhalb einer bestimmten Höhe die Tagesschwankung frostwirksam wird. Von diesem Phänomen sind die sehr feuchten Abhänge stärker betroffen als das Binnenland. Dort nämlich, im Bereich der Hochfläche, verläuft die mittlere absolute Frostgrenze bei 1900 m, an den Abhängen hingegen im Mittel bei 1200 m. Die Grenze liegt also 700 m tiefer als im Binnenhochland. Die ökologische Wirksamkeit dieses Phänomens drückt sich dadurch aus, daß in der hochstämmigen Baumflora bereits in der tierra templada boreale Elemente starke Verbreitung erlangen und einige Sonderformen sogar den Meeresspiegel erreichen. Kalttropische, d. h. also tropisch montane, und südhemisphärische Florenelemente bevölkern in Mexiko bereits die tierra templada, wohingegen sie in den inneren Tropen vorwiegend die tierra fría beherrschen. Sie sind überdies in Mexiko stark in ihrem Wachstum gehemmt und bilden vorwiegend das niedere Stockwerk des Bergwaldes und z. T. den strauchigen Unterwuchs. Hiervon sind z. B. betroffen: *Weinmannia, Podocarpus* und *Bocconia.* Die immergrünen tropisch-montanen Arten, die bei 10–12 Monaten positiver Wasserbilanz durchaus einem tropisch-hygrischen Rhythmus folgen, müssen im Winterhalbjahr ihre Assimilationstätigkeit sehr stark reduzieren, da die Abkühlung periodenweise sehr groß ist.

Die das physiognomische Bild beherrschenden borealen Arten dieses Waldes, z. B. *Fagus, Quercus, Carpinus, Tilia, Juglans* und *Liquidambar* sind an die starke Abkühlung mit häufigen Frösten adaptiert. Sie reagieren zum großen Teil mit Laubfall ganz im außertropisch-thermischen Jahreszeitenrhythmus. So entsteht auch physiognomisch ein zwiespältiges Bild eines tropischen Bergwaldes mit laubwerfenden borealen Bäumen bei 2000 bis 4000 mm Niederschlag und 10 bis 12 humiden Monaten, wo in den inneren Tropen prächtige Regen-Bergwälder gedeihen.

Mithin zeigt sich deutlich: Tropische Höhenstufen sind zwar formal ausgebildet, wenn man die normale thermische Höhenstufe zugrunde legt. Ihr Inhalt ist aber ökologisch wie auch floristisch bereits sehr stark außertropisch modifiziert.

II. Eng verzahnt mit dem bisher dargelegten Problem der Temperaturhöhenstufung ist in den Tropengebirgen das der Waldgrenze. Infolge der jahreszeitlichen Isothermie ist der Übergang von der Baumvegetation in die Vegetation der Büschelgräser und der Schopfblattpflanzen recht abrupt. Den Typ der Waldgrenze der inneren, feuchten Tropen wie auch den der mexikanischen Randtropen beschreibt Troll (1959).

Die Hauptfrage konzentriert sich darauf: Ist die Waldgrenze in den Tropen eine Trocken- oder Kältegrenze? Als klimatische Bedingungen werden von Troll genannt: geringe jährliche Temperaturschwankungen, fehlender thermischer Jahreszeitenrhythmus, Fehlen winterlicher Schneedecke infolge der vorwiegend wirksamen Tagesschwankungen der Temperatur, die in den inneren Tropen aber ebenfalls recht gering sind, häufiger Frostwechsel, der beliebig auf das Jahr verteilt ist, da die Temperatur fast jeden Tag unter den Gefrierpunkt sinken kann. Dieser Frostwechsel prägt die Vegetation der feuchten Páramos mit ihren sehr eigenartigen Lebensformen ganz besonders.

Für die inneren Tropen kann man dazu neigen, eine Trockengrenze auszuschließen, da trotz stärkerer Abnahme der Niederschläge in den Höhenregionen beim Übergang von den Nebelwäldern zum Páramo noch genügend Niederschlag zur Verfügung steht. Hier dürfte nach dem Stand der Kenntnisse eher das thermische Verhalten limitieren.

Walter und Medina (1969) machen wahrscheinlich, daß weniger der Frost und der Frostwechsel einen direkten Einfluß besitzen als vielmehr die Bodentemperatur. Die auch relativ schwachen Tagesschwankungen in den feuchten inneren Tropen haben zur Folge, daß der Frost nur sehr wenig tief in den Boden eindringt. Schon bei ca. 30 cm unter der Bodenoberfläche ist die Temperatur konstant. Die Bodentemperatur ist aber für das Wurzelsystem maßgebend. Die Temperaturminima dürfen wegen der Eiweißsynthese an den Wurzelsystemen bei tropischen Pflanzen nach Walter und Medina 6 bis 10°C nicht unterschreiten.

Die in 30 cm Tiefe gemessene konstante Temperatur entspricht der Jahresmitteltemperatur der Luft, die man auch aus der thermischen Höhenstufe ableiten kann. Sie liegt an der tropischen Waldgrenze zwischen 7 und 9°C. Diese Temperatur reicht gerade noch für die Baumvegetation aus. Unterhalb dieser Wurzeltemperatur kann die tropisch-montane Baumvegetation nicht mehr existieren.

Die Baumgrenze montan-tropischer Baumarten ist in Mexiko bereits auf Höhen um 2700 bis 2800 m abgesunken. Die wirkliche Waldgrenze verläuft aber in ca. 4000 bis 4150 m. Sie wird von der borealen Baumart *Pinus hartwegii* gebildet. Diese ist nach unseren Beobachtungen bereits den thermischen Jahreszeiten angepaßt. Sie hat eine Winterruhe und verlegt ihre Hauptwachstumsphase auf die sommerliche Jahreszeit, die am Rande der Tropen allerdings mit der tropischen Regenzeit zusammenfällt. Besonders im Winterhalbjahr sind die Fröste und der Frostwechsel an der randtropischen Waldgrenze sehr wirksam. Sie sind dann sowohl häufiger als auch von längerer Dauer und größerer Intensität.

Sie dringen im Sommerhalbjahr hingegen nur selten in den Wurzelbereich ein und sind von kürzerer Dauer. Im Waldgrenzbereich am Pico de Orizaba treten im Mittel ca. 210 Frostwechseltage einschließlich der Eistage auf.

Der Vergleich der Frostwechseldiagramme vom El Misti und den Vulkanen Mexikos (Abb. 2) zeigt bereits deutlich die Unterschiede der nordhemisphärischen Randtropen zu den südhemisphärischen äußeren Tropen. Hier beginnt der Frost schon in 1900 m, am Ostabhang der Sierra Madre Oriental in 1200 m. Dort, am El Misti, setzt er erst bei 3000 m ein.

Während in den südhemisphärischen Tropen ein Höhenintervall zwischen ca. 3400 und 5000 m durchschritten wird, an dem fast nur Frostwechseltage auftreten, setzen in Mexiko bereits in niederen Höhen, in ca. 3500 bis 4000 m, die Dauerfrosttage (Eistage) ein. Das Diagramm steilt sich also gegenüber dem innertropischen merklich auf und gibt damit zu erkennen, daß sich das Frostwechselklima der nordhemisphärischen Tropen bereits stark dem außertropischen Typ zu nähern beginnt, d. h. sich nach thermischen Jahreszeiten ordnet. Die thermischen Jahreszeiten sind mindestens ebenso wirksam wie die thermischen Tageszeiten für den Typ der Waldgrenze in Mexiko.

Weitere Befunde für die Waldgrenze im randtropischen Mexiko möchte ich noch summarisch mitteilen. Nach dem physiognomischen Bild gleichen Wald- und Baumgrenze Mexikos weder den borealen winterkalten Typen noch denen der feuchten Tropen.

Während kurzer Zeit im März 1974 waren vier Stationen zur Feststellung der allgemeinen klimatischen Bedingungen im Waldgrenzbereich des Pico de Orizaba in 4690, 4250, 3990, 3480 m NN (Lauer/Klaus 1975) aufgebaut. Eine einjährige Beobachtungsreihe liegt nunmehr von vier Stationen, die seitdem am Ixtaccíhuatl in Betrieb sind, vor. Alle diese Studien wurden zusammen mit meinem Schüler, Dr. D. Klaus, durchgeführt. Die wichtigsten Ergebnisse seien hier zusammengefaßt.

Die Frostwechselhäufigkeit beträgt ca. 210 Tage. Sie hat eine klare Periodizität. Weit mehr als die Hälfte der Frostwechseltage entfallen auf die Wintermonate zwischen Oktober und März. Im März/April nimmt die Frostwechselhäufigkeit deutlich ab. Genau in diese Zeit fällt auch das Austreiben der Jungtriebe von *Pinus hartwegii*. Zwischen der Einengung der Vegetationszeit mit der Höhe und der Zahl der Frostwech-

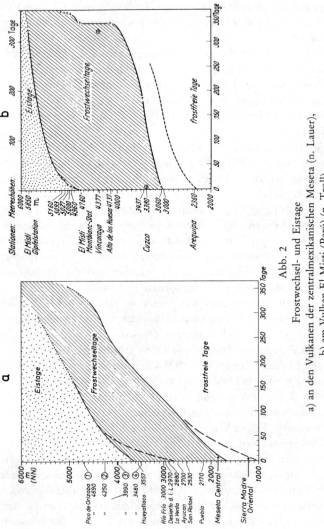

Abb. 2

Frostwechsel- und Eistage
a) an den Vulkanen der zentralmexikanischen Meseta (n. Lauer),
b) am Vulkan El Misti (Perú) (n. Troll).

seltage sowie besonders der Andauer der nächtlichen Fröste (in Stunden) bestehen enge korrelative Zusammenhänge. Zwischen der Zahl der täglichen Froststunden und dem Einsetzen der Vegetationsperiode (d. h. dem Austreiben der Jungtriebe) konnten wir durch unsere Messungen einen Zusammenhang finden. 12 bis 13 Froststunden müssen unterschritten sein, um den Vegetationsprozeß einzuleiten.

Die Boden- und Vegetationsoberflächen wurden mit einer Infrarot-Sonde abgetastet (Abb. 3). Dabei haben wir maximale Tagesschwankungen von 70° festgestellt. Sie traten in abgestorbenen Büschelgraspolstern zwischen Tag und Nacht auf. Minimalwerte wurden an assimilierenden Blättern und Nadeln registriert, wo die Transpiration eine erhebliche Reduktion der Blattoberflächentemperatur bewirkt (Abb. 3a). Die Bodenoberflächentemperaturen schwankten zwischen $-4°$ und $58°C$ am 26. und 27. 3. 1974 bzw. zwischen $-7°$ und $37°C$ am 2. und 3. 3. 1974. Mit zunehmender Bodentiefe konnte – wie nicht anders zu erwarten – ein deutlich verzögertes Auftreten der Maxima und Minima verzeichnet werden (Abb. 3b).

Diese Verzögerung war besonders groß an Gesteinsrücken im Bereich der Waldgrenze (Abb. 3c). Das unterschiedliche Wärmespeichervermögen von Gesteinsrücken und Blockhalden einerseits und der sandigen Bodenoberflächen andererseits führte bei unseren Messungen zu Unterschieden der nächtlichen Minimumtemperaturen von ca. $7°C$. Besonders westexponierte Teilpartien, die vor Sonnenuntergang noch beschienen waren, zeigten den günstigsten Tagesgang. Diese lokale Wärmebegünstigung von ca. 5 bis $7°C$, wie sie mehrfach beobachtet wurde, reduziert örtlich die Zahl der Frostwechseltage im Jahr um 40 bis 50 Tage und erhöht die maximale Zahl der frostfreien Stunden auf 10 bis 12. Damit wird für gewisse Standorte an der Waldgrenze eine erhebliche Begünstigung erreicht, besonders eine Verlängerung und Intensivierung der Vegetationsperiode. Daher gibt es viele Kiefern-Pioniere auf den Rücken.

Durch Messungen konnte auch festgestellt werden, daß die Gesteinsrücken und Blockhalden in bezug auf die Bodenfeuchte bevorzugt sind. Die wärme- und feuchtebegünstigten felsigen, blockreichen Standorte oberhalb der geschlossenen Baumgrenze sind nicht nur von *Pinus hartwegii*-Pionieren bestanden; es gesellt sich 100 m oberhalb noch eine gedrungene windgescherte Wacholderart – *Juniperus monticola* – hinzu,

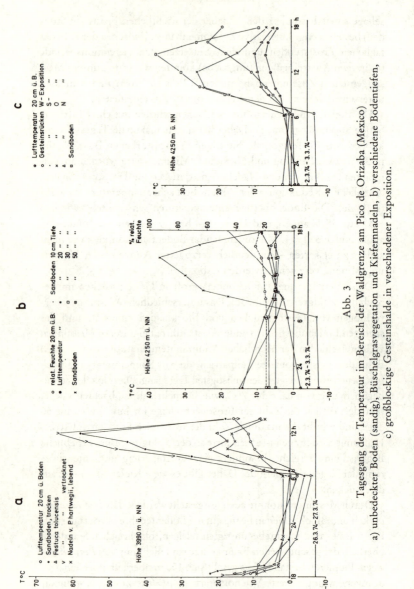

Abb. 3

Tagesgang der Temperatur im Bereich der Waldgrenze am Pico de Orizaba (Mexico)
a) unbedeckter Boden (sandig), Büschelgrasvegetation und Kiefernnadeln, b) verschiedene Bodentiefen,
c) großblockige Gesteinshalde in verschiedener Exposition.

die aber häufig auch diese Standorte allein besiedelt. Diese *Juniperus*-Art erinnert an die *Polylepis*-Bestände in den Anden zwischen Venezuela und Bolivien an ähnlichen Standorten. Eine Krummholzpflanze im alpinen Sinne ist sie aber nicht, da die winterliche Schneedecke als entscheidendes Prägeagens fehlt. Man wird sie auch schwerlich als übriggebliebenes Zeugnis einer ursprünglichen Waldgrenze ansehen können.

Für die spezielle Ausbildung der Waldgrenze an den hohen Vulkanen Mexikos ist die Feuereinwirkung von großer Bedeutung. Der Effekt natürlicher Feuer im Gegensatz zu den von den Hirten gelegten Bränden läßt durchaus spezifische Aussagen zu (Lauer/Klaus 1975).

Auf die Ausbildung der Waldgrenze und ihre ökologischen Bedingungen, besonders das Wachstum, hat auch der tägliche Gang der Strahlung und der umgesetzten Wärme in Verbindung mit ausgeprägten Expositionsunterschieden eine markante Wirkung. Die täglichen Assimilationszeiten sind vorzugsweise auf die späten Nachmittagsstunden und zum Teil auf die frühen Vormittagsstunden verlegt.

Die thermischen wie hygrischen Mikro-Klimafaktoren lassen den Schluß zu, daß die Waldgrenze in Mexiko im Gegensatz zu den feuchten inneren Tropen eine Kälte-Trockengrenze ist. Die obere Kiefern-Waldgrenze ist jedoch weder typisch tropisch noch vollständig außertropisch geprägt. Sie ist ein Abbild auch des floristischen Gesichts dieser Hochgebirgszone, in der außertropische Elemente, besonders in der Baumvegetation, sich mit außertropischem und tropischem Unterwuchs in pflanzengeographischer Eintracht mischen. Die obere Waldgrenze in Mexiko ist demnach geprägt durch einen Übergangscharakter, der nicht gestattet, die differenzierenden ökologischen Merkmale nur einer Klimazone zuzuordnen.

III. Ich möchte mich zum Schluß der vertikalen hygrischen Gliederung der tropischen Gebirgsräume zuwenden. Ein Vegetationsprofil an einem kontinuierlich exponierten Hang der feuchten inneren Tropen zeigt gewöhnlich folgende ökologische Gliederung:

Die Regenwaldvegetation des Tieflandes, häufig palmenreich, geht in ca. 800 bis 1000 m Seehöhe in eine Bergwaldstufe über, die durch höhere Luftfeuchtigkeit gekennzeichnet ist. Die Bergwälder sind reich an Lianen und Epiphyten. Der üppige Unterwuchs ist durchsetzt mit baumförmig wachsenden Farnen. Sie bilden in dieser wolkenreichen Stufe integrierte Bestandteile des Waldes, da sie ein luftfeuchtes Klima lieben. Die Baumstämme und Äste sind aber nur in geringerem Maße von Moosen, Flechten und Farnen besetzt als in der wirklichen Nebelwaldstufe der tierra fría am oberen Rand der Waldgrenze.

Die Wolkenuntergrenze liegt meist ab 1500 bis 1800 m den Hängen auf und hüllt die Bergwälder in Höhen bis ca. 2500 und 2800 m während der Regen in Wolken ein. Ein zweites Kondensationsniveau beginnt je nach Ausbildung des unteren bei 2700 m und reicht in den Bereich der oberen Waldgrenze zwischen 3200 und 3500 m. Es versorgt mit seiner Nebelfeuchtigkeit, aus der auch Niederschläge fallen, die Nebelwälder im engeren Sinne an der oberen Waldgrenze, deren Lebensformen Troll vielfach beschrieb. Sie wirken feuchter als die Wolkenwälder des unteren Kondensationsniveaus, da in der wasserdampfgesättigten Nebelatmosphäre feinste Wassertröpfchen schweben. Nicht immer fallen die Nebel als Niederschlag aus.

Da die Pflanzen kein Wasser aus der Luft aufnehmen können, haben nebelfangende Pflanzen, wie *Pinus patula* in Mexiko, die Fähigkeit entwickelt, mit ihren Blättern oder Nadeln die Feuchtigkeit zu größeren Tropfen anzureichern, die dann, der Schwerkraft folgend, zu Boden fallen. Stämme und Äste sind dicht besetzt mit Moosen, Farnen, Flechten und epiphytischen Blütenpflanzen. Daher werden diese Wälder auch Mooswälder oder elfin-forests genannt. Auch die Kugelschirmkronen der Bäume sind offenbar Adaptationsformen, die die Nebelfeuchtigkeit am besten nutzen können. Dieses obere Nebelniveau enthält aber weniger ausfällbaren Wasserdampf als das niedrige Kondensationsniveau. Dafür tritt das höhere Nebelniveau häufiger auf und entwickelt sich auch noch in der trockenen Periode, verlängert also die humide Zeit.

Untersucht man die Niederschlagsmengen an den Hängen, so stellt sich heraus, daß die Stufe maximaler Niederschlagsmengen bereits dem ersten, unteren Kondensationsniveau zugeordnet ist und im Intervall zwischen 900 und 1400 m ihren Umkehrpunkt zwischen Zunahme und Abnahme erreicht. Die Fußzonen der Gebirge sind also relativ trockener, insbesondere, da die Niederschläge bei ihrem Fall in die heißere Fußstufe der Gebirge Verdunstungsverluste erleiden. Die höheren Teile des Gebirgsabhanges sind ebenfalls trockener, da die Wasserdampfkonzentration mit der Höhe rasch abnimmt. Das zweite Kondensationsniveau versorgt die Nebelwälder im engeren Sinne mit höherer Luftfeuchtigkeit, aber weniger tropfbarem Niederschlag.

Ein Diagramm der Niederschlagshöhenstufung in Mexiko (Abb. 4) erläutert diesen Tatbestand. Die maximalen Niederschlagsmengen fallen bereits in Höhen zwischen 600 und 1400 m Meereshöhe. Ein schwaches sekundäres Maximum liegt in Höhen um 3000 m.

Weischet (1965, 1969) hat für die hygrische Höhengliederung in den feuchten Tropen drei Regeln ermittelt, wonach die Stufe maximaler Niederschlagsmengen zwischen 900 und 1400 m Seehöhe liegt. Das in der Abb. 4 sichtbare schwache zweite Maximum in einer Höhe von 2700 bis 3200 m folgt einer zweiten Regel, wonach oberhalb von Hochbecken, die in die Gebirgsmassive eingeschaltet sind, erneut eine Niederschlagszunahme einsetzt (Randschwellenmaximum).

Auch die dritte Regel, daß nämlich die maximale Stufe der Niederschläge in trockenen Durchbruchstälern fehlt, läßt sich für Mexiko be-

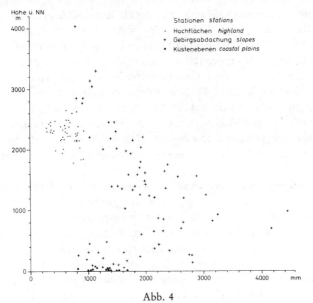

Abb. 4

Jährliche Niederschlagssummen und Meereshöhe am Ostabfall der mexikanischen Meseta zur karibischen Küstenniederung.

stätigen. Sie wird verhindert durch die thermische Berg-Talwindzirkulation, wie sie Troll bereits beobachtet hat. Die Niederschläge in diesen
Talungen können nur durch das höhere Kondensationsniveau des Höhenstockwerkes geliefert werden. Trockenheit kennzeichnet die mittleren Talabschnitte ganz besonders. Weischet hat diese Regeln 1969 am
Beispiel des nahezu ganzjährig feuchten Äquatorialklimas innerhalb der
ITC am Beispiel Kolumbiens abgeleitet.

Für andere Räume, die allerdings auch andere Witterungsabläufe
besitzen als Kolumbien, aber dennoch gleichwohl tropisch genannt
werden müssen, haben sich abweichende Ergebnisse gezeigt.

Zwei französische Stationsprofile und eine eigene, mit Hilfe meines
Mitarbeiters Schmiedecken betreute Meßkette an den Hängen des Kamerunberges in Verbindung mit den vorhandenen Stationsmaterialien
rund um den Berg, ergaben für die sehr feuchte monsunbeeinflußte
Südwestflanke eine Stufe maximaler Niederschläge in unmittelbarer
Meereshöhe (Abb. 5a). Von dort nimmt der Niederschlag im Durchschnitt um 20 cm pro 100 m bis zu einer Höhe von 4000 m, dem Gipfel
des Kamerunberges, ab. Dabei beträgt die Abnahme im Höhenintervall
von 0 bis 2000 m rd. 30 cm pro 100 m und im Intervall zwischen 2000
und 4000 m um 10 cm pro 100 m. Auch auf der Südostflanke ist die Fußstufe die feuchteste, doch nimmt hier der Niederschlag pro 100 m um
5 cm ab (Abb. 5b). Auf der Nordostseite schließlich, wo der Monsun
geringen Einfluß besitzt und sich das Passatstörungsklima mit konvektivem Rhythmus voll auswirken kann, herrschen etwa Verhältnisse, wie
sie Weischet beschrieb. Die Niederschläge nehmen hier leicht bis auf
1500 m zu, um dann pro 100 m um 5 cm bis zum Gipfel abzunehmen
(Abb. 5c).

Am Kamerunberg werden auf der Westseite nur in der Fußstufe südwestliche Monsunwinde festgestellt. In größeren Höhen hingegen
herrscht der Passat aus Nordosten fast das ganze Jahr über vor. Die sehr
seichte Monsunströmung regnet sich im unteren Höhenintervall ab.
Der darüberliegende Passat wird aber ständig mit Wasserdampf versorgt und verursacht seinerseits Konvektivregen an den Hängen bis in
Höhen von 4000 m. Dort fallen immerhin noch 2000 mm Niederschlag.

Wieder anders reagieren Tropengebirge mit trockener Fußstufe.
Überprüfungen am Kilimandscharo und besonders an Beispielen
Äthiopiens, das als feuchte Insel von tropischen Trockengebieten um

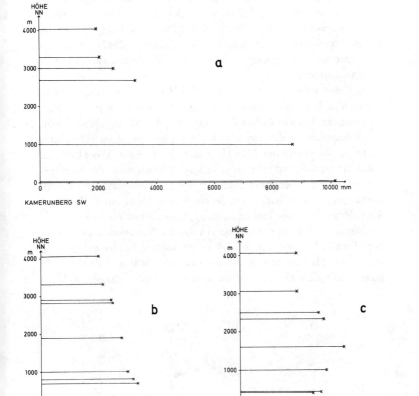

Abb. 5
Jährliche Niederschlagssummen und Meereshöhe auf 3 Profilreihen
am Kamerunberg
a) SW-Abdachung
b) SE-Abdachung
c) NE-Abdachung.

geben ist, zeigen, daß hier die Stufe maximaler Niederschläge im Südwesten, der monsunbeeinflußten Seite, aber auch beiderseits des nördlichen Grabengebietes zwischen 1800 und 2500 m NN liegt (Abb. 6a u.
b). Erst von dieser Höhe an kann mit einer Abnahme des Niederschlags
gerechnet werden, wobei ein sekundäres Maximum vermutlich in
3500 m anzunehmen ist.

Die Gründe für dieses Verhalten sind vielfältig. Die Sommerregen re-
sultieren nach der allgemeinen Meinung im wesentlichen aus dem Süd-
westmonsun. Die Höhenlage des Maximums der Niederschläge erklärt
sich vermutlich aus der Tatsache, daß auch hier die Monsunströmung
relativ seicht ist und nur 2000 bis 2500 m hoch reicht. Das Hochland
selbst ist besonders im Sommer ganztägige Wärmequelle, die die umge-
bende Luft durch den Strom fühlbarer Wärme weiter aufheizt und sehr
starke Konvektion auslöst. Die feucht-warme Monsunluft, die durch
die Täler auch auf die Höhen aufsteigt, liefert durch die freiwerdende
Kondensationswärme weiter Energie, die den Konvektionsprozeß auf
der Hochfläche verstärkt, so daß es zu starken Niederschlägen mit
maximalen Mengen erst in Höhen zwischen 2000 und 2500 m NN
kommt. Die Konvektionsprozesse halten während der Regenzeit bis in

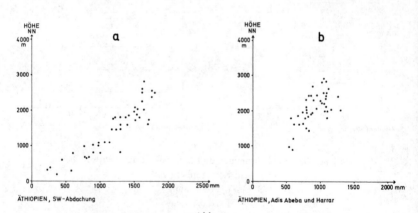

Abb. 6
Jährliche Niederschlagssummen und Meereshöhe in Äthiopien.
a) SW-Abdachung
b) beiderseits des nördlichen Grabengebietes.

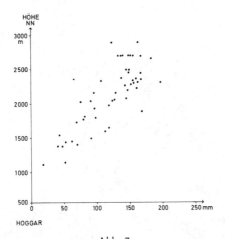

Abb. 7
Jährliche Niederschlagssummen und Meereshöhe im Hoggar-Gebirge
(n. Dubief).

die Nacht hin an und können sich über mehrere Tage erstrecken. Der Monsun bringt zwar auch den Luvseiten und den Niederungen Niederschlag; aber erst durch die konvektive Anhebung in größeren Höhen kommt es zu den maximalen Niederschlagsmengen.

Das Hoggar-Massiv inmitten der Sahara zeigt ebenfalls eine regenfeuchtere Gebirgsstufe (Abb. 7), die nach Untersuchungen von Dubief u. Yacono in ca. 2500 m liegt und in den einzelnen Beobachtungsjahren zwischen 2300 m in feuchten und 2700 m in trockenen Jahren schwankt. Da die Niederschläge im Hoggar-Gebirge vorwiegend im Sommerhalbjahr fallen und winterliche Zyklonen am Niederschlagsgeschehen nur wenig Anteil haben, kann man diese Niederschläge noch den Ausläufern tropischer Zirkulation zuschreiben. Die Niederschlagshöhen erreichen in Normaljahren im Maximum bis zu 150 mm. Das Hoggar-Gebirge kann somit als Typ der randlichen wüstenhaften Trockentropen gelten.

Die untersuchten Bereiche haben also unterschiedliche maximale Niederschlagsstufen. Abb. 8 weist aus, daß mit zunehmender Trockenheit – je nach Zirkulationstyp – die Maximalstufe sich von Meeresspiegelhöhe bis auf 2500 m verschieben kann (vgl. Lauer 1975, Abb. 16).

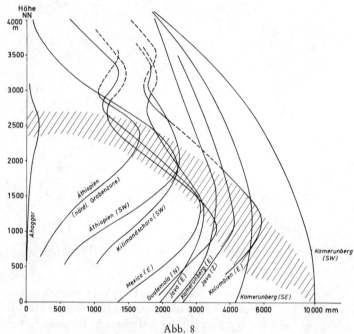

Abb. 8

Jährliche Niederschlagssummen verschiedener Gebirgsabdachungen in Abhängigkeit von der Meereshöhe. Schraffierte Fläche = Höhenlage der Maximalstufe.

Aus dem Gesagten lassen sich die Regeln der vertikalen Niederschlagsverteilung in den feuchttropischen Gebirgen erweitern für die halbfeuchten und trockenen, man kann auch sagen „äußeren" und „randlichen" Tropen: je trockener die Fußstufe, um so höher liegt die Stufe der maximalen jährlichen Niederschlagsmenge in tropischen Gebirgen. Zugleich muß man aber hinzufügen, daß die Stufe maximaler Niederschläge maßgeblich vom Zirkulationsregime abhängig ist. Dort, wo der reine konvektive Niederschlagstyp in tropischen Räumen durch Zirkulationsvorgänge anderer Art abgewandelt wird, wird auch die Grundregel, die für konvektive Niederschläge gilt, durchbrochen. Außerdem gibt es dadurch auch eine jahreszeitliche Wanderung der Stufe höchster Niederschlagsmengen an Tropenhängen.

Zusammenfassend ergibt sich:

1. Im Bereich monsunaler Zirkulation innerhalb der innertropischen Westwind-strömung kann die Stufe maximaler Niederschläge bis zum Bodenniveau absinken (Beispiel Kamerunberg).

2. Bei Gebirgsmassiven größeren Ausmaßes, die aus einer trockenen Umgebung aufragen, können sich regenbürtige Kondensationsvorgänge im Interak-tionsbereich von Monsun und Passat erst in größerer Höhe maximal auswir-ken. Hochgelegene Heizflächen und feucht-labile Unterströmungen spielen dabei als Energielieferant eine Rolle (Beispiel Äthiopien).

3. Im randtropischen Wüstenbereich wirkt die wüstenhafte Umgebung für ein Gebirgsmassiv als riesige Heizfläche. Sie löst bei Passatstörungen am Rand der sommerlichen innertropischen Konvergenzzone erst in größeren Höhen, bei ca. 2500 m, maximale Niederschläge aus, da der Wasserdampf erst nach entsprechender konvektiver Hebung ausfallen kann (Beispiel Hoggar-Gebirge).

Das Bild der hygrischen Gliederung der Tropen hat mithin also auch eine auffallende Vertikaldifferenzierung. Dabei kann die Stufe maxi-maler Niederschläge im Höhenintervall zwischen 0 und 2500 m zu liegen kommen.

Literatur

Dubief, I.: Le climat du Sahara. Memoires hors Série. Trav. de l'Institut de Re-cherches Sahariennes, Alger. Tome I, 1959, Tome II, 1963.

Flohn, H.: Über die Ursachen der Aridität Nordost-Afrikas. Würzb. Geogr. Arb. 12, 1964, S. 25–41.

–: Contributions to a synoptic climatology of East Africa. Manuscript (ohne Jahr).

Lauer, W.: Zusammenhänge zwischen Klima und Vegetation am Ostabfall der mexikanischen Meseta. Erdkunde XXVII, H. 3, Bonn 1973, S. 192–213.

–: Vom Wesen der Tropen. Klimaökologische Studien zum Inhalt und zur Ab-grenzung eines irdischen Landschaftsgürtels. Abh. d. Akad. d. Wiss. u. Lit., Math.-Nat. Kl. Nr. 3, Wiesbaden 1975.

Lauer, W., D. Klaus: Geoecological investigations on the timberline of Pico de Orizaba, Mexico. Arctic and Alpine Research, Boulder, Colorado 1975, S. 315–330.

Schaller, K. F., W. Kuls: Äthiopien. Eine geographisch-medizinische Landes-kunde. Berlin 1972. Medizinische Länderkunde 3. Darin: W. Kuls: Klima und Gewässer, S. 5–9. Das Pflanzenkleid, S. 9–12.

Troll, C.: Forschungen in Zentralmexiko 1954. Die Stellung des Landes im drei-dimensionalen Landschaftsaufbau der Erde. 30. Dt. Geographentag Hamburg 1955. Tag.-Ber. u. wiss. Abh., Wiesbaden 1957, S. 191–213.

–: Die tropischen Gebirge, ihre dreidimensionale klimatische und pflanzen-geographische Zonierung. Bonner Geogr. Abh. 25, 1959.

–: Vergleichende Geographie der Hochgebirge der Erde in landschaftsökologischer Sicht. Eine Entwicklung von dreieinhalb Jahrzehnten Forschungs- und Organisationsarbeit. Geogr. Rundschau 27/5, 1975, S. 185–198.

Walter, H., E. Medina: Die Bodentemperatur als ausschlaggebender Faktor für die Gliederung der subalpinen und alpinen Stufe in den Anden Venezuelas. Ber. Dt. Bot. Ges. 82, 1969, S. 275–281.

Weischet, W.: Der tropisch-konvektive und der außertropisch-advektive Typ der vertikalen Niederschlagsverteilung. Erdkunde XIX, Bonn 1965, S. 6–14.

–: Klimatologische Regeln zur Vertikalverteilung der Niederschläge in den Tropengebirgen. Die Erde, Berlin 1969, S. 287–306.

Yacono, D.: Essay sur le climat de montagne au Sahara, l'Ahaggar. Trav. de l'Institut de Recherches Sahariennes. I/1968.

Geographische Zeitschrift 66 (1978), S. 106–123.

EINFLUSS DER OZEANTEMPERATURANOMALIEN IM ZENTRALEN NORDPAZIFIK AUF DIE WINTERSTRENGE IM OSTEN NORDAMERIKAS

Von DIETER KLAUS

Zusammenfassung

Die Anomalien der Januartemperaturen des im Osten der USA extrem kalten Winters 1976/77 werden in ihrer räumlichen Struktur erfaßt und durch die Änderungen der Stromlinien gegenüber den mittleren Zirkulationsbedingungen des Monats Januar im Bodenniveau genetisch interpretiert. Die größten negativen Anomalien treten im Bereich der um etwa 500 km äquatorwärts verlagerten Luftmassengrenze zwischen polar-arktischer, pazifischer und tropisch-maritimer Luft auf.

Die Zirkulationsstruktur in der mittleren Troposphäre ist durch kräftige Höhenrücken über Alaska und dem westlichen Atlantik sowie durch weit äquatorwärts vorstoßende Höhentröge über dem zentralen Pazifik und dem Osten Nordamerikas gekennzeichnet. Die Frontalzone ist im Januar 1977 über dem Osten der USA um 500 km äquatorwärts verlagert.

Negative Anomalien der Oberflächentemperaturen des zentralen und positive Anomalien der Oberflächentemperaturen des östlichen Pazifiks sind für den Höhentrog über dem zentralen Pazifik bzw. den Höhenrücken über Alaska verantwortlich. Die negativen Temperaturanomalien könnten ihre Ursache in Intensitätsschwankungen des Kuro-Schiostromes haben.

Zwischen den zeitlichen Änderungen der Sonnenfleckenrelativzahlen und den Oberflächentemperaturfluktuationen des Pazifiks besteht eine positive korrelative Beziehung. Eine ca. 5,75jährige Periode, die als Harmonische des Sonnenfleckenzyklus verstanden wird, findet sich in den Januartemperaturzeitreihen Chicagos und San Franciscos sowie einiger kanadischer Stationen. Eine ca. 11jährige Zeitverschiebung führt zwischen 1890–1955 zur Phasengleichheit der Januartemperaturfluktuationen Chicagos und San Franciscos.

Die Fronthäufigkeiten im karibischen Raum (Nortes) sowie im westlichen Atlantik werden bestimmt und einer "Maximum Entropy Spectral Analysis" unterzogen. Der 11jährige Zyklus ist auch hier deutlich ausgebildet. Während der

Sommermonate zeichnet die Hurrikanhäufigkeit im Golf von Mexico ebenfalls
die Sonnenfleckenperiode nach.

Wenigstens zeitweilig scheinen hier enge Telekonnektionen zwischen
den Oberflächentemperaturen des zentralen Pazifiks und der atmosphärischen Zirkulationsstruktur im Bereich der amerikanischen Ostküste zu bestehen.

Einleitung

Im Winter 1976/77 und zeitweilig auch im Winter 1977/78 wurde der
Osten der USA von extremen Kältewellen und heftigen Schneefällen
heimgesucht. Im Januar 1977 wurden östlich des Mississippi an der
Mehrzahl aller Stationen die niedrigsten Temperaturen seit Installation
der Meßeinrichtungen registriert. Der volkswirtschaftliche Schaden,
der allein im Winter 1977 entstand, wird mit über 30 Mrd. DM angegeben. Auf Floridas Landwirtschaft entfallen davon mehr als 4 Mrd. DM
(NOAA 1977).

In der vorliegenden Untersuchung wird versucht, über die Raummuster wichtiger Klimaparameter die Zirkulationsbedingungen herzu-
leiten, die zu diesen extremen Temperaturanomalien führten. Möglichkeiten einer Prognose werden diskutiert und im Zusammenhang mit
bisher bekannten Trendänderungen und periodischen Oszillationen einiger geophysikalischer Parameter analysiert.

Die bodennahen Temperatur-
und Zirkulationsbedingungen Nordamerikas
im Winter 1976/77

Das Ausmaß der Kälteanomalie im Winter 1977 wird durch den Vergleich mit den langjährigen Mitteltemperaturen besonders deutlich. In
Abb. 1a ist für Nordamerika die Abweichung der Januartemperaturen
1977 vom langjährigen (30 Jahre) Monatsmittel dargestellt. Das Vertei-
lungsmuster der Abweichungen ist geprägt durch positive Abweichungen über Alaska und dem nördlichen Kanada und negativen Anomalien
östlich des Felsengebirges. Westlich der Rocky Mountains sind von Kalifornien bis Zentralmexiko reichend positive Temperaturanomalien

ausgebildet, die ebenfalls in Yukatan und Guatemala sowie dem nördlichen Südamerika bestimmend sind.

Es erhebt sich die Frage, welche Zirkulationsbedingungen dieses Raummuster der Temperaturanomalien auslösten. In Abb. 1b sind durch stark ausgezogene Pfeile die im Mittel vorherrschenden Januarwindrichtungen angegeben. Drei Luftmassen sind für den nordamerikanischen Kontinent bestimmend (Bryson 1966):

1. Arktische und polare Luftmassen, die aus nord-nordwestlichen Richtungen äquatorwärts vorstoßen und periodische Kältewellen, die bis weit in den Golf von Mexiko wirksam sind – hier als Nortes bekannt –, auslösen.

2. Pazifische Luftmassen, die vom Pazifik aus bei vorherrschender zonaler Orientierung der polaren Westwindströmung bis zur Ostküste des Kontinents vorstoßen können.

3. Tropisch-maritime Luftmassen, die vom Golf von Mexiko aus ins Landesinnere vordringen, wenn kräftige Tiefdruckgebiete vom Lee der Rocky Mountains aus in östliche Richtungen abwandern.

Nach den mittleren Stromlinienstrukturen für den Monat Januar (Bryson 1966) lassen sich die in Abb. 1b angegebenen mittleren Luftmassengrenzen festlegen. Ein Vergleich von Abb. 1a und 1b zeigt, daß die höchsten negativen Temperaturanomalien knapp südlich der Grenzzone zwischen pazifischen, polar-arktischen und tropisch-maritimen Luftmassen auftreten, die höchsten positiven Temperaturabweichungen vom langjährigen Mittel fast ausnahmslos im Bereich polarer und arktischer Luftmassen zu beobachten sind.

Zur Darstellung der bodennahen Zirkulationsänderungen im Januar 1977 gegenüber dem langjährigen Mittel wurden aus den Luftdruckabweichungen vom langjährigen Mittel (1900–1939) die Zusatzwinde konstruiert (Daten nach Amtsblatt des Deutschen Wetterdienstes, Witterung in Übersee, Beilage zur Berliner Wetterkarte). So bewirkt eine extreme negative Luftdruckanomalie über dem Zentralpazifik (—20 mb) einen Zusatzwind, der aus südwestlichen Richtungen nach Alaska vorstößt. Die ebenfalls negative Luftdruckabweichung (—10 mb) über dem westlichen Atlantik impliziert Zusatzwinde, die einerseits atlantische Luftmassen in den nordkanadischen Raum führen, andererseits aber verstärkt arktisch-polare Luftmassen in den Südosten der USA leiten.

Die dünn in Abb. 1b eingezeichneten Zusatzwinde ermöglichen eine

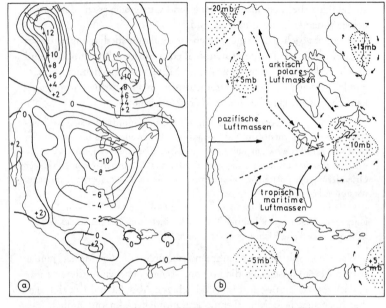

Abb. 1

a) Abweichungen der Januartemperaturen 1977 vom Mittelwert (1930–1959)
b) Mittlere Stromlinien und Luftmassengrenzen verändert nach Bryson (1966)
sowie die Maxima der Abweichungen vom Normalluftdruck (1900–1939) und
resultierende Zusatzwinde (kleine Pfeile). Daten nach der Berliner Wetterkarte
(1977), dem Amtsblatt des Deutschen Wetterdienstes (1977) sowie dem Deutschen Wetterdienst (1977)

Erklärung des Raummusters der Temperaturabweichungen. Die positiven Temperaturanomalien im polaren und arktischen Raum Nordamerikas werden durch das für die Wintermonate ungewöhnlich häufige
Auftreten (Zusatzwind) von Winden aus dem atlantischen und pazifischen Seeraum ausgelöst. Alaska und der nordkanadische Raum werden dementsprechend kaum von arktisch-kontinentalen Luftmassen
berührt.

Die maritimen polaren Luftmassen kühlen über dem nordamerikanischen Kontinent rasch ab und werden zugleich, stärker als nach den
mittleren Stromlinien zu erwarten, nach Süden geführt. Dadurch wer-

den die pazifischen Luftmassen, die im Bereich südlich der großen Seen ein vergleichsweise ausgeglichenes winterliches Klima bewirken, südwärts abgedrängt. Insgesamt schiebt sich die Grenze zwischen polaren und tropisch-maritimen Luftmassen um ca. 500 Kilometer nach Süden. Im unmittelbaren Bereich der Ostküste sind es teilweise mehr als 1000 Kilometer. Die tropisch-maritimen Luftmassen bleiben in ihrem Einfluß dadurch auf die unmittelbare Golfküstenzone begrenzt.

Die nach Süden abgedrängten pazifischen Luftmassen beeinflußten im Januar 1977 verstärkt die Küstenregion von Kalifornien bis Zentralmexiko und verhinderten das gelegentliche Eindringen von Kaltluftmassen, die unter dem Namen „pazifischer Nortetyp" bekannt sind (Klaus 1975). Auch die positiven Temperaturanomalien im Süden Yukatans und in Guatemala dürften Resultat der verstärkten pazifischen Luftmassenzufuhr sein, die das äquatorwärtige Vordringen der „Nortes" über den 20. Breitenkreis hinaus verhindert. Schließlich können die positiven Temperaturanomalien im Norden Südamerikas als Ergebnis der verstärkten kontinentaltropischen Luftmassenzufuhr aus dem Inneren des Kontinents erklärt werden.

Es wird deutlich, daß die höchsten Temperaturabweichungen in den Gebieten auftreten, in denen im Januar 1977 regelmäßig Luftmassen auftraten, die hier im Mittel kaum zu beobachten sind. In Alaska und im nördlichen Kanada sind es polare maritime Luftmassen, statt der üblichen arktisch-kontinentalen, im Bereich südlich der großen Seen sind es kontinental-polare Luftmassen an Stelle der üblichen tropisch-maritimen bzw. pazifisch-maritimen Luftmassen.

Die Zirkulationsbedingung in der mittleren und oberen Troposphäre im Januar 1977

Die enge Korrespondenz zwischen Luftdruckanomalien, den daraus abzuleitenden Zusatzwinden und dem Raummuster der Temperaturanomalien wirft die Frage nach den Ursachen der extremen Luftdruckanomalien im pazifischen und atlantischen Sektor auf. In Abb. 2a ist die Lage der 500-mb-Fläche über dem nordamerikanischen Kontinent für den Monat Januar 1977 und für die mittleren Zirkulationsbedingungen im Januar (1949–1973) dargestellt. Es wurden aus Gründen der Über-

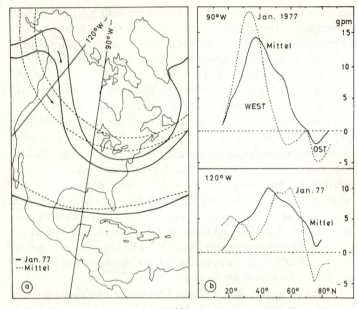

Abb. 2

a) Verlauf der 5320-, 5440- und 5800-gpm-Isohypse der 500-mb-Fläche für
Januar 1977 und die mittleren Bedingungen der Jahre 1949–1973

b) Höhengradient der 500-mb-Fläche pro 5° Breitenänderung für Januar 1977
und das langjährige Mittel (1949–1973). Nach Daten aus dem Amtsblatt des
Deutschen Wetterdienstes (1977) und dem Deutschen Wetterdienst (1977)

sichtlichkeit jeweils nur die Raumstrukturen der 5320-, 5440- und
5800-gpm-Isohypsen eingezeichnet.

Im Januar 1977 ist die Höhenströmung gegenüber dem Mittel
wesentlich verändert: 1. Über Alaska liegt ein mächtiger Höhenrücken.
2. Im Bereich der Ostküste Nordamerikas ist der quasistationäre
Höhentrog erheblich vertieft. 3. Über dem westlichen Atlantik ist ebenfalls ein Höhenrücken ausgebildet. 4. Über Mexiko und dem Golf von
Mexiko ist die Höhenströmung geringfügig äquatorwärts verlagert.

Damit ist aber die Ursache für die großen negativen Luftdruckanomalien, die im Bodenniveau über dem westlichen Pazifik (—20 mb) und
östlichen Atlantik (—10 mb) im Januar 1977 auftraten, verständlich:

Beide Anomalien liegen unter den Trogvorderseiten der kräftig entwik-
kelten Höhentröge über dem zentralen Pazifik und der amerikanischen
Ostküste (Abb. 2a). Gegenüber den mittleren Bedingungen einer weit-
gehend zonalen Strömung erhöht sich unter der Trogvorderseite die
Konvergenz im Bodenniveau. Starke Auftriebskräfte und resultierender
Luftdruckfall im Bodenniveau sind die Folge.

Nach Daten des Deutschen Wetterdienstes wurden in Abb. 2b für 90
und 120 Grad westlicher Länge die Höhengradienten der 500-mb-
Fläche pro 5 Grad Breitenänderung bestimmt (Mittel: 1949–1973).

Positive Änderungen der Höhe der 500-mb-Fläche in Nord-Südrich-
tung zeichnen vorherrschende geostrophische Westwindkomponenten,
negative Änderungen vorherrschende geostrophische Ostwindkompo-
nenten nach.

In 90 Grad West ist die Höhenströmung im Januar 1977 nicht nur um
25 % kräftiger als im Mittel ausgebildet, sondern auch um mehr als
500 km äquatorwärts verlagert. Gleichzeitig ist die arktische Höhenost-
strömung verstärkt und äquatorwärts vorgestoßen. Die südwärtige Ab-
drängung der Luftmassengrenze im Bodenniveau über dem östlichen
Nordamerika entspricht demnach einer Verlagerung der polaren Höhenwestwinde in gleicher Größenordnung. Diese erreicht maximale
Beträge in etwa 40–45 Grad Nord und verschwindet in ca. 15 Grad
Nord (Abb. 2b).

Ein anderes Bild bieten die Strömungsbedingungen entlang dem 120.
Meridian (westliches Nordamerika). Hier ist die Zone maximaler
Windgeschwindigkeiten um 7–9 Breitengrade polwärts gegenüber dem
Mittel verschoben. In etwa 20 Grad Nord ist ein zweites Geschwindig-
keitsmaximum der Höhenwestwinde erkennbar. Mit zunehmender
Höhe verstärken sich beide Geschwindigkeitsmaxima bis ins 200–300-
mb-Niveau.

Die Aufspaltung der Höhenwestwindströmung in zwei Geschwindigkeitsmaxima ist charakteristisch für das Auftreten meridionaler
Zirkulationsstrukturen (Palmen/Newton 1969). Die Aufspaltung der
Höhenströmung in einen nördlichen Zweig, der über Alaska einen
mächtigen Höhenrücken, über dem zentralen Pazifik einen weit äquatorwärts reichenden Trog ausbildet, erfolgt vor der amerikanischen
Westküste. Wie Abb. 2b zeigt, sind beide Strahlstrombänder (Subtro-
penjet und Polarfrontjet) in 90 Grad westlicher Länge wieder vereinigt.

Diese Erscheinung kann sehr regelmäßig beobachtet werden (Riehl 1969).

Zusammenfassend ergibt sich folgende Ursachenverknüpfung für die Entstehung der extremen Kälteanomalie im Osten Nordamerikas: Im Januar 1977 bildete die Höhenströmung über dem zentralen Pazifik einen mächtigen Höhentrog, über Alaska einen kräftigen Höhenrücken und über der amerikanischen Ostküste ebenfalls einen weit äquatorwärts reichenden Höhentrog aus. Ein weiterer Höhenrücken über dem Atlantik bildete sich ebenso wie der Trog über der Ostküste Amerikas als Resonanzerscheinung der Zirkulationsbedingungen im pazifisch-amerikanischen Sektor aus. Unter der Trogvorderseite der Höhentröge erfolgte eine verstärkte Konvergenz und dadurch bedingt ein extremer bodennaher Luftdruckfall. Die daraus in Bodennähe resultierenden Zusatzwinde führten vergleichsweise maritime Luftmassen nach Alaska und Nordkanada, extrem kalte, kontinentale Luft aber im östlichen Nordamerika weiter als im Mittel äquatorwärts. Der Einflußbereich pazifischer und tropisch-maritimer Luftmassen wurde damit auf den äußersten Süden der USA begrenzt.

Die Höhenströmung über Nordamerika
in Abhängigkeit von den Ozeantemperaturanomalien
im zentralen Nordpazifik

Die Frage bleibt offen, wodurch der mächtige Höhentrog über dem Pazifik und der ungewöhnlich kräftige Höhenrücken über Alaska entstanden sind. Die stromab folgenden Großamplitudentröge und Rücken über der amerikanischen Ostküste und dem östlichen Atlantik lassen sich als Resonanzerscheinungen des pazifischen Troges und des Höhenrückens über Alaska erklären (Rossby 1940).

In diesem Zusammenhang ist es von Bedeutung, daß die meridionale Höhenströmung über Nordamerika sich bereits im September-Oktober 1976 einstellte (Wagner 1977a) und bis in die zweite Februarwoche fast unverändert bestehen blieb. Gerade diese Quasipersistenz der Zirkulation war es (Wrighton 1977, Wagner 1977b), die zu den wiederholten Kältewellen im Osten Nordamerikas führte. Eine ganz wesentliche Ursache für derartig persistente Zirkulationsanomalien sind Anomalien der Ozeantemperaturen (Wright 1977, Namias 1964, Ratcliffe/Murray 1970). Da die für den Winter so entscheidende Zirkulationsstruktur bereits im Herbst zu beobachten war, fallen großflächige anomale Schnee- und Eisbedeckungen als Regulativ aus.

Generell konnte für den Pazifik (Namias 1969) und den Atlantik (Orlemans 1975) gezeigt werden, daß sich östlich einer positiven oder negativen Ozeantemperaturanomalie, die sich mindestens über ein Areal mit einem Durchmesser von 1000 km erstreckt und einen anomalen Wärmetransport von wenigstens 25 cal cm $^{-2}$d^{-1} bewirkt (Sawyer 1965), bevorzugt ein Höhenrücken oder Höhentrog ausbildet.

Für den Zeitraum 1949–1973 liegen die monatlichen Ozeantemperaturen für den gesamten Pazifik vor. Weare et al. (1976) haben mit diesem Datensatz eine Hauptkomponentenanalyse durchgeführt. 7,5 % der Gesamtvarianz werden durch eine Verteilung der Ozeantemperaturen im Pazifischen Ozean erklärt (Verteilungstyp NS 2), die durch negative (positive) Temperaturanomalien im zentralen und westlichen, hingegen durch positive (negative) Temperaturanomalien im östlichen Pazifik gekennzeichnet ist. Östlicher und zentraler Pazifik verhalten sich also hinsichtlich der großflächigen Temperaturanordnungen im vieljährigen Mittel invers zueinander. Für den Zeitraum von 1961–1973 konnten Rogers (1974) und auch Namias (1969/1974) zeigen, daß regelmäßig mit negativen Temperaturanomalien über dem zentralen Pazifik ein mächtiger Höhentrog über diesem Gebiet in den polaren Westerlies und ein kräftiger Höhenrücken über Alaska ausgebildet ist. Nach Collins (1973) sind diese Zusammenhänge für die Wintermonate 1961–1970 sowie 1971–1972 schematisch in Abb. 3 zusammengefaßt.

Im Winter 1976/77 blieben die Ozeantemperaturen im zentralen und westlichen Nordpazifik weit unter den langjährigen Mittelwerten (Beilage zur Berliner Wetterkarte, 25. 1. 1977). Dieser negativen Temperaturanomalie standen positive Ozeantemperaturanomalien im östlichen Nordpazifik gegenüber und erzwangen die Quasipersistenz der Struktur der Höhenströmung im Winter 1976/77.

Ein weiterer Effekt verstärkte allerdings die Meridionalität der Zirkulation über Nordamerika: Im Dezember 1976 stellte sich, ähnlich wie in den letzten 25 Jahren bereits 12mal, eine große stratosphärische Erwärmung (major warming) über Europa ein (Labitzke et al. 1977). Diese stratosphärische Erwärmung führte Anfang Januar 1977 zum

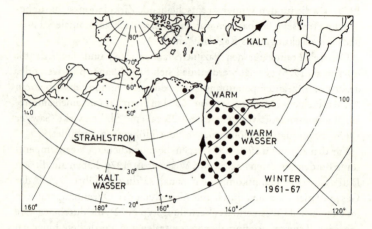

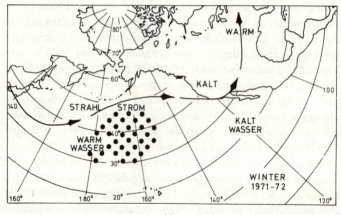

Abb. 3

Schematische Darstellung des statistischen Zusammenhangs zwischen Ozeantemperaturanomalien im zentralen und östlichen Nordpazifik, dem Strahl-
stromverlauf in 10 km Höhe und der Winterstrenge in Nordamerika (nach
Collins 1973)

Zusammenbruch des Polarwirbels in der unteren Stratosphäre. Gleichzeitig wanderte das stratosphärische Erwärmungsgebiet in westliche Richtung und wurde zeitweilig im Januar über der Baffin Bay stationär. Damit kam es zur phasenparallelen Überlagerung der stratosphärischen und troposphärischen Zirkulation, die nach allen bisher vorliegenden Beobachtungen regelmäßig zu einer bedeutenden Verstärkung der Wellenstruktur in der polaren Höhenwestströmung der Troposphäre führt (Labitzke 1977, Lamb 1962, Taylor et al. 1977) und im Januar 1977 über Nordamerika ebenfalls deutlich ausgeprägt auftrat. Da die großen stratosphärischen Erwärmungen durch vertikalen Energiefluß aus der Troposphäre in die Stratosphäre entstehen, können extraterrestrische Beeinflussungen mit einiger Sicherheit ausgeschlossen werden.

Die Entstehungsgeschichte des kalten Winters im östlichen Nordamerika kann also bis in den einige tausend Kilometer entfernten zentralen Pazifik rückverfolgt werden. Es bleibt die Frage offen, wodurch die Temperaturanomalien im zentralen Pazifik verursacht werden. Hier ist keine abschließende Klärung möglich. Es spricht einiges dafür (White/Walker 1973), daß die Ozeantemperaturen im äquatorialen Ostpazifik Einfluß auf die Zirkulations- und Temperaturverhältnisse des Nordpazifiks nehmen. Arbeiten von Namias (1973), Rowntree (1972), Bjerknes (1972/1969) weisen ebenfalls in diese Richtung.

Im Bereich des Nordatlantiks besteht eine deutliche negative Beziehung zwischen den Ozeantemperaturen im zentralen und östlichen Atlantik und der Intensität des Golfstromes, wie Colebrook (1975) zeigen konnte. In Analogie zu den Verhältnissen im Atlantik könnten negative bzw. positive Temperaturanomalien im zentralen und nordöstlichen Nordpazifik Folge einer Verstärkung bzw. Abschwächung des Kuro-Schiostromes sein. Eine Intensitätszunahme dieser Strömung würde als Folge der Geschwindigkeitszunahme die Wirkung der Corioliskraft verstärken, den zyklonalen Strömungsrotor der Meeresströmung also verengen. Weniger warme Wassermassen würden dadurch dem zentralen und nordöstlichen Pazifik zugeführt, was eine Temperaturabnahme zur Folge hätte. Die verminderte Wasserzufuhr in den östlichen Pazifik als Folge der abgeschwächten Kuro-Schiodrift impliziert aber zugleich eine schwächere äquatorwärts gerichtete Ausgleichsströmung (Kalifornienstrom) vor der Westküste Nordamerikas. Eine Temperaturzunahme im östlichen und südöstlichen Nordpazifik wäre die Folge.

Über die Ursache der Intensitätsfluktuationen der großen Meeresströmungen wissen wir bis heute nur wenig. Während in der Regel die
atmosphärische Zirkulation unter Berücksichtigung der Ekmandrift zur
Erklärung herangezogen wird (Lamb 1972), kommt Sarkisyan (1974)
bei seinen Modellversuchen und Modellrechnungen zu einer völlig anderen Erklärung. Er glaubt zeigen zu können, daß die Richtung und Intensität der Meeresströmungen – ähnlich wie die Zirkulation der Atmosphäre – durch den meridionalen Temperaturgradienten des Seewassers
bestimmt wird. Eine positive Wärmebilanz des Wärmeflusses durch die
Ozeanoberfläche bedingt eine antizyklonale, eine negative eine zyklonale Strömung. Eine endgültige Wertung dieses Problemkreises ist
heute noch nicht möglich.

Abschließend muß auf eine weitere Besonderheit des Winters 1976/77
hingewiesen werden, deren Ursache ebenfalls noch unklar ist. Während
in den ersten beiden Februarwochen die für Januar typische Meridio-
nalzirkulation anhielt und sich bereits blockierende Hochdruckgebiete
über Europa als Folge der Resonanzstörungen in den polaren Westerlies
ausbildeten, löste sich über Amerika sehr plötzlich und unerwartet die
Meridionalströmung in der letzten Februarwoche auf. Bereits in der
zweiten Februarwoche nahmen die polaren Höhenwesterlies bedeutend
an Geschwindigkeit zu. Ihr Verlauf wurde zunehmend zonaler.

Die Intensität der Westerlies erreichte schließlich in der Zeit vom
1.–15. März Werte, die bisher in diesem Jahrhundert noch nie beobachtet wurden (Mittlerer Zonalindex für den 1.–15. 3. 77: 5,3 m s^{-1}, Miles
1977). Nach dem 17. 3. 77 nahm die Stärke der Westerlies ebenso rasch
ab, wie sie zuvor zugenommen hatte (17.–21. 3. 77: 0,5 m s^{-1}). Über
Amerika, aber auch über Europa stellte sich wieder eine starke Meridio-
nalzirkulation ein.

Prognose der Kälteanomalien

Der überraschende und in seinen Ursachen nicht verstandene Wechsel, der von Ende Februar bis Mitte März zum abrupten Übergang einer
intensiven "low index" zu einer extremen "high index" nordhemisphärischen Zirkulationsstruktur führte, kennzeichnet die Schwierigkeiten,
die einer langfristigen Prognose über Wochen, Monate und Jahre entgegenstehen.

Eine vielbenutzte Möglichkeit langfristiger Prognosen besteht in der Extrapolation zukünftiger Trends und Periodizitäten aus den raumzeitlichen Variationen der Klimaparameter während der bereits vorliegenden Beobachtungsperiode. Dieses Verfahren setzt voraus, daß die gleichen Mechanismen der allgemeinen atmosphärischen Zirkulation in der Zeitdimension gleiche Veränderungen der Klimaparameter auslösen, also keine wirklichen Klimaänderungen stattfinden. Stark eingeschränkt wird die Nützlichkeit dieses Verfahrens durch die Tatsache, daß geophysikalische Prozesse in der Regel keine stationären Gaußschen Prozesse sind, sich also bereits vollzogene Variationen der Klimaparameter nicht oder nur sehr begrenzt in die Zukunft extrapolieren lassen.

Die bisherigen Darlegungen lassen die Vermutung zu, daß den Oberflächentemperaturvariationen im zentralen Pazifik auch langfristig Temperaturanomalien im Osten Nordamerikas entsprechen. Nach Rodewald (1976) sind in Abb. 4 die Jahrfünftmittel der nordpazifischen Temperaturanomalien (Nordpazifisches großes Ozeanmittel: 20–55°N) in Abhängigkeit zu den gleichermaßen gefilterten Sonnenfleckenrelativzahlen dargestellt. Eine deutliche Parallelität beider Kurven ist unbestreitbar, wenn auch nach 1968 ein zusätzlicher Abkühlungstrend der Ozeantemperaturen erkennbar wird. Auch für die Ozeantemperaturen des Atlantiks kann im Zeitraum 1881–1972 eine ca. 11jährige Periodizität belegt werden (Klaus 1977b). Welche Mechanismen die wenigstens zeitweilig gesicherte Parallelität zwischen den Sonnenfleckenrelativzahlen und den Meerestemperaturen in diesen beiden Ozeanbecken auslösen, ist unbekannt.

Höchste positive und negative Anomalien in Abb. 4 kennzeichnen zugleich die Temperaturverhältnisse im zentralen und westlichen Nordpazifik (Rodewald 1976). Es ist demnach zu überprüfen, ob ähnliche Temperaturvariationen in den langjährigen Temperaturänderungen westlich und östlich der Rocky Mountains zu beobachten sind.

Beispielhaft wurden die Januartemperaturen der Stationen San Francisco und Chicago für den Zeitraum 1873–1975 einer Spektralanalyse unterzogen. Das von Blackman/Tukey (1959) entwickelte Verfahren wurde gemäß der von Mitchell (1966) angegebenen arithmetischen Herleitung einschließlich der Signifikanztests programmiert.

Für die mit einer binomialen Filterfunktion (Holloway 1958) gefil-

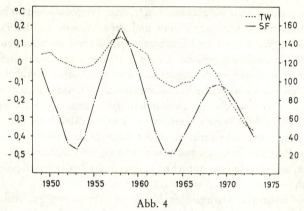

Abb. 4

Gefilterte Zeitreihen (5jährige gleitende Durchschnitte) der Züricher Sonnenfleckenrelativzahlen (SF) und der über den gesamten Nordpazifik gemittelten jährlichen Ozeantemperaturanomalien (TW) (nach Rodewald 1976)

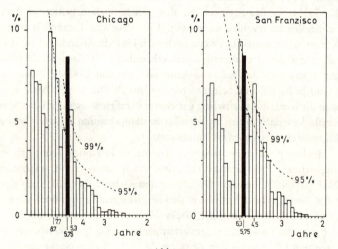

Abb. 5

Varianzspektrum der gefilterten Zeitreihen (Januartemperaturen) von Chicago
und San Francisco. Punktiert: Kontinuum des „roten Rauschens" für eine
1- bzw. 5%ige Irrtumswahrscheinlichkeit. Die Frequenzen (Zyklen pro Jahr)
wurden für die Abzissenskalierung in Periodenlängen (Jahre) umgerechnet

terten Januartemperaturzeitreihen Chicagos und San Franciscos sind
in Abb. 5 die Varianzanteile (Prozent) in ihrer Frequenzabhängigkeit
angegeben (Maximale Zeitverschiebung: ein Drittel der Länge des
Beobachtungsintervalles). Da in beiden Zeitreihen auch ohne Filterung
das Persistenzkriterium (Mitchell 1966) erfüllt ist, erfolgt die Signi-
fikanzprüfung mit dem Spektrum des „roten Rauschens".

In beiden Zeitreihen ist eine ca. 5,75jährige Quasiperiode hoch-
signifikant ausgebildet, die als Harmonische des 11jährigen Sonnenflek-
kenzyklus gedeutet werden kann. Dabei besteht in San Francisco eine
Tendenz zur Verlängerung dieses Periodenintervalls (6,3 Jahre), Chicago zeigt hingegen eher eine Verkürzung der Periodenlänge. Für die
kanadischen Stationen Winnipeg, Regina und Saskaton zeigen die jährlichen Temperaturwerte u. a. eine Quasiperiode um 5,3 und 11,3 Jahre
(Georgiades 1977).

Moch/Hibler (1976) haben aus den Januartemperaturen von 19 Stationen einen Gebietsmittelwert für den Osten der USA gebildet und
diesen einer Spektralanalyse für den Zeitraum von 1875–1974 unterzogen. Neben einer 20- und 8,3jährigen Quasiperiode werden auch auf
Periodenlängen um 5 Jahre maximale Varianzanteile erklärt. Für die
dominante 20jährige Periodizität wurde von diesen Autoren eine Band-
paßfilterung des Datensatzes durchgeführt. Dabei zeigt sich, daß von
1890–1955 die Temperaturänderungen auf der 20jährigen Periode relativ synchron in etwa gleicher Größenordnung an allen Stationen verlaufen, vor und nach diesem Intervall die Parallelität der Temperaturänderungen im Osten Nordamerikas allerdings nicht besteht.

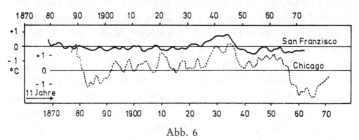

Abb. 6

Gefilterte Temperaturzeitreihen (Januar) für Chicago und San Francisco. Die
gefilterte Zeitreihe Chicagos ist gegenüber der gefilterten Zeitreihe San Franciscos um 11 Jahre vorverschoben

Abb. 6 zeigt eine ähnliche Beziehung zwischen den gefilterten Januartemperaturen Chicagos und San Franciscos. Eine zeitliche Verschiebung der Temperaturzeitreihe Chicagos gegenüber der Zeitreihe San Franciscos führt zu einer großzügigen Parallelität beider Kurven. Dabei ist selbstverständlich zu berücksichtigen, daß die Temperaturkurve Chicagos infolge der knapp nördlich von Chicago verlaufenden Luftmassengrenze (Abb. 1) generell stärkere Fluktuationen zeigen muß als die San Franciscos, wo eine ähnlich stark ausgeprägte Luftmassengrenze fehlt. Vor 1890 und nach 1955 (Zeitskala Chicago) ist die Synchronität aufgehoben. Am Rand sei erwähnt, daß der Kreuzkorrelationskoeffizient zwischen den beiden ungefilterten Januartemperaturzeitreihen bei 13jähriger Zeitverschiebung mit 5%iger Irrtumswahrscheinlichkeit signifikant wird.

Die im 11jährigen Rhythmus auftretenden Abkühlungs- und Erwärmungsphasen im zentralen Nordpazifik scheinen sich demnach begrenzt auch langfristig in den Temperaturfluktuationen des östlichen und westlichen Nordamerikas widerzuspiegeln. Dieser Zusammenhang kann auch durch eine Analyse der Fronthäufigkeiten über Nordamerika und den angrenzenden Ozeangebieten erfaßt werden. Dazu wurden die Fronthäufigkeiten über dem Golf von Mexiko, der Karibik und dem westlichen Atlantik ausgezählt (Klaus 1973). Die Gesamthäufigkeit für die Monate Oktober–April der Jahre 1900–1960 wurde einer "Maximum Entropy Spectral Analysis" (MESA) unterzogen. Das Verfahren wird in den letzten drei Jahren gehäuft an Stelle der konventionellen Spektralanalyse nach Blackman und Tukey angewandt, da es auch bei kurzen Zeitreihen ein hohes Auflösungsvermögen sichert. Das FORTRAN-Programm wurde nach Ulrych/Bishop (1973) programmiert.

Immer dann, wenn der Höhenrücken über Alaska und der Höhentrog über der amerikanischen Ostküste besonders kräftig ausgebildet sind, dringen die Kaltfronten (Nortes) bis weit in den karibischen Raum bzw. den südöstlichen Atlantik vor. In Abb. 7a wird deutlich, daß die Häufigkeit der Nortes in der nördlichen Karibik eine ca. 11,4jährige sowie – wenig gesichert infolge der Kürze des Zeitintervalles – eine ca. 90jährige Periodizität ausweist. Die Fronthäufigkeit in der südlichen Karibik und dem nördlichen Südamerika zeichnet ebenfalls die Periodizität des Sonnenfleckenzyklus nach, daneben ist aber eine ca 13,6-, 7,3- und 5jährige Periode ausgebildet.

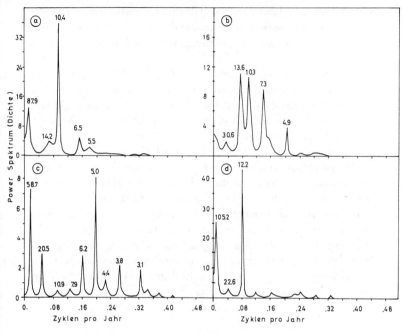

Abb. 7

Spektralanalyse der Fronthäufigkeiten (a–c) und Hurrikanhäufigkeit (d) für den
Zeitraum 1900–1960. a) Fronthäufigkeit in der nördlichen Karibik – b) Front-
häufigkeit in der südlichen Karibik – c) Fronthäufigkeit im westlichen Atlantik –
d) Hurrikanhäufigkeit im Golf von Mexiko
Für die Maxima der Powerspektrumdichte sind die Frequenzen (Zyklen pro
Jahr) in Periodenlängen (Jahre) angegeben

Die ca. 7jährige Periode ist seit langem bekannt und in vielen Klima-
parametern belegt (Klaus 1978a), während die 13,6jährige Periode in
den jährlichen Häufigkeiten der meridionalen Großwetterlagen Europas deutlich ausgebildet ist (Klaus 1978b) und vielleicht durch geo-
magnetische Störungen hervorgerufen wird.
Das Spektrum der Fronthäufigkeiten über dem Atlantik nördlich von
Haiti und in einer Mindestdistanz von 1500 km von der amerikanischen
Ostküste entfernt (Abb. 7c) zeigt eine ausgeprägte Quasiperiodizität

von 5 Jahren, 20,5 Jahren und 58,6 Jahren. Fronten dringen, mehr oder
weniger zonalen Zugbahnen folgend, in diesen Teil des Atlantiks beim
Vorherrschen einer zonalen Strömung über Nordamerika vor (Klaus
1977a).

Schließlich zeigt Abb. 7d, daß auch während der Hurrikansaison der
ca. 11jährige Sonnenfleckenzyklus näherungsweise ausgebildet ist. Für
den Zeitraum 1900–1960 wurden die jährlichen Hurrikanhäufigkeiten,
die im Golf von Mexiko beobachtet wurden, einer "Maximum Entropy
Spectral Analysis" unterzogen.

Zusammenfassend kann festgestellt werden, daß die aufgezeigten
Rückkopplungsmechanismen, ausgehend von den Ozeantemperaturfluktuationen des Zentralpazifiks, in begrenztem Maße die Zirkulationsbedingungen über Nordamerika auch langfristig im Winter, möglicherweise aber auch während der Sommermonate (Hurrikansaison)
prägen. Diese Beziehungen sind allerdings nicht stationär ausgebildet
und geben daher keine sichere Möglichkeit zur langfristigen Prognose.
Hier wird erst ein vertieftes Ursachenverständnis, welches u. a. die
Abweichungen vor 1890 und nach 1955 genetisch erklärt, die Festlegung weiterführender Prognoseregeln zulassen.

Literatur

Amtsblatt des Deutschen Wetterdienstes: Die Großwetterlagen Europas, Vol.
    30/1. 1977.
Bjerknes, J.: Atmospheric Teleconnections from the Equatorial Pacific.
    (Monthly Weather Review, Vol. 97.) 1969. S. 163–172.
–: Large-Scale Atmospheric Response to the 1964–65 Pacific Equatorial Warm-
    ing. (J. Phys. Oceanogr., Vol. 2.) 1972. S. 212–217.
Blackman, R. B., J. W. Tukey: The Measurement of Power Spectra. New York,
    Dover 1959.
Bryson, R. A.: Air Masses, Streamlines, and the Boreal Forest. (Geogr. Bull.,
    Vol. 8.) 1966, S. 228–269.
Collins, C. A.: A Summary of the Environmental Forecasting Program Spon-
    sored by the U.S. Office for the International Decade of Ocean Exploration.
    Abstr. Internat. Conf. Climap., Norwich. 1973. S. 113–115.
Colebrook, J. M.: Trends in the Climate of the North Atlantic Ocean over the
    Past Century. (Nature, Vol. 263.) 1976. S. 576–577.
Deutscher Wetterdienst: Die Witterung in Übersee, Vol. 25/1. 1977.

Fathauer, T. F.: The 1976–77 Winter in Alaska: Unsettled and Exceptionally Mild. (Weatherwise, April 1977.) S. 76–79.

Geb, M., B. Naujekat, T. Kuhlbarsch: Nordhemisph. Wetterlagen im Dezember 1976. (Beilage zur Berliner Wetterkarte vom 25. 1. 1977.)

Georgiades, A. P.: Trends and Cycles of Temperatures in the Prairies. (Weather, Vol. 32.) 1977. S. 99–101.

Holloway, J. L.: Smoothing and Filtering of Time Series and Space Fields. In: Landsberg and Mieghem (eds.): Advances in Geophysics. 1958.

Klaus, D.: Die eiszeitlichen und nacheiszeitlichen Klimaschwankungen im zentralmexikanischen Hochland und ihre Ursachen. (Erdkunde, Vol. 27.) 1973. S. 180–192.

–: Niederschlagsgenese und Niederschlagsverteilung im Hochbecken von Puebla-Tlaxcala. (Bonner Geogr. Abhandl., Nr. 53.) 1975.

–: Klimafluktuationen in Mexiko seit dem Beginn der meteorologischen Beobachtungsperiode. (Akad. d. Wissenschaften u. d. Literatur, Abhandl. d. Math.-Naturw. Klasse, Jg. 1977, Nr. 1.) 1977 a.

–: Temporal Variations of the European „Großwetterlagen" and Possible Causes. (Transact. American Geophysical Union, Vol. 58.) 1977 b. S. 907–908.

–: Spatial Distribution and Periodicity of Mean Annual Precipitation South of the Sahara. (Archiv f. Met. u. Biokl., Serie B, vol. 26.) 1978. S. 17–27.

–: Perioden- und Hauptkomponentenanalyse der Großwetterlagen-Häufigkeiten Europas und der Ozeantemperaturfluktuationen des Nordatlantiks. (Meteorol. Rundschau, vol. 31.) 1978. S. 47–55.

Labitzke, K.: Interannual Variability of the Winter Stratosphere in the Northern Hemisphere. (Monthly Weather Review, Vol. 105.) 1977. S. 762–770.

–, B. Petzold, E. Naujokat, E. Klinker, R. Lenschow: 25 Jahre „Berliner Phänomen". (Beilage zur Berliner Wetterkarte vom 27. 1. 1977.)

Lamb, H. H.: Climate: Present, Past and Future. Vol. 1. London 1972.

Miles, M. K.: A Remarkable Circulation Change During the 1976/77 Winter. (Weather, Vol. 32.) 1977. S. 229–230.

Mitchell, J. M.: Climatic Change. (WMO-Technical Note, Nr. 79.) Geneva 1966.

Mock, S. J., W. D. Hibler: The 20-Yr Oscillation in Eastern North American Temperature Records. (Nature, Vol. 261.) 1977. S. 484–486.

Namias, J.: On the Nature and Cause of Climatic Fluctuations Lasting from a Month to a Few Years. (WMO-Symposium, WMO-Technical Note Nr. 66.) 1964. S. 46–62.

–: Seasonal Interaction Between the North Pacific Ocean and the Atmosphere During the 1960's. (Monthly Weather Review, Vol. 97.) 1969. S. 173–192.

–: Experiment in Objectively Predicting some Atmospheric and Oceanic Variables for the Winter of 1971/72. (J. Appl. Met., Vol. 11.) 1972, S. 1164–1174.

Namias, J.: Response of the Equatorial Countercurrent to the Subtropical Atmosphere. (Science, Vol. 181.) 1973. S. 1244–1245.

–: Negative Ocean-Air Feedback Systems over the North Pacific in the Transition from Warm to Cold Seasons. (Ann. d. Meteorol., Nr. 11, N. F.) 1976. S. 241–246.

National Oceanic and Atmospheric Administration. Storm Data, Vol. 19/1. 1977. S. 3–4.

Orlemans, J.: On the Occurrence of „Großwetterlagen" in Winter Related to Anomalies in North Atlantic Sea Temperature. (Meteorol. Rundschau, Vol. 28.) 1975. S. 83–88.

Palmen, E., C. W. Newton: Atmospheric Circulation Systems. (Internat. Geophys. Series, Vol. 13.) New York, London 1969.

Ratcliffe, R. A. S., R. Murray: New Lag Associations Between North Atlantic Sea Temperature and European Pressure Applied to Long-Range Weather Forecasting. (Quart. J. Royal Met. Soc., Vol. 96.) 1970. S. 226–246.

Riehl, H.: On the Role of the Tropics in the General Circulation of the Atmosphere. (Weather, Vol. 24). 1969. S. 288–308.

Rogers, J. C.: Investigation of Ocean-Atmospheric Teleconnections During the Climatic Fluctuations of the 1960's over North America. (Paper presented on the Climatology Conference and Workshop of the American Meteorol. Soc., 8.–11. Oct. 1974, Asheville, N.C.) 1974.

Rodewald, M.: Abkühlungstrend im Nordpazifik. (Beilage zur Berliner Wetterkarte vom 27. 4. 1976.)

Rossby, C. G.: Planetary Flow Patterns in the Atmosphere. (Quart. J. Royal Met. Soc., Vol. 66.) 1940. S. 68–87.

Rowntree, P. R.: The Influence of Tropical East Pacific Ocean Temperatures on the Atmosphere. (Quart. J. Royal Met. Soc., Vol. 98.) 1972. S. 290 bis 321.

Sarkisyan, A. S.: Mechanism of the General Ocean Circulation. (Atmosph. Ocean Phys., Vol. 10.) 1974. S. 1293–1308.

Sawyer, F. S.: Notes on the Possible Physical Causes of Long-Term Weather Anomalies. (WMO-Technical Note, Nr. 66.) 1963. S. 227–248.

Taylor, B. F., D. Perry: The Major Stratospheric Warming of 1976/77. (Nature, Vol. 267.) 1977. S. 417–418.

Ulrych, T. J., T. N. Bishop: Maximum Entropy Spectral Analysis and Autoregressive Decomposition. (Rev. Geophys. and Space Phys., Vol. 13.) 1973. S. 183–199.

Wagner, A. J.: The Record-Breaking Winter of 1976/77. (Weatherwise, Apr. 1977.) 1977a. S. 65–69.

–: Weather and Circulation of January 1977. (Monthly Weather Review, Vol. 105.) 1977b. S. 553–560.

Weare, B. C., A. R. Navato, R. E. Newell: Empirical Orthogonal Analysis of Pacific Sea Surface Temperatures. (J. Phys. Oceanogr., Vol. 6.) 1976. S. 671–678.

White, W. B., A. E. Walker: Meridional Atmospheric Teleconnections over the North Pacific from 1950–1972. (Monthly Weather Review, Vol. 101.) 1973. S. 817–822.

Wright, P. B.: Persistent Weather Patterns. (Weather, Vol. 32/8.) 1977. S. 280–285.

Wrightson, R. A.: The Mild Winter of 1976/77 in New York State. (Weatherwise, Apr. 1977.) S. 70–75.

BIBLIOGRAPHIE

Alissow, B. P., O. A. Drosdow, E. S. Rubinstein: Lehrbuch der Klimatologie. Dt. Übers. Berlin 1956.

Bach, W.: Untersuchung der Beeinflussung des Klimas durch anthropogene Faktoren. Münster 1979.

Barrett, E. C.: Climatology from Satellites. London 1974.

Barry, R. G.: Models in Meteorology and Climatology. In: R. J. Chorley, P. Haggett (Hrsg.): Models in Geography. London 1967. S. 97–144.

–: A Framework for Climatological Research with Particular Reference to Scale Concepts. In: Inst. of Brit. Geogr. Trans. 49. 1970. S. 61–70.

Barry, R. G., A. H. Perry: Synoptic Climatology. Methods and Applications. London 1973.

Berenyi, D.: Mikroklimatologie. Mikroklima der bodennahen Atmosphäre. Stuttgart 1967.

Berg, H.: Ergebnisse und Fortschritte in der Klimatologie 1940 bis 1948. In: Nat. Rdsch. 2. 1949. S. 549–553.

Bergeron, T.: Richtlinien einer dynamischen Klimatologie. In: Met. Zschr. 47. 1930. S. 246–262.

Blüthgen, J.: Allgemeine Klimageographie. 1. Aufl. Berlin 1964.

–, W. Weischet: Allgemeine Klimageographie. 3. Aufl. Berlin/New York 1980.

Borchert, G.: Klimageographie in Stichworten. Kiel 1978.

Budykow, M. J., et al.: The Impact of Economic Activity on Climates. In: Sov. Geogr. Rev. 12. 10. 1971. S. 666–679.

–: Klimaänderungen. Leningrad 1974 (russ.).

Chang, J.: Problems and methods in agricultural climatology. Taipei/Honolulu 1971.

Conrad, V., L. W. Pollak: Methods in climatology. Cambridge, Mass. 1950.

Court, A.: Climatology: Complex, dynamic, and synoptic. In: Ann. Ass. Amer. Geogr. 47. 1957. S. 125–136.

Creutzburg, N.: Klima, Klimatypen und Klimakarten. In: Pet. Geogr. Mitt. 94. 1950. S. 57–69.

Eriksen, W.: Probleme der Stadt- und Geländeklimatologie. Erträge der Forschung, Bd. 35. Darmstadt 1975.

Flemming, G.: Drei Grundauffassungen des Klimabegriffs und der Klimatologie. In: Zschr. f. Met. 7/8. 1968. S. 231–235.

Flohn, H.: Neue Wege in der Klimatologie. In: Zschr. f. Erdk. 4. 1936. S. 12–21 u. 337–345.

–: Probleme der geophysikalisch-vergleichenden Klimatologie seit Alexander von Humboldt. In: Ber. Dt. Wett. 59. 1959. S. 9–31.

–: Probleme der theoretischen Klimatologie. In: Nat. Rdsch. 18. 1965. S. 385–392.

–: Climatology – descriptive or physical science? In: WMO Bull. 19. 1970. S. 223–229.

–: Arbeiten zur allgemeinen Klimatologie. Darmstadt 1971. Nachdruck.

–: Geographische Aspekte der anthropogenen Klimamodifikation. In: Hamb. Geogr. Stud. H. 28. 1973. S. 13–30.

Geiger, R.: Die vier Stufen der Klimatologie. In: Met. Zschr. 46. 1929. S. 7–10.

–: Das Klima der bodennahen Luftschicht. Ein Lehrbuch der Mikroklimatologie. Braunschweig 1961.

Gentilli, J.: A geography of climate. The synoptic world pattern. Perth 1958.

Gordon, A. H.: Dynamic Climatology. In: WMO Bull. 2. 1953. S. 121–124.

Hader, F.: Wesen, Umfang und Methoden einer geographischen Klimakunde. In: Zschr. f. Erdk. 4. 1936. S. 345–352.

Hann, J./K. Knoch: Handbuch der Klimatologie. Stuttgart 1932.

Hare, F. K.: Dynamic and Synoptic Climatology. In: Ann. Ass. Amer. Geogr. 45. 1955. S. 152–163.

–: The dynamic aspects of climatology. In: Geogr. Annaler. 39. 1957. S. 87–104.

Hendl, M.: Einführung in die physikalische Klimatologie. II. Systematische Klimatologie. Berlin 1963.

Hentschel, G.: Das Bioklima des Menschen. Berlin 1978.

Hettner, A.: Die Klimate der Erde. Leipzig/Berlin 1934.

Heyer, E.: Witterung und Klima. Eine allgemeine Klimatologie. 6. Aufl. Leipzig 1981.

Kessler, A.: Globalbilanzen von Klimaelementen. Ein Beitrag zur allgemeinen Klimatologie der Erde. Ber. Inst. Met. Klimat. T. Univ. Hannover. 3. 1968.

–: Das Klima des Planeten Erde – der mittlere Zustand und seine Veränderungen. In: Tag.-ber. u. wiss. Abh. 42. Dt. Geogr.-tag Göttingen 1979. Wiesbaden 1980. S. 65–78.

Klaus, D.: Natürliche und anthropogene Klimaänderungen und ihre Auswirkungen auf den wirtschaftenden Menschen. Fragenkreise. Paderborn 1980.

Knoch, K.: Zur Methodik klimatologischer Forschung. In: Tät.-ber. d. Preuß. Met. Inst. f. 1924. S. 509–559.

–: Über das geographische Moment in der Mikroklimatologie. In: Festschr. f. C. Uhlig. Öhringen 1932. S. 257–263.

–: Weltklimatologie und Heimatklimakunde. In: Met. Zschr. 59. 1942. S. 245–249.

–: Die Geländeklimatologie, ein wichtiger Zweig der angewandten Klimatologie. In: Ber. z. dt. Ldke. 7. 1949/50. S. 115–123.

–: Die Landesklimaaufnahme, Wesen und Methodik. Offenbach a. M. 1963.

Köppen, W.: Die Klimate der Erde. Grundriß der Klimakunde. Berlin/Leipzig 1923.

–, R. Geiger: Handbuch der Klimatologie. 5 Bde. (unvollst.) Berlin 1930–1939.

Kratzer, A.: Das Stadtklima. Braunschweig 1956.

Lamb, H. H.: The new look of climatology. In: Nature. 223. 1969. S. 1209–1215.

Landsberg, H. E.: Trends in Climatology. In: Science. 128. 1958. S. 749–758.

– (Hrsg.): World survey of climatology. 15 Bände. Amsterdam 1969 ff.

Lauer, W.: Humide und aride Jahreszeiten in Afrika und Südamerika und ihre Beziehung zu den Vegetationsgürteln. In: Bonner Geogr. Abh. 9. 1952. S. 15–98.

–: Vom Wesen der Tropen. Klimaökologische Studien zum Inhalt und zur Abgrenzung eines irdischen Landschaftsgürtels. Abh. Math.-Nat. Klasse d. Akad. d. Wiss. u. Lit. J. 1975. Nr. 3. Mainz 1975.

Leighly, J.: Climatology since the year 1800. In: Trans. Amer. Geophys. Union. 30. 1949. S. 658–672.

Lettau, H.: Synthetische Klimatologie. In: Ber. Dt. Wett. US-Zone. 38. 1952. S. 127–136.

Lockwood, J. G.: World Climatology. London 1974.

Manley, G.: The geographer's contribution to meteorology. In: Quart. J. Roy. Met. Soc. 73. 1947. S. 1–10.

Möller, F.: Energetische Klimatologie. In: Gerl. Beitr. Geophys. 42. 1934. S. 252–278.

Neef, E.: Neue Auffassungen in der Klimatologie. In: Erdkundeunterricht. 4. 1952. S. 212–223.

Nieuwolt, S.: Tropical Climatology. London/New York 1977.

Papadakis, J.: Climates of the world and their agricultural potentialities. Buenos Aires 1966.

Pedelaborde, P.: Sur les méthodes de la climatologie physique. In: Météorologie. 1959. S. 63–87.

Peguy, Ch. P.: Précis de climatologie. Paris 1961.

Reichel, E.: Entwicklungslinien der Klimatologie. In: Nat. Rdsch. 2. 1950. S. 440–446.

Scherhag, R., J. Blüthgen, W. Lauer: Klimatologie. Das Geographische Seminar. 9. Aufl. Braunschweig 1977.

Schneider-Carius, K.: Das Klima, seine Definition und Darstellung. Zwei Grundsatzfragen der Klimatologie. Veröff. Geophys. Inst. Univ. Leipzig. 2. Ser. 17. 1961.

Schönwiese, C. D.: Klimaschwankungen. Verständl. Wiss. Bd. 115. Berlin/Heidelberg/New York 1979.

Schreiber, D.: Entwurf einer Klimaeinteilung für landwirtschaftliche Belange. Bochumer Geogr. Arb. Sonderrh. Bd. 3. 1973.

Schüepp, M.: Ziele und Aufgaben der Witterungsklimatologie. In: Vj.-schr. Naturforsch. Ges. Zürich. 110. 1965. S. 405–418.

Scultetus, H. R.: Klimatologie. Das Geographische Seminar. Praktische Arbeitsweisen. Braunschweig 1967.

Sellers, W. D.: Physical climatology. Chicago/London 1969.

Sewell, W. R. D., et al.: Human Response to Weather and Climate: Geographical Contributions. In: Geogr. Rev. 58. 1968. S. 262–280.

Stringer, E. T.: Foundations of climatology. San Francisco 1972.

Trewartha, G. T.: An introduction to climate. New York/London 1954.

Troll, C.: Tatsachen und Gedanken zur Klimatypenlehre. In: Geogr. Stud., Festschr. f. J. Sölch. Wien 1951. S. 184–202.

–: Karte der Jahreszeitenklimate der Erde. In: Erdkunde. 18. 1964. S. 5–28.

Vowinckel, E.: Die Bedeutung regionaler Klimatologie in der Meteorologie. In: Met. Rdsch. 17. 1964. S. 104–105.

Weischet, W.: Die räumliche Differenzierung klimatologischer Betrachtungsweisen. Ein Vorschlag zur Gliederung der Klimatologie und zu ihrer Nomenklatur. In: Erdkunde. 10. 1956. S. 109–122.

–: Einführung in die Allgemeine Klimatologie. Physikalische und meteorologische Grundlagen. Stuttgart 1983 (3. Aufl.).

Wojeikow, A. I.: Die Klimate der Erde. Petersburg 1884.

Yoshino, M. M.: Climate in a Small Area. An Introduction to Local Meteorology. Tokio 1975.

REGISTER

Aus dem weiteren Programm

5489-X Boesler, Klaus Achim:
Raumordnung. (EdF, Bd. 165.)

1982. VII, 255 S. mit zahlr. Fig., Diagr. u. Tab., 1 Faltkt., kart.

Dieser Bericht über die Situation der Raumordnung im geographischen Bereich bietet unter ausführlicher Bereitstellung einschlägiger bibliographischer Daten eine Darstellung der gegenwärtigen Forschungsdiskussion sowie der aktuellen Grundsatzfragen.

8053-X Klug/Lang:
Einführung in die Geosystemlehre.

1983. XII, 187 S. mit 43, zum Teil farb. Abb. u. 3 Tab., 1 farb. Faltkt., kart.

Ziel dieses Buches ist es, Wirkungsgefüge, Stoff- und Energiehaushalt von Geosystemen zu kennzeichnen und somit einen Forschungsansatz vorzustellen, der für die weitere Entwicklung der Physischen Geographie und deren Praxisrelevanz sicherlich entscheidende Bedeutung haben wird.

7624-9 Mensching, Horst (Hrsg.):
Physische Geographie der Trockengebiete. (WdF, Bd. 536.)

1982. VI, 380 S., Gzl.

Der geomorphologische Formenreichtum in Gebieten, die man „wüst" und „leer" nennt, ist groß. Je nach der geographischen Lage, dem Klima und der Beschaffenheit des natürlichen Untergrundes solcher Trockenräume sind die methodischen Zugänge zur Erforschung der einzelnen Eigenschaften und des Gesamtphänomens unterschiedlicher Art. Dieses Buch bietet Forschungsschwerpunkte der physischen Geographie der Trockenzone der Erde sowie deren grundlegende Erkenntnisse und Gedanken in wichtigen Beiträgen seit den zwanziger Jahren.

8161-7 Weber, Peter:
Geographische Mobilitätsforschung. (EdF, Bd. 179.)

1982. VIII, 190 S. mit 9 Abb. u. 13 Tab., kart.

Die Energieprobleme der jüngsten Zeit haben deutlich werden lassen, daß unsere arbeitsteilige Gesellschaft nur dann funktionieren kann, wenn sich die Mobilität des Menschen im Raum voll entfalten kann. In diesem Buch werden die vielfältigen innerhalb der Geographie entwickelten Forschungsansätze und erdweiten Analysen von Mobilitätsphänomenen in ihren wichtigsten Erträgen dargestellt.

WISSENSCHAFTLICHE BUCHGESELLSCHAFT
Hindenburgstr. 40   D-6100 Darmstadt 11